U0163180

先进粒子加速器系列
主编 赵振堂

高能粒子对撞机
加速器物理与设计

Physics and Design for Accelerators of
High Energy Particle Colliders

高 杰 著

上海交通大学出版社
SHANGHAI JIAO TONG UNIVERSITY PRESS

内容提要

本书为"十三五"国家重点图书出版规划项目"核能与核技术出版工程·先进粒子加速器系列"之一,服务于我国和世界未来高能粒子对撞机的设计、研究与建设的专业人群。主要内容包括高能粒子对撞机发展历史、高能粒子对撞机及加速器理论基础、高能粒子对撞机及加速器关键物理问题、高能粒子对撞机系统设计理论与方法、高能粒子对撞机的未来发展展望等。对于已经有一定经验的专业研究人员,本书所包含的最新研究成果与方法会成为其在专业上必不可少的高水平的重要参考书之一;对于新进入该领域的读者,本书可以使其很快了解和掌握高能粒子对撞机及加速器相关前沿领域的最新成果,获得理论和实际研究能力的大幅提升。

图书在版编目(CIP)数据

高能粒子对撞机加速器物理与设计/高杰著.—上海:上海交通大学出版社,2020
核能与核技术出版工程.先进粒子加速器系列
ISBN 978-7-313-23631-9

Ⅰ.①高… Ⅱ.①高… Ⅲ.①高能物理学-对撞机-研究 Ⅳ.①O572.21

中国版本图书馆 CIP 数据核字(2020)第 153551 号

高能粒子对撞机加速器物理与设计
GAONENG LIZI DUI ZHUANG JI JIASUQI WULI YU SHEJI

著　者:高　杰
出版发行:上海交通大学出版社　　　　地　　址:上海市番禺路 951 号
邮政编码:200030　　　　　　　　　　电　　话:021-64071208
印　制:苏州市越洋印刷有限公司　　　经　　销:全国新华书店
开　本:710mm×1000mm　1/16　　　印　张:25.25
字　数:423 千字
版　次:2020 年 12 月第 1 版　　　　　印　次:2020 年 12 月第 1 次印刷
书　号:ISBN 978-7-313-23631-9
定　价:198.00 元

核能与核技术出版工程

丛书编委会

总主编

杨福家（复旦大学，教授、中国科学院院士）

编　委（按姓氏笔画排序）

于俊崇（中国核动力研究设计院，研究员、中国工程院院士）

马余刚（复旦大学现代物理研究所，教授、中国科学院院士）

马栩泉（清华大学核能技术设计研究院，教授）

王大中（清华大学，教授、中国科学院院士）

韦悦周（广西大学资源环境与材料学院，教授）

申　森（上海核工程研究设计院，研究员级高工）

朱国英（复旦大学放射医学研究所，研究员）

华跃进（浙江大学农业与生物技术学院，教授）

许道礼（中国科学院上海应用物理研究所，研究员）

孙　扬（上海交通大学物理与天文学院，教授）

苏著亭（中国原子能科学研究院，研究员级高工）

肖国青（中国科学院近代物理研究所，研究员）

吴国忠（中国科学院上海应用物理研究所，研究员）

沈文庆（中国科学院上海高等研究院，研究员、中国科学院院士）

陆书玉（上海市环境科学学会，教授）

周邦新（上海大学材料研究所，研究员、中国工程院院士）

郑明光（国家电力投资集团公司，研究员级高工）

赵振堂（中国科学院上海高等研究院，研究员、中国工程院院士）

胡思得（中国工程物理研究院，研究员、中国工程院院士）

徐　銤（中国原子能科学研究院，研究员、中国工程院院士）

徐步进（浙江大学农业与生物技术学院，教授）

徐洪杰（中国科学院上海应用物理研究所，研究员）

黄　钢（上海健康医学院，教授）

曹学武（上海交通大学机械与动力工程学院，教授）

程　旭（上海交通大学核科学与工程学院，教授）

潘健生（上海交通大学材料科学与工程学院，教授、中国工程院院士）

先进粒子加速器系列

编 委 会

主 编

赵振堂（中国科学院上海高等研究院，研究员、中国工程院院士）

编 委（按姓氏笔画排序）

向　导（上海交通大学物理与天文学院，教授）

许道礼（中国科学院上海应用物理研究所，研究员）

李金海（中国原子能科学研究院，研究员）

肖国青（中国科学院近代物理研究所，研究员）

陈怀璧（清华大学工程物理系，教授）

姜　山（中国原子能科学研究院，研究员）

高　杰（中国科学院高能物理研究所，研究员）

鲁　巍（清华大学工程物理系，教授）

总　　序

　　1896 年法国物理学家贝可勒尔对天然放射性现象的发现,标志着原子核物理学的开始,直接导致了居里夫妇镭的发现,为后来核科学的发展开辟了道路。1942 年人类历史上第一个核反应堆在芝加哥的建成被认为是原子核科学技术应用的开端,至今已经历了 70 多年的发展历程。核技术应用包括军用与民用两个方面,其中民用核技术又分为民用动力核技术(核电)与民用非动力核技术(即核技术在理、工、农、医方面的应用)。在核技术应用发展史上发生的两次核爆炸与三次重大核电站事故,成为人们长期挥之不去的阴影。然而全球能源匮乏以及生态环境恶化问题日益严峻,迫切需要开发新能源,调整能源结构。核能作为清洁、高效、安全的绿色能源,还具有储量最丰富、高能量密集度、低碳无污染等优点,受到了各国政府的极大重视。发展安全核能已成为当前各国解决能源不足和应对气候变化的重要战略。我国《国家中长期科学和技术发展规划纲要(2006—2020 年)》明确指出"大力发展核能技术,形成核电系统技术自主开发能力",并设立国家科技重大专项"大型先进压水堆及高温气冷堆核电站专项",把"钍基熔盐堆"核能系统列为国家首项科技先导项目,投资 25 亿元,已在中国科学院上海应用物理研究所启动,以创建具有自主知识产权的中国核电技术品牌。

　　从世界范围来看,核能应用范围正不断扩大。据国际原子能机构最新数据显示:截至 2018 年 8 月,核能发电量美国排名第一,中国排名第四;不过在核能发电的占比方面,截至 2017 年 12 月,法国占比约为 71.6%,排名第一,中国仅约 3.9%,排名几乎最后。但是中国在建、拟建的反应堆数比任何国家都多,相比而言,未来中国核电有很大的发展空间。截至 2018 年 8 月,中国投入商业运行的核电机组共 42 台,总装机容量约为 3 833 万千瓦。值此核电发展的历史机遇期,中国应大力推广自主开发的第三代以及第四代的"快堆""高温气冷堆""钍基熔盐堆"核电技术,努力使中国核电走出去,带动中国由核电大国向核电强国跨越。

随着先进核技术的应用发展,核能将成为逐步代替化石能源的重要能源。受控核聚变技术有望从实验室走向实用,为人类提供取之不尽的干净能源;威力巨大的核爆炸将为工程建设、改造环境和开发资源服务;核动力将在交通运输及星际航行等方面发挥更大的作用。核技术几乎在国民经济的所有领域得到应用。原子核结构的揭示,核能、核技术的开发利用,是 20 世纪人类征服自然的重大突破,具有划时代的意义。然而,日本大海啸导致的福岛核电站危机,使得发展安全级别更高的核能系统更加急迫,核能技术与核安全成为先进核电技术产业化追求的核心目标,在国家核心利益中的地位愈加显著。

在 21 世纪的尖端科学中,核科学技术作为战略性高科技,已成为标志国家经济发展实力和国防力量的关键学科之一。通过学科间的交叉、融合,核科学技术已形成了多个分支学科并得到了广泛应用,诸如核物理与原子物理、核天体物理、核反应堆工程技术、加速器工程技术、辐射工艺与辐射加工、同步辐射技术、放射化学、放射性同位素及示踪技术、辐射生物等,以及核技术在农学、医学、环境、国防安全等领域的应用。随着核科学技术的稳步发展,我国已经形成了较为完整的核工业体系。核科学技术已走进各行各业,为人类造福。

无论是科学研究方面,还是产业化进程方面,我国的核能与核技术研究与应用都积累了丰富的成果和宝贵的经验,应该系统整理、总结一下。另外,在大力发展核电的新时期,也急需一套系统而实用的、汇集前沿成果的技术丛书作指导。在此鼓舞下,上海交通大学出版社联合上海市核学会,召集了国内核领域的权威专家组成高水平编委会,经过多次策划、研讨,召开编委会商讨大纲、遴选书目,最终编写了这套"核能与核技术出版工程"丛书。本丛书的出版旨在培养核科技人才;推动核科学研究和学科发展;为核技术应用提供决策参考和智力支持;为核科学研究与交流搭建一个学术平台,鼓励创新与科学精神的传承。

本丛书的编委及作者都是活跃在核科学前沿领域的优秀学者,如核反应堆工程及核安全专家王大中院士、核武器专家胡思得院士、实验核物理专家沈文庆院士、核动力专家于俊崇院士、核材料专家周邦新院士、核电设备专家潘健生院士,还有"国家杰出青年"科学家、"973"项目首席科学家、"国家千人计划"特聘教授等一批有影响力的科研工作者。他们都来自各大高校及研究单位，如清华大学、复旦大学、上海交通大学、浙江大学、上海大学、中国科学院上海应用物理研究所、中国科学院近代物理研究所、中国原子能科学研究院、中国核动力研究设计院、中国工程物理研究院、上海核工程研究设计院、上海市辐射环境监督站等。本丛书是他们最新研究成果的荟萃，其中多项研究成果获国家级或省部级大奖，代表了国内甚至国际先进水平。丛书涵盖军用核技术、民用动力核技术、民用非动力核技术及其在理、工、农、医方面的应用。内容系统而全面且极具实用性与指导性，例如，《应用核物理》就阐述了当今国内外核物理研究与应用的全貌，有助于读者对核物理的应用领域及实验技术有全面的了解；其他图书也都力求做到了这一点，极具可读性。

由于良好的立意和高品质的学术成果，本丛书第一期于 2013 年成功入选"十二五"国家重点图书出版规划项目，同时也得到上海市新闻出版局的高度肯定，入选了"上海高校服务国家重大战略出版工程"。第一期（12 本）已于 2016 年初全部出版，在业内引起了良好反响，国际著名出版集团 Elsevier 对本丛书很感兴趣，在 2016 年 5 月的美国书展上，就"核能与核技术出版工程（英文版）"与上海交通大学出版社签订了版权输出框架协议。丛书第二期于 2016 年初成功入选了"十三五"国家重点图书出版规划项目。

在丛书出版的过程中，我们本着追求卓越的精神，力争把丛书从内容到形式做到最好。希望这套丛书的出版能为我国大力发展核能技术提供上游的思想、理论、方法，能为核科技人才的培养与科创中心建设贡献一份力量，能成为不断汇集核能与核技术科研成果的平台，推动我国核科学事业不断向前发展。

2018 年 8 月

序

　　粒子加速器作为国之重器,在科技兴国、创新发展中起着重要作用,已成为人类科技进步和社会经济发展不可或缺的装备。粒子加速器的发展始于人类对原子核的探究。从诞生至今,粒子加速器帮助人类探索物质世界并揭示了一个又一个自然奥秘,因而也被誉为科学发现之引擎,据统计,它对25项诺贝尔物理学奖的工作做出了直接贡献,基于储存环加速器的同步辐射光源还直接支持了5项诺贝尔化学奖的实验工作。不仅如此,粒子加速器还与人类社会发展及大众生活息息相关,因在核分析、辐照、无损检测、放疗和放射性药物等方面优势突出,使其在医疗健康、环境与能源等领域得以广泛应用并发挥着不可替代的重要作用。

　　1919年,英国科学家E. 卢瑟福(E. Rutherford)用天然放射性元素放射出来的α粒子轰击氮核,打出了质子,实现了人类历史上第一个人工核反应。这一发现使人们认识到,利用高能量粒子束轰击原子核可以研究原子核的内部结构。随着核物理与粒子物理研究的深入,天然的粒子源已不能满足研究对粒子种类、能量、束流强度等提出的要求,研制人造高能粒子源——粒子加速器成为支撑进一步研究物质结构的重大前沿需求。20世纪30年代初,为将带电粒子加速到高能量,静电加速器、回旋加速器、倍压加速器等应运而生。其中,美国科学家J. D. 考克饶夫(J. D. Cockcroft)和爱尔兰科学家E. T. S. 瓦耳顿(E. T. S. Walton)成功建造了世界上第一台直流高压加速器;美国科学家R. J. 范德格拉夫(R. J. van de Graaff)发明了采用另一种原理产生高压的静电加速器;在瑞典科学家G. 伊辛(G. Ising)和德国科学家R. 维德罗(R. Wideröe)分别独立发明漂移管上加高频电压的直线加速器之后,美国科学家E. O. 劳伦斯(E. O. Lawrence)研制成功世界上第一台回旋加速器,并用它产生了人工放射性同位素和稳定同位素,因此获得 1939 年的诺贝尔物理学奖。

1945 年,美国科学家 E. M. 麦克米伦(E. M. McMillan)和苏联科学家 V. I. 韦克斯勒(V. I. Veksler)分别独立发现了自动稳相原理;1950 年代初期,美国工程师 N. C. 克里斯托菲洛斯(N. C. Christofilos)与美国科学家 E. D. 库兰特(E. D. Courant)、M. S. 利文斯顿(M. S. Livingston)和 H. S. 施奈德(H. S. Schneider)发现了强聚焦原理。这两个重要原理的发现奠定了现代高能加速器的物理基础。另外,第二次世界大战中发展起来的雷达技术又推动了射频加速的跨越发展。自此,基于高压、射频、磁感应电场加速的各种类型粒子加速器开始蓬勃发展,从直线加速器、环形加速器,到粒子对撞机,成为人类观测微观世界的重要工具,极大地提高了认识世界和改造世界的能力。人类利用电子加速器产生的同步辐射研究物质的内部结构和动态过程,特别是解析原子分子的结构和工作机制,打开了了解微观世界的一扇窗户。

人类利用粒子加速器发现了绝大部分新的超铀元素,合成了上千种新的人工放射性核素,发现了重子、介子、轻子和各种共振态粒子在内的几百种粒子。2012 年 7 月,利用欧洲核子研究中心 27 公里周长的大型强子对撞机,物理学家发现了希格斯玻色子——"上帝粒子",让 40 多年前的基本粒子预言成为现实,又一次展示了粒子加速器在科学研究中的超强力量。比利时物理学家 F. 恩格勒特(F. Englert)和英国物理学家 P. W. 希格斯(P. W. Higgs)因预言希格斯玻色子的存在而被授予 2013 年度的诺贝尔物理学奖。

随着粒子加速器的发展,其应用范围不断扩展,除了应用于物理、化学及生物等领域的基础科学研究外,还广泛应用在工农业生产、医疗卫生、环境保护、材料科学、生命科学、国防等各个领域,如辐照电缆、辐射消毒灭菌、高分子材料辐射改性、食品辐照保鲜、辐射育种、生产放射性药物、肿瘤放射治疗与影像诊断等。目前,全球仅作为放疗应用的医用直线加速器就有近 2 万台。

粒子加速器的研制及应用属于典型的高新科技,受到世界各发达国家的高度重视并将其放在国家战略的高度予以优先支持。粒子加速器的研制能力也是衡量一个国家综合科技实力的重要标志。我国的粒子加速器事业起步于 20 世纪 50 年代,经过 60 多年的发展,我国的粒子加速器研究与应用水平已步入国际先进行列。我国各类研究型及应用型加速器不断发展,多个加速器大科学装置和应用平台相继建成,如兰州重离子加速器、北京正负电子对撞机、合肥光源(第二代光源)、北京放射性核束设施、上海光源(第三代光源)、大连相干光源、中国散裂中子源等;还有大量应用型的粒子加速器,包括医用电子直线加速器、质子治疗加速器和碳离子治疗加速器,工业辐照和探伤加速器、集装箱检测加速器等在过去几十年中从无到有、快速发展。另外,我国基于激光等离子体尾场的新原理加速器也取得了令人瞩目的进展,向加速器的小型化目标迈出了重要一步。我国基于加速器的超快电子衍射与超快电镜装置发展迅猛,在刚刚兴起的兆伏特能级超快电子衍射与超快电子透镜相关技术及应用方面不断向前沿冲击。

近年来,面向科学、医学和工业应用的重大需求,我国粒子加速器的研究和装置及平台研制呈现出强劲的发展态势,正在建设中的有上海软 X 射线自由电子激光用户装置、上海硬 X 射线自由电子激光装置、北京高能光源(第四代光源)、重离子加速器实验装置、北京拍瓦激光加速器装置、兰州碳离子治疗加速器装置、上海和北京及合肥质子治疗加速器装置;此外,在预研关键技术阶段的和提出研制计划的各种加速器装置和平台还有十多个。面对这一发展需求,我国在技术研发和设备制造能力等方面还有待提高,亟需进一步加强技术积累和人才队伍培养。

粒子加速器的持续发展、技术突破、人才培养、国际交流都需要学术积累与文化传承。为此,上海交通大学出版社与上海市核学会及国内多家单位的加速器专家与学者沟通、研讨,策划了这套学术丛书——"先进粒子加速器系列"。这套丛书主要面向我国研制、运行和使用粒子加速器的科研人员及研究生,介绍一部分典型粒子加速器的基本原理和关键技术以及发展动态,助力我国粒子加速器的科研创新、技术进步与产业应用。为保证丛书的高品质,我们遴选了长期从事粒子加速器研究和装置研制的科技骨干组成编委会,他们来自中国科学院上海高等研究院、中国科学院上海应用物理研究所、中国科学院近代物理研究所、中国科学院高能物理研究所、中国原子能科学研究院、清华大学、上海交通大学等单位。编委会选取代表性工作作为丛书内容的框架,并召开多次编写会议,讨论大纲内容、样章编写与统稿细节等,旨在打磨一套有实用价值的粒子加速器丛书,为广大科技工作者和产业从业者服务,为决策提供技术支持。

科技前行的路上要善于撷英拾萃。"先进粒子加速器系列"力求将我国加速器领域积累的一部分学术精要集中出版,从而凝聚一批我国加速器领域的优秀专家,形成一个互动交流平台,共同为我国加速器与核科技事业的发展提供文献、贡献智慧,成为助推我国粒子加速器这个"大国重器"迈向新高度的"加速器",为使我国真正成为加速器研制与核科学技术应用的强国尽一份绵薄之力。

赵振堂

2020 年 6 月

前　　言

　　高能粒子对撞机是粒子物理研究和探索宇宙深层次物质结构的最为重要的研究工具。高能粒子对撞机是一个复杂的加速器系统,由各种加速器构成。对撞机加速器主要由直线加速器和环形加速器构成。对撞机加速器物理涉及直线加速器物理和环形加速器物理,相关加速器物理既涉及单粒子及多粒子运动规律,又涉及加速器结构中电磁场及带电粒子与加速器结构之间的相互作用。对撞机加速器物理的特殊性在于需要研究相互对撞的粒子束中粒子的运动规律。描述对撞机加速器系统中的带电粒子运动的哈密顿量既包含线性部分又包含非线性部分,既包含非周期运动又包含周期运动,在这样复杂的单体和多体动力学系统中既存在稳定运动也存在不稳定运动和混沌运动。因此,对撞机加速器物理属于加速器科学,研究和把握带电粒子运动的物理规律需要建立一系列相关动力学理论和解析公式,需要采用相关程序进行数值计算研究。然而,对撞机加速器物理的核心还是相关的加速器理论,这个是对撞机优化设计的基础,也是采用程序进行数值计算,理解数值计算结果,进而与实验进行比较验证的基础。

　　然而,自对撞机发明至今,尽管很多现象在实验上得以发现,并在数值计算中得以确认,但是很多关键的加速器结构理论问题、加速器粒子动力学问题、对撞束流的相互作用问题以及对撞机系统的优化设计问题等均没有得到深入有效的研究。即使在加速器物理研究的很多领域已经取得了重要成果,但是这些前沿知识只是停留在分散发表的文献中,没有得到系统的、教科书式的广泛和有效的宣传,使这些研究成果没有及时得到应用,这个现状令人有些遗憾。一直以来笔者就有为改变上述现状写一本专著的想法,主要是想尽可能全面深入地回答上述问题,为本领域的研究人员和学生提供一个可以借鉴的思路、理论和解析计算方法。

2012 年 7 月 4 日,欧洲核子研究组织(CERN)宣布发现了希格斯玻色子(Higgs boson),2012 年 9 月中国科学家提出在中国建造环形正负电子对撞机(CEPC)及超级质子对撞机 SppC 的设想。CERN 也提出建造未来环形对撞机(FCC)的计划。日本高能加速器研究机构基于 2005 年启动的国际直线对撞机(ILC)的研究进展,于 2017 年提出了以 ILC 250 GeV 希格斯工厂为起点建造 ILC 的建议。在这样的国际高能物理未来发展的大战略下,基于笔者长期从事直线对撞机(如 ILC)和环形对撞机(CEPC-SppC)理论与技术研究的经历,萌生过尽快撰写一部高能粒子对撞机理论、设计与技术的专著。由于内容非常丰富,为了避免图书太厚和撰写时间过长,本书主要先集中在高能粒子对撞机加速器物理与设计,今后再适时出版有关高能粒子加速器关键技术的专著。

本书的主要内容都是基于笔者本人已经发表的科学文章,书中也有一些章节邀请了开展相关研究工作的合作者撰写,在此,对本书的部分章节的作者表示感谢。同时,感谢上海交通大学出版社的盛情邀请和帮助,他们的大力推动使得本书的撰写任务在笔者繁重的 CEPC CDR、TDR 以及 SppC 研究过程中仍得以完成。

在本书的撰写过程中,笔者邀请了相关同事参与了部分章节的撰写:1.1(靳松),1.2(刘振超),1.3(刘振超),2.1(王逗),2.3(王毅伟),2.4(王毅伟),3.8(王逗),4.1.3(王逗),4.1.4(王逗),4.1.5(王毅伟),4.2.1(王逗), 4.2.2(王毅伟、白莎),4.2.3(王逗),4.2.4(孟才),4.3.1(苏锋),4.3.2(陈裕凯),5.4(王毅伟)。特此表示感谢。

本书的最终成稿离不开夏文昊和王毅伟的大力协助,没有他们的技术支持很难按时完成本书的出版工作,在此表示衷心的感谢。

高 杰

2019 年 7 月 14 日

目　　录

第 1 章
高能粒子对撞机发展概述

粒子物理是研究物质微观结构及其相互作用规律的最前沿的基础学,在宇宙物质起源演化及宇宙物质构成等研究中起着重要的作用。然而,随着粒子物理的发展以及人们对物质结构探索的不断深入,根据量子力学的观点,所需要的探针粒子的波长越来越小,这意味着所需要的能量也越来越高。因此,粒子物理的发展与加速器的能量增长密不可分。

1897 年,约瑟夫·约翰·汤姆孙发现电子时,他并没有把他所用的设备称为加速器,但是这个设备确实是加速器,他通过两电极加速带电粒子来确定荷质比。尽管汤姆孙用的只是束流自身的性质,但自此,加速器在研究微观粒子特性的过程中开始变得不可或缺。

这段时间里,亚原子微粒的实验仍然主要基于天然放射性元素以及宇宙射线,例如卢瑟福和他的同事们利用放射源发现了质子和中子;在宇宙射线中发现了正电子、μ 子、π^+ 介子、π^- 介子、K 介子等。值得一提的是,在此期间,基于加速器的应用,发现中性 π 介子。该粒子虽然已经在宇宙射线的实验中被猜测可能存在,但一直没能得到确定,正是用加速器进行的粒子实验,才确确实实地证实了它的存在。此后 20 多年中,越来越多的基本粒子在加速器的实验中被发现,如著名的反质子、矢量介子等,因此,基于加速器的粒子物理研究变得尤为重要,加速器成为必不可少的研究工具。

然而,人们发现利用加速器加速粒子束打固定靶,物理反应"有效能量" E_{cm} 正比于粒子束能量 E_s 的平方根,可以表示为

$$E_{cm} \approx \sqrt{2E_0 E_s} \tag{1-1}$$

即大部分能量浪费在对撞粒子及其产物的动能上。式中,E_0 为粒子的静止能量。而对撞则可以将物理反应"有效能量"提高到粒子束能量的 2 倍。因此,

在 20 世纪 50 年代,用于两束粒子对撞的机器——对撞机开始出现。此后大多数粒子物理的新发现源自这些不同种类的对撞机。

2012 年 7 月,欧洲核子研究组织(Conseil Européenne pour la Recherche Nucléaire,CERN)发现的希格斯玻色子(Higgs boson,又称"上帝粒子")受到全球高能物理学界的广泛关注。然而,由于大型强子对撞机(large hadron collider,LHC)为质子-质子对撞机,而质子不是基本粒子,它包含夸克、胶子等多种基本粒子,对撞反应的初始条件及生成结果异常复杂,因此,对于希格斯玻色子的一些重要性质,例如质量、耦合、衰变等,在 LHC 上无法得到精确的测量。此外,在标准模型之外,还可能存在着新的物理问题。因此,对于粒子物理学来说,又一次迎来了新的机遇。本节将简单介绍历史上的能量前沿正负电子对撞机和目前国际上提出的未来正负电子对撞机的几种方案,其中包括我国自主提出的环形正负电子对撞机(circular electron positron collider,CEPC)。

1.1　正负电子对撞机

自世界上第一台正负电子对撞机由意大利科学家 Bruno Touschek 设计制造并于 1962 年在法国国家科学研究中心(CNRS)直线加速器研究所(LAL)首次对撞成功后,20 多台不同能量的环形正负电子对撞机制造出来并用于开展粒子物理研究。2012 年 7 月 4 日,CERN 宣布在大型强子对撞机(LHC)上发现希格斯玻色子之后,中国科学家提出了建造环形正负电子对撞机希格斯工厂(Higgs Factory)计划。CERN 也提出了建造未来环形正负电子对撞机(FCC-ee)的设想。CEPC 和 FCC-ee 的建造将是人类通过大量干净的希格斯玻色子的产生去精确研究深层次物质结构,并对标准模型之外的新物理问题进行探索性研究的途径,例如寻找构成宇宙 23% 的暗物质[1]。

1.1.1　环形正负电子对撞机

提起正负电子对撞机,首先不得不从 AdA(Anello Di Accumulazione)开始谈起。AdA 是国际上第一台正负电子对撞机,它于 1960 年在意大利 Frascati 国家实验室开始建造,1962 年在法国奥赛(Orsay)的直线加速器研究所(Laboratoire de l'Accélérateur Linéaire,LAL)开始运行[2]。其外形如图 1-1 所示,它具有较小的尺寸,周长为 3 m,可以看作桌面级设备。其结构采用了单环设计,质心最高碰撞能量为 500 MeV。在此之前,对于正负电子对撞机储存环中的束流几乎没有任何实验室的测试,它的建造和运行使得许多以前从未遇到过的加速器基本问题得以暴露,包括束团尺度的实际测量,束流寿命的核对,如何确认正负电子束相互碰撞等,这些重要问题的研究在 AdA 上得到开展。在 AdA 上,首次观测到正负电子对撞,并于 1963 年发现了 Touschek 效应。可以说 AdA 是以后正负电子储存环的原型,尤其对之后 ACO 和 ADONE 的建造起了非常重要的作用。

图 1-1　在 1964 年拍摄的 AdA 照片[2]

AdA 的成功建造是对正负电子对撞机概念的首次实物化,也使那些对正负电子对撞机持有怀疑态度的科学家认识到一些相关问题并非是不能克服的。而这种新工具的重要性首先被西欧和苏联认识到。因此,随后 Novosibirsk 的 VEPP-Ⅱ、Orsay 的 ACO 以及 Frascati 的 ADONE 均以更为合理的设计很快先后获得批准并建造。事实上,ACO 和 ADONE 的建造正是围绕着 AdA 所呈现的问题和限制而开展的。

VEPP-Ⅱ是在 AdA 之后最先建造的正负电子对撞机,其布局如图 1-2 所示[3]。它于 1963 年开始建造,采用单环设计,全长为 11.3 m,质心最高对撞能量为 1.4 GeV,并于 1966 年开始收集数据,从 1967 年开始正式用于正负电子实验,直到 1970 年。期间,VEPP-Ⅱ的亮度达到了 2×10^{28} cm^{-2} · s^{-1},主要用于测量 ρ^-、ω^-、ϕ^- 介子的参数以及衰败模式的研究。在 VEPP-Ⅱ的实验中,首次发现了正负电子对产生的双光子现象,成为双光子物理的开始。

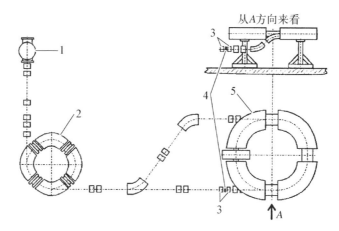

1—预加速器;2—同步加速器 B-3M;3—抛物面镜片;4—整流器;5—储存环。

图 1 - 2　VEPP - Ⅱ 布局图

ACO 是与 VEPP - Ⅱ 同期但建造稍晚的另一台正负电子对撞机,由法国 Orsay 的 LAL 建造[4]。它主要是为了克服 AdA 的不足而建造的。从 1966 年开始作为对撞机一直服役到 1980 年,现在 ACO 在法国作为博物馆陈列物。它仍然采用了单环的设计,质心最高能量为 1.0 GeV,周长约为 22 m,束流亮度约为 6.11×10^{28} cm^{-2} · s^{-1}。在 ACO 上,螺线管型探测器首次得到应用,首次观测到 ω 介子和 φ 介子。ACO 的布局如图 1 - 3 所示。

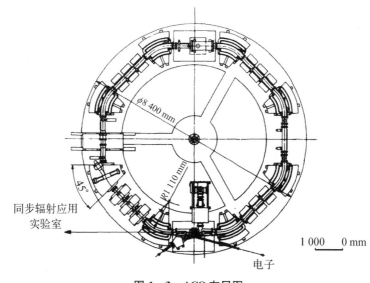

图 1 - 3　ACO 布局图

作为第一代的正负电子对撞机的应用,科学家在 AdA、VEPP - Ⅱ 和 ACO 上取得了丰硕的成果,同时也积累了大量的经验。正是由于 AdA 的成功,意大利的 Frascati 实验室决定建造与 AdA 同样类型但尺寸更大且具有更高能量的正负电子对撞机,这就是 ADONE[5],其目的是寻找更高能量段的物理发现,质心最高对撞能量可以达到 3.0 GeV,设计束流亮度为 3×10^{29} cm$^{-2} \cdot$ s^{-1}。图 1 - 4 为 ADONE 的形貌照片,周长达到了 105 m,其中,可以用于物理实验的直线空间约为 2.5 m。它从 1963 年开始建造,从 1969 年开始一直运行到 1993 年 4 月 26 日,一共运行了 24 年,期间提供了约 22 000 h 的碰撞试验,5 300 h 的单束运行。关闭后,它被改造成为能量更低、亮度更高的对撞机 DAFNE。

图 1 - 4　ADONE 照片

SPEAR 是继 ADONE 之后又一台能量前沿正负电子对撞机,由美国斯坦福直线加速器中心(Stanford Linear Accelerator Center, SLAC)于 1970 年 9 月开始建造,并于 1972 年首次运行。采用单环设计,周长为 234 m,质心最高对撞能量为 5.2 GeV,亮度为 6×10^{30} cm$^{-2} \cdot$ s^{-1}[6]。

1974—1975 年,SPEAR 升级为 SPEAR - Ⅱ。升级后 SPEAR - Ⅱ 的质心最高对撞能量达到 8.0 GeV,并于 1975 年开始运行,直到 1987 年。之后作为同步辐射光源运行了 15 年,并于 2003 年进一步升级为 SPEAR - Ⅲ。作为对撞机期间,SPEAR 取得了重要的成果,其中 1976 年 J/Ψ 粒子的发现,以及 1975 年 τ 粒子的发现,分别获得了 1976 年和 1995 年的诺贝尔物理学奖。

图 1 - 5　SPEAR 俯视照片

图 1-5 为 SPEAR 的俯视照片。

与 SPEAR 同时期的还有德国 DESY 实验室的 DORIS。它于 1969 年开始建造,并于 1974 年首次运行,直到 1981 年。DORIS 采用了双环的设计,其周长为 289 m,最初质心最高能量为 7 GeV。1982 年升级为 DORIS - Ⅱ后,质心最高对撞能力可达到 11 GeV,其亮度为 3×10^{31} cm^{-2} · s^{-1},如图 1 - 6 所示。DORIS 的突出贡献之一是 B 介子振荡。

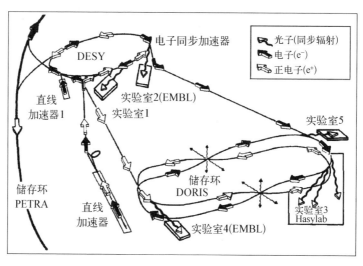

图 1 - 6　DORIS 布局图

这一时期还有新西伯利亚的 VEPP-Ⅲ,由 INP 实验室于 1967—1971 年建造,1973 年开始正式运行。其周长为 74 m,质心最高对撞能量为 4 GeV。在 1986—1987 年作为 VEPP-Ⅳ 加速器储存环系统(accelerating-storage complex)的前级增能装置,目前仍在运行。

VEPP-Ⅳ 是 BINP 实验室在 VEPP-Ⅲ 之后建造的又一台正负电子对撞机,于 1970 年开始建造,1978 年完成(见图 1-7)。采用了单环设计,其周长为 366 m,质心最高碰撞能量为 11 GeV[7]。1979 年开始运行,直到 1985 年,在此期间,亮度可达到 5×10^{30} cm^{-2} · s^{-1}。随后升级为 VEPP-4M。

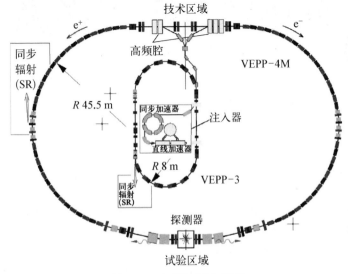

图 1-7　VEPP-Ⅳ 布局图

与 VEPP-Ⅳ 能量类似的是美国的 CESR,由康奈尔大学于 1977—1979 年建造,采用单环设计,建于原有同步辐射的隧道中。周长为 768 m,质心最高碰撞能量为 12 GeV。从 1979 年开始运行,到 2002 年,其亮度可达到 1.28×10^{33} cm^{-2} · s^{-1}。

PETRA 是与 CESR 同期的由德国电子同步加速器研究所(DESY)建造的正负电子对撞机,于 1975—1978 年建造。采用单环设计,周长为 2 km,质心最高对撞能量为 46 GeV,作为对撞机于 1978—1986 年运行,亮度可达到 2.4×10^{31} cm^{-2} · s^{-1}。其最显著的贡献之一是首次发现了胶子存在的证据。图 1-8 为 PETRA 实验大厅的照片。

PEP 是这个时期另外一个正负电子对撞机,由美国 SLAC 于 1974—1980 年建造。采用了单环设计,周长为 2 km,质心最高对撞能量为 32 GeV,运行时间为 1980—1990 年,最高亮度可达到 6×10^{31} cm^{-2} · s^{-1}。

图 1-8　PETRA 实验大厅的俯视照片

CERN 建造的 LEP 后来升级为 LEP-Ⅱ,是迄今为止世界上具有最高能量的正负电子对撞机[8]。LEP 于 1983—1989 年建造,采用单环设计,周长为 27 km,其质心最高对撞能量为 91 GeV,于 1989—1998 年运行,最高亮度可达到 $8.7×10^{31}$ cm^{-2} · s^{-1}。后于 1990—1999 年陆续进行了升级,升级为 LEP-Ⅱ,质心最高对撞能量达到 209 GeV,亮度可达 $1×10^{32}$ cm^{-2} · s^{-1},一直运行到 2000 年。除了达到当时正负电子对撞机的最高能量,LEP 还精确测量出了标准模型中的 W 玻色子和 Z 玻色子。图 1-9 为 LEP 的布局图。

在讨论 LHC 升级方案时,提出在现有隧道中与 LHC 并排架设新的加速器,用来进行正负电子束的碰撞试验。为了与先前 LEP、LEP-Ⅱ加以区别,新加速器被提议命名为 LEP3。LEP3 将由两个独立的加速环构成,采用常温加速结构,拟用每束 120 GeV 的能量产生希格斯玻色子,质心能量为 240 GeV。LEP3 的建造将利用现有 LHC 的隧道及现有设施,因此将大大节约成本,这也是 LEP3 相对于 ILC、CLIC 等项目的优势之一。此外,LEP3 还将进一步推动当前高亮度技术的进步。

对环形加速器而言,增加半径是提高能量的重要方法之一。如果想要超越 LEP3 的能量,就需要一条新的隧道。因此,有人提出在日内瓦湖的下方开挖更大的、周长为 80～100 km 的新隧道,安装一个极高能量的正负电子对撞机,称为极高能大型强子对撞机 TLEP,这台机器对撞质心能量可高达 350 GeV。

TRISTAN 是日本高能加速器研究机构(KEK)于 1981—1986 年建造的正负电子对撞机。采用单环设计,周长为 3 km,质心最高能量可达 64 GeV,为当时世界最高能量,于 1987—1995 年运行,最高亮度为 $4×10^{31}$ cm^{-2} · s^{-1}。图 1-10 为 TRISTAN 的平面图[9]。

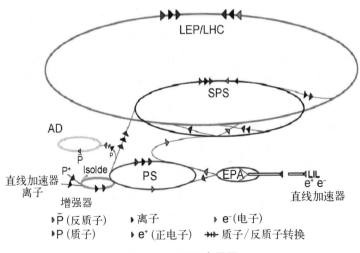

图 1-9　LEP 布局图

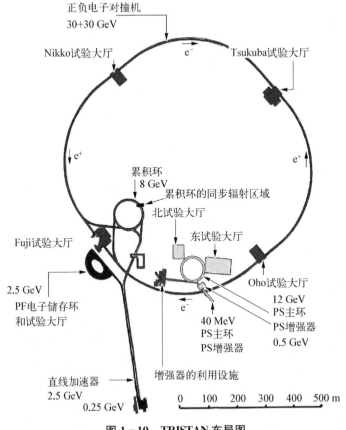

图 1-10　TRISTAN 布局图

20 世纪下半叶,正负电子对撞机得到了飞速的发展,从 1960 年 AdA 开始建造,到 1990 年 LEP-Ⅱ 的升级,质心最高碰撞能量从最初的 0.5 GeV 迅速提高到 209 GeV。粒子物理也得到了飞速的发展,除 Higgs 外,标准模型预言的其他所有粒子都已发现。但对撞机的大小和成本也随之迅速增加,从 AdA 周长仅为 3 m,发展到 LEP 的周长为 27 000 m,这也成为 1990 年后对撞机发展速度减缓的一个原因。

1.1.2 直线正负电子对撞机

SLC 是美国 SLAC 的又一个正负电子对撞机,于 1983 年开始建造,并于 1987 年完成。与之前的加速器不同,SLC 采用了直线设计,为世界上第一台直线对撞机,如图 1-11 所示,全长为 3.2 km,最高能量可以达到 100 GeV,运行时间为 1988—1998 年,最高亮度可达到 0.8×10^{30} cm^{-2} · s^{-1}[10]。

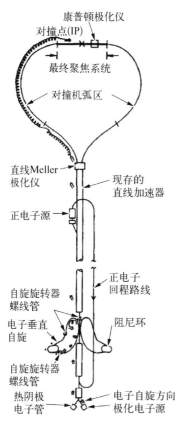

图 1-11 SLC 布局图

CLIC(compact linear collider)是由 CERN 主导设计的紧凑型加速器,其能量范围为 0.5~5 TeV,机器优化主要集中在 3 TeV,由来自世界 22 个国家的 40 多个研究机构参与设计[11]。采用双束加速方法,如图 1-12 所示,由主束系统和驱动束系统两个部分组成。其中驱动束系统产生 12 GHz 的尾场,转换成高频功率,供主束系统对粒子进行加速。该加速器设计总长为 48.4 km。目前已完成了概念设计报告。

国际直线对撞机(international linear collider,ILC)是由国际未来加速器委员会发起的一项大规模的国际合作计划项目[12]。ILC 将建造在总长约为 30 km 的地下隧道里,由两个长为 11.3 km 的直线加速器分别将正负电子加速到 250 GeV 或 500 GeV 的能量实行碰撞,质心系能量达到 500 GeV 或者到 1 TeV。ILC 基于 1.3 GHz 射频超导加速技术,图 1-13 为整体示意图。经过全世界 300 多个研究机构、1 600 多名科研人员的努力，ILC 已于 2013 年 6 月正式发布了技术设计报告。目前，日本正在积极争取作为 ILC 的承建国，并已进行了 ILC 候选地点的地质勘探等工作。

以上所述的正负电子对撞机及其相关信息总结于表 1-1 中。

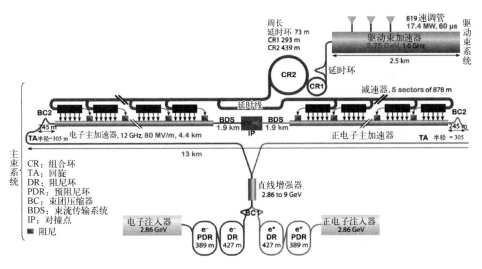

图 1-12　CLIC 整体示意图

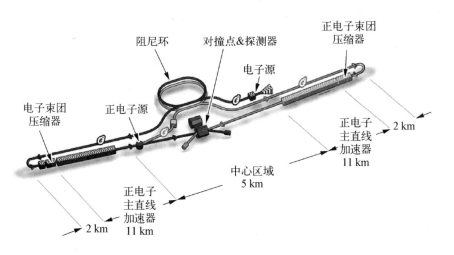

图 1-13　ILC 整体示意图

表 1 - 1　能量前沿正负电子对撞机列表

加速器	地址/实验室	国　家	建造时间/年	运行时间/年	种类和规模	最大对撞能量/Gev	特　　点
AdA	Frascati 国家实验室	意大利	1960—1961	1962—1964	单储存环 周长：3 m	0.5	Touschek 效应；第一个正负电子对撞机
VEPP - II	INP, 新西伯利亚	苏　联	1963—1965	1966—1970	单储存环 周长：11.3 m	1.4	多重强子的产生 $e^+ + e^- \to \phi$; $e^+ + e^- \to \gamma\gamma$
ACO	Orsay	法　国	1964—1965	1966—1980	单储存环 周长：22 m	1.0	—
ADONE	Frascati 国家实验室	意大利	1963—1969	1969—1993	单储存环 周长：105 m	3.0	运行了 24 年；对撞了大约 22 000 h; 大约 5 300 h 的单束流实验
SPEAR	SLAC	美　国	1970—1972	1972—1974	单储存环 周长：234 m	5.2	—
DORIS	DESY	德　国	1969—1974	1974—1981	双储存环 周长：289 m	7.0	中性 B 介子的振荡
VEPP - III	INP, 新西伯利亚	苏　联	1967—1971	1973—现在	单储存环 周长：74.39 m	4.0	VEPP-IV 的增强器发现了 J/ψ 粒子

（续表）

加速器	地址/实验室	国家	建造时间/年	运行时间/年	种类和规模	最大对撞能量/Gev	特 点
SPEAR-II	SLAC	美国	1974—1975	1975—1987	单储存环 周长：234 m	8.0	发现了 J/Ψ 粒子，1976 年诺贝尔物理学奖；发现了 τ 粒子，1995 年诺贝尔物理学奖
VEPP-IV	BINP，新西伯利亚	苏联	1970—1978	1979—1985	单储存环 周长：366 m	11	—
CESR	康奈尔大学	美国	1977—1979	1979—2002	单储存环 周长：768 m	12	第一次观察到 B 衰变
PETRA	DESY	德国	1975—1978	1978—1986	单储存环 周长：2 km	46	发现了胶子
PEP	SLAC	美国	1974—1980	1980—1990	单储存环 周长：2 km	32	—
TRISTAN	KEK	日本	1981—1986	1987—1995	单储存环 周长：3 km	64	—
SLC	SLAC	美国	1983—1987	1988—1998	直线对撞机 长度：3.2 km	100	世界第一台直线对撞机
LEP	CERN	欧洲	1983—1989	1989—1998	单储存环 周长：27 km	91	精确测量了 Z 玻色子和 W 玻色子的质量
LEP-II	CERN	欧洲	1990—1999	1999—2000	单储存环 周长：27 km	209	正负电子对撞机能量的最高纪录为 209 GeV

1.2　质子对撞机

在过去几十年里,质子-质子对撞机及质子-反质子对撞机成了高能物理研究非常重要的工具,不仅推动了高能物理前沿研究的发展,同时极大地促进了加速器物理与技术方面的创新发展。相比于电子-正电子对撞机,质子对撞机难度更高,投资更大,在过去的 50 年里,建成了 ISR、SppbarS、Tevatron、RHIC 及 LHC 共 5 个大型质子对撞机[13]。本节回顾了质子对撞机的发展历史,对质子对撞机的概念提出、多个大型质子对撞机的基本参数及历史发展情况进行了梳理。

1919 年,英国科学家卢瑟福利用天然放射源中的 α 粒子束轰击厚度仅为 0.000 4 cm 的金属箔,实现了历史上第一个人工核反应。通过靶后放置的硫化锌荧光屏测得粒子散射的分布,从而发现原子核本身存在结构。这一发现使人们开始利用粒子作为炮弹来研究物质基本结构。1960 年,意大利科学家陶歇克首次提出了对撞机原理,并在意大利的 Frascati 国家实验室建成了直径约为 1 m 的 AdA 对撞机,从此开辟了利用对撞机研究物质结构的新时代。随着加速器能量的不断提高,人类对微观物质世界的认识逐步深入,粒子物理研究取得了巨大成就。

在传统的加速器中,当我们加速一个粒子到额定能量来撞击粒子靶并与静止状态的粒子进行对撞,由于动量守恒,粒子获得的绝大部分能量将用于保持入射粒子方向的运动,只有很小一部分能量用于新粒子的产生。在相对论近似下,有用的能量只有 $E_{cm} \approx \sqrt{2m_0 c^2 E}$ 。

对于头对头对撞的相同能量粒子,所有的能量都是有用的,在这种条件下,能量将不会用来使粒子保持特定方向。因此,为了探究更高能量的物理现象,大型质子对撞机采用了更高效的头对头对撞模式。

自世界上第一台质子-质子对撞机 ISR 于 1970 年在 CERN 首次对撞成功后,人们制造了多台不同能量的环形强子对撞机并开展粒子物理研究。2012年 7 月 4 日,CERN 宣布在大型强子对撞机(LHC)上发现希格斯玻色子之后,中国科学家提出了建造环形正负电子对撞机希格斯工厂(CEPC),并在同一隧道中建造超级质子-质子对撞机(SppC)。CERN 也提出了建造未来环形质子-质子对撞机(FCC-hh)的设想。SppC 和 FCC-hh 将是人类通过能量前沿的质子-质子对撞实验对标准模型内外的新物理进行发现性探索研究的途径。

1.2.1　交叉储存环

1963 年,CERN 提出建设交叉储存环(intersecting storage ring, ISR)。ISR 于 1966 年开始建设,1970 年建成,1971—1984 年运行。ISR 周长为 943 m,拥有两个独立交错的环,共 8 个交叉点。这是人类建造的第一个质子对撞机。

图 1-14 为 ISR 的布局图,ISR 由两个直径为 300 m 的交叉质子同步辐射环组成,共 8 个成约 15°夹角的交叉点对称分布在环上,束线采用 FODO 单元结构。ISR 的设计目标是达到 4×10^{30} cm^{-2}·s^{-1} 的亮度,为了达成这个目标,ISR 采用堆积连续脉冲束流的方式提高束流流强。束流可以在环中保持 36 h。表 1-2 为 ISR 参数表。

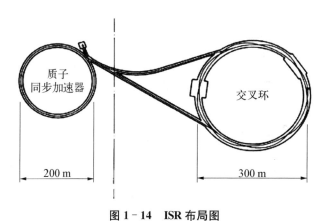

图 1-14　ISR 布局图

表 1-2　ISR 参数表

参　数　名　称	参　数　值
环的数量	2
环的周长/m	942.66
对撞点数	8
长直线节的长度/m	16.8
对撞点处的交叉角/(°)	14.788 5
束流的最大能量/GeV	28
亮度的期望值(每个对撞点)/(cm^{-2}·s^{-1})	4×10^{30}
磁铁(单环)	
最大磁场强度/kGs	12
电磁线圈的最大电流/A	3 750

(续表)

参 数 名 称	参 数 值
最大功耗/MW	7.04
磁铁周期数	48
超周期数	4
钢的总重量/t	5 000
铜的总重量/t	560
高频系统(单环)	
射频腔的数量	6
谐波数	30
RF 的中心频率/MHz	9.53
每圈最大峰值 RF 电压/kV	20
真空系统	
真空室材料	低碳不锈钢
真空室内部尺寸/mm^2	160×52
对撞区域外的设计压力/torr*	10^{-9}
对撞区域内设计压力/torr	$10^{-11} \sim 10^{-10}$

* 1 torr＝1 mmHg＝1.333 22×10^2 Pa。

1.2.2 质子-反质子对撞机

在 20 世纪 60 年代末期,专家已经构想出 400 GeV 质子固定靶物理,1976 年,SPS 开始运行。在那个时候,它的束线架构非常先进,由 108 个 FODO 单元构成,并采用不同功能的磁铁,这使得 400 GeV 的质子数可以约束在长为 6.9 km、平均半径为 1 100 m 的加速器环中。

最早提出将 SPS 改造成一个质子-反质子对撞机的设想的是 Carlo Rubbia,他在固定靶开始运行时就提出了这个想法。与质子-质子对撞机需要两个环不同的是质子-反质子对撞机只需要一个环,这是由于质子与反质子拥有相反的电荷,这两种粒子可以运行在同一个环中。将 SPS 改造成对撞机的方案在 1978 年开始实施,建造了一个新的传输线 TT70 用于向 SPS 中注入逆时针方向的反质子束,质子注入也升级到 26 GeV[14]。SppbarS 的主要实验是 UA1 与 UA2。1983 年,在此装置上人们发现了 W 玻色子与 Z 玻色子,Carlo Rubbia 也因此与 Simon van der Meer 一起获得了 1984 年的诺贝尔物理学奖。图 1-15 为 SppbarS 布局图,表 1-3 给出了 SppbarS 的参数及其变化。对撞机束流的设计能量为 270 GeV,到 1985 年束流能量则提升到 315 GeV。

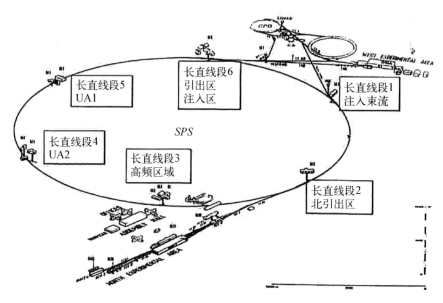

图 1-15　SppbarS 布局图

表 1-3　SppbarS 参数变化表

参 数 名 称	双环设计值	1982	1983	1984	1985
束流能量/GeV	270	273	273	315	315
β_H/m	2.0	1.5	1.3	1.0	1.0
β_V/m	1.0	0.75	0.65	0.5	0.5
$N_p/10^{11}$ 个	1.0	1.0	1.5	1.6	1.6
$N_{\bar{p}}/10^{11}$ 个	1.0	0.1	0.1	0.2	0.2
束团数/个	6	3	3	3	3
平均每天积分亮度/(cm^{-2}·s^{-1})	—	0.4	1.8	5.1	5.8
平均每年积分亮度/(cm^{-2}·s^{-1})	—	28	153	395	655
峰值亮度/(10^{29} cm^{-2}·s^{-1})	10.0	0.5	1.7	3.5	3.9
计划运行时间/h	—	1 750	2 064	2 136	2 688
实际运行时间/h	—	748	889	1 065	1 358
运行数量		56	72	77	80
平均运行时间/h		13	12	15	17
运行故障率/%	—	41	40	32	18

1.2.3 万亿电子伏特加速器

万亿电子伏特加速器(Tevatron)是 20 世纪 80 年代在费米第一个粒子加速器的基础上建成的[15]。它位于一个周长为 6.3 km 的圆形隧道中。1987年,Tevatron 开始运行在质子-反质子对撞模式,即 900 GeV 的质子与900 GeV 的反质子进行对撞,产生 1.8 TeV 的对撞能量。1999 年,原来的主环替换成一个新的预加速装置,即拥有 3.3 km 长磁铁的主注入器。这个主环将Tevatron 的对撞粒子数目提高到了原来的 10 倍。Tevatron 的首个发现是在1995 年发现顶夸克,通过 1.8 TeV 的质子-反质子对撞实验,科学家们推测出了顶夸克的存在。

在 2009 年之前,Tevatron 一直保持着世界最高能量的粒子加速器纪录。位于 CERN 的大型强子对撞机建成后,这一纪录才被 LHC 打破,Tevatron 于 2011年关闭。图 1-16 为 Tevatron 的布局图。表 1-4 为 Tevatron 的参数表。Tevatron 的设计与实际运行参数列于表 1-5 中。到 1989 年 Tevatron 的亮度从设计的 1×10^{30} cm^{-2} · s^{-1} 提高到了 1.6×10^{30} cm^{-2} · s^{-1}。

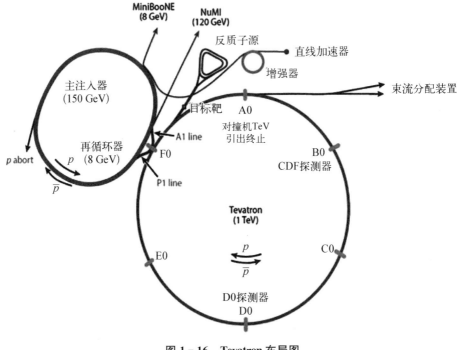

图 1-16   Tevatron 布局图

表 1 - 4 Tevatron 参数表

参 数 名 称	BS	MI	RR	DB	AA	TeV
粒子种类	p	p, pbar	pbar	pbar	pbar	p, pbar
周长 C/m	474	3 319	3 319	505	474	6 283
注入能量 E_{inj}/GeV	0.4	8	8	8	8	150
峰值能量 E/GeV	8	150	8	8	8	980
回旋周期/s	1/15	2.2	—	2.2	84
谐波数 h	84	588	—	90	84	1 113
临界能量 γ_t	5.5	21.6	20.7	7.7	6.2	18.6
最大的 RF 电压 V_{RF}/MV	0.75	4.0	0.002	5.1	0.04	1.4
单元中最大的 β/m	34/20 (h/v)	57	55	16	52/40	100
对撞点处的 β^*/m	—	—	—	—	—	0.28
最大的色散函数 D_x/m	3.2	2.2	2	2.1	9	8
工作点 Q_{xy}	6.7	22.42	25.45/24.46	9.76/9.78	6.68/8.68	20.59
弯转磁铁长度/m	2.9	6.1/4.1	4.3/2.8	1.6	1.5/3/4.6	6.1
半个单元的长度/m	19.76	17.3	17.3	4.4	—	29.7
每个单元中的弯转磁铁数	4	4	4	2	—	8
弯转磁铁总数	96	300	344	66	24	774
每个单元的相移/(°)	96	90	79/87 (v/h)	60		68
单元的种类	FOFDOOD	FODO	FODO	FODO	—	FODO

说明：BS 表示增强器（booster），MI 表示主注入器（main injector），DB 表示散束器（debuncher），AA 表示反质子加速器（antiproton accelerator），RR 表示回收装置（recycler），TeV 表示万亿电子伏特加速器（Tevatron），p 表示质子，pbar 表示反质子。

表 1-5 Tevatron 设计与实际运行参数(1988—1989 年)

参 数 名 称	Tevatron 设计指标	1988—1989 年的实际状况
质心系能量/GeV	1 800	1 800
每个束团中的质子数 N_p	6×10^{10}	7.0×10^{10}
每个束团中的反质子数 N_a	6×10^{10}	2.9×10^{10}
束团数 N_b	3	6
反质子总数	18×10^{10}	17×10^{10}
质子发射度(rms,归一化),$\varepsilon_{pn}/(\pi mm \cdot mrad)$	3.3	4.2
反质子发射度(rms,归一化),$\varepsilon_{an}/(\pi mm \cdot mrad)$	3.3	3
对撞点的 beta 函数 β^*/cm	100	55
亮度/$(cm^{-2} \cdot s^{-1})$	1×10^{30}	1.6×10^{30}

1.2.4 相对论型重离子对撞机

早在 1983 年,在美国核科学长期规划中就产生了建造相对论型重离子对撞机(relativistic heavy ion collider,RHIC)的想法,基于此,1987 年美国能源部(Department of Energy,DOE)开始支持 RHIC 的研究设计(R&D)工作[16]。设计目标直接聚焦于用于对撞机主环的超导磁铁,同时包括对撞机的概念设计与相关的加速器物理问题。RHIC 的实际建设从 1991 年开始,在 3.8 km 周长的隧道内建设双环的超导强子对撞机,从 AGS 向 RHIC 提供注入。已存在的质子加速器则用于提供极化质子束。RHIC 的建设于 1999 年完成,重离子对撞机于 2000 年开始运行。2001 年,质子-极化质子对撞模式开始运行。对撞机利用 4 个 Siberian Snake 结构保持束流的极化,每一个 Snake 结构提供 $180°$ 自旋变化。这些 Snake 结构可以加速、存储与对撞极化质子束,提供了一个独特的实现极高质心能量自旋物理研究项目的机会。表 1-6 为 RHIC 参数表,图 1-17 为 RHIC 布局图。

表 1 - 6　RHIC 参数表

参 数 名 称	参 数 值
金离子从注入到引出的束流能量/(GeV/u)	8.86~100
质子从注入到引出的束流能量/GeV	23.4~250
亮度(平均每 10 个小时,束流能量为 100 GeV/u 的金离子)/(cm^{-2} • s^{-1})	2×10^{26}
每个环中的束团数	56
每个束团中的金离子数	1×10^{9}
金的运行寿命(在 $\gamma < 30$ 时)/h	约 10
周长/m	3 833.845
弧区束流的分离距离/cm	90
交叉点数量	6
交叉点的自由空间/m	± 9
对撞点处的 beta 函数/m	10 和 1
最大的归一化交叉角/mrad	0(1.7)
工作点,水平/垂直	28.18/29.19
临界能量,γ_{T}	22.89
注入能量下的磁刚度 B_{ρ}/(T • m)	81.114
最大能量下的磁刚度/(T • m)	839.5
弧区二极磁铁的弯转半径/m	242.781
二极磁铁数	396
四极磁铁数	492
Au(100 GeV/u)的二极磁铁场强/T	3.458
弧区二极磁铁的有效长度/m	9.45
弧区二极磁铁的物理长度/m	9.728
二极磁铁电流流强/kA	5.093
弧区四极磁铁梯度/(T/m)	71
弧区四极磁铁的有效长度/m	1.11
弧区磁铁线圈内径/cm	8
束管内径/cm	6.9
氦制冷剂的工作温度/K	4.6
4 K 下的制冷能力/kW	24.8

(续表)

参 数 名 称	参 数 值
整个系统的冷却时间/d	约 7
常温束流管的真空度/mbar	约 7×10^{-10}
每个环的填充时间/min	>1
注入时 Kicker 的强度/T·m(共 4 个单元,95 ns)	0.186
高频电压/kV($h=360$)	600
高频电压/MV($h=2\,520$)	6
加速时间/s($\mathrm{d}B/\mathrm{d}t=240$ Gs/s)	130
储存束流的总能量/kJ	约 200
引出 Kicker 的强度/T·m(共 5 个单元)	1.34

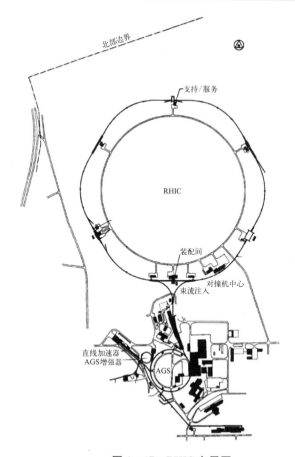

图 1-17 RHIC 布局图

1.2.5　大型强子对撞机

早在 1977 年,在 LEP 的隧道内建造一个强子对撞机的想法就已经出现了,1984 年开始组织强子对撞机研讨会进行相关研究。1994 年,LHC 项目获得 CERN 成员国的批准,并在 1998 年开始建设,于 2008 年建成[17]。LHC 位于地下约 100 m 深、周长为 26.7 km 的隧道内。该隧道位于法国与瑞士边界。2008 年,LHC 建成后经历了一系列故障,包括磁铁失去超导特性、磁铁打火等,经过修复、改进及再试运行,LHC 终于在 2009 年 11 月恢复。2010 年初,LHC 开始在 3.4 TeV 能量的第一轮长周期取数,2010 年 10 月,其亮度达到 2×10^{32} cm^{-2} · s^{-1}。2012 年,CERN 宣布 LHC 发现希格斯玻色子。图 1-18 为 LHC 布局图,图 1-19 为 CERN 的加速器总体布局,包括 LHC 及其注入器。表 1-7 列出了 LHC 的主要参数。

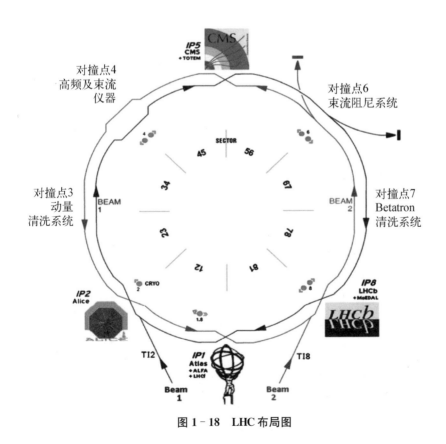

图 1-18　LHC 布局图

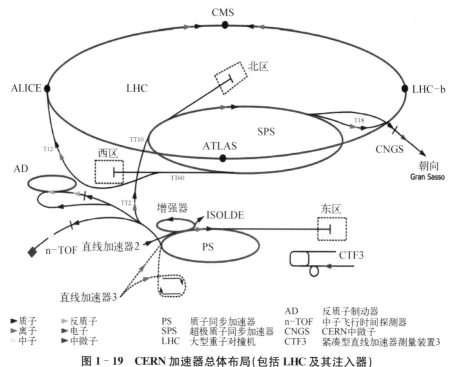

图 1-19 CERN 加速器总体布局(包括 LHC 及其注入器)

表 1-7 LHC 主要参数

参 数 名 称	参 数 值
周长/m	26 659
二极磁铁运行温度/K	1.9
Lattice 类型	FODO 2-in-1
RF 频率/MHz	400.8
400 MHz 高频系统的电压/MV	16(7 TeV 能量下)
RF 腔的数量(每束)	8
质子的能量/TeV	7
对撞时的动量/(TeV/c)	7
注入时的动量/(GeV/c)	450
二极磁铁的峰值磁场/T	8.33
主二极磁铁的流强/A	11 800
弯转半径/m	2 803.95

（续表）

参　数　名　称	参　数　值
最小束团间距/m	约为 7
束团长度/ns	25
设计亮度/$(cm^{-2} \cdot s^{-1})$	10^{34}
质子束流的束团数	2 808
每个束团中的质子数（初始）	1.15×10^{11}
束流的平均流强/A	0.54
每秒钟运行圈数/(r/s)	11 245
储存的束流能量/MJ	360
束流寿命/h	10
平均穿越率/MHz	31.6
每秒钟的对撞次数/$(\times 10^8/s)$	6
同步辐射功率/kW	约为 6
对撞点的交叉角/μrad	300
发射度 ε_n/(mm · μrad)	3.75
β^*/m	0.55

在 LHC 质子运行的 2010—2012 年间，对撞峰值亮度逐年提高，积分亮度也有了巨大提升，如图 1-20 和图 1-21 所示。

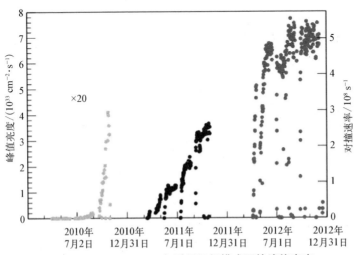

图 1-20　2010—2012 年质子运行模式下的峰值亮度
（其中 2010 年的数据放大了 20 倍）

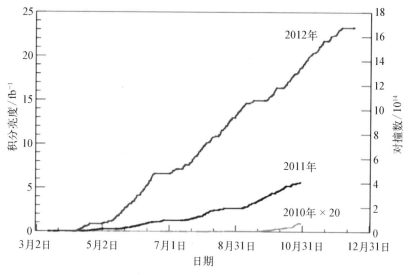

图 1-21　2010—2012 年质子运行模式下的积分亮度
（其中 2010 年的数据放大了 20 倍）

在过去的 50 年里,质子-质子及质子-反质子对撞机相继建成并成为了发现新物理问题的强有力工具。通过这些大型对撞机,实现了 W 玻色子与 Z 玻色子、顶夸克及希格斯玻色子等一系列重大物理发现,对解释标准物理模型及质量的本质提供了重要帮助。目前质子对撞机的发展仍未止步,仍然在继续朝着更高的能量、更高的亮度发展,欧洲提出的 FCC 及中国提出的 SppC 为未来质子对撞机的发展提出了一个新的重要方案。

1.3　电子-质子对撞机

自从 1991 年德国 DESY 的环形电子-质子对撞机 HERA 实现了质子-电子对撞,其后又完成了质子与正电子的对撞后,轻子-重子对撞机成为了人类研究微观世界的新工具[18]。美国布鲁克海文国家实验室(BNL)和杰斐逊国家实验室(Jlab)分别提出 eRHIC 和 JLIEC 两台电子与重离子对撞机。中国科学家计划在 CEPC 及 SppC 实验结束后进行 CEPC 与 SppC 相结合的电子-质子对撞计划。CERN 也有将一台回收型电子加速器能量与 FCC-hh 结合进行电子-质子对撞的计划。本节主要对 DESY 的电子-质子对撞机进行介绍。

1977 年,CERN 与 DESY 都向欧洲未来加速器委员会(ECFA)提出了建造电子-质子对撞机的想法。后来建议 CERN 建造电子-正电子对撞机,

ECFA 建议 DESY 建造电子-质子对撞机。1981 年,DESY 提出了正式的方案。1991 年,HERA 实现了质子-电子对撞,后来也实现了质子与正电子对撞。1994 年,HERA 安装了第一对自旋旋转器,使得电子环东直线段实现了纵向极化。

　　HERA 是一个双环加速装置,电子与质子储存环位于地下 $15\sim20$ m 深的隧道内。隧道由 4 段直线段与 4 段弧线段组成,如图 1-22 所示。地下实验大厅位于直线段;在弧线段,质子机器安装在电子机器上。表 1-8 给出了 HERA 的主要设计参数。

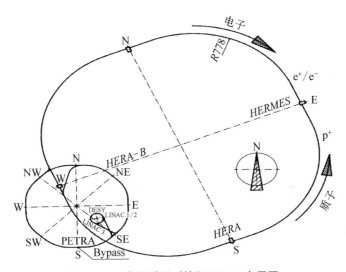

图 1-22　电子质子对撞机 HERA 布局图

表 1-8　HERA 主要设计参数

参　　数	e^+/e^-	p^+
周长 L/m	6 335.82	6 335.82
注入动量 p_0c/GeV	12	40
设计动量 p_Nc/GeV	30	820
质心系能量 E_{cm}/GeV	314	314
束团数 N	210	210
Buckets 数 N_B	220	220
平均束流流强 I/mA	58	163

（续表）

参　　数	e^+/e^-	p^+
每个 IP 处的亮度/(10^{31} cm^{-2} · s^{-1})	1.5	1.5
特征亮度/(10^{29} mA^{-2} · cm^{-2} · s^{-1})	3.3	3.3
直线段的长度/m	4×361.4	4×361.4

表 1 - 9 给出了 HERA 主要机器参数随着时间的发展变化规律。

表 1 - 9　HERA 主要机器参数的发展变化

参　　数　　时　期	1992	1993	1994	1995	1996
质子的束团数	210	10	90	170	180	180
电子的束团数	210	12	94	168	189	189
参与对撞的束团数	210	10	84	153	174	174
质子动量 p_0/(GeV/c)	820	820	820	820	820	820
质子流强 I_0/mA	163	2	—	54	73	80
电子动量 p_0/(GeV/c)	30	26.67	26.67	27.52	27.52	27.52
电子流强 I_0/mA	58	3.4	—	36	37	40
特征亮度 L_{sp}/(10^{29} mA^{-2} · cm^{-2} · s^{-1})	3.33	—		4.0	5.0	6.0
亮度 L/(10^{31} cm^{-2} · s^{-1})	1.5	—		0.4	0.7	0.8
完成的积分亮度 $\int L\mathrm{d}t$ /pbarn^{-1}	(50)	0.06	1.1	6.2	12.3	15
纵向极化度 P_0/%	—	—		65	70	70

1.4　μ 子对撞机

对未知世界的好奇、对真理的孜孜追求是推动人类文明发展的重要动力。伽利略研磨了透镜,把人类的视野延伸到太阳系外,观测远距离大尺度的宇宙天体。进而,科学家又把注意力转向小尺度物质时空。自普朗克撞开量子大门,人类对微观世界的研究思维发生了革命性的变化。从量子力学到量子电动力学,再到量子色动力学,然后到电弱统一理论,建立标准模型,物理学研究内容不断丰富。

标准模型是粒子物理研究领域的重大成就,理论的预言结果经受住了精度达到千分之一的实验检验。CERN 的超级质子同步加速器(SPS)发现了 W 玻色子和 Z 玻色子,在大型强子对撞机(LHC)上发现了希格斯玻色子,这些都有力地支撑了标准模型的可信性。然而,还存在着一系列悬而未决的问题:暗物质、暗能量的本质,宇宙演化过程中出现正反物质不对称性的原因,中微子是马约拉纳(Majorana)粒子还是狄拉克(Dirac)粒子,时空维数在高能区域是否会增加或者减少,等等。这些问题表明,标准模型还远远不是一个终极的理论。存在超出标准模型的新物理问题已是不争的事实,因此,建造高能量的加速器用来探索和甄别新物理问题以及发现新粒子变得格外重要与紧迫。

继 LHC 之后,高能量前沿在轻子对撞机方面有几个发展方向:质心能量上限为 1 TeV 的国际直线对撞机(ILC),3 TeV 的紧凑型直线加速器(CLIC),CEPC 希格斯工厂,SppC,FCC(ee,hh)及几个太电子伏特的 μ 子对撞机。其中,μ 子对撞机在能量前沿方面的潜力巨大,可以一直延伸至 20 TeV,为研究几十太电子伏特量级的物理问题提供了可能。然而,μ 子对撞机技术成熟程度相对于 ILC、CLIC、CEPC 等轻子对撞机来说还不是十分成熟,可以作为上述对撞机下一代轻子对撞机的选项[19]。

1.4.1　μ 子对撞机及中微子工厂

基础物理学的研究有三个相互关联的前沿领域,即高能量前沿、高流强前沿和宇宙学前沿。μ 子对撞机是高能量前沿的发展方向,而与 μ 子对撞机密切相关的中微子工厂同时涉及高流强前沿与宇宙学前沿。因此,μ 子加速器的发展对这三个前沿领域的发展都非常重要。高能粒子加速器是研究粒子物理的重要实验工具。CERN 的大型强子对撞机(large hadron collider,LHC)是目前世界上对撞能量最高的加速器,设计质心对撞能量最高达到 14 TeV。由于强子对撞机有很强的 QCD 背景噪声,给实验物理学家带来很多不便。而且,由于辐射损失的限制,环形正负电子对撞机较难达到很高的对撞能量。直线对撞机似乎是目前向高能量前沿发展的较好选择。然而,

环型 μ^+-μ^- 对撞机提供了另一种选择。μ 子是第二代轻子,质量是电子的 206 倍,固有寿命是 2.2×10^{-6} s,其他性质与电子基本类似。这使得 μ^+-μ^- 对撞机有许多突出的优点。从物理上讲,μ^+-μ^- 对撞机直接产生希格斯玻色子的能力是电子对撞机的 40 000 多倍。同时,高能 μ^+-μ^- 对撞机的能散可以达到 0.01%(ILC 的能散为 0.1%),拥有更好的能量分辨率,这是电子对撞机目前难以做到的。并且,μ^+-μ^+ 对撞与 μ^--μ^- 对撞的实验也较容易实现。从加速器技术上讲,由于同步辐射损失的限制,高能正负电子对撞机不得不向直线发展。但是,μ^+-μ^- 对撞机采用环型,不仅可以达到高能量,而且尺寸比正负电子对撞机小得多,这也使得 μ^+-μ^- 对撞机在造价上可能会更低。然而,μ^+-μ^- 对撞机也有它的局限性,一是难以兼顾高极化束对撞与高亮度的要求,二是 μ 子会衰变产生本底,三是目前尚不可升级用来做 γ-γ 或 μ-γ 对撞的实验。μ^+-μ^- 对撞机并不与诸如国际直线对撞机(ILC)这些项目相矛盾,而是作为它们的补充,填补高能物理实验在 μ^+-μ^- 对撞这一领域的空白。μ^+-μ^- 对撞机是一个非常复杂的实验装置,其包含的主要部分如图 1-23 所示。

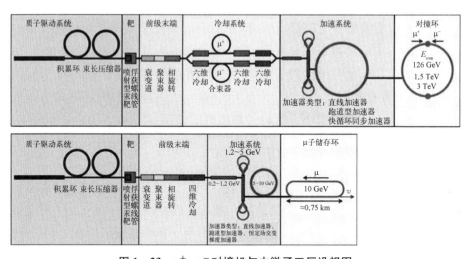

图 1-23 μ^+-μ^- 对撞机与中微子工厂设想图

1.4.1.1 质子驱动系统

它能够提供大量的 μ 子。目前采用的方法是利用短脉冲强流质子束轰击靶材产生 $\pi^\pm$ 介子(简称 $\pi^\pm$ 子),由于 $\pi^\pm$ 子寿命很短(约为 10^{-8} s),它们很快衰变为 μ 子,如图 1-24 所示。

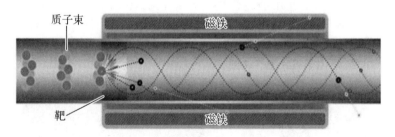

质子束

磁铁

靶

磁铁

图 1-24　质子打靶产生 μ 子过程示意图

1.4.1.2　粒子靶与收集系统

在打靶的过程中,利用俘获线圈(螺线管磁场)约束末态粒子,保证绝大部分粒子不会丢失。$\pi^{\pm}$ 子在这一部分几乎全部衰变成 μ 子。在打靶实验中,有大量的质子残留,同时质子打靶还会产生一些不期望的粒子[如中子、K 介子(简称 K 子)等],需要滤除这些粒子以得到较纯的 μ 子束流。需要说明的是,虽然 K 子也可以衰变产生 μ 子,却只是 π 子产生 μ 子产量的 10%,而且由 K 子产生的 μ 子横向动量非常大,不利于收集利用。模拟计算表明,可被下一级系统接收的 μ 子只有 1% 来自 K 子的贡献。理论计算给出,平均一个 π 子最多只能产生 0.95 个可利用的 μ 子。

1.4.1.3　聚束和相旋转系统

在一定的能散区域,用加速单元收集尽可能多的粒子。有两种手段可以实现:① 采用高频腔方法(RF approach),要求离靶近(几米)、频率足够高(减小腔的尺寸);μ 粒子通过后,基本已经匹配,不需要压缩束长。② 采用自感应加速方法(induction approach),要求靶与第一个加速单元之间有漂移节,用于匹配束流脉冲长度与加速系统的波长。μ 子通过这个结构之后,需要先压缩束长,再进行冷却。这里主要是对俘获的 μ 子进行聚束,并减小束团的能散。

1.4.1.4　冷却系统

由于 μ 子的质量比电子大 206 倍,μ 子没有显著的辐射阻尼效应,因此不能采用辐射阻尼。同时,μ 子的寿命很短,传统的随机冷却(stochastic cooling)与电子冷却(electron cooling)不再适用。为了得到高品质的束流,目前唯一有希望对 μ 子进行冷却的方法是电离冷却(ionization cooling),具体过程如图 1-25 所示。大发射度的 μ 子与液态的锂或铍发生相互作用,减小 μ 子的动量,再通过高频腔补充 μ 子的纵向动量,总体效果是有效地减小了

μ子的横向动量。经过几个这样的冷却结构后,基本可以达到冷却束流的要求。

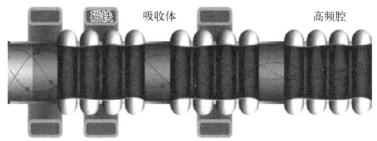

图 1 - 25　电离冷却示意图

1.4.1.5　加速系统

根据相对论效应,粒子在实验室坐标系中的寿命会比固有寿命长(在 1 TeV 的能量下,μ子寿命约为 0.022 s)。为了让μ子在衰变前完成对撞,需要在短时间内将μ子加速到很高的能量。针对不同的实验设计方案,可以采用跑道形加速结构或快循环同步加速结构方案。跑道形加速结构的主要缺点是造价太高,快循环同步加速结构则要求磁场变化足够快。高频腔是加速系统的重要组成部分,对于不同速度的 μ 粒子,采用不同的加速频率。Snowmass96 上的设计是选择高频为 100 MHz、350 MHz、800 MHz 和 1 300 MHz,分别将μ粒子从 1 GeV 加速到 9.6 GeV,再到 70 GeV,直至最终 2 TeV 的设计能量。

1.4.1.6　对撞系统

我们需要保证μ+ 和μ- 束流在实验选定的能量下完成对撞(目前的设计方案有质心能量为 126 GeV 的希格斯工厂,以及 1.5 TeV、3 TeV 和 6 TeV 三种高能量对撞机),同时要求达到指定的亮度(10^{34} cm^{-2} · s^{-1} 以上)。

基于μ子加速器的中微子工厂采用跑道形的μ子储存环,通过μ子的衰变,在特定方向上产生高通量的中微子,由远距离的接受站探测其各种属性,为解释中微子质量以及参与弱相互作用的机理提供更多的信息。中微子工厂与μ子对撞机的前级是基本相同的,都需要高能强流质子束打靶,获得大量的μ子,再通过超导螺线管进行收集。所不同的是,出了前级末端之后,中微子工厂只需要采用 4D 冷却(束流横向相空间冷却)加速μ子到 10 GeV 左右,再控制μ子衰变产生高通量的中微子。英国设想的中微子工厂计划将产生的高通量中微子传输到日本的超级神冈（Super-Kamiokande，SK）和意大利的格兰萨索国家实验室（Laboratori Nazionali del Gran Sasso，LNGS）。

1.4.2　μ 子加速器面临的技术挑战

现阶段，建造一台 μ 子加速器面临着许许多多的挑战。在现有的理论框架下，技术的发展起着决定性的作用。主要体现在以下几个方面。

首先，μ 子的获得不容易，需要高能的强流（MW 级）质子束打靶产生 $\pi^{\pm}$ 子，再由 $\pi^{\pm}$ 子衰变得到 μ 子，最后由螺线管磁场俘获 μ 子。目前，国内外大力发展的散裂中子源（spallation neutron source，SNS）基本上可以满足前级质子驱动系统在功率上的要求，而且正在大力发展的加速器次临界驱动系统（accelerator driven system，ADS）也向着数十兆瓦的束流目标前进。同时，如何提高 μ 子的产额也是非常重要的。理论研究表明，当打靶的质子束能量小于 3 GeV 时，π 子的产额很低，而且得到 π^{+} 子和 π^{-} 子的产量严重不对称。而且，靶的厚度也影响了 π 子的产额。由此可见，建造一台满足打靶要求的高能强流质子加速器是建造 μ 子加速器的第一步。并且，选取和制作合适的靶材也是非常值得探究的。

其次，打靶产生的 μ 子发射度很大，必须进行冷却。传统的冷却技术太慢，目前电离冷却技术是最有希望的。然而，应用电离冷却在 μ 子加速器上还面临一系列的挑战。主要有以下两点。

（1）电离冷却需要能在强磁场下工作的高梯度高频腔。但实验观测表明，在强场下工作的高频腔会出现打火。虽然目前还没有能够完全胜任的高频腔，但是正在试验几种可行的方案：① 对高频腔进行表面处理，添加特殊的表面涂层，还可以采用超导腔中的洁净技术；② 在腔体中填充高压氢气，其中氢气还可以充当吸收体；③ 采用特殊的腔体形状，沿着磁铁排列，使得磁力线与高频电场尽量平行。

（2）μ 子冷却系统中需要的磁场强度超过 30 T，目前唯一可行的方法是采用高温超导（high temperature superconductivity，HTS）技术。对于这个问题，费米实验室的技术部已经完成了高温超导技术的研发，相信不久之后会有更大的进展。尽管如此，经过电离冷却系统的 μ 子束流的发射度（束团在相空间所占的面积）依然很大，约为 0.03 mrad。μ 子加速器在束流冷却方面的研究还存在非常广阔的上升空间，迫切地希望新的冷却原理的出现以及技术上的重大突破。

再次,由于 μ 子是打靶产生的粒子衰变得到的,μ 粒子的极化度很低。如果想要得到高极化的 μ 子束流,可以人为选择特定能量的 π 子,再选择与之能量相近的 μ 子。但是这样一来,用于对撞的 μ 子将会变得更少,严重影响 μ 子对撞机的亮度。庆幸的是,作为希格斯工厂的 μ 子对撞机,束流不会穿越自旋退极化共振线,减少了设计上的困难。

1.4.3 μ 子加速器的发展历史与现状

从 20 世纪 60 年代起,关于 μ 子对撞机的设想就由不同的科学家在不同的年代反复提出[坦洛(Tinlot,1960)、吉洪诺夫(Tikhonin,1968)、布德克尔(Budker,1969)、斯克林斯基(Skrinsky,1971)、诺伊弗(Neuffer(1979)]。直到 1981 年,斯克林斯基(Skrinsky)和帕克霍姆楚克(Parkhomchuk)成功实现了电离冷却(ionizatin cooling),使得建造一台高亮度的 μ 子对撞机成为可能。此后,μ 子加速器开始受到关注。

μ 子对撞机合作组成立于 1996 年,由 100 多位粒子物理学家和加速器科学家以及工程师共同组成。这一批致力于 μ 子对撞机研究的科学工作者主要来自美国的国家重要实验室以及部分大学。1996 年 7 月,μ 子对撞机合作组完成了"μ 子对撞机研究报告"(Snowmass96),两年后,中微子工厂的设想也浮出水面。此后,这个合作组更名为"中微子工厂与 μ 子对撞机合作组"(Neutrino Factory and Muon Collider Collaboration,NFMCC)。1997—2010 年,NFMCC 同时推进中微子工厂(Neutrino Factory,NF)与 μ 子对撞机(muon collider,MC)的设计工作与模拟研究,进行各个子系统的技术研究,并进行验证实验方案的可行性研究。2006 年底,费米实验室的 μ 子对撞机专案组(Muon Collider Task Force,MCTF)的加入使得 μ 子对撞机的研发向前迈进一大步。更重要的是,这使得 μ 子对撞机和中微子工厂在美国得到了更多的重视与支持。到 2009 年为止,NFMCC 和 MCTF,以及其他的国际合作组织(包括 MICE、EMMA、MERIT、IDS-NF),在许多方面都取得了很大的进展,完成了一系列中微子工厂的设计方案,从原理上完成了打靶实验 MERIT,同时也开始测试 μ 子的电离冷却实验(muon ionization cooling experiment,MICE),启动了硬件部分的研制项目,在费米实验室建造了 μ 子冷却的试验区,并在 μ 子冷却的研究方面取得很大的进步。

在这些基础之上,为了满足 μ 子对撞机与中微子工厂的概念设计与技术要求,费米实验室在美国能源部的要求下重新整合 NFMCC 和 MCTF,在 2010 年 8 月启动 μ 子加速器项目(Muon Accelerator Program,MAP),该项目于 2011 年 3 月 18 日正式启动。

按照计划,MAP 预备在 2013—2015 年完成第一阶段的工作,包括确立概念设计(baseline design concepts),明确主要的技术发展方向(主要体现在高频腔与强磁场磁铁上),确定关键性技术的性能指标(如六维冷却单元的标准),同时关注相关测试实验的进展(如 MICE 的四期实验)。二期任务预期在 2016—2018 年内进行,计划完成概念设计的可行性验证,同时加大对 MICE 的投入,并开始筹划六维电离冷却实验。

在管理上,MAP 的组织机构由美国能源部直接领导(见图 1 - 26)。μ 子项目顾问委员会(Muon Program Advisory Committee,MuPAC)向主席直接提供技术上的建议。MAP 的运作由项目负责人直接领导,下设项目管理办公室。同时,学术委员会(institutional board)和技术委员会(technical board)有义务向项目负责人提出政策与技术上的建议。项目负责人以下设立三个"一级"的部门,主要的任务分别是整体的设计与模拟、技术的发展和系统测试。具体工作由 15 个子部门的专家分别研究、实验,并定期交流总结报告。

欧洲国家对 μ 子加速器十分重视。早在 1999—2002 年,CERN 也对 μ 子加速器在理论上进行了比较全面的研究,并给出了初步的研究报告。但由于当时 LHC 的大力推动,对 μ 子加速器的研究一直没有太大的投入。然而,CERN 一直都在支持并参与这方面的研究,随着 LHC 的顺利运行,μ 子加速器很有可能重新得到重视。在 CERN 的 PS 进行的 MERIT 测试实验取得了阶段性的进展,在技术上可以承受重复频率为 70 Hz、束流功率达到 8 MW 的质子束流。同时,在英国的达斯伯里(Daresbury)实验室,基于恒定场交变梯度(fixed field alternating gradient,FFAG)的 EMMA 加速器(EMMA 是非等比的 FFAG,适用于快循环加速)也朝着将其应用在 μ 子加速上不断推进。关于中微子工厂,英国的加速器科学与技术中心(Accelerator Science and Technology Centre,ASTeC)与英国的大学合作,共同研究 μ 子的俘获、冷却及加速等主要技术,在 2011 年已经给出了中微子工厂的中期设计报告,并且预期在 2013 年给出技术设计报告(technical design report,TDR)。

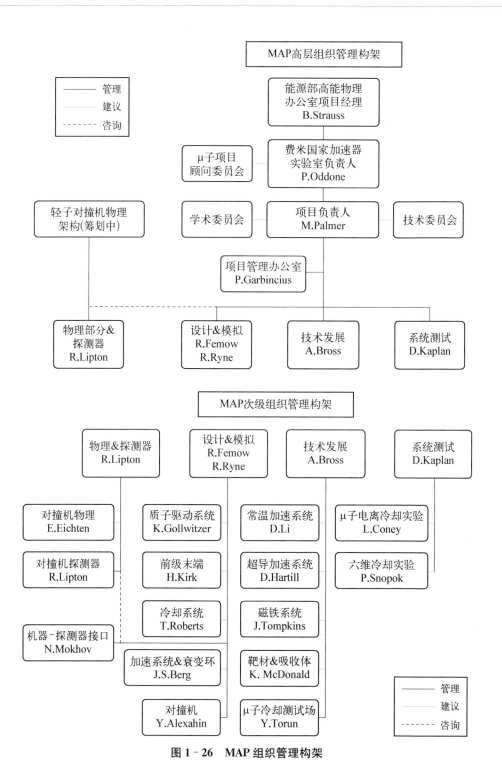

图 1－26　MAP 组织管理构架

1.4.4　μ 子加速器应是我国高能物理学科发展的研究方向之一

μ 子加速器是继大型强子对撞机（LHC）之后，人类在高能量前沿和高流强前沿开展研究的重要科学领域，涉及大量最先进的加速器技术和先进的高科技通用技术。目前国内外大力发展的加速器次临界驱动系统（accelerator driven system，ADS）可以作为产生 μ 子的前级技术。

如今，μ 子加速器在欧美都有或多或少的研究投入，并且已经制订了详细的战略发展规划，积极开展和参与 μ 子加速器的研究与国际合作不仅能为我国高能物理学科的大发展积蓄力量，提升我国相关高科技工业的技术水平和应用水平，而且还有望培养出一支国际一流的科研队伍。中国应该紧跟世界科学发展的脚步，把握世界科学发展的新特点与新方向，做出前瞻性的战略部署，增强我国的核心竞争力，赢得在国际竞争中的主动权，并在关键领域抓住机遇迎头赶上。

参考文献

[1] 高杰,靳松. 能量前沿正负电子对撞机的回顾与展望[J]. 科学通报,2015,60(14): 1251-1260.

[2] Haïssinski J. From AdA to ACO：Reminiscences of Bruno Touschek：LAL-98-103[R]. Frascati：DESY,1998.

[3] Skrinsky A. Accelerator field development at Novosibirsk (history, status, prospects)[C]. Proceedings of the 1995 Particle Accelerator Conference, Dallas, 1995, 1：14-26.

[4] Guyon P M, Depautex C, Morel G. Design of a synchrotron radiation facility for Orsay's ACO storage ring：LURE[J]. Review of Scientific Instruments, 1976, 47 (11)：1347-1356.

[5] Bernardini C. AdA：The first electron-positron collider[J]. Physics in Perspective, 2004,6(2)：156-183.

[6] Criegee L, Knies G. e^+e^- physics with the PLUTO detector[J]. Physics Reports, 1982, 83(3)：151-280.

[7] Goman E, Karnaev S, Plotnikova O, et al. The database of the VEPP-4 accelerating facility parameters[C]. Proceedings of PCaPAC08, Ljubljana, 2008.

[8] Bailey R, Benvenutl C, Myers S, et al. Advance in particle physics：The LEP contribution[J]. Comptes Rendus Physique, 2002, 3(9)：1107-1120.

[9] Kimura Y. From TRISTAN to B -Factory [C]. IPAC10 Special Lectures to Commemorate the 120th Anniversary of the Birth of Yoshio Nishina, Kyoto, 2010.

[10] Seeman J T. The Stanford linear collider[J]. Annual Review of Nuclear and Particle

Science，1991，41：389-428.

[11] 王毅伟. CLIC 主直线加速器束流动力学及 ILC/CEPC 最终聚焦系统束流光学研究 [D]. 北京：中国科学院大学，2013.

[12] Behnke T，Brau J E，Foster B，et al. The International Linear Collider Technical Design Report[M]. Hamburg：DESY，2013.

[13] Scandale W. Reviews of Accelerator Science and Technology[M]. Singapore：World Scientific Publishing Company，2014：9-33.

[14] Evans L. The Proton-Antiproton Collider[M]. Geneva：CERN accelerator school，CERN，1988.

[15] Holmes S D，Shiltsev V D. The legacy of the Tevatron in the area of accelerator science[J]. Annual Review of Nuclear and Particle Science，2013，63：435-465.

[16] Harrison M，Ludlam T，Ozaki S. RHIC project overview[J]. Nuclear Instruments and Methods in Physics Research A，2003，499(2)：235-244.

[17] Wenninger J. The LHC collider[J]. Comptes Rendus Physique，2015，16(4)：347-355.

[18] Wiik B H. Status of Hera[C]. Proceedings of the 5th European Particle Accelerator Conference，Hamburg，1996.

[19] 高杰，肖铭. μ 子对撞机及中微子工厂国际研究现状[J]. 现代物理知识，2013(4)：19-24.

第 2 章
高能粒子对撞机基础

粒子对撞机的想法最初是由一位挪威工程师 Rolf Wideroe 于 1943 年在一份他所提交的专利中提出的。他的想法是：如果粒子可以储存在环中很长时间，则每圈都可以碰撞一次。

实验物理学家在使用粒子对撞机时需要知道每次对撞时自己所关注的物理现象所发生的次数，因此需要知道对撞时单位横向面积(cm^2)每秒所发生的对撞次数，这个量就是对撞亮度，对撞亮度乘以物理现象的散射截面积就是要观察的物理现象数目。因此，对撞亮度是对撞机的核心参数之一。在 ACO 正负电子束-束相互作用限制后，束-束相互作用极限研究就成了粒子对撞机领域的最为核心的研究课题。在对撞机中各种横向、纵向不稳定性也是对撞机设计与运行中的重要研究课题。

2.1 对撞亮度

粒子对撞机根据对撞束流的相互关系可以分为正面对撞和带角度对撞。正面对撞为两个相互对撞的轨道夹角为零，带角度对撞夹角不为零。在多数团正面对撞方案中，为了避免寄生对撞，需要采用麻花轨道，束团总数受到限制，因此亮度受到制约。带角度对撞可以通过独立轨道，对撞束团数大大增加，因而亮度也大大增加。下面我们首先讨论正面对撞情况。

2.1.1 正面对撞

对撞亮度(L)是对撞机的一个重要性能指标，定义为单位反应截面、单位时间内参加反应的粒子数[1]。表示为

$$L = \frac{1}{\sigma_B} \frac{dN}{dt} \qquad (2-1)$$

式中，σ_B 为对撞粒子所参加的反应的截面；亮度 L 的单位为 $\mathrm{cm}^{-2}\cdot\mathrm{s}^{-1}$；$\dfrac{\mathrm{d}N}{\mathrm{d}t}$ 表示单位时间参与对撞的粒子数。

对于最理想的情况，相互对撞的两个束团能量相同，电荷量相等，束团尺寸也相同，亮度可以表示为

$$L=\frac{\pi f_c \gamma^2 \varepsilon_x \xi_x \xi_y (1+r)^2}{r_e^2 \beta_y^*}F(a)=L_0 F(a) \qquad (2-2)$$

式中，γ 为束流的相对论能量；ε_x 为水平方向的束流发射度；f_c 为对撞频率；σ_y 和 σ_x 分别为束团在对撞点处的垂直和水平均方根尺寸；$r=\sigma_y/\sigma_x$ 称为方向因子；$r_e=2.818\times10^{-15}\ \mathrm{m}$，为电子经典半径；$\beta_y^*$ 为对撞点处 y 方向的束流包络函数；$a=\beta_y^*/\sigma_z$；ξ_x 是水平束流工作点偏移；ξ_y 是垂直束流工作点偏移。

$\xi_{x,y}$ 为束-束作用参数，其定义为

$$\xi_{x,y}=\frac{r_e N \beta_{x,y}^*}{2\pi\gamma\sigma_{x,y}(\sigma_x+\sigma_y)} \qquad (2-3)$$

式中，N 为束团粒子数；$\beta_{x,y}^*$ 为对撞点处的束流包络函数；$\sigma_{x,y}$ 为对撞点处束团的均方根尺寸。

$F(a)$ 为考虑实际束长时对亮度的下降因子，因为在离对撞点小于束团长度的地方，垂直包络函数急剧增大，导致束团在非对撞点处的亮度下降，也称为"沙漏效应"。沙漏因子 $F(a)$ 的表达式为

$$F(a)=\frac{a}{\sqrt{\pi}}\exp\left(\frac{a^2}{2}\right)\mathrm{K}_0\left(\frac{a^2}{2}\right) \qquad (2-4)$$

式中，K_0 为 0 阶 Bessel 函数，且 $F(\infty)\to1$。$F(a)$ 随 a 的变化如图 2-1 所示。

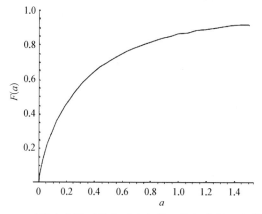

图 2-1　对撞亮度随对撞点垂直包络函数与束长之比的变化

特殊情况下,如

$$r \equiv \frac{\sigma_y}{\sigma_x} = \frac{\beta_y^*}{\beta_x^*} = \frac{\varepsilon_y}{\varepsilon_x} \qquad (2-5)$$

式中,ε_y 为垂直方向的束流发射度;β_x^* 为对撞点处 x 方向的束流包络函数。

若 $\xi_x = \xi_y = \xi$,此时亮度最高,这种情况称为最佳耦合。此时亮度表达式为

$$L = 2.17 \times 10^{34}(1+r)\xi \frac{Ek_b I_b}{\beta_y^*} F(a) \qquad (2-6)$$

式中,E 为能量,GeV;k_b 为单束流中束团个数;I_b 为单束团流强,A;β_y^* 为对撞点处 y 方向的束流包络函数,cm。

2.1.2 带角度对撞

对于带角度对撞,需要引入新参数 Piwinski 角:

$$\Phi = \frac{\sigma_z}{\sigma_{x,y}} \tan \theta_h \qquad (2-7)$$

式中,θ_h 为半交叉角[2];σ_z 为束长;$\sigma_{x,y}$ 为对撞点处束团的均方根尺寸。

正面对撞的亮度表达式在这里仍然适用,只需将亮度公式中的对撞点束团尺寸做如下替换:

$$\sigma_x \rightarrow \sigma_x \sqrt{1+\Phi^2} \quad \left(\Phi = \frac{\sigma_z}{\sigma_x} \tan \theta_h\right) \qquad (2-8)$$

式(2-8)是带水平交叉角的情况。对于带垂直交叉角的情况,该替换改写为

$$\sigma_y \rightarrow \sigma_y \sqrt{1+\Phi^2} \quad \left(\Phi = \frac{\sigma_z}{\sigma_y} \tan \theta_h\right) \qquad (2-9)$$

2.2 束-束相互作用

在对撞机储存环中,当两个束流对撞时,任何一个束流会受到另一个束流的影响,这种影响称为束-束相互作用。这是由于对撞时一个束流会感受到另一个束流给予的空间电荷力。这种效应导致两个束流的流强有一个极限值,从而限制了机器的最高亮度值[3-5]。

2.2.1　正负电子对撞

正负电子束团对撞时,每一个束团中的每一个粒子都受到本身束团所产生的电场和磁场(自场)及另一个束团中的粒子所产生的电场和磁场(外场)的作用。在相对论情况下,自场产生的电场力与磁场力相互抵消,而外场产生的电场力与磁场力大小相等、方向相同。因此,束-束相互作用在高能正负电子对撞机中是外场力的作用,这个力使每一个束团的动量都发生变化。图 2 - 2 表示了一个束团中的单粒子经过另一个束团时,受到的力 f 与横向位移(x 或 y 方向)之间的关系。

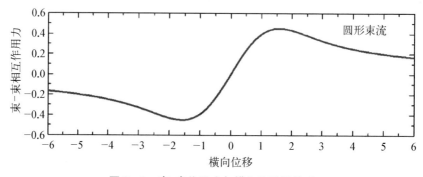

图 2 - 2　束-束作用力与横向位移的关系

从图 2 - 2 中可以看出,当粒子振荡振幅足够小时,受到的力 f 可以认为是线性的,且其作用相当于一个四极磁铁,即粒子受到对面束团的力与本身的横向位移成正比。显然,这样一个四极磁铁是在水平和垂直方向均聚焦的。在对撞点处存在这样一个四极磁铁,则会在水平和垂直方向上都引起横向振荡频率的改变,即束-束频移 $\Delta\nu$ 与束-束作用力的斜率有关。

将束-束作用力进行泰勒展开,第一项为线性项,第二项为八极子项,第三项为十二极子项……所以束-束作用所产生的最低阶非线性为八极场。线性项的作用是产生束-束频移,具有不同位移的粒子产生的束-束频移不同,当横向位移为 0 时,束-束频移最大,就是束-束作用参数 ξ;八极子项及更高阶非线性项的影响是减小动力学孔径及束流寿命,束-束作用对动力学孔径及束流寿命的影响可以通过理论求解得到,具体可参见参考文献[3]。

除了线性频移和动力学孔径的影响外,束-束作用还会导致发射度增长,因为两个束团对撞的时候,束团里的每个电子都感受到对面束团很强的偏转磁场,感受到额外的激发作用,这种"加热"效应与束团粒子数目和束团横向尺寸有关,该束流发射度增大的机制导致了束-束作用参数 ξ 的极限值,从而限制了机器的最高亮度。

2.2.2　质子-质子对撞

与电子对撞类似,质子束-束作用力线性项决定的束-束频移即束-束作用参数表达为

$$\xi_{x,y} = \frac{N r_0 \beta^*_{x,y}}{2\pi\gamma\sigma_{x,y}(\sigma_x + \sigma_y)} \qquad (2-10)$$

式中,$r_0 = \dfrac{e^2}{4\pi\varepsilon_0 mc^2} = 1.54 \times 10^{-18}$ m 为质子的经典半径;N 为束团中粒子数;$\beta^*_{x,y}$ 为对撞点处的 beta 函数;γ 为束流的相对论能量;σ_x 和 σ_y 分别为束团的均方根尺寸。质子对撞机的束-束作用参数往往比电子对撞机小 1~2 个量级。

质子对撞机的束-束作用极限不能用与电子对撞机相同的公式,这是因为在正负电子对撞机里,我们在计算由束-束作用引起的随机热效应时,束团本身由于强同步辐射效应就像一团气体,两个相互对撞的束团内的每一个电子都有贡献。但对于强子对撞机,同步辐射效应非常弱,束团核心粒子可以认为非常"冷",其运动轨迹可跟踪,不是随机热运动,当受到很强的非线性束-束作用力时,只有束团外围的少部分粒子被激发产生随机热运动,"冷"与"热"的比例及质子束-束作用极限可以通过理论求解得到[4-5]。

2.3　横向运动

本节主要讨论加速器横向运动的线性解。

2.3.1　直线加速器粒子横向运动

考虑纵向加速电场与横向聚焦磁场,粒子在直线加速器中的横向运动方程为[6-7]

$$x'' + \frac{\gamma'}{\gamma}x' + kx = 0 \qquad (2-11)$$

式中,"'"表示对纵向坐标 s 求导;γ 为相对论因子;$k = \dfrac{B'}{B_\rho}$ 为横向磁场梯度。

为分离出阻尼项 $\dfrac{\gamma'}{\gamma}x'$，令 $x = \tilde{u}\exp\left(-\int \dfrac{1}{2}\dfrac{\gamma'}{\gamma}\mathrm{d}s\right) = \dfrac{u}{\sqrt{\gamma}}$，式 $(2-11)$ 则简化为

$$u'' + Qu = 0 \tag{2-12}$$

式中，$Q = k + \dfrac{1}{4}\left(\dfrac{\gamma'}{\gamma}\right)^2$。由于高能直线加速器中粒子经过单位长度获得的能量相比于粒子能量较小，一般可以忽略第二项，得到希尔(Hill)方程：

$$u'' + ku = 0 \tag{2-13}$$

定义

$$\phi(s) = \int_0^s \frac{1}{\beta(s')}\mathrm{d}s' \tag{2-14}$$

可以得到希尔方程的解

$$x(s) = \sqrt{2J\beta(s)}\cos[\phi(s) + \phi_0] \tag{2-15}$$

与

$$x'(s) = \sqrt{\frac{2J}{\beta(s)}}\left\{\frac{\beta'}{2}\cos[\phi(s) + \phi_0] - \sin[\phi(s) + \phi_0]\right\} \tag{2-16}$$

式中，J 为作用量；ϕ_0 为初相角；β 满足

$$\frac{\beta''\beta}{2} - \frac{\beta'^2}{4} + k\beta^2 = 1 \tag{2-17}$$

定义另外两个参数

$$\alpha \equiv -\frac{\beta'}{2}, \quad \gamma \equiv \frac{1+\alpha^2}{\beta} \tag{2-18}$$

式中，β、α 与 γ 称为 Twiss 参数。

综上所述，粒子在直线加速器中横向运动的解为

$$x(s) = \sqrt{\frac{2J\beta(s)}{\gamma(s)}}\cos[\phi(s) + \phi_0] \tag{2-19}$$

与

$$x'(s) = \sqrt{\frac{2J}{\beta(s)\gamma(s)}}\left\{\frac{\beta'}{2}\cos[\phi(s) + \phi_0] - \sin[\phi(s) + \phi_0]\right\} \tag{2-20}$$

其大小取决于粒子初始条件$(2J，\phi_0)$、聚焦结构$[\beta、\phi(s)]$与加速情况(γ)。可以看到加速过程中粒子的振幅逐渐减小。

由式$(2-19)$和式$(2-20)$可以得到粒子在相空间的运动方程为

$$\frac{2J}{\gamma(s)}=\gamma_\mathrm{T}(s)x^2(s)+2\alpha(s)x(s)x'(s)+\beta(s)x'^2(s) \qquad (2-21)$$

为了与相对论因子区分开，Twiss 参数中的 γ 写成 γ_T。如图 $2-3$ 所示，粒子总是处于一个相空间椭圆中。沿着加速器，相空间椭圆的形状将随着 Twiss 参数变化，其面积 $\pi\left(\dfrac{2J}{\gamma}\right)$ 随着 γ 增加而减小。对粒子在相空间中的运动归一化，以方便对粒子运动的讨论。对相空间的坐标做以下变换：

$$\binom{x_\mathrm{N}}{x_\mathrm{N}'}=\boldsymbol{M}_\mathrm{N}\binom{x}{x'}=\sqrt{\gamma}\begin{bmatrix}\dfrac{1}{\sqrt{\beta}} & 0 \\ \dfrac{\alpha}{\sqrt{\beta}} & \sqrt{\beta}\end{bmatrix}\binom{x}{x'} \qquad (2-22)$$

得到粒子在归一化相空间中的运动方程为

$$\binom{x_\mathrm{N}}{x_\mathrm{N}'}=\sqrt{2J}\begin{bmatrix}\cos[\phi(s)+\phi_0] \\ -\sin[\phi(s)+\phi_0]\end{bmatrix} \qquad (2-23)$$

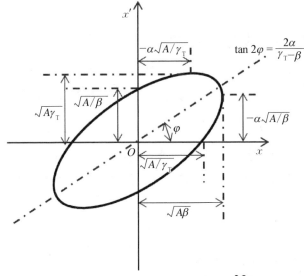

图 $2-3$　粒子的相空间椭圆 $\left(A=\dfrac{2J}{\gamma}\right)$

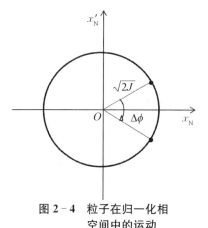

图 2-4　粒子在归一化相空间中的运动

其大小取决于粒子初始条件($2J$，ϕ_0)和相移 $\phi(s)$。如图 2-4 所示，沿着加速器，粒子在归一化相空间中沿着一个半径不变的圆做顺时针运动，只有相位发生改变。在归一化相空间中，两点间的传输矩阵为

$$M_N(s_1 \rightarrow s_2) = \begin{bmatrix} \cos(\Delta\phi) & \sin(\Delta\phi) \\ -\sin(\Delta\phi) & \cos(\Delta\phi) \end{bmatrix}$$

$$(2-24)$$

式中，$\Delta\phi = \phi(s_2) - \phi(s_1)$ 为两点间相移。

在 s_1 处将相空间(x，x')转为归一化相空间(x_N，x_N')，在归一化相空间中传输至 s_2，然后再转回相空间，可以得到粒子在相空间中的传输矩阵为

$$M(s_1 \rightarrow s_2) = M_N^{-1}(s_2)M_N(s_1 \rightarrow s_2)M_N(s_1)$$

$$= \sqrt{\frac{\gamma_1}{\gamma_2}} \times \begin{bmatrix} \sqrt{\frac{\beta_2}{\beta_1}}\left[\cos(\Delta\phi) + \alpha_1\sin(\Delta\phi)\right] & \sqrt{\beta_1\beta_2}\sin(\Delta\phi) \\ -\dfrac{(1+\alpha_1\alpha_2)\sin(\Delta\phi) + (\alpha_2 - \alpha_1)\cos(\Delta\phi)}{\sqrt{\beta_1\beta_2}} & \sqrt{\frac{\beta_1}{\beta_2}}\left[\cos(\Delta\phi) - \alpha_2\sin(\Delta\phi)\right] \end{bmatrix}$$

$$(2-25)$$

式中，$\sqrt{\dfrac{\gamma_1}{\gamma_2}}$ 代表粒子的加速，后面的矩阵代表粒子的聚焦。

前面我们讨论了单粒子的运动。实际上，束流是由大量的振幅、相位都不相同的粒子组成的。被束流占据的相空间的面积称为几何发射度：

$$\epsilon = \sqrt{(\langle x^2 \rangle - \langle x \rangle^2)(\langle x'^2 \rangle - \langle x' \rangle^2) - (\langle xx' \rangle - \langle x \rangle\langle x' \rangle)^2} \qquad (2-26)$$

在束流能量不变的情况下，几何发射度保持不变；随着束流能量的增加，如前所述，粒子的振幅逐渐减小，束流的几何发射度将与束流能量成反比。定义归一化发射度 ϵ_N：

$$\epsilon_N = \gamma\epsilon \qquad (2-27)$$

归一化发射度在加速过程中保持不变。

直线对撞机中对束流横向品质的要求主要有两方面：首先是对撞点处束

团足够小，以实现高亮度对撞；其次要求对撞点处束流轨道足够准确，以保证正负电子束团能够准确对撞。因此直线加速器束流动力学研究的核心问题就是束流发射度的保持及束流轨道的稳定性。下面简要讨论束流发射度增长的原因及束流轨道偏差的传输。束流发射度增长的抑制及束流轨道校正的方法将在第 3 章和第 4 章中详述。

1）发射度增长的原因

束流在直线加速器传输过程中，横向尾场、色散、RF 偏转、betatron 耦合等都将导致其横向归一化发射度的增长。除少数情形外，直线加速器中的横向归一化发射度增长实际上是由于横向与纵向或者横向两个方向之间的耦合，在这个过程中六维发射度并不改变。具体情况如下。

（1）横向尾场：$z \to (x, x')$ 与 (y, y')

（2）色散：$\delta \to (x, x')$ 与 (y, y')

（3）RF 偏转：$z \to (y, y')$

（4）betatron 耦合：$(x, x') \to (y, y')$

两个平面之间的耦合总是会导致发射度较小的那个方向的增长。但是，由于六维发射度并不改变，如果束流还未丝化（filament），横向归一化发射度的增长可以被校正。

2）束流轨道偏差的传输

本节讨论直线加速器中元件误差引起的束流轨道偏差。假设对于一段束线，其传输矩阵为

$$\boldsymbol{M} = \boldsymbol{M}_2 \boldsymbol{M}_1 \tag{2-28}$$

式中，$\boldsymbol{M}$ 为传输矩阵，由 $\boldsymbol{M}_1$ 和 $\boldsymbol{M}_2$ 两段传输线构成。

考虑处于 $\boldsymbol{M}_2$ 与 $\boldsymbol{M}_1$ 之间的扰动 $\boldsymbol{\delta}$，束线终点处的束流坐标可以写成

$$\boldsymbol{x}_f = \boldsymbol{M}_2(\boldsymbol{M}_1 \boldsymbol{x}_0 + \boldsymbol{\delta}) = \boldsymbol{M} \boldsymbol{x}_0 + \boldsymbol{M}_2 \boldsymbol{\delta} \tag{2-29}$$

式中，$\boldsymbol{x}_0$ 是粒子的初始位置。第 i 个扰动 $\boldsymbol{\delta}_i$ 传输至终点引起的束流坐标变化为

$$\boldsymbol{\Lambda}_i = \boldsymbol{M}(i \to f)\boldsymbol{\delta}_i \tag{2-30}$$

因此沿束线所有的扰动引起的终点处束流坐标变化为

$$\boldsymbol{\Lambda} = \sum_i \boldsymbol{M}(i \to f)\boldsymbol{\delta}_i = \sum_i \begin{bmatrix} \sqrt{\dfrac{\beta_f}{\gamma_f}} S_i \\ -\dfrac{\alpha_f}{\sqrt{\beta_f \gamma_f}} S_i + \dfrac{1}{\sqrt{\beta_f \gamma_f}} C_i \end{bmatrix} \delta_i \sqrt{\beta_i \gamma_i} \tag{2-31}$$

式中，$S_i = \sin(\phi_f - \phi_i)$，$C_i = \cos(\phi_f - \phi_i)$。

在对撞机中，直线加速器不是最终系统，我们并不关心直线加速器出口处束流在实际坐标中的位置。我们把出口处束流坐标变化转化到归一化相空间中，便于下游的系统使用：

$$\boldsymbol{\Lambda}_{\mathrm{N}i} = \sum_i \boldsymbol{M}_{\mathrm{N}}(i \to f) \sqrt{\gamma_i} \begin{bmatrix} \dfrac{1}{\sqrt{\beta_i}} & 0 \\ \dfrac{\alpha_i}{\sqrt{\beta_i}} & \sqrt{\beta_i} \end{bmatrix} \boldsymbol{\delta}_i = \sum_i \delta_{\mathrm{N}i} \begin{pmatrix} S_i \\ C_i \end{pmatrix} \quad (2\text{-}32)$$

其中，$\delta_{\mathrm{N}i} = \delta_i \sqrt{\beta_i \gamma_i}$。

2.3.2 环形加速器粒子横向运动

考虑水平偏转的环形加速器，相比于直线加速器，希尔方程的水平聚焦项增加 $1/\rho^2$ 项，即 $k_x = 1/\rho^2 + B'/B\rho$，其中 ρ 为水平弯转半径。其 betatron 运动仍为式(2-19)。相比于直线加速器，不同动量的粒子将在不同的闭合轨道上运动，其闭合轨道可以表达为 $\dfrac{D_x \Delta p}{p}$，其中 p 为动量；$\Delta p/p$ 为相对动量偏差；D_x 为色散函数，满足

$$D'' + k(s)D = 1/\rho \quad (2\text{-}33)$$

定义单位动量偏差引起的粒子轨道与设计轨道的差异，称为动量压缩因子 α_p，即

$$\alpha_p = \frac{\Delta C/C}{\Delta p/p} \quad (2\text{-}34)$$

容易得到

$$\alpha_p = \langle \frac{D}{\rho} \rangle \quad (2\text{-}35)$$

在纵向运动的讨论中将看到，动量压缩因子将环形加速器中粒子的横向运动与纵向运动联系了起来。

2.4 纵向运动

带电粒子在运动方向相对于外加加速电场同步相位的相对运动称为带电

粒子的纵向运动。在加速器中粒子的纵向运动必须始终保持稳定,然而,当粒子相对于同步相位的偏差大于一定数值后,粒子的纵向运动就会偏离纵向稳定相位区域从而产生纵向粒子损失,因此,研究粒子在加速器中的纵向运动是十分重要且必要的。

2.4.1 直线加速器粒子纵向运动

在高能直线加速器中,束团中粒子的纵向位置不变,只有能量发生变化。束团中的位于 z 处的粒子感受到的加速场为

$$G(z) = G_0 \cos\left(-2\pi \frac{z}{\lambda} + \phi_{\mathrm{RF}}\right) \qquad (2-36)$$

式中, G_0 为加速梯度; λ 为加速模的波长; ϕ_{RF} 为加速相位。束团经过加速结构时激励起的纵向短程尾场会对粒子的能量造成影响。束团中的位于 z 处的粒子感受到的纵向尾场为

$$W_1(z) = \int_{-\infty}^{z} w_1(z-s)\rho(s)\mathrm{d}s \qquad (2-37)$$

式中, $\rho(s)$ 为束团电荷分布; $w_1(z)$ 为纵向尾场函数。束团中粒子感受到的总的纵向电场就是加速场与纵向尾场的差值。图 2-5、图 2-6 和图 2-7 所示分别为 CLIC 主直线加速器中的束团电荷分布、加速结构纵向尾场函数和总的纵向电场曲线。

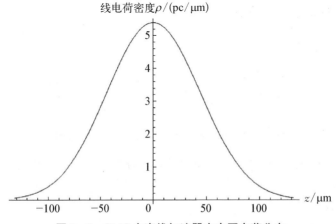

图 2-5 CLIC 主直线加速器中束团电荷分布

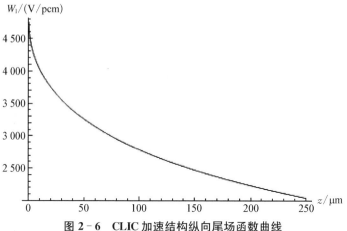

图 2 - 6　CLIC 加速结构纵向尾场函数曲线

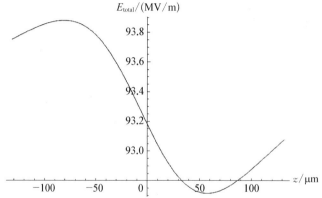

图 2 - 7　CLIC 加速结构总的纵向电场曲线（加速相位 $\phi_{RF} = 8°$）

2.4.2　环形加速器粒子纵向运动

环形加速器中粒子纵向运动方程为

$$\frac{\mathrm{d}}{\mathrm{d}t}\left(\frac{R_s p_s}{h\eta\omega_s}\frac{\mathrm{d}\phi}{\mathrm{d}t}\right) - \frac{eV_s}{2\pi}(\sin\phi - \sin\phi_s) = 0 \tag{2-38}$$

式中，R_s 为参考轨道半径；p_s 为参考粒子动量；h 为谐波数；$\eta = -\dfrac{(\Delta\omega/\omega_s)}{(\Delta p/p_s)}$；$\omega_s$ 为参考圆频率；V_s 为腔压；ϕ 为相位；ϕ_s 为参考相位。一般考虑参数慢变化，即 $\dfrac{\mathrm{d}}{\mathrm{d}t}\left(\dfrac{R_s p_s}{h\eta\omega_s}\right) \ll 1$。

对于小振幅振荡，$\Delta\phi = \phi - \phi_s \ll 1$，式(2-38)改写为

$$\left(\frac{\dot{\phi}}{\Omega_s}\right)^2 + \phi^2 = \mathrm{const} \tag{2-39}$$

其中

$$\Omega_s^2 = -\frac{\ln(\eta\omega_s)eV_s\cos\phi_s}{2\pi R_s p_s} \tag{2-40}$$

从上面的式中可以看出稳定条件为 $\Omega_s^2 > 0$，也即 $\eta\cos\phi_s < 0$。

对于大振幅振荡，式(2-38)改写为

$$\frac{1}{2}\dot{\phi}^2 - \frac{\Omega_s^2}{\cos\phi_s}(\cos\phi + \phi\sin\phi_s) = \mathrm{const} \tag{2-41}$$

由式(2-39)和式(2-41)可以得到纵向相稳定区，如图 2-8 所示。由边界线方程，我们可以得到稳定区的尺寸为

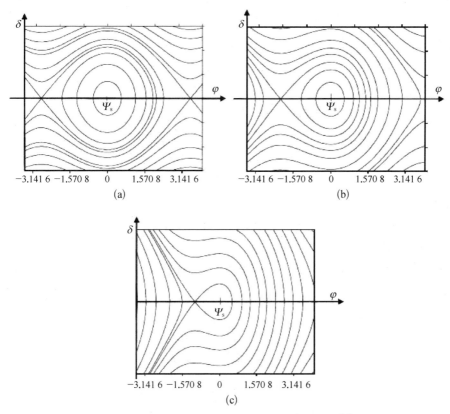

图 2-8　穿越能量以上的粒子纵向相空间相图[7]

(a) 相位 $=\dfrac{\pi}{3}$；(b) 相位 $=\dfrac{5\pi}{6}$；(c) 相位 $=\dfrac{2\pi}{3}$

$$\left(\frac{\dot{\phi}}{\Omega_s}\right)_{max} = \pm\sqrt{2(\pi-2\phi_s)\tan\phi_s - 4} \qquad (2-42)$$

$$\left(\frac{\Delta E}{E_s}\right)_{max} = \pm\beta\sqrt{\frac{eV_sG(\phi_s)}{\pi h\eta E_s}} \qquad (2-43)$$

式中,$G(\phi_s)=(\pi-2\phi_s)\sin\phi_s - 2\cos\phi_s$;$\Delta E$ 为非同步粒子能量与同步粒子能量差;E_s 是粒子同步相位能量。

2.5 束流不稳定性

束流不稳定性的研究,特别是电子存储环和直线加速器多束团不稳定性的理论研究是对撞机物理设计的重要组成部分。在现代的环形对撞机和未来的直线对撞机中,必须采用多束团运行方式来保证所需的亮度。由于长程横向尾场作用,束团的横向运动可能会受到先前束团的影响。如果不能正确控制长程的横向尾场,多束团不稳定性可能发生,亮度也会降低。多束团不稳定性经典的研究方法在许多地方都可以找到。在本节中,我们尝试用不同的方式来处理这个问题。我们假设每一束团都用点电荷表示,电子存储环中单束团纵向和横向不稳定性的详细讨论在相关文献中可见。

一个带电粒子在环形加速器和直线加速器中的横向运动可以视为一个独立的有阻尼的线性振荡器,如果没有其他粒子对其进行"对话"的长程横向尾场作用,则可视为一个独立的有阻尼的线性振荡器。阻尼的机制来自电子存储环中的同步辐射和直线加速器中的绝热加速。这种振荡器的质能因数与阻尼时间以及横向振荡频率有关。当长程的尾场足够强时,束链中的束团将开始耦合起来,而独立的振荡器就会变成一个带有损耗的耦合振荡链,上游束团的横向振荡能量可以传递到下游的束团,即所谓的多束团不稳定性。发生上面描述的物理图像类似于耦合射频腔链。现在,让我们来看一下一连串有损耗的耦合射频腔,耦合间距前人已经详细研究过了。其中发现,为了防止谐振腔之间的耦合,$K_cQ<2$ 应该得到满足,K_c 是耦合系数,Q 是相应模式的质量因数。通过类比,我们可以得到在存储环和直线加速器中多束团不稳定性发生的条件。

2.5.1 直线加速器中单束团不稳定性

为了实现未来直线对撞机所需的亮度,必须在对撞点(IP)处产生两个具

有极小横向束流尺寸的对撞束团。IP 处的垂直平面中的归一化束流发射度（水平面中的归一化束团发射度较大）可表示为

$$\gamma_{\epsilon_y} = \frac{n_\gamma^4 r_e}{374 \delta_B^* \alpha^4} \tag{2-44}$$

式中，γ 是归一化的束能量；ϵ_y 指垂直方向发射度；$r_e = 2.82 \times 10^{-15}$ m 是经典电子半径；$\alpha = \dfrac{1}{137}$ 是精细结构常数；δ_B^* 是最大可容忍束团能散；n_γ 是 IP 上每个电子的轫致辐射光子的平均数。取 $\delta_B^* = 0.03$，$n_\gamma = 1$，得到 $\gamma_{\epsilon_y} = 8.86 \times 10^{-8}$ mrad。为了产生这种小横向发射度的束团，阻尼环似乎是唯一有可能实现这项要求的已知设施。现在的问题是，一旦在阻尼环的出口处产生这种小发射度的束流，当在 IP 处的束流能量从几个吉电子伏特增长到几百个吉电子伏特时，来自阻尼环的在通过加速结构的长束团聚焦通道和发射度增长是怎样的，以及如何保持它。首先，我们考虑短距离尾场引起的单束团发射度增长，并尝试使用两种不同的方法计算发射度增长，并表明这两种方法给出相同的结果。由于直线对撞机的主直线加速器中的加速结构的数量非常大，因此可以统计地描述点结构上的横向随机 kick。首先，我们利用线性加速器中粒子的横向运动与分子的布朗运动之间的类比，这些运动由朗之万（Langevin）方程所描述。其次，我们直接解决 Fokker-Planck 方程。应该注意的是，这两种方法在物理上应是一致的。

横向尺寸为零的束流的横向运动微分方程如下[8-9]：

$$\frac{\mathrm{d}^2 y(s, z)}{\mathrm{d}s^2} + \frac{1}{\gamma(s, z)} \frac{\mathrm{d}\gamma(s, z)}{\mathrm{d}s} \frac{\mathrm{d}y(s, z)}{\mathrm{d}s} + k^2(s, z) y(s, z)$$

$$= \frac{1}{m_0 c^2 \gamma(s)} e^2 N_e \int_z^\infty \rho(z') W_\perp(s, z' - z) y(s, z') \mathrm{d}z' \tag{2-45}$$

式中，$k(s, z)$ 是 s 位置的瞬时加速器横向振荡的波数；z 表示束团内的粒子纵向位置；$\int_{-\infty}^\infty \rho(z') \mathrm{d}z' = 1$，$W_\perp(s, z) = \int_z^\infty \rho(z') W_\perp(s, z' - z) \mathrm{d}z'$ 和 $y(s, 0)$ 是束头相对于加速结构中心的偏差。现在改写式（2-45）为

$$\frac{\mathrm{d}^2 y(s, z)}{\mathrm{d}s^2} + \Gamma \frac{\mathrm{d}y(s, z)}{\mathrm{d}s} + k^2(s, z) y(s, z) = \Lambda \tag{2-46}$$

式中，$\Gamma = \dfrac{\gamma(0) G}{\gamma(s, z)}$；$G = \dfrac{e E_z}{m_0 c^2 \gamma(0)}$；$E_z$ 是在直线加速器中有效的加速梯度；

$$\Lambda = \frac{e^2 N_e W_\perp(s, z) y(s, 0)}{m_0 c^2 \gamma(s, z)}$$。在本节中，我们考虑注入的束团、四极磁铁和束团位置监测器（BPM）理想准直的情况，而加速结构有准直误差。因此，$y(s, 0)$ 是一个随机变量，与随机加速结构错位完全相同，$\langle y(s, 0) \rangle = 0$（$\langle \ \rangle$ 表示对 s 取平均值）。如果我们将 z 作为参数并将 Γ、$k(s, z)$ 和 Λ 视为与 s 相关的绝对变量，式（2-46）可视为 Langevin 方程，它描述粒子的布朗运动。

1）第一种方法：Langevin 方程

为了在电子的横向运动与分子的横向运动之间进行类比，我们定义 $P = \frac{e^2 N_e W_\perp(s, z) l_s}{m_0 c^2 \gamma(s, z)}$，并将 $y(s, 0) P$ 视为粒子在距离 l_s 上的"速率"随机增量 $\left(\Delta \dfrac{\mathrm{d}y}{\mathrm{d}s} \right)$，其中 l_s 是加速结构长度。假设加速结构准直误差遵循高斯分布：

$$f[y(s, 0)] = \frac{1}{\sqrt{2\pi} \sigma_y} \exp\left[-\frac{y^2(s, 0)}{2\sigma_y^2} \right] \tag{2-47}$$

且分子速度（u）的分布遵循麦克斯韦分布：

$$g(u) = \sqrt{\frac{m}{2\pi kT}} \exp\left(-\frac{mu^2}{2kT} \right) \tag{2-48}$$

式中，m 是分子质量；k 是玻尔兹曼常数；T 是绝对温度。分子的速度遵循麦克斯韦分布的事实允许我们获得 Λl_s 的分布函数：

$$\phi(\Lambda l_s) = \frac{1}{\sqrt{4\pi q l_s}} \exp\left(-\frac{\Lambda^2 l_s^2}{4 q l_s} \right) \tag{2-49}$$

式中

$$q = \Gamma \frac{kT}{m} \tag{2-50}$$

通过比较式（2-49）和式（2-47）可以得到

$$2\sigma_y^2 = \frac{4 q l_s}{P^2} \tag{2-51}$$

或

$$\frac{kT}{m} = \frac{\sigma_y^2 P^2}{2 l_s \Gamma} \tag{2-52}$$

到目前为止,人们通过式(2 - 52)中描述的简单替换,可以使用所有关于由式(2 - 46)控制的分子的随机运动的分析解决方案。在 $k^2(s, z) \gg \dfrac{\Gamma^2}{4}$(绝热条件)条件下,可以得到

$$\langle y^2 \rangle = \frac{kT}{mk^2(s, z)} + \left[y_0^2 - \frac{kT}{mk^2(s, z)} \right] \left[\cos(k_1 s) + \frac{\Gamma}{2k_1} \sin(k_1 s) \right]^2 \exp(-\Gamma s)$$

$$= \frac{\sigma_y^2 l_s}{2\gamma(s, z)\gamma(0)Gk^2(s, z)} \left[\frac{e^2 N_e W_\perp(z)}{m_0 c^2} \right]^2 +$$

$$\left\{ y_0^2 - \frac{\sigma_y^2 l_s}{2\gamma(s, z)\gamma(0)Gk^2(s, z)} \left[\frac{e^2 N_e W_\perp(z)}{m_0 c^2} \right]^2 \right\} \cdot$$

$$\left[\cos(k_1 s) + \frac{\Gamma}{2k_1} \sin(k_1 s) \right]^2 \exp(-\Gamma s) \tag{2 - 53}$$

$$\langle y'^2 \rangle = \frac{kT}{m} + \frac{k(s, z)}{k_1^2} \left[y_0^2 - \frac{kT}{mk^2(s, z)} \right] \sin^2(k_1 s) \exp(-\Gamma s)$$

$$= \frac{\sigma_y^2 l_s}{2\gamma(s, z)\gamma(0)Gk^2(s, z)} \left[\frac{e^2 N_e W_\perp(z)}{m_0 c^2} \right]^2 + \frac{k(s, z)}{k_1^2} \cdot$$

$$\left\{ y_0^2 - \frac{\sigma_y^2 l_s}{2\gamma(s, z)\gamma(0)Gk^2(s, z)} \left[\frac{e^2 N_e W_\perp(z)}{m_0 c^2} \right]^2 \right\} \sin^2(k_1 s) \exp(-\Gamma s)$$

$$\tag{2 - 54}$$

$$\langle yy' \rangle = \frac{k^2(s, z)}{k_1} \left[\frac{kT}{mk^2(s, z)} - y_0^2 \right] \left[\cos(k_1 s) + \frac{\Gamma}{2k_1} \sin(k_1 s) \right] \exp(-\Gamma s)$$

$$= \frac{k^2(s, z)}{k_1} \left\{ \frac{\sigma_y^2 l_s}{2\gamma(s, z)\gamma(0)Gk^2(s, z)} \left[\frac{e^2 N_e W_\perp(z)}{m_0 c^2} \right]^2 - y_0^2 \right\} \times$$

$$\left[\cos(k_1 s) + \frac{\Gamma}{2k_1} \sin(k_1 s) \right] \exp(-\Gamma s) \tag{2 - 55}$$

式中,$k_1 = \sqrt{k^2(s, z) - \dfrac{1}{4}\Gamma^2}$;$\langle y^2 \rangle$、$\langle y'^2 \rangle$ 和 $\langle yy' \rangle$ 作为 $s \to \infty$ 的渐近值近似表示为

$$\langle y^2 \rangle = \frac{kT}{mk^2(s, z)} = \frac{\sigma_y^2 l_s}{2\gamma(s, z)\gamma(0)Gk^2(s, z)} \left[\frac{e^2 N_e W_\perp(z)}{m_0 c^2} \right]^2$$

$$\tag{2 - 56}$$

$$\langle y'^2 \rangle = k^2(s, z)\langle y^2 \rangle = \frac{\sigma_y^2 l_s}{2\gamma(s, z)\gamma(0)G}\left[\frac{e^2 N_e W_\perp(z)}{m_0 c^2}\right]^2 \tag{2-57}$$

$$\langle yy' \rangle = 0 \tag{2-58}$$

将式(2-56)、式(2-57)和式(2-58)代入均方根发射度和标准化的均方根发射度的定义中:

$$\epsilon_{rms} = (\langle y^2 \rangle \langle y'^2 \rangle - \langle yy' \rangle^2)^{1/2} \tag{2-59}$$

$$\epsilon_{n, rms} = \gamma(s, z)(\langle y^2 \rangle \langle y'^2 \rangle - \langle yy' \rangle^2)^{1/2} \tag{2-60}$$

可得

$$\epsilon_{rms} = \frac{\sigma_y^2 l_s}{2\gamma(s, z)\gamma(0)Gk(s, z)}\left[\frac{e^2 N_e W_\perp(z)}{m_0 c^2}\right]^2 \tag{2-61}$$

和

$$\epsilon_{n, rms} = \frac{\sigma_y^2 l_s}{2\gamma(0)Gk(s, z)}\left[\frac{e^2 N_e W_\perp(z)}{m_0 c^2}\right]^2 \tag{2-62}$$

可以通过 $\gamma(s, z)$、$k^2(s, z)$ 和 $W_\perp(z)$ 来讨论能散的影响,例如 BNS 阻尼。从式(2-56)、式(2-61)和式(2-62)可以发现 $k(s, z)$ 相对于 s 有三种可能的变形。如果一个取 $k^2(s, z)\gamma(s, z) = k^2(0, z)\gamma(0, z)$,则得 $\langle y^2 \rangle$ 且独立于 s。但是,如果选取 $k(s, z)\gamma(s, z) = k(0, z)\gamma(0, z)$,$\epsilon_{rms}$ 独立于 s。最后,如果 $k(s, z) = k(0, z)$,会有 $\epsilon_{n, rms}$ 独立于 s。通常 BNS 阻尼采用第一种缩放定律。为了计算整个束的发射度增长,必须在束团上做出适当的平均值,如上所述采用高斯分布如下:

$$\epsilon_{n, rms}^{bunch} = \frac{\int_{-\infty}^{\infty} \rho(z')\epsilon_{n, rms}(z')dz'}{\int_{-\infty}^{\infty} \rho(z')dz'} \tag{2-63}$$

为了粗略估计,可以用 δ 函数 $\delta(z - z_c)$ 替换 $\rho(z)$,并且在这种情况下,束流发射度仍然可以用式(2-62)表示。其中 $W_\perp(z)$ 替换为 $W_\perp(z_c)$,而 z_c 是束团的中心。

2) 第二种方法: Fokker-Planck 方程

保持上面描述的物理图像,可以直接用 Fokker-Planck 方程开始,该方程描述了马尔可夫随机变量的分布函数 y':

$$\frac{\partial F(s,\,y')}{\partial s} = -\frac{\partial}{\partial y'}[AF(s,\,y')] + \frac{1}{2}\frac{\partial^2}{\partial y'^2}[DF(s,\,y')] \quad (2-64)$$

和

$$A = \frac{\ll \Delta y' \gg}{l_s} \qquad\qquad (2-65)$$

$$D = \frac{\ll (\Delta y')^2 \gg}{l_s} \qquad\qquad (2-66)$$

式中，$\Delta y'$ 是 y' 超过 l_s 的增量；而 $\ll \gg$ 表示大量给定类型的可能结构准直误差分布的平均值。在数值模拟中，该平均值对应于从给定类型的结构准直误差分布函数（如高斯分布）后对大量不同种子获得的结果的平均值。从式(2-46)可得

$$\Delta y' = \left[1 - \exp\left(-\frac{\Gamma l_s}{2}\right)\right] y' + \Gamma l_s \qquad (2-67)$$

所以

$$\ll (\Delta y') \gg \approx \left[1 - \exp\left(-\frac{\Gamma l_s}{2}\right)\right] y' \qquad (2-68)$$

$$\ll (\Delta y')^2 \gg \approx \left[1 - \exp\left(-\frac{\Gamma l_s}{2}\right)\right]^2 y'^2 + \ll (\Lambda l_s)^2 \gg \exp(-\Gamma l_s)$$

$$(2-69)$$

其中 $\ll \Gamma l_s \gg = 0$ 已被使用。将式(2-68)和式(2-69)代入式(2-64)，可得

$$l_s \frac{\partial F(s,\,y')}{\partial s} = -\left[1 - \exp\left(-\frac{\Gamma l_s}{2}\right)\right] \frac{\partial y' F(s,\,y')}{\partial y'} +$$

$$\frac{\left[1 - \exp\left(-\frac{\Gamma l_s}{2}\right)\right]^2}{2} \frac{\partial^2 [y'^2 F(s,\,y')]}{\partial y'^2} + \frac{\ll (\Lambda l_s)^2 \gg}{2} \exp(-\Gamma l_s) \frac{\partial^2 F}{\partial y'^2}$$

$$(2-70)$$

将双方乘以 y'^2 并整合，会有

$$l_s \frac{\mathrm{d}\langle y'^2 \rangle}{\mathrm{d}s} = -[1 - \exp(-\Gamma l_s)]\langle y'^2 \rangle + \ll (\Lambda l_s)^2 \gg \exp(-\Gamma l_s)$$

$$(2-71)$$

假设 $\Gamma l_s \ll 1$，式(2-71)简化为

$$l_s \frac{\mathrm{d}\langle y'^2 \rangle}{\mathrm{d}s} = -\Gamma l_s \langle y'^2 \rangle + \ll (\Lambda l_s)^2 \gg \tag{2-72}$$

解方程式(2-72)，得到

$$\langle y'^2 \rangle = \frac{\ll \Lambda^2 \gg l_s}{2\Gamma} [1 - \exp(-\Gamma s)] + \exp(-\Gamma s) y_0'^2 \tag{2-73}$$

式中，y_0' 是初始条件。显然，当 $s \to \infty$ 时，会有

$$\langle y'^2 \rangle_\infty = \frac{\ll \Lambda^2 \gg l_s}{2\Gamma} = \frac{\sigma_y^2 l_s}{2\gamma(s,z)\gamma(0)G} \left[\frac{e^2 N_e W_\perp(z)}{m_0 c^2} \right]^2 \tag{2-74}$$

其中，$\sigma_y^2 = \ll y(s,0)^2 \gg$。式(2-74)与我们在式(2-57)中得到的相同。实际上，通过直接求解 Fokker-Planck 方程，我们得到了第一种方法中的同一组渐近公式。

2.5.2 直线加速器中多束团不稳定性

在直线加速器中，物理理论与存储环中的理论有一点不同。品质因数表示为[10]

$$Q_{y,L} = \frac{\omega_y E_0}{ce E_z} \tag{2-75}$$

式中，下标 L 是表示直线加速器的情况；E_z 是加速梯度。阻尼效应是由于粒子不断加速和横向振荡所致绝对的阻碍。长程横向尾场所引起的相对相干的振荡频率变化可表示为

$$\left| \frac{\Delta\omega_{y,c}}{\omega_y} \right| = \frac{2\pi e^2 N_e c W'_{\perp,L}(s_b)\overline{\beta_y}}{\omega_y E_0} \tag{2-76}$$

式中，$W'_{\perp,L}(s_b)[\mathrm{V/(C \cdot m^2)}]$ 是单位长程横向尾场强度；$\overline{\beta_y}$ 是 linac 中的平均 beta 函数值。在下面的一个例子中，只考虑加速射频结构中的 TM_{110} 模式，由于 $W'_{\perp,L}(s_b) \approx W'_{\perp,L,1}(s_b)$，$W'_{\perp,L,110}(s_b)$ 是 TM_{110} 的尾场，表示为

$$W'_{\perp,L,110} = \frac{2cK_{1,L}}{\omega_{RF,1,L} a^2} \sin\left(\omega_{RF,1,L} \frac{s_b}{c} \right) \times$$

$$\exp\left[-\frac{\omega_{RF,1,L}}{2Q_{1,L}} \left(\frac{s_b}{c} \right) \right] \exp\left(-\frac{\omega_{RF,1,L}^2 \sigma_z^2}{2c^2} \right) F(s_b) \tag{2-77}$$

式中，$\omega_{\mathrm{RF,1,L}}$ 和 $Q_{1,L}$ 分别是 TM_{110} 模式通带的同步频率和加载品质因数；$F(s)$ 是由于调谐效应（对于常阻抗加速结构，$F\equiv1$）的失谐效应所引起的尾场还原函数。可以得到

$$K_{1,\mathrm{L}}=\frac{hJ_1^2\left(\frac{u_{11}}{R}a\right)}{\epsilon_0\pi DR^2 J_2^2(u_{11})}S^2(x_{1,\mathrm{L}})\tag{2-78}$$

$$x_{1,\mathrm{L}}=\frac{hu_{11}}{2R}\tag{2-79}$$

$$\omega_{\mathrm{RF,1,L}}\approx\frac{cu_{11}}{R}\tag{2-80}$$

式中，D 是加速结构的周期长度；h 是内腔长度；a 和 R 分别是束孔和腔半径。

我们知道

$$K_{\mathrm{c,L}}=2\left|\frac{\Delta\omega_{y,\mathrm{c}}}{\omega_y}\right|\tag{2-81}$$

然后，让 $Q_{y,\mathrm{L}}K_{\mathrm{c,L}}<2$，可得

$$W'_{\perp,\mathrm{L},1}<\frac{E_z}{2\pi eN_\mathrm{e}\overline{\beta_y}}\tag{2-82}$$

把 $\sin\left(\omega_{\mathrm{RF,1,L}}\frac{s_\mathrm{b}}{c}\right)=1$ 考虑在内，得到

$$\exp\left[-\frac{\omega_{\mathrm{RF,1,L}}}{2Q_{1,\mathrm{L}}}\left(\frac{s_\mathrm{b}}{c}\right)\right]<\frac{E_z\omega_{\mathrm{RF,1,L}}a^2}{4\pi ceN_\mathrm{e}RK_{1,\mathrm{L}}\overline{\beta_y}\exp\left(-\frac{\omega_{\mathrm{RF,1,L}}^2\sigma_z^2}{2c^2}\right)F(s_\mathrm{b})}\tag{2-83}$$

和

$$Q_{1,\mathrm{L}}<\frac{u_{11}s_\mathrm{b}}{2R\ln\left[\dfrac{4\pi eN_\mathrm{e}RK_{1,\mathrm{L}}\overline{\beta_y}\exp\left(-\dfrac{u_{11}^2\sigma_z^2}{2R^2}\right)F(s_\mathrm{b})}{E_zu_{11}a^2}\right]}\tag{2-84}$$

类似于存储环的情况，可以得到不需要高阶模式耦合器的条件：

$$N_e \leqslant N_e^* = \frac{E_z u_{11} a^2}{4\pi e R K_{1.L} \overline{\beta_y} \exp\left(-\frac{u_{11}^2 \sigma_z^2}{2R^2}\right) F(s_b)} \qquad (2-85)$$

这里我们给出一个理想的 S 波段直线加速结构的例子。从式(2-84)可以发现，$Q_{1.L} = 2\,740$，$s_b = 5$ m，$R = 0.04$ m，$h = 0.029\,2$ m，$D = 0.035$ m，$a = 0.01$ m，$K_{1.L} = 10 \times 10^{12}$[V/(C·m)]，$N_e = 2 \times 10^{10}$，$\overline{\beta_y} = 85$ m，$\sigma_z = 0.005$ m，$F(s_b) = 0.006\,5$，$E_z = 17$ MV/m。如果使用恒阻抗结构，则 $Q_{1.L} = 187$。

2.5.3 环形加速器中单束团不稳定性

存储环中单束团能散的增长和束长拉伸是重要的加速器物理问题。质子储存环中纵向不稳定性的问题与同步辐射起重要作用的电子环中的问题完全不同。实验观察到，束团电流在阈值以下时，束长随着电流的增加而增加，而束团能散保持不变，并且通过势阱畸变理论很好地解释了这种束团拉伸的机理；当束团流强超过阈值时，束团的能散也增加。

在环形质子存储环中，非同步粒子将在纵向射频聚焦力的作用下围绕同步粒子进行振荡运动，射频加速相位 ϕ 由以下微分方程确定[11]：

$$\frac{\mathrm{d}^2\phi}{\mathrm{d}t^2} + \frac{\Omega_s^2}{\cos\phi_s}(\sin\phi - \sin\phi_s) = 0 \qquad (2-86)$$

和

$$\Omega_s^2 = \frac{e\hat{V}h\eta\omega_s\cos\phi_s}{2\pi R_s p_s} \qquad (2-87)$$

式中，$\hat{V}$ 是峰值加速电压；h 是谐波数；$\eta = 1/\gamma^2 - \alpha$，$\gamma$ 是标准化粒子能量，α 是动量压缩因子；R_s 是环的平均半径；$\omega_s = c/R_s$；p_s 和 ϕ_s 是同步粒子的动量和相位。为了方便后期的数学处理，将式(2-86)近似为

$$\frac{\mathrm{d}^2\Delta\phi}{\mathrm{d}t^2} + \Omega_s^2\sin\Delta\phi = 0 \qquad (2-88)$$

其中，$\Delta\phi = \phi - \phi_s$，很明显，$\Delta\phi$ 像钟摆一样摆动。粒子相对于同步粒子的能量偏差表示如下：

$$\Delta E = -\frac{R_s p_s}{h\eta} \frac{\mathrm{d}\Delta\phi}{\mathrm{d}t} \qquad (2-89)$$

通过定义 $P = \dfrac{\mathrm{d}\Delta\phi}{\mathrm{d}t}$ 和 $Q = \Delta\phi$，式(2-88)可以从哈密顿量 $H(Q, P, t)$ 导出为

$$H(Q, P, t) = \frac{1}{2}P^2 - \Omega^2\cos Q \qquad (2-90)$$

我们将 P 和 Q 更改为角作用变量 I 和 θ，并引入两个新变量($\widetilde{N}$ 和 ξ)，其中

$$\widetilde{N}^2 = \frac{1}{2}\left(1 + \frac{H}{\Omega_s^2}\right) \qquad (2-91)$$

和

$$\widetilde{N}\sin\xi = \sin\frac{Q}{2}, \ \widetilde{N} \leqslant 1 \qquad (2-92)$$

可以得到

$$I(H) = \frac{8}{\pi}\Omega_s\left[\mathrm{E}\left(\frac{\pi}{2}; \widetilde{N}\right) - (1-\widetilde{N}^2)\mathrm{F}\left(\frac{\pi}{2}; \widetilde{N}\right)\right], \ \widetilde{N} \leqslant 1$$
$$\qquad (2-93)$$

$$\theta = \frac{\partial S(Q, I)}{\partial I} \qquad (2-94)$$

其中

$$S(Q, I) = 4\Omega_s[\mathrm{E}(\xi; \widetilde{N}) - (1-\widetilde{N}^2)\mathrm{F}(\xi; \widetilde{N})], \ \widetilde{N} \leqslant 1 \quad (2-95)$$

式中，$\mathrm{F}(\xi; \widetilde{N})$ 和 $\mathrm{E}(\xi; \widetilde{N})$ 分别是第一种和第二种椭圆积分。该非线性振荡器的频率可以很容易地得到

$$\Omega(H) = \frac{\mathrm{d}H(I)}{\mathrm{d}I} = \frac{\pi\Omega_s}{2\mathrm{F}\left(\frac{\pi}{2}; \widetilde{N}\right)}, \ \widetilde{N} \leqslant 1 \qquad (2-96)$$

很明显,在分界面上 ($\widetilde{N}=1$),有一个 $H = H_c = \Omega_s^2$,$\Omega(H_c) = 0$。由于带电粒子与束流管道之间的相互作用,每运行一圈,束团会损失能量 $W = e^2 N_p^2 K_{/\!/}^{\mathrm{tot}}\sigma_z$,这个能量损失将由射频腔补偿。每圈由于短程尾场引起的每个粒子附加能量变化可以合理地表示为

$$dE = U_w \cos\theta = e^2 N_p K_{/\!/}^{\text{tot}}(\sigma_z)\cos\theta \tag{2-97}$$

其中，U_w 是纵向尾场引起的粒子能量损失幅值；N_p 是束团中的粒子数；$K_{/\!/}^{\text{tot}}\sigma_z$ 是全环的总纵向损耗因子；σ_z 是束团长度（这里我们假设粒子是相对论的，否则，$K_{/\!/}^{\text{tot}}\sigma_z$ 将取决于粒子速度，并且应该考虑空间电荷力）。显然，对于一个同步振荡周期的平均值，$\langle dE\rangle = 0$。考虑到每圈这种额外的能量变化以及这种情况发生在时刻 t_k 且恒定回旋周期间隔为 T_0 的情况下，新的哈密顿量可以表示为

$$\begin{aligned}
H(I,\theta,t)^* &= H(I) + \frac{1}{2}\Delta P^2 T_0 \sum_{k=-\infty}^{\infty}\delta(t-kT_0)\\
&= H(I) + \frac{(dE)^2 h^2 \eta^2}{2R_s^2 p_s^2}T_0 \sum_{k=-\infty}^{\infty}\delta(t-kT_0)\\
&= H(I) + \frac{U_w^2 h^2 \eta^2 \cos^2\theta}{2R_s^2 p_s^2}T_0 \sum_{k=-\infty}^{\infty}\delta(t-kT_0)
\end{aligned}\tag{2-98}$$

我们忽略了式(2-89)和式(2-97)的交叉项，因为这两个量在统计上是独立的。式(2-98)可以简化为

$$\begin{aligned}
H(I,\theta,t)^* &= H(I) + \Delta H T_0 \sum_{k=-\infty}^{\infty}\delta(t-kT_0)\\
&= H(I) + \frac{U_w^2 h^2 \eta^2 \cos 2\theta}{4R_s^2 p_s^2}T_0 \sum_{k=-\infty}^{\infty}\delta(t-kT_0)
\end{aligned}\tag{2-99}$$

其中一个常数项被删除，而且

$$\Delta H = \Delta H_0 \cos 2\theta = \frac{U_w^2 h^2 \eta^2}{4R_s^2 p_s^2}\cos 2\theta \tag{2-100}$$

因此，我们得到

$$\frac{dI}{dt} = -\frac{\partial\Delta H}{\partial\theta}T_0 \sum_{k=-\infty}^{\infty}\delta(t-kT_0) \tag{2-101}$$

$$\frac{d\theta}{dt} = \Omega(I) + \frac{\partial\Delta H}{\partial I}T_0 \sum_{k=-\infty}^{\infty}\delta(t-kT_0) \tag{2-102}$$

我们用差分方程替换式(2-101)和式(2-102)：

$$I_{n+1} = I_n - T_0 \frac{\partial\Delta H}{\partial\theta} \tag{2-103}$$

$$\theta_{n+1} = \theta_n + \Omega_s T_0 + \Omega' I_{n+1} T_0 \tag{2-104}$$

式中，$\Omega' = \dfrac{\mathrm{d}\Omega}{\mathrm{d}I}$。将这个映射转换为标准映射，表示为

$$J_{n+1} = J_n + K_0 \sin \Psi \tag{2-105}$$

$$\Psi_{n+1} = \Psi_n + J_{n+1} \tag{2-106}$$

其中，$\Psi = 2\theta$，$J = 2T_0 \Omega' I$，$K_0 = 4\Omega' T_0^2 \Delta H_0$，并且从式(2-106)中省略了一个常数项。现在，讨论粒子开始出现混沌运动的条件。为此，我们可以使用 Chirikov 判据，当满足下式时

$$\mid K_0 \mid \geqslant 1(0.97) \tag{2-107}$$

Kolmogorov-Arnold-Moser(KAM)不变的 Tori 圆环面将被打破，满足这种条件的粒子将进入混沌运动。从式(2-107)可得到混沌运动开始的阈值束团电流：

$$I_{b,\,th} = \frac{R_s p_s}{e\sqrt{\mid \Omega' \mid T_0^2 h \mid \eta \mid K_{/\!/}^{tot}(\sigma_z)}} \tag{2-108}$$

利用我们简化的粒子纵向运动，可以得到 Ω' 的解析表达式。当粒子在分界线附近移动时，就会得到

$$\mid \Omega' \mid = \frac{1}{\pi^4 \mid 1 - H_b/H_c \mid} \left(\ln \frac{32}{\mid 1 - H_b/H_c \mid} \right)^3 \tag{2-109}$$

其中

$$\frac{H_b}{H_c} = \left(\frac{\delta E_b}{\delta E_{max}} \right)^2 = \frac{\pi h \mid \eta \mid E_s}{\beta^2 e \hat{V} G(\phi_s)} (\delta E_b)^2 \tag{2-110}$$

$$G(\phi_s) = 2\cos \phi_s - (\pi - 2\phi_s) \sin \phi_s \tag{2-111}$$

式中，H_b 和 δE_b 是最大哈密顿量值和相对能散；δE_{max} 是射频在相对能散方面的最大接受度；β 和 E_s 分别是归一化的粒子速度和粒子的能量。

2.5.4 环形加速器中多束团不稳定性

存储环中的粒子进行 Betatron 振荡。如果我们忽略了同步辐射激发和长程尾场的影响，那么每一束团的 Betatron 运动就可以简化为一个阻尼振荡器，

表示为

$$y = A\cos\left(\omega_y \frac{s}{c}\right)\exp\left[-\frac{\omega_y}{2Q_{y,r}}\left(\frac{s}{c}\right)\right] \qquad (2-112)$$

用 y 表示横向平面 x 或垂直平面 z 的横向偏差时,ω_y 是角频率;而 $Q_{y,r}$(下标 r 表示存储环情形)是振荡器的品质因数,表示为

$$Q_{y,r} = \frac{\omega_y E_0}{\langle P_0 \rangle J_y} \qquad (2-113)$$

式中,$\langle P_0 \rangle$ 是一个转弯的平均同步辐射;E_0 是粒子能量;J_y 是 $J_{y=x} = 1 - D$ 和 $J_{y=z} = 1(-2 < D < 1)$ 的辐射阻尼分配数。实际上,带电粒子与环境相互作用产生长程的尾场,使得独立振荡器成为耦合的振荡链。连续两个束之间的耦合系数 $K_{c,r}$ 可以从相干频率变化计算,这是由于与单束团情况相似的长程尾场的相干频率变化为

$$\left|\frac{\Delta\nu_{y,c}}{\nu_y}\right| = \frac{e^2 N_e W_\perp'(s_b)\overline{\beta_{y,c}}}{\nu_y E_0} \qquad (2-114)$$

式中,$W_\perp'(s_b)[\mathrm{V/(C \cdot m)}]$ 是单位横向位移的长距离偶极尾场;s_b 是连续两个束之间的距离;N_e 是束团中的粒子数目;$\overline{\beta_{y,c}}$ 是射频腔位置的平均 beta 函数;ν_y 是工作点。通过与耦合射频腔链的类比,发现耦合系数表示如下:

$$K_{c,r} = 2\left|\frac{\Delta\nu_{y,c}}{\nu_y}\right| \qquad (2-115)$$

我们可以分析得到下面的情况:

$$K_{c,r}Q_{y,r} < 2 \qquad (2-116)$$

两个连续振荡器之间不存在耦合。从式(2-113)和式(2-115)可以看出

$$W_\perp' < \frac{\langle P_0 \rangle J_y}{2\pi f_0 e^2 N_e \overline{\beta_{y,c}}} \qquad (2-117)$$

式中,f_0 是回旋频率。对于一个等磁性的环,可得

$$W_\perp' < \frac{\gamma^4 J_y}{6\pi\epsilon_0 \rho N_e \overline{\beta_{y,c}}} \qquad (2-118)$$

式中,ρ 是局部弯曲半径;γ 是归一化的粒子能量。在存储环中,加速射频腔是

产生长程尾场(窄带阻抗)的主要组成部分。接下来只考虑射频加速腔中的 TM_{110} 模式,由于对于长距离的尾场 $W'_{\perp}(s_b) \approx W'_{\perp,110}(s_b)$。$TM_{110}$ 模式的尾场可以表示为

$$W'_{\perp,110} = N_c h \frac{2cK_1}{\omega_{RF,1}a^2} \sin\left(\omega_{RF,1}\frac{s_b}{c}\right) \cdot \exp\left[-\frac{\omega_{RF,1}}{2Q_{1,r}}\left(\frac{s_b}{c}\right)\right] \exp\left(-\frac{\omega_{RF,1}^2 \sigma_z^2}{2c^2}\right) \tag{2-119}$$

式中,N_c 是环内腔数;h 是腔内长度;σ_z 是 rms 束长度(σ_z 是用来计算横向尾迹电位和点电荷假设);$\omega_{RF,1}$ 和 $Q_{1,r}$ 分别是偶极模的角频率和加载质量因数。式(2-119)中的 K_1 对应于一个单腔,可以表示如下:

$$K_1 = \frac{J_1^2\left(\frac{u_{11}}{R_c}a\right)}{\epsilon_0 \pi R_c^2 J_2^2(u_{11})} S^2(x_1) \tag{2-120}$$

$$S(x) = \frac{\sin x}{x} \tag{2-121}$$

$$x_1 = \frac{hu_{11}}{2R_c} \tag{2-122}$$

$$\omega_{RF,1} \approx \frac{cu_{11}}{R_c} \tag{2-123}$$

式中,R_c 是腔半径;a 是束孔半径。而 $u_{11} = 3.832$ 是第一阶 Bessel 函数的第一个根。式(2-123)中的 $\omega_{RF,1}$ 可以用摄动法中的解析公式精确地确定。我们假设 $\sin\left(\omega_{RF,1}\frac{s_b}{c}\right) = 1$ 然后从式(2-118)中得出结论

$$\exp\left[-\frac{\omega_{RF,1}}{2Q_{1,r}}\left(\frac{s_b}{c}\right)\right] < \frac{\gamma^4 \omega_{RF,1} a^2 J_y}{12\pi c\epsilon_0 \rho N_c h N_e K_1 \overline{\beta_{y,c}} \exp\left(-\frac{\omega_{RF,1}^2 \sigma_z^2}{2c^2}\right)} \tag{2-124}$$

和

$$Q_{1,r} < \frac{u_{11}s_b}{2R_c \ln\left[\dfrac{12\pi\epsilon_0 \rho R_c N_c h N_e K_1 \overline{\beta_{y,c}} \exp\left(-\dfrac{u_{11}^2 \sigma_z^2}{2R^2}\right)}{\gamma^4 u_{11} a^2 J_y}\right]} \tag{2-125}$$

为了达到所要求的 $Q_{1,r}$，波导型高阶模耦合器可以安装在加速射频腔上，耦合孔的尺寸可以通过分析确定。从式（2-125）中可以找到偶极模式不需要阻尼的条件。这个条件是简单的，$Q_{1,r}\to\infty$（这个条件超出实际范围，但非常有用，因为它不依赖于特定的加载偶极模品质因数），N_e 满足

$$N_e \leqslant N_e^* = \frac{\gamma^4 u_{11} a^2 J_y}{12\pi\epsilon_0 \rho R_c N_c h K_1 \overline{\beta_{y,c}} \exp\left(-\dfrac{u_{11}^2 \sigma_z^2}{2R^2}\right)} \qquad (2-126)$$

以北京 Tau-Charm 工厂（BTCF）的参数为例[12]，由式（2-125）可以得到 $Q_{1,r}=99$，当 $s_b=12$ m，$R_c=0.224$ m，$h=0.22$ m，$a=0.044$ m，$K_1=1.4\times10^{11}[\text{V}/(\text{C}\cdot\text{m})]$，$N_c=12$，$N_e=1.5\times10^{11}$，$\overline{\beta_{y,c}}=10$ m，$\sigma_z=0.01$ m，$J_{y=z}=1$，$\rho=8.58$ m，$E_0=2$ GeV 时，这个结果与在参考文献[12]中得到的结果吻合。

参考文献

［1］ Sands M. The physics of electron storage rings — an introduction［M］. San Francisco: Stanford Linear Accelerator Center, California, 1970.

［2］ Gao J. Analytical estimation of the effects of crossing angle on the luminosity of an e^+e^- circular collider［J］. Nuclear Instruments and Methods in Physics Research Section A, 2001, 481(1): 756.

［3］ Gao J. Emittance growth and beam lifetime limitations due to beam-beam effects in e^+e^- storage ring colliders［J］. Nuclear Instruments and Methods in Physics Research Section A, 2004, 533(3): 270 - 274.

［4］ Gao J. Analytical estimation of maximum beam-beam tune shifts for electron-positron and hadron circular colliders［C］. Proceedings of HF2014, Beijing, 2014.

［5］ Gao J. Review of some important beam physics issues in electron positron collider design［J］. Modern Physics Letters A, 2015, 30(11): 20.

［6］ 王毅伟. CLIC 主直线加速器束流动力学及 ILC/CEPC 最终聚焦系统束流光学研究［D］. 北京: 中国科学院大学, 2013.

［7］ Wiedemann H. Particle Accelerator Physics［M］. New York: Springer, 2007.

［8］ Gao J. Multibunch emittance growth and its corrections in S-band linear collider［J］. Particle Accelerators, 1995, 49: 117 - 142.

［9］ Gao J. Analytical treatment of the emittance growth in the main linacs of future linear colliders［J］. Nuclear Instruments and Methods in Physics Research Section A, 2000, 441(3): 314.

［10］ Gao J. Theoretical investigation on multibunch instabilities in electron storage rings and linear accelerators［C］. Proceedings of the 1997 Particle Accelerator Conference,

Vancouver，1997：1608 - 1610.

[11]　Gao J. Single bunch longitudinal instabilities in proton storage rings [C]. Proceedings of the 1999 Particle Accelerator Conference，New York，1999.

[12]　BTCF group. Feasibility study report on Beijing Tau-Charm Factory[R]. Beijing：IHEP-BTCF report，1995.

第 3 章

高能粒子对撞机关键物理问题

在高能粒子加速器设计及运行中涉及很多最为基本、最为普遍、最为重要的加速器关键物理问题,同时这些关键物理问题长期没有得到很好的解决,大部分加速器物理专业书籍在相关物理图像、物理理论及解析公式等方面的研究深度还十分欠缺,通常找不到所需相关答案,严重影响和制约了加速器物理与设计的发展。本章将介绍诸如粒子动力学孔径、束-束相互作用、集体不稳定效应、直线加速器结构理论、束晕理论及微波电子枪理论等方面的原创性工作,为读者提供相应的解决方案。

3.1 动力学孔径解析计算

环形加速器单粒子动力学系统可以看成是一个具有周期性的哈密尔顿动力学系统。当这个系统是一个线性系统时,粒子的周期运动在任意位置相图上是长期稳定的。当这个系统是一个非线性系统时,粒子在相图上的长期运动将会依据非线性力的大小变得非常复杂,甚至出现不稳定性大幅度扩散现象。非线性力阈值内的粒子稳定运动区域和在阈值外的粒子不稳定运动区域的边界称为粒子动力学孔径。粒子动力学孔径的物理数学核心是周期性的哈密顿系统产生混沌运动的阈值。环形加速器的粒子动力学孔径的确定通常采用数值计算的方法,然而,这样做的结果是混沌运动产生的原因及限制动力学孔径的参数规律很难得到深刻的认识和有效的把握。因此,将环形对撞机粒子动力学系统等价成为一个线性哈密顿函数加上一个多极子非线性微扰进行解析研究会大大降低研究难度并可从中得到针对单一多极子的动力学孔径解析表达式。通过二维运动分析及多个不相关的多极子的组合效应分析,我们也能够得到二维动力学孔径及多个不相关多极子的动力学孔径解析表达式。

这些动力学解析表达式对深入研究束-束相互作用及非线性原件对动力学孔径的影响具有基石的作用。

3.1.1 环形加速器中由非线性多极子引起的动力学孔径的解析计算

环形加速器设计者的主要工作之一是计算非线性力对单个粒子运动稳定性的影响。这些非线性力表现为来自束流光学元件,如用于色品纠正的六极磁铁和用于稳定粒子集体运动的八极磁铁,或者来自非线性束-束相互作用力。尽管如此,与线性力相比,上述非线性力通常很小,但实际观察到的是,当粒子横向振荡的振幅足够大时,横向运动可能变得不稳定,粒子本身最终会损失在真空室壁上。显然,上述最大振荡幅度 $A_{x,y}$ 与稳定运动相对应的是特定纵向位置的函数 s。沿着机器,这些函数 $A_{x,y}(s)$ 是所谓的机器的动力学孔径。设计合理的机器应满足 $A_{x,y}(s) \geqslant M_{x,y}(s)$ 的条件,其中 $M_{x,y}(s)$ 是真空室的机械截面尺寸。

对于加速器物理学家来说,动力学孔径问题对于加速器物理学家而言是最具挑战性的研究课题之一,而且处理这个问题的相关方法在分析和数值上是完全不同的。在本节中,我们将展示在机器中单个六极子、单个八极子和单个十极子(或一般而言,单个 $2m$ 极子)如何限制了动力学孔径,以及如果有多个非线性元件,它们的综合效应是什么。本节讨论的解析方法对于理解和计算真实机器中非线性的情况是非常有用的[1]。

1) 哈密顿表达体系

使用哈密顿动力学的表达不仅是因为它对物理有着的深刻的表达和哲学的启发,而且还因为它是解决各种非线性动力学问题的根本理论工具。对于一个静止质量为 m_0、电荷为 e 的粒子,在一个磁矢量为 $\boldsymbol{A}$,电势为 Φ 的场中,它的哈密顿量的一般表达形式为

$$H(q, p, t) = e\Phi + c\left[(\boldsymbol{p} - e\boldsymbol{A})^2 + m_0 c^2\right]^{\frac{1}{2}} \qquad (3-1)$$

式中,c 是光速;$\boldsymbol{p}$ 是动量,它的分量为 p_i,共轭于空间坐标 q_i。这些运动方程可以很容易地用哈密顿方程式表示为

$$\frac{\mathrm{d}p_i}{\mathrm{d}t} = -\frac{\partial H}{\partial q_i} \qquad (3-2)$$

$$\frac{\mathrm{d}p_i}{\mathrm{d}t} = \frac{\partial H}{\partial p_i} \qquad (3-3)$$

对于在环形加速器中的特定动态问题,我们可以很方便地选择曲线坐标系而不是笛卡尔式的问题来描述在一个已知的闭合轨道附近的粒子的轨迹。新的系统的哈密顿量中的变量(x, s, y)表示 Frenet-Serret 法线、切线以及双正交、三正交和右手坐标系中的坐标,由下式给出:

$$H_t(q, p, t) = e\Phi + c\left[(p_x - eA_x)^2 + (p_y - eA_y)^2 + \left(\frac{p_s - eA_s}{1 + x/\rho}\right)^2 + m_0 c^2\right]^{\frac{1}{2}} \quad (3-4)$$

曲率半径和闭合轨道偏转的半径是零。使用变量 s 作为独立变量而不是时间 t 是有用的,因此,使用一个简单的规范转换来获取新的哈密顿量:

$$H_s = -eA_s - (1 + x/\rho)\left[\frac{1}{c^2}(E^2 - m_0^2 c^4) - (p_x - eA_x)^2 - (p_y - eA_y)^2\right]^{\frac{1}{2}} - e\Phi \quad (3-5)$$

通过另一个正则变换,且注意到 P 是粒子的全部动量时,式(3-5)的 $\frac{1}{c^2}(E^2 - m_0^2 c^4)$ 等于 P^2,此时

$$\bar{q} = q, \quad \bar{s} = s, \quad \bar{p}_{x, y} = \frac{p_{x, y}}{P_0}, \quad H = \frac{H_s}{P_0} \quad (3-6)$$

可以得到另一个哈密顿量:

$$H = -\frac{eA_s}{P_0} - \left(1 + \frac{x}{\rho}\right)\left[\frac{P}{P_0} - \left(\bar{p}_x - \frac{eA_x}{P_0}\right)^2 - \left(\bar{p}_y - \frac{eA_y}{P_0}\right)^2\right]^{\frac{1}{2}} - \frac{e\Phi}{P_0} \quad (3-7)$$

其中,P_0 是参照粒子的动量,同时 $P = P_0 + \Delta P$。$\dfrac{eA_s}{P_0}$ 可表示为

$$\frac{eA_s}{P_0} = -\frac{B_y x^2}{2\rho^2 B_0} - \frac{1}{B_0 \rho}\sum_{n=1}^{\infty}\frac{1}{n!}\left.\frac{\partial^{n-1} B_y}{\partial x^{n-1}}\right|_{x=0, y=0}(x + \mathrm{i}y)^n \quad (3-8)$$

引入 eA_s/P_0 到式(3-7)中,我们最终得到了哈密顿量:

$$H = \frac{x^2 B_y\big|_{x=0, y=0}}{2\rho^2 B_0} + \frac{1}{B_0 \rho}\sum_{n=1}^{\infty}\frac{1}{n!}\left.\frac{\partial^{n-1} B_y}{\partial x^{n-1}}\right|_{x=0, y=0}(x + \mathrm{i}y)^n -$$

$$(1+x/\rho)\left[1+\frac{\Delta P}{P_0}-\left(\bar{p}_x-\frac{eA_x}{P_0}\right)^2-\left(\bar{p}_y-\frac{eA_y}{P_0}\right)^2\right]^{\frac{1}{2}}-\frac{e\Phi}{P_0} \quad (3-9)$$

它一般作为大多数动力学问题在一个环形加速器中的研究起点，其中 B_0 是在运行轨道的参考粒子的偏转磁场，B_y 通常情况下是一个复杂的变量。

2）动力学孔径的解析公式

首先我们考虑水平面（$y=0$）中参考粒子（没有能量偏差）的线性水平运动（y_0），假定磁场仅为横向（$A_x=A_y=0$），没有螺旋场，Φ 是一个常数。哈密顿量可以简化为

$$H=\frac{p^2}{2}+\frac{K(s)}{2}x^2 \quad (3-10)$$

其中，x 表示平面坐标，$p=\dfrac{\mathrm{d}x}{\mathrm{d}s}$，$K(s)$ 是一个满足如下关系的周期函数：

$$K(s)=K(s+L) \quad (3-11)$$

其中，L 是全环的周长，偏差的解 x 表示为

$$x=\sqrt{\epsilon_x\beta_x(s)}\cos[\phi(s)+\phi_0] \quad (3-12)$$

其中

$$\phi(s)=\int_0^s\frac{\mathrm{d}s}{\beta_x(s)} \quad (3-13)$$

作为在非线性扰动作用下进一步讨论的一个重要步骤，我们引入了动作角变量，这些新变量所表示的哈密顿量为

$$\Psi=\int_0^s\frac{\mathrm{d}s'}{\beta_x(s')}+\phi_0 \quad (3-14)$$

$$J=\frac{\epsilon_x}{2}=\frac{1}{2\beta_x(s)}\left\{x^2+\left[\beta_x(s)x'-\frac{\beta_x'x}{2}\right]^2\right\} \quad (3-15)$$

$$H(J,\Psi)=\frac{J}{\beta_x(s)} \quad (3-16)$$

由于 $H(J,\Psi)=J/\beta_x(s)$ 仍然是独立变量 s 的函数，我们将采用另一个正则变换来冻结新的哈密顿量：

$$\Psi_1 = \Psi + \frac{2\pi\nu}{L} - \int_0^s \frac{\mathrm{d}s'}{\beta_x(s')} \tag{3-17}$$

$$J_1 = J \tag{3-18}$$

$$H_1 = \frac{2\pi\nu}{L} J_1 \tag{3-19}$$

在进一步讨论之前,让我们记住最后一个作用角变量与粒子偏差 x 之间的关系:

$$x = \sqrt{2J_1\beta_x(s)} \cos\left[\Psi_1 - \frac{2\pi\nu}{L}s + \int_0^s \frac{\mathrm{d}s'}{\beta_x(s')}\right] \tag{3-20}$$

为了便于对这一复杂问题(非线性力对粒子运动稳定性的影响)进行分析处理,我们现阶段以只有六极磁铁和八极磁铁为例,并假定环中的两极磁铁和八极磁铁的贡献可以等同于一个点的六极磁铁和一个点的八极磁铁。这样就可以表达出一维的哈密顿量为

$$H = \frac{p^2}{2} + \frac{K(s)}{2}x^2 + \frac{1}{3!B\rho}\frac{\partial^2 B_z}{\partial x^2}x^3 L \sum_{k=-\infty}^{\infty} \delta(s-kL) +$$
$$\frac{1}{4!B\rho}\frac{\partial^3 B_z}{\partial x^3}x^4 L \sum_{k=-\infty}^{\infty} \delta(s-kL) \tag{3-21}$$

将角度变量(J_1 和 Ψ_1)代入式(3-21)中,同时运用

$$B_z = B_0(1 + xb_1 + x^2b_2 + x^3b_3) \tag{3-22}$$

可以得到

$$H = \frac{2\pi\nu}{L}J_1 + \frac{\left[2J_1\beta_x(s_1)\right]^{\frac{3}{2}}}{3\rho}b_2 L\cos^3\Psi_1 \sum_{k=-\infty}^{\infty}\delta(s-kL) +$$
$$\frac{\left[J_1\beta_x(s_2)\right]^2}{\rho}b_3 L\cos^4\Psi_1 \sum_{k=-\infty}^{\infty}\delta(s-kL) \tag{3-23}$$

式中的 s_1 和 s_2 只是用来区分六极磁铁和八极磁铁的位置。根据哈密顿定理,可以得到 J_1 和 Ψ_1 的微分方程为

$$\frac{\mathrm{d}J_1}{\mathrm{d}s} = -\frac{\partial H_1}{\partial \Psi_1} \tag{3-24}$$

$$\frac{\mathrm{d}\Psi_1}{\mathrm{d}s}=\frac{\partial H_1}{\partial J_1} \tag{3-25}$$

$$\frac{\mathrm{d}J_1}{\mathrm{d}s}=-\frac{\left[2J_1\beta_x(s_1)\right]^{\frac{3}{2}}}{3\rho}b_2L\frac{\mathrm{d}\cos^3\Psi_1}{\mathrm{d}\Psi_1}\sum_{k=-\infty}^{\infty}\delta(s-kL)-$$

$$\frac{\left[J_1\beta_x(s_2)\right]^2}{\rho}b_3L\frac{\mathrm{d}\cos^4\Psi_1}{\mathrm{d}\Psi_1}\sum_{k=-\infty}^{\infty}\delta(s-kL) \tag{3-26}$$

$$\frac{\mathrm{d}\Psi_1}{\mathrm{d}s}=\frac{2\pi\nu}{L}+\frac{\sqrt{2}J_1^{\frac{1}{2}}\beta_x^{\frac{3}{2}}(s_1)}{\rho}b_2L\cos^3\Psi_1\sum_{k=-\infty}^{\infty}\delta(s-kL)+$$

$$\frac{2\beta_x^2(s_2)}{\rho}J_1b_3L\cos^4\Psi_1\sum_{k=-\infty}^{\infty}\delta(s-kL) \tag{3-27}$$

现在是时候把这个微分方程变成差分方程,这种方程适合分析混沌发生的可能性。由于扰动具有 L 的自然周期性,假设两个连续的绝热不变分解间隔的特征时间短于 L/c,我们将在恒定区间 L 的顺序上对 s_i 处的动态量进行抽样。将式(3-26)和式(3-27)中的微分方程变为差分方程:

$$\overline{J_1}=\overline{J_1}(\Psi_1,J_1) \tag{3-28}$$

$$\overline{\Psi_1}=\overline{\Psi_1}(\Psi_1,J_1) \tag{3-29}$$

式中,没有上横线的代表前一个值,有上横线的代表下一个取样值。$\overline{J_1}$ 和 $\overline{\Psi_1}$ 的表达式分别为

$$\overline{J_1}=J_1-\frac{\left[2J_1\beta_x(s_1)\right]^{\frac{3}{2}}}{3\rho}b_2L\frac{\mathrm{d}\cos^3\Psi_1}{\mathrm{d}\Psi_1}-\frac{\left[J_1\beta_x(s_2)\right]^2}{\rho}b_3L\frac{\mathrm{d}\cos^4\Psi_1}{\mathrm{d}\Psi_1}$$
$$\tag{3-30}$$

$$\overline{\Psi_1}=\Psi_1+2\pi\nu+\frac{\sqrt{2}\beta_x^{\frac{3}{2}}(s_1)\overline{J_1}^{-\frac{1}{2}}}{\rho}b_2L\cos^3\Psi_1+\frac{2\beta_x^2(s_2)}{\rho}\overline{J_1}b_3L\cos^4\Psi_1$$
$$\tag{3-31}$$

式(3-30)和式(3-31)是研究非线性共振的基本差分方程,以及考虑到六极磁铁和八极磁铁扰动的非线性共振的基本差分方程。使用以下三角函数关系:

$$\cos^m\theta\cos^n\theta=2^{-m}\sum_{r=0}^{m}\frac{m!}{(m-r)!\,r!}\cos(n-m+2r)\theta \tag{3-32}$$

可得

$$\cos^3\theta = \frac{2}{2^3}(\cos 3\theta + 3\cos\theta) \tag{3-33}$$

$$\cos^4\theta = \frac{1}{2^4}\left\{2\cos 4\theta + 8\cos 2\theta + \frac{4!}{[(4/2)!]^2}\right\} \tag{3-34}$$

　　如果这个工作点 ν 远离共振线 $\nu = m/n$，其中 m 和 n 是整数，那么在 Kolmogorov-Arnold-Moser(KAM)定理的作用下，不变运动的不变量 tori 被保留下来。然而，如果 ν 接近上述共振线，那么情况将变得复杂，并且在某些情况下可以破坏 KAM 不变的 tori。

　　(1) 首先考虑第一种情况，即只有一个六极磁铁位于 $s=s_1$，对应 $\beta_x(s_1)$。以第三阶谐振为例，$\frac{m}{3}$，我们在式(3-30)中只保留相位为 $3\Psi_1$ 的正弦函数和式(3-31)中的显性相独立非线性项。结果是式(3-30)和式(3-31)化简为

$$\overline{J_1} = J_1 + A\sin(3\Psi_1) \tag{3-35}$$

$$\overline{\Psi_1} = \Psi_1 + B\overline{J_1} \tag{3-36}$$

其中

$$A = \frac{[2J_1\beta_x(s_1)]^{\frac{3}{2}}}{4}\left(\frac{b_2 L}{\rho}\right) \tag{3-37}$$

$$B = \sqrt{2}\beta_x^{\frac{3}{2}}(s_1)\overline{J_1}^{-\frac{1}{2}}\left(\frac{b_2 L}{\rho}\right) \tag{3-38}$$

　　在式(3-31)中放弃常数相位，同时选择了 $\cos^3(\Psi_1)$ 的最大值 1。将式(3-37)和式(3-38)转变为所谓的标准映射，表示为

$$\overline{I} = I + K_0\sin\theta \tag{3-39}$$

$$\overline{\theta} = \theta + \overline{I} \tag{3-40}$$

其中，$\theta = 3\Psi$，$I = 3BJ_1$，$K_0 = 3AB$。 根据 Chirikov 判据，当 $|K_0| \geqslant 0.971\,64$ 时，会产生粒子的混沌和扩散过程。因此，

$$|K_0| \leqslant 1 \tag{3-41}$$

可以作为机器动力学孔径的自然判据。把式(3-37)和式(3-38)代入式

(3-41)中,可以得到

$$|K_0| = 3J_1\beta_x^3(s_1)\left(\frac{|b_2|L}{\rho}\right)^2 \leqslant 1 \tag{3-42}$$

因此,我们发现最大的 J_1 对应于 $\frac{m}{3}$ 共振:

$$J_1 \leqslant J_{\max,\text{sext}} = \frac{1}{3\beta_x^3(s_1)}\left(\frac{\rho}{|b_2|L}\right)^2 \tag{3-43}$$

机器的动力学孔径表示为

$$A_{\text{dyna,sext}} = \sqrt{2J_{\max,\text{sext}}\beta_x(s)} = \frac{\sqrt{2\beta_x(s)}}{\sqrt{3}\beta_x^{\frac{3}{2}}(s_1)}\left(\frac{\rho}{|b_2|L}\right) \tag{3-44}$$

式(3-44)给出了一个六极磁铁强度确定情况下的动力学孔径。读者可以自行检查,如果在式(3-35)中保留 $\sin(\Psi_1)$ 而不是 $\sin(3\Psi_1)$,那么可以得到与式(3-44)中相同的 $A_{\text{dyna,sext}}$ 的表示。

(2) 我们考虑了位于 $s=s_2$,$\beta_x(s_2)$ 处的单个八极磁铁的情况。考虑第四阶共振,$\frac{m}{4}$,只保留式(3-30)中相位为 $4\Psi_1$ 的正弦函数和式(3-31)中的相独立非线性项。因此式(3-30)和式(3-31)化简为

$$\overline{J_1} = J_1 + A\sin(4\Psi_1) \tag{3-45}$$

$$\overline{\Psi_1} = \Psi_1 + B\overline{J_1} \tag{3-46}$$

其中

$$A = \frac{[J_1\beta_x(s_2)]^2}{2}\left(\frac{b_3L}{\rho}\right) \tag{3-47}$$

$$B = 2\beta_x^2(s_2)\left(\frac{b_3L}{\rho}\right) \tag{3-48}$$

我们在式(3-31)中放弃了常数相位,取了 $\cos^4\Psi_1$ 的最大值1。通过 Chirikov 准则,可以得到

$$J_1 \leqslant J_{\max,\text{oct}} = \frac{1}{2\beta_x^2(s_2)}\left(\frac{\rho}{|b_3|L}\right) \tag{3-49}$$

对应的动力学孔径为

$$A_{\text{dyna, oct}} = \sqrt{2J_{\text{max, oct}}\beta_x(s)} = \frac{\sqrt{\beta_x(s)}}{\beta_x(s_2)}\sqrt{\frac{\rho}{|b_3|L}} \qquad (3-50)$$

（3）在不重复的情况下，我们直接给出了位于 $s = s_3$ 的由于一个十极磁铁引起的动力学孔径为

$$A_{\text{dyna, deca}} = \sqrt{2\beta_x(s)}\left(\frac{1}{5\beta_x^5(s_3)}\right)^{\frac{1}{6}}\left(\frac{\rho}{|b_4|L}\right)^{\frac{1}{3}} \qquad (3-51)$$

其中，b_4 是十极磁铁强度的系数。最后我们给出了单个 $2m(m \geqslant 3)$ 极分量水平面上（$z = 0$）动力学孔径的一般表达式为

$$A_{\text{dyna, }2m} = \sqrt{2\beta_x(s)}\left\{\frac{1}{m\beta_x^m[s(2m)]}\right\}^{\frac{1}{2(m-2)}}\left(\frac{\rho}{|b_{m-1}|L}\right)^{\frac{1}{m-2}} \qquad (3-52)$$

其中，$s(2m)$ 是这个多极磁铁的位置。

接下来的问题是，如果有一个以上的非线性部件，如何估计它们的集体效应？显然，这是一个很难回答的问题。幸运的是，我们可以区分以下两种情况。

（1）如果部件是独立的，即它们之间没有特殊的相位和振幅关系，则可以计算出总动力学孔径为

$$A_{\text{dyna, total}} = \cfrac{1}{\sqrt{\sum_i\cfrac{1}{A_{\text{dyna, sext, }i}^2} + \sum_j\cfrac{1}{A_{\text{dyna, oct, }j}^2} + \sum_k\cfrac{1}{A_{\text{dyna, deca, }k}^2} + \cdots}}$$

$$(3-53)$$

（2）如果非线性分量是相互依赖的，即它们之间存在特殊的相位和振幅关系（例如，在现实中，人们另外引入六极磁铁来抵消用于色品修正的六极磁铁产生的非线性效应），则没有一般公式像式（3-53）一样可以应用。

在上述讨论中，我们局限于讨论粒子在水平面上运动的情况，式（3-44）、式（3-51）和式（3-53）中表达的是一维动态孔径公式，是垂直位移 $y = 0$ 时最大稳定水平偏移范围。接下来，我们将简要说明在水平面和垂直面之间有耦合时如何估计二维的动态孔径。现在我们考虑只有一个六极磁铁位于 $s = s_1$ 的情况，并且我们有相应的哈密顿量表达如下：

$$H = \frac{p_x^2}{2} + \frac{K_x(s)}{2}x^2 + \frac{p_y^2}{2} + \frac{K_y(s)}{2}y^2 +$$

$$\frac{1}{3!B\rho}\frac{\partial^2 B_z}{\partial x^2}(x^3 - 3xy^2)L\sum_{k=-\infty}^{\infty}\delta(s-kL) \qquad (3-54)$$

一般来说,没有系统的方法或某种普遍的准则来确定二维混沌运动的起始。幸运的是,在这个具体情况下,我们发现式(3-54)与 Hénon-Heiles 问题表达的哈密顿量之间的相似性。Hénon-Heiles 问题的哈密顿量为

$$H_{\text{H\&H}} = \frac{1}{2}\left(x^2 + p_x^2 + y^2 + p_y^2 + 2x^2 y - \frac{2}{3}y^3\right) \qquad (3-55)$$

我们发现,当 $H_{\text{H\&H}} > \frac{1}{6}$ 时,运动变得不稳定。从这个结论中得到的暗示是,对于我们的问题应该有一个类似的标准,也就是说,要有稳定的二维运动,就应该有 $H \leqslant H_{\text{max}}$。 以前在一维运动中获得的知识帮助我们现在找到 H_{max},得出二维动力学孔径表达如下:

$$A_{\text{dyna, sext, }y} = \sqrt{\frac{\beta_x(s_1)}{\beta_y(s_1)}(A_{\text{dyna, sext, }x}^2 - x^2)} \qquad (3-56)$$

式中,$\beta_y(s_1)$ 是六极磁铁位置处的垂直 beta 函数;$A_{\text{dyna, sext, }x}$ 是由式(3-44)给出的。从式(3-56)中可以看出,$A_{\text{dyna, sext, }y}$ 和 $A_{\text{dyna, sext, }x}$ 来自 $\sqrt{\beta_x(s_1)/\beta_y(s_1)}$ 之间的差异。如果环中有许多六极磁铁,通常有 $A_{\text{dyna, sext, }x} \approx A_{\text{dyna, sext, }y}$,因为 $\beta_x(s_i)$ 不会总是比 $\beta_y(s_i)$ 更大或更小。

3.1.2 环形加速器中由扭摆磁铁引起的动力学孔径的解析计算

作为一个嵌入装置,我们发现了许多扭摆磁铁的应用例子,例如阻尼环、同步辐射装置以及存储环对撞机。在这一节中,我们用一种分析的方式来计算由扭摆磁铁引起的动力学孔径。首先,简要地回顾一下扭摆磁铁内部的动力学,之后,将一个扭摆磁铁插入存储环中。应用上一节建立的存储环中多极子的一般动力学孔径公式,可推导出扭摆磁铁引起的动力学孔径的解析公式[2]。

1) 粒子在扭摆磁铁中的运动

考虑一个正弦磁场变化的扭摆磁铁磁场,满足麦克斯韦方程的要求:

$$B_x = \frac{k_x}{k_y} B_0 \sinh(k_x x) \sinh(k_y y) \cos(ks) \tag{3-57}$$

$$B_y = B_0 \cosh(k_x x) \cosh(k_y y) \cos(ks) \tag{3-58}$$

$$B_z = -\frac{k}{k_y} B_0 \cosh(k_x x) \sinh(k_y y) \sin(ks) \tag{3-59}$$

其中

$$k_x^2 + k_y^2 = k^2 = \left(\frac{2\pi}{\lambda_w}\right)^2 \tag{3-60}$$

式中,B_0 是最大的正弦波形磁场;λ_w 是一个扭摆磁铁的周期长度;而 x、y、s 分别代表水平、垂直和束流的运动方向。

描述粒子运动的哈密顿量可以写成等式:

$$H_w = \frac{1}{2} \{p_z^2 + [p_x - A_x \sin(ks)]^2 + [p_y - A_y \sin(ks)]^2\} \tag{3-61}$$

其中

$$A_x = \frac{1}{\rho_w k} \cosh(k_x x) \cosh(k_y y) \tag{3-62}$$

$$A_y = -\frac{k_x}{k_y} \frac{\sinh(k_x x) \sinh(k_y y)}{\rho_w k} \tag{3-63}$$

式中,ρ_w 是扭摆磁铁峰值磁场 B_0 的曲率半径,$\rho_w = E_0 / ec B_0$,其中 E_0 是电子的能量。在对 betatron 变量做了一个正则变换之后,在一个周期内对哈密顿函数进行平均,并将双曲函数以 x 和 y 的形式展开到第四阶之后,可得

$$\begin{aligned}
H_w = &\frac{1}{2}(p_x^2 + p_y^2) + \frac{1}{4k^2 \rho_w^2}(k_x^2 x^2 + k_y^2 y^2) + \\
&\frac{1}{12 k^2 \rho_w^2}(k_x^4 x^4 + k_y^4 y^4 + 3 k_x^2 k_y^2 x^2 y^2) - \\
&\frac{\sin(ks)}{2k \rho_w}[p_x (k_x^2 x^2 + k_y^2 y^2) - 2 k_x^2 p_y x y]
\end{aligned} \tag{3-64}$$

在平均了一个扭摆磁铁周期的运动后,得到粒子横向运动的微分方程为

$$\frac{d^2 x}{ds^2} = -\frac{k_x^2}{2 k^2 \rho_w^2}\left(x + \frac{2}{3} k_x^2 x^3 + k^2 x y^2\right) \tag{3-65}$$

$$\frac{\mathrm{d}^2 y}{\mathrm{d}s^2} = -\frac{k_y^2}{2k^2\rho_{\mathrm{w}}^2}\left(y + \frac{2}{3}k_y^2 y^3 + \frac{k_x^2 k^2}{k_y^2}x^2 y\right) \tag{3-66}$$

考虑扭摆磁铁是用平面的例子,我们有 $k_x = 0$。

2）扭摆磁铁作为存储环中的一个插入装置

现在我们只需将一个扭摆磁铁(或一个单元的扭摆磁铁)插入存储环中的 s_{w} 处。垂直平面上的环的总哈密顿量可以表示如下：

$$H = H_0 + \frac{1}{4\rho^2}y^2 + \frac{k_y^2}{12\rho^2}y^4\lambda_{\mathrm{w}}\sum_{i=-\infty}^{\infty}\delta(s - \mathrm{i}L) \tag{3-67}$$

式中,H_0 是没有插入扭摆磁铁的哈密顿量,L 是环的周长,$k_y = k$。 显然,最低扰动是一个八极子。

现在,让我们回顾一下在上节中这个哈密顿量所描述的存储环的一维动力学孔径:

$$H = \frac{p^2}{2} + \frac{K(s)}{2}x^2 + \frac{1}{3!B\rho}\frac{\partial^2 B_z}{\partial x^2}x^3 L\sum_{k=-\infty}^{\infty}\delta(s - kL) +$$
$$\frac{1}{4!B\rho}\frac{\partial^3 B_z}{\partial x^3}x^4 L\sum_{k=-\infty}^{\infty}\delta(s - kL) + \cdots \tag{3-68}$$

其中

$$B_z = B_0(1 + xb_1 + x^2 b_2 + x^3 b_3 + x^4 b_4 + \cdots + x^{m-1}b_{m-1} + \cdots) \tag{3-69}$$

对应于每个多极磁铁的动态孔径如下:

$$A_{\mathrm{dyna},2m,x}(s) = \sqrt{2\beta_x(s)}\left[\frac{1}{m\beta_x^m(s_{2m})}\right]^{\frac{1}{2(m-2)}}\left(\frac{\rho}{|b_{m-1}|L}\right)^{\frac{1}{m-2}} \tag{3-70}$$

式中,$\beta_x(s)$ 是 x 平面上的 beta 函数,这里的 x 代表水平或垂直平面。

比较式(3-67)和式(3-68)。根据类比,很容易发现

$$\frac{b_3}{\rho}L = \frac{k_y^2\lambda_{\mathrm{w}}}{3\rho_{\mathrm{w}}^2} \tag{3-71}$$

这一周期阶段扭摆磁铁的动力学孔径为

$$A_{1,y}(s) = \frac{\sqrt{\beta_y(s)}}{\beta_y(s_{\mathrm{w}})}\left(\frac{3\rho_{\mathrm{w}}^2}{k_y^2\lambda_{\mathrm{w}}}\right)^{\frac{1}{2}} \tag{3-72}$$

式中，$\beta_y(s)$ 是不受干扰的 beta 函数。事实上，扭摆磁铁是一种插入设备，由多个周期 N_w 组成，一个扭摆磁铁长度 $L_w = N_w \lambda_w$。现在，第一个问题是：这些 N_w 个周期的综合效应是什么？我们有

$$\frac{1}{A_{N_{w,y}}^2(s)} = \sum_{i=1}^{N_w} \frac{1}{A_{i,y}^2} = \sum_{i=1}^{N_w} \left[\frac{k_y^2}{3\rho_w^2 \beta_y(s)}\right] \beta_y^2(s_{i,w}) \frac{L_w}{N_w} \qquad (3-73)$$

式中，指数 i 表示不同的周期。当 N_w 是一个大数字时，式(3-73)可以简化为

$$\frac{1}{A_{N_{w,y}}^2(s)} = \frac{k_y^2}{3\rho_w^2 \beta_y(s)} \int_{s_{w_0}-L_w/2}^{s_{w_0}+L_w/2} \beta_y^2(s)\,\mathrm{d}s \qquad (3-74)$$

式中，s_{w_0} 对应于扭摆磁铁的中心。实际上，我们可以用 $\beta_y^2(s)$ 来取代在扭摆磁铁中间的 beta 函数值 $\beta_{y,m}^2$，得到

$$A_{N_{w,y}}(s) = \sqrt{\frac{3\beta(s)}{\beta_{y,m}^2}} \frac{\rho_w}{k_y \sqrt{L_w}} \qquad (3-75)$$

由于

$$A_{N_{w,x}}(s) = \sqrt{\frac{\beta_y(s)}{\beta_x(s)}\left[A_{N_{w,y}}^2(s) - y^2\right]} \qquad (3-76)$$

众所周知，插入的扭摆磁铁也扰动线性光学特性，如工作点和 beta 函数。对于理想的平面扭摆磁铁，我们有 $\Delta\nu_x = 0$，$\Delta\beta_x = 0$，以及

$$\Delta\nu_y \approx \frac{L_w \beta_{av,y}}{8\pi\rho_w^2} \qquad (3-77)$$

$$\frac{\Delta\beta_y}{\beta_y} \approx -\frac{L_w \beta_{av,y} \cos[2\nu_y(\pi - |\phi - \phi_w|)]}{4\rho_w^2 \sin(2\pi\nu_y)} \qquad (3-78)$$

或

$$\left(\frac{\Delta\beta_y}{\beta_y}\right)_{max} \approx \left|\frac{2\pi\Delta\nu_y}{\sin(2\pi\nu_y)}\right| \qquad (3-79)$$

在扭摆磁铁内部有平均 $\beta_{av,y}$。

接下来的第二个问题是存储环的总动力学孔径，包括许多扭摆磁铁和其他非线性组件。假设没有扭摆磁铁的环的动态孔径为 A_y，并且有 M 个扭摆磁铁插入环内不同的位置，则总的动力学孔径表示为

$$A_{\text{total},y}(s) = \cfrac{1}{\sqrt{\cfrac{1}{A_y^2(s)} + \displaystyle\sum_{j=1}^{M} \cfrac{1}{A_{j,\text{w},y}^2(s)}}} \qquad (3-80)$$

式中，$A_{j,\text{w},y}$ 对应于第 j 个扭摆磁铁限制的动力学孔径。

含能量偏差的动力学孔径解析表达式见参考文献[3]。

3.2 束-束相互作用解析计算

自从正比于环形正负电子对撞机亮度的束-束相互作用参数 ξ_y 具有极限值这一现象在 ACO 被发现后，其后所有环形对撞机亮度均受到这一束-束相互作用极限值的限制。束-束相互作用极限值问题也成了环形对撞机最为重要、最为核心的关键问题。我们从加速器物理角度对束-束相互作用进行深刻的理论理解、解析分析和实验验证，进而将正确的理论公式运用于环形对撞机设计及实验结果分析。

3.2.1 束-束相互作用参数最大值

1) 正负电子对撞机和强子对撞机中最大束-束相互作用参数的解析计算

本节主要针对正负电子对撞机和强子对撞机中最大束-束相互作用参数进行解析计算[4-12]。正负电子环形对撞机的亮度 $L(\text{cm}^{-2}\cdot\text{s}^{-1})$ 可表示为

$$L = \frac{I_{\text{beam}}\gamma\xi_y}{2er_e\beta_y^*}\left(1 + \frac{\sigma_y^*}{\sigma_x^*}\right)F_h \qquad (3-81)$$

式中，r_e 是电子半径（2.818×10^{-15} m）；β_y^* 是对撞点的 beta 函数值，cm；γ 是归一化的束流能量；σ_x^* 和 σ_y^* 分别是对撞点处的束流横向尺寸；I_{beam} 是束流的循环电流；F_h 是沙漏减少因子，ξ_y 是垂直束流工作点偏移，定义为

$$\xi_y = \frac{N_e r_e \beta_y^*}{2\pi\gamma\sigma_y^*(\sigma_x^* + \sigma_y^*)} \qquad (3-82)$$

式中，N_e 是束团粒子数。实际上，式（3-81）可表示为

$$L = 2.17\times10^{34}(1+r)\xi_y\frac{E_0 N_b I_{\text{bunch}}F_h}{\beta_y^*} \qquad (3-83)$$

式中，E_0 是束流能量，GeV；$r = \sigma_y^*/\sigma_x^*$；$N_b$ 是束流的束团数；I_{bunch} 是一个束

团的平均电流，A；所以 $I_{beam} = N_b I_{bunch}$。

实际上，自 ACO 以来，人们发现所有环形对撞机的 ξ_y 都不是自由参数，对于给定的对撞机，存在最大 ξ_y 或 $\xi_{y,max}$，无论如何进行工作点优化，都无法超越 $\xi_{y,max}$。一旦超过 $\xi_{y,max}$，碰撞束横向尺寸将急剧变大，束流寿命急剧下降（实际上是指数级的）。这些束-束相互作用引起的现象称为束-束效应。理解束-束效应是粒子加速器物理学家所研究的关键课题之一。长久以来，我们在对撞机设计中，都会根据以往机器的一些经验选择 $\xi_{y,max}$ 作为常数值，与特定机器参数无关。也就是说，不管 $\xi_{y,max}$ 是否是机器能量、阻尼时间、对撞点数量和粒子回旋周期等的函数。事实上，对于正面碰撞正负电子束，$\xi_{y,max}$ 可表示为[4-7]

$$\xi_{y,max} = \frac{H_0}{2\pi} \sqrt{\frac{T_0}{\tau_y \gamma N_{IP}}} \qquad (3-84)$$

式中，$H_0 = 2\,845$；τ_y 是横向阻尼时间；T_0 是回旋周期；N_{IP} 是对撞点数量。或者，对于等磁性结构，我们有

$$\xi_{y,max,iso} = H_0 \gamma \sqrt{\frac{r_e}{6\pi R N_{IP}}} \qquad (3-85)$$

式中，R 是局部的二极磁铁弯转半径。

知道了 $\xi_{y,max}$ 的解析表达式，可以将亮度表示为

$$L_{max} = 2.17 \times 10^{34} (1+r) \xi_{y,max} \frac{E_0 N_b I_{bunch} F_h}{\beta_y^*} \qquad (3-86)$$

或

$$L_{max} = \frac{0.158 \times 10^{34} (1+r)}{\beta_y^*} I_{beam} \sqrt{\frac{U_0}{N_{IP}}} F_h \qquad (3-87)$$

式中，U_0 是由于每一圈同步辐射引起的能量损失，GeV。或

$$L_{max} = \frac{0.158 \times 10^{34} (1+r)}{\beta_y^*} \sqrt{\frac{I_{beam} P_b}{N_{IP}}} F_h \qquad (3-88)$$

其中，P_b 是一个对撞束流的同步辐射功率，MV。

如果对撞机具有 N_{IP} 个对撞点，并且对撞机的总亮度表示为 L_{total}，则很明

显 $L_{\text{total}} = N_{\text{IP}} L_{\text{max}} \propto \sqrt{N_{\text{IP}}}$。

2）强子环形对撞机中的最大束-束作用的解析表达式

至于强子环形对撞机，人们可能想要通过在式（3-85）中简单地替换 r_{e} 为相应的强子半径，例如，质子的经典半径 r_{p}。但人们很容易发现它会产生荒谬的结果，因为式（3-85）不能直接应用于强子的情况。下面，作为进一步的讨论，我们将给出强子环形对撞机的束-束作用极限的解析公式[8]。

事实上，轻子和强子环形对撞机之间差异的物理原因非常简单。在轻子环形对撞机中，由于强大的同步辐射效应，两个对撞束团可视为两束气体，内部的颗粒完全混合。就强子环形对撞机而言，通常情况下，只有强非线性束-束相互作用力才能使束团中的某些粒子开始混沌随机运动，并且这些以随机方式移动的粒子数量小于整束团中的粒子数量。现在的问题是计算出位于远离束团中心的部分有多少粒子在给定束团电流的非线性束-束相互作用力的驱动下进行混沌随机运动。假设对撞束团的横向服从高斯分布，这些被"加热的"粒子的数量 $N_{\text{p, heat}}$ 可以通过 $N_{\text{p, heat}} = f N_{\text{p, bunch}}$ 来估算，其中 $N_{\text{p, bunch}}$ 是一个束团中的粒子数。显然，对于轻子对撞机，$f = 1$。

在强子环形对撞机中，束-束作用量 $\xi_{\text{h, y, max}}$ 的表示如下：

$$\xi_{\text{h, y, max}} = \frac{H_0 \gamma}{f(x_*)} \sqrt{\frac{r_{\text{p}}}{6\pi R N_{\text{IP}}}} \qquad (3-89)$$

或

$$\xi_{\text{h, y, max}} = \frac{H_0}{2\pi f(x_*)} \sqrt{\frac{T_0}{\tau_y \gamma N_{\text{IP}}}} \qquad (3-90)$$

其中

$$f(x) = 1 - \frac{2}{\sqrt{2\pi}} \int_0^x \exp\left(-\frac{t^2}{2}\right) \mathrm{d}t \qquad (3-91)$$

$$x^2 = \frac{4f(x)}{\pi \xi_{\text{y, max}} N_{\text{IP}}} \qquad (3-92)$$

式（3-90）中的 x_* 可以通过以下等式求解：

$$x_*^2 = \frac{4f^2(x_*)}{H_0 \pi \gamma} \sqrt{\frac{6\pi R}{r_{\text{p}} N_{\text{IP}}}} \qquad (3-93)$$

3.2.2 束-束相互作用引起的动力学孔径变化

首先,我们讨论 e^+e^- 环形对撞机中的束-束相互作用对动力学孔径和寿命的影响。

在环形对撞机中的束-束相互作用对机器的性能有很多影响,最重要的影响是束-束相互作用导致动力学孔径减小以及束团寿命缩短[9]。

在对撞点,两个正面对撞的束团中的每个粒子的横向角度偏转可以由下式计算:

$$\delta y' + \mathrm{i}\delta x' = -\frac{N_e r_e}{\gamma_*} f(x, y, \sigma_x, \sigma_y) \tag{3-94}$$

其中,x' 和 y' 是水平和垂直的斜率变化;N_e 是束团中的粒子数;r_e 是电子经典半径(2.818×10^{-15} m);σ_x 和 σ_y 是反向旋转束在 IP 处横向电荷密度分布的标准偏差;γ_* 是归一化粒子的能量,$*$ 表示检验粒子和检验粒子所属的束团。当对撞束团是高斯 $f(x, y, \sigma_x, \sigma_y)$ 分布时,可以用 Basseti-Erskine 公式表示:

$$f(x, y, \sigma_x, \sigma_y) = \sqrt{\frac{2\pi}{\sigma_x^2 - \sigma_y^2}} \times$$

$$\left\{ w\left[\frac{x + \mathrm{i}y}{\sqrt{2(\sigma_x^2 - \sigma_y^2)}} \right] - \exp\left(-\frac{x^2}{2\sigma_x^2} - \frac{y^2}{2\sigma_y^2}\right) w\left[\frac{\frac{\sigma_y}{\sigma_x}x + \mathrm{i}\frac{\sigma_x}{\sigma_y}y}{\sqrt{2(\sigma_x^2 - \sigma_y^2)}} \right] \right\} \tag{3-95}$$

式中,w 是误差函数,表示为

$$w(z) = \exp(-z^2)[1 - \mathrm{erf}(-\mathrm{i}z)] \tag{3-96}$$

对于圆形束团(RB)和扁平束团(FB),有以下表示:

$$\delta r' = -\frac{2N_e r_e}{\gamma_* r}\left[1 - \exp\left(-\frac{r^2}{2\sigma^2}\right)\right] \quad (\text{RB}: \sigma_x = \sigma_y = \sigma) \tag{3-97}$$

$$\delta x' = -\frac{2\sqrt{2}N_e r_e}{\gamma_* \sigma_x}\exp\left(-\frac{x^2}{2\sigma_x^2}\right)\int_0^{\frac{x}{\sqrt{2}\sigma_x}} \exp(u^2)\mathrm{d}u \quad (\text{FB}: \sigma_x \gg \sigma_y) \tag{3-98}$$

$$\delta y' = -\frac{\sqrt{2\pi}N_e r_e}{\gamma_* \sigma_x}\exp\left(-\frac{x^2}{2\sigma_x^2}\right)\operatorname{erf}\left(\frac{y}{\sqrt{2}\,\sigma_y}\right) \quad (\text{FB}: \sigma_x \gg \sigma_y) \quad (3-99)$$

式中，$r = \sqrt{x^2 + y^2}$。现在我们要计算检验粒子感受到的平均横线冲击，因为检验粒子横向位移的概率不是恒定的(事实上，这个概率密度函数与检验粒子所属的粒子在同步辐射下对于轻子对撞机的电荷分布是一样的)。在下面的假设中，我们假设 IP 的两个对撞束团的横向尺寸是完全相同的。对于平均之后的圆形束团，我们有

$$\delta \bar{r}' = -\frac{2N_e r_e}{\gamma_* \bar{r}}\left[1 - \exp\left(-\frac{\bar{r}^2}{4\sigma^2}\right)\right] \quad (\text{RB}) \qquad (3-100)$$

对于扁平束团情况，我们将分别处理水平平面和垂直平面。就水平 kick 而言，横向 kick 只取决于一个与圆形束团情况类似的位移变量，表示为如下的形式：

$$\delta x' = -\frac{2N_e r_e}{\gamma_* \sigma_x}\exp\left(-\frac{x^2}{4\sigma_x^2}\right)\int_0^{\frac{x}{2\sigma_x}}\exp(u^2)\mathrm{d}u \quad (\text{FB}) \qquad (3-101)$$

然而，对于垂直 kick，可以得到

$$\delta y' = -\frac{\sqrt{2\pi}N_e r_e}{\gamma_* \sigma_x}<\exp\left(-\frac{x^2}{2\sigma_x^2}\right)>_x \operatorname{erf}\left(\frac{y}{\sqrt{2}\,\sigma_y}\right) \quad (\text{FB}) \quad (3-102)$$

式中，$<>_x$ 是指在检验粒子的水平概率分布上的平均值，对于两个相同的高斯束团，$<>_x = \dfrac{1}{\sqrt{2}}$。很明显，式(3-102)不是相干束-束 kick 的表达式。式(3-97)和式(3-99)的平均只是简化(或使等价)到一维问题的一个技术操作。为了研究圆形束团和扁平束团的情况，我们分别将式(3-100)、式(3-101)和式(3-102)中的 $\delta \bar{r}'$ 在 $x=0$ 处(对于圆形束团，我们只研究垂直平面，因为横向平面上的形式是相同的)的 $\delta x'$ 和 $\delta y'$ 做 Taylor 展开：

$$\delta_y' = \frac{N_e r_e}{\gamma_*}\left(\frac{1}{2\sigma^2}y - \frac{1}{16\sigma^4}y^3 + \frac{1}{192\sigma^6}y^5 - \frac{1}{3\,072\sigma^8}y^7 + \right.$$
$$\left. \frac{1}{61\,440\sigma^{10}}y^9 - \frac{1}{1\,474\,560\sigma^{12}}y^{11} + \frac{1}{41\,287\,680\sigma^{14}}y^{13} - \cdots\right) \quad (\text{RB})$$

$$(3-103)$$

$$\delta_x' = -\frac{N_e r_e}{2\gamma_*}\left(\frac{2}{\sigma_x^2}x - \frac{1}{3\sigma_x^4}x^3 + \frac{1}{30\sigma_x^6}x^5 - \frac{1}{420\sigma_x^8}x^7 + \right.$$
$$\left. \frac{1}{7\,560\sigma_x^{10}}y^9 - \frac{1}{166\,320\sigma_x^{12}}x^{11} + \frac{1}{4\,324\,320\sigma_x^{14}}x^{13} - \cdots\right) \quad (\text{FB}) \quad (3-104)$$

$$\delta'_y = -\frac{N_e r_e}{\sqrt{2}\gamma_*}\left(\frac{2}{\sigma_x\sigma_y}y - \frac{1}{3\sigma_x\sigma_y^3}y^3 + \frac{1}{20\sigma_x\sigma_y^5}y^5 - \frac{1}{168\sigma_x\sigma_y^7}y^7 + \right.$$

$$\left. \frac{1}{1\,728\sigma_x\sigma_y^9}y^9 - \frac{1}{21\,120\sigma_x\sigma_y^{11}}y^{11} + \frac{1}{299\,520\sigma_x\sigma_y^{13}}y^{13} - \cdots \right) \quad \text{(FB)} \quad (3-105)$$

检验粒子在横向运动的微分方程可以表示为

$$\frac{\mathrm{d}^2 y}{\mathrm{d}s^2} + K_y(s)y = -\frac{N_e r_e}{\gamma_*}\left(\frac{1}{2\sigma^2}y - \frac{1}{16\sigma^4}y^3 + \frac{1}{192\sigma^6}y^5 - \right.$$

$$\frac{1}{3\,072\sigma^8}y^7 + \frac{1}{61\,440\sigma^{10}}y^9 - \frac{1}{1\,474\,560\sigma^{12}}y^{11} +$$

$$\left. \frac{1}{41\,287\,680\sigma^{14}}y^{13} - \cdots \right)\sum_{k=-\infty}^{\infty}\delta(s-kL) \quad \text{(RB)} \quad (3-106)$$

$$\frac{\mathrm{d}^2 x}{\mathrm{d}s^2} + K_x(s)x = -\frac{N_e r_e}{2\gamma_*}\left(\frac{2}{\sigma_x^2}x - \frac{1}{3\sigma_x^4}x^3 + \frac{1}{30\sigma_x^6}x^5 - \right.$$

$$\frac{1}{420\sigma_x 8}x^7 + \frac{1}{7\,560\sigma_x^{10}}x^9 - \frac{1}{166\,320\sigma_x^{12}}x^{11} +$$

$$\left. \frac{1}{4\,324\,320\sigma_x^{14}}x^{13} - \cdots \right)\sum_{k=-\infty}^{\infty}\delta(s-kL) \quad \text{(FB)} \quad (3-107)$$

$$\frac{\mathrm{d}^2 y}{\mathrm{d}s^2} + K_y(s)y = -\frac{N_e r_e}{\sqrt{2}\gamma_*}\left(\frac{2}{\sigma_x\sigma_y}y - \frac{1}{3\sigma_x\sigma_y^3}y^3 + \frac{1}{20\sigma_x\sigma_y^5}y^5 - \right.$$

$$\frac{1}{168\sigma_x\sigma_y^7}y^7 + \frac{1}{1\,728\sigma_x\sigma_y^9}y^9 - \frac{1}{21\,120\sigma_x\sigma_y^{11}}y^{11} +$$

$$\left. \frac{1}{299\,520\sigma_x\sigma_y^{13}}y^{13} - \cdots \right)\sum_{k=-\infty}^{\infty}\delta(s-kL) \quad \text{(FB)} \quad (3-108)$$

式中,$K_x(s)$和$K_y(s)$描述了在水平面和垂直面上的线性聚焦。对应的哈密顿量可以表示为

$$H = \frac{p_y^2}{2} + \frac{K_y(s)}{2}y^2 + \frac{N_e r_e}{\gamma_*}\left(\frac{1}{4\sigma^2}y^2 - \frac{1}{64\sigma^4}y^4 + \frac{1}{1\,152\sigma^6}y^6 - \right.$$

$$\left. \frac{1}{24\,576\sigma^8}y^8 + \cdots \right)\sum_{k=-\infty}^{\infty}\delta(s-kL) \quad \text{(RB)} \quad (3-109)$$

$$H_x = \frac{p_x^2}{2} + \frac{K_x(s)}{2}x^2 + \frac{N_e r_e}{2\gamma_*}\left(\frac{1}{\sigma_x^2}x^2 - \frac{1}{12\sigma_x^4}x^4 + \frac{1}{180\sigma_x^6}x^6 - \right.$$

$$\frac{1}{3\,360\sigma_x^8}x^8 + \cdots\Bigg)\sum_{k=-\infty}^{\infty}\delta(s-kL) \quad \text{(FB)} \tag{3-110}$$

$$H_y = \frac{p_y^2}{2} + \frac{K_y(s)}{2}y^2 + \frac{N_e r_e}{\sqrt{2}\gamma_*}\Bigg(\frac{1}{\sigma_x\sigma_y}y^2 - \frac{1}{12\sigma_x\sigma_y^3}y^4 + \frac{1}{120\sigma_x\sigma_y^5}y^6 -$$

$$\frac{1}{1\,344\sigma_x\sigma_y^7}y^8 + \cdots\Bigg)\sum_{k=-\infty}^{\infty}\delta(s-kL) \quad \text{(FB)} \tag{3-111}$$

式中，$p_x = \dfrac{\mathrm{d}x}{\mathrm{d}s}$，$p_y = \dfrac{\mathrm{d}y}{\mathrm{d}s}$。

1）回顾动力学孔径的一般解析公式

哈密顿量所描述的存储环的一维动力学孔径如下所示：

$$H = \frac{p^2}{2} + \frac{K(s)}{2}x^2 + \frac{1}{3!B\rho}\frac{\partial^2 B_z}{\partial x^2}x^3 L\sum_{k=-\infty}^{\infty}\delta(s-kL) +$$

$$\frac{1}{4!B\rho}\frac{\partial^3 B_z}{\partial x^3}x^4 L\sum_{k=-\infty}^{\infty}\delta(s-kL) + \cdots \tag{3-112}$$

其中

$$B_z = B_0(1 + xb_1 + x^2b_2 + x^3b_3 + x^4b_4 + \cdots + x^{m-1}b_{m-1} + \cdots) \tag{3-113}$$

每个多极子对应的动力学孔径为

$$A_{\text{dyna},2m,x}(s) = \sqrt{2\beta_x(s)}\left[\frac{1}{m\beta_x^m(s_{2m})}\right]^{\frac{1}{2(m-2)}}\left(\frac{\rho}{|b_{m-1}|L}\right)^{\frac{1}{m-2}} \tag{3-114}$$

式中，s_{2m} 是第 $2m$ 个多极子的位置；$\beta_x(s)$ 是 x 平面中的 beta 函数。

2）束-束相互作用限制的动力学孔径

为了利用上面回顾的一般动力学孔径公式，人们只需通过比较式（3-109）、式（3-110）和式（3-112）中的三个哈密顿量来找到等价关系。通过类比发现：

$$\frac{b_{m-1}}{\rho}L = \frac{N_e r_e}{C_{m,\text{RB}}\gamma_*\sigma^m} \quad \text{(RB)} \tag{3-115}$$

$$\frac{b_{m-1}}{\rho}L = \frac{N_e r_e}{C_{m,\text{FB},x}2\gamma_*\sigma_x^m} \quad \text{(FB, } x\text{)} \tag{3-116}$$

$$\frac{b_{m-1}}{\rho}L = \frac{N_e r_e}{C_{m,\,\mathrm{FB},\,y}\sqrt{2}\,\gamma_* \sigma_x \sigma_y^{m-1}} \quad (\mathrm{FB},\ y) \qquad (3-117)$$

式中，$C_{m,\,\mathrm{RB}}$、$C_{m,\,\mathrm{FB},\,x}$ 和 $C_{m,\,\mathrm{FB},\,y}$ 由表 3-1 给出。

表 3-1　多极子系数的参数表

m	4	6	8	10	12	14
$C_{m,\,\mathrm{RB}}$	16	192	3 072	61 440	1 474 560	41 287 680
$C_{m,\,\mathrm{FB},\,x}$	3	30	420	7 560	166 320	4 324 320
$C_{m,\,\mathrm{FB},\,y}$	3	20	168	1 728	21 120	299 520

现在将式(3-115)～式(3-117)代入式(3-114)中，可以计算由于非线性束-束相互作用力下的不同多极子的动力学孔径。例如，可以得到由于光束八极子非线性力所产生的动力学孔径为

$$A_{\mathrm{dyna},\,8,\,y}(s) = \frac{\sqrt{\beta_y(s)}}{\beta_y(s_{\mathrm{IP}})}\sqrt{\frac{\rho}{|b_3|L}}$$
$$= \frac{\sqrt{\beta_y(s)}}{\beta_y(s_{\mathrm{IP}})}\left(\frac{16\gamma_* \sigma^4}{N_e r_e}\right)^{\frac{1}{2}} \quad (\mathrm{RB}) \qquad (3-118)$$

$$A_{\mathrm{dyna},\,8,\,x}(s) = \frac{\sqrt{\beta_x(s)}}{\beta_x(s_{\mathrm{IP}})}\sqrt{\frac{\rho}{|b_3|L}}$$
$$= \frac{\sqrt{\beta_x(s)}}{\beta_x(s_{\mathrm{IP}})}\left(\frac{6\gamma_* \sigma_x^4}{N_e r_e}\right)^{\frac{1}{2}} \quad (\mathrm{FB}) \qquad (3-119)$$

$$A_{\mathrm{dyna},\,8,\,y}(s) = \frac{\sqrt{\beta_y(s)}}{\beta_y(s_{\mathrm{IP}})}\sqrt{\frac{\rho}{|b_3|L}}$$
$$= \frac{\sqrt{\beta_y(s)}}{\beta_y(s_{\mathrm{IP}})}\left(\frac{3\sqrt{2}\,\gamma_* \sigma_x \sigma_y^3}{N_e r_e}\right)^{\frac{1}{2}} \quad (\mathrm{FB}) \qquad (3-120)$$

式中，s_{IP} 是对撞点 IP 的位置。考虑到没有束-束效应的全环的动力学孔径为 $A_{x,\,y}$，我们可以计算包括束-束效应在内的总动力学孔径为

$$A_{\mathrm{total},\,x,\,y}(s) = \frac{1}{\sqrt{\dfrac{1}{A_{x,\,y}(s)^2} + \dfrac{1}{A_{\mathrm{bb},\,x,\,y}(s)^2}}} \qquad (3-121)$$

式中，下标 bb 代表束-束相互作用。

接下来我们要考虑 $A_{\text{total}, x, y}(s) \approx A_{\text{bb}, x, y}(s)$ 的情况。如果我们通过束团尺寸(束-束相互作用的动力学孔径)，得到

$$R_{y, 8} = \frac{A_{\text{dyna}, 8, y}(s)}{\sigma_*(s)} = \left[\frac{16\gamma_* \sigma^2}{N_e r_e \beta_y(s_{\text{IP}})}\right]^{\frac{1}{2}} \quad (\text{RB}) \qquad (3-122)$$

$$R_{x, 8} = \frac{A_{\text{dyna}, 8, x}(s)}{\sigma_{*, x}(s)} = \left[\frac{6\gamma_* \sigma_x^2}{N_e r_e \beta_x(s_{\text{IP}})}\right]^{\frac{1}{2}} \quad (\text{FB}) \qquad (3-123)$$

$$R_{y, 8} = \frac{A_{\text{dyna}, 8, y}(s)}{\sigma_{*, y}(s)} = \left[\frac{3\sqrt{2}\gamma_* \sigma_x \sigma_y}{N_e r_e \beta_y(s_{\text{IP}})}\right]^{\frac{1}{2}} \quad (\text{FB}) \qquad (3-124)$$

回顾并使用束-束相互作用 ξ_x^* 和 ξ_y^* 的定义：

$$\xi_x^* = \frac{N_e r_e \beta_{x, \text{IP}}}{2\pi\gamma^* \sigma_x(\sigma_x + \sigma_y)} \qquad (3-125)$$

$$\xi_y^* = \frac{N_e r_e \beta_{y, \text{IP}}}{2\pi\gamma^* \sigma_y(\sigma_x + \sigma_y)} \qquad (3-126)$$

式(3-122)~式(3-124)定义的归一化动力学孔径可以简化为

$$R_{y, 2m} = \frac{A_{\text{dyna}, 2m, y}(s)}{\sigma_{*, y}(s)} = \left(\frac{2^{\frac{m-2}{2}} C_{m, \text{RB}}}{4\pi\sqrt{m}\xi_y^*}\right)^{\frac{1}{m-2}} \quad (\text{RB}) \qquad (3-127)$$

$$R_{x, 2m} = \frac{A_{\text{dyna}, 2m, x}(s)}{\sigma_{*, x}(s)} = \left(\frac{2^{\frac{m-2}{2}} C_{m, \text{FB}, x}}{2\sqrt{m}\pi\xi_x^*}\right)^{\frac{1}{m-2}} \quad (\text{FB}) \qquad (3-128)$$

$$R_{y, 2m} = \frac{A_{\text{dyna}, 2m, y}(s)}{\sigma_{*, y}(s)} = \left(\frac{2^{\frac{m-2}{2}} C_{m, \text{FB}, y}}{\sqrt{2m}\pi\xi_y^*}\right)^{\frac{1}{m-2}} \quad (\text{FB}) \qquad (3-129)$$

很明显，归一化的束-束相互作用引起的动力学孔径只能通过束-束相互作用量 ξ_x^* 和 ξ_y^* 来确定。

当高阶多极效应($2m > 8$)可以忽略时，式(3-118)、式(3-119)和式(3-120)给出了非常好的束-束相互作用引起的动力学孔径。如果在一个环中有 N_{IP} 个对撞点，则式(3-118)和式(3-120)中描述的动力学孔径将减少为原来的 $\dfrac{1}{\sqrt{N_{\text{IP}}}}$(如果这 N_{IP} 个对撞点可视为独立的)。

3）扁平和圆形束团最大的束-束相互作用量 ξ_y

文献中对特定机器的"最大的束-束相互作用量 ξ_y"一词的定义不明确。一个合理的定义是,最大的束-束相互作用量 ξ_y 相当于一个明确定义的最小束-束相互作用的允许寿命。在本节中,我们建议将这个定义明确的最小束-束寿命限制为一小时,化简式(3-121)为 $A_{\text{total}}(s) \approx A_{\text{bb}}(s)$,并使机器仍在工作。假设对于圆形和扁平束团情况有相同的 τ_y,可以得到下列关系:

$$\xi_{y,\,\text{max}}^{\text{RB}} = \frac{4\sqrt{2}}{3}\xi_{y,\,\text{max}}^{\text{FB}} = 1.89\xi_{y,\,\text{max}}^{\text{FB}} \qquad (3-130)$$

$$\xi_{x,\,\text{max}}^{\text{FB}} = \sqrt{2}\,\xi_{y,\,\text{max}}^{\text{FB}} \qquad (3-131)$$

这就从理论上证明了在数值模拟中发现的扁平束团方案的 $\xi_{y,\,\text{max}}$ 可以几乎翻倍的原因,以及垂直对撞比水平对撞方案提前到达束-束极限的原因。

4）束-束相互作用下的束流寿命

我们将束-束相互作用所限制的动力学孔径作为刚性边界,即超出该边界的那些粒子被视为瞬间丢失。基于这种物理观点,我们可以计算由于非线性光束效应引起的光束寿命为

$$\tau_{\text{bb}} = \frac{\tau_y}{2}\left[\frac{\sigma_y^2(s)}{A_{\text{dyna},\,y}^2(s)}\right]\exp\left[\frac{A_{\text{dyna},\,y}^2(s)}{\sigma_y^2(s)}\right] \qquad (3-132)$$

式中,τ_{bb} 是由束-束相互作用引起的束流寿命限制;τ_y 是垂直平面中的同步辐射阻尼时间;$A_{\text{dyna},\,y}$ 是指 y 方向的动力学孔径。值得注意的是,式(3-132)类似于(但不同于)量子寿命公式,其中 $\sigma_y^2(s)$ 用来代替 $2\sigma_y^2(s)$,原因是量子辐射导致电子的能量波动,并且 $2\sigma_y^2(s)$ 对应于振荡幅度的平方的平均值。当束-束相互作用最低阶八极子非线性力支配动力学孔径时,通过代入式(3-122)、式(3-123)和式(3-124)到式(3-132),或代入式(3-127)、式(3-128)和式(3-129)到式(3-132),可以得到

$$\tau_{\text{bb},\,y}^* = \frac{\tau_y^*}{2}\left[\frac{16\gamma_*\sigma^2}{N_e r_e \beta_y(s_{\text{IP}})}\right]^{-1}\exp\left[\frac{16\gamma_*\sigma^2}{N_e r_e \beta_y(s_{\text{IP}})}\right] \qquad \text{(RB)} \quad (3-133)$$

$$\tau_{\text{bb},\,x}^* = \frac{\tau_x^*}{2}\left[\frac{6\gamma_*\sigma_x^2}{N_e r_e \beta_x(s_{\text{IP}})}\right]^{-1}\exp\left[\frac{6\gamma_*\sigma_x^2}{N_e r_e \beta_x(s_{\text{IP}})}\right] \qquad \text{(FB)} \quad (3-134)$$

$$\tau_{\text{bb},\,y}^* = \frac{\tau_y^*}{2}\left[\frac{3\sqrt{2}\,\gamma_*\sigma_x\sigma_y}{N_e r_e \beta_y(s_{\text{IP}})}\right]^{-1}\exp\left[\frac{3\sqrt{2}\,\gamma_*\sigma_x\sigma_y}{N_e r_e \beta_y(s_{\text{IP}})}\right] \qquad \text{(FB)} \quad (3-135)$$

或

$$\tau_{\text{bb},y}^{*} = \frac{\tau_y^{*}}{2} \left(\frac{4}{\pi \xi_y^{*}} \right)^{-1} \exp\left(\frac{4}{\pi \xi_y^{*}} \right) \quad \text{(RB)} \qquad (3-136)$$

$$\tau_{\text{bb},x}^{*} = \frac{\tau_x^{*}}{2} \left(\frac{3}{\pi \xi_x^{*}} \right)^{-1} \exp\left(\frac{3}{\pi \xi_x^{*}} \right) \quad \text{(FB)} \qquad (3-137)$$

$$\tau_{\text{bb},y}^{*} = \frac{\tau_y^{*}}{2} \left(\frac{3}{\sqrt{2}\,\pi \xi_y^{*}} \right)^{-1} \exp\left(\frac{3}{\sqrt{2}\,\pi \xi_y^{*}} \right) \quad \text{(FB)} \qquad (3-138)$$

更加普遍的情况为

$$\tau_{\text{bb},2m,y}^{*} = \frac{\tau_y^{*}}{2} \left(\frac{2^{\frac{m-2}{2}} C_{m,\text{RB}}}{4\pi \sqrt{m}\, \xi_y^{*}} \right)^{-\frac{2}{m-2}} \exp\left[\left(\frac{2^{\frac{m-2}{2}} C_{m,\text{RB}}}{4\pi \sqrt{m}\, \xi_y^{*}} \right)^{\frac{2}{m-2}} \right] \quad \text{(RB)}$$

$$(3-139)$$

$$\tau_{\text{bb},2m,x}^{*} = \frac{\tau_x^{*}}{2} \left(\frac{2^{\frac{m-2}{2}} C_{m,\text{FB},x}}{2\pi \sqrt{m}\, \xi_x^{*}} \right)^{-\frac{2}{m-2}} \exp\left[\left(\frac{2^{\frac{m-2}{2}} C_{m,\text{FB},x}}{2\pi \sqrt{m}\, \xi_x^{*}} \right)^{\frac{2}{m-2}} \right] \quad \text{(FB)}$$

$$(3-140)$$

$$\tau_{\text{bb},2m,y}^{*} = \frac{\tau_y^{*}}{2} \left(\frac{2^{\frac{m-2}{2}} C_{m,\text{FB},y}}{\pi \sqrt{2m}\, \xi_y^{*}} \right)^{-\frac{2}{m-2}} \exp\left[\left(\frac{2^{\frac{m-2}{2}} C_{m,\text{FB},y}}{\pi \sqrt{2m}\, \xi_y^{*}} \right)^{\frac{2}{m-2}} \right] \quad \text{(FB)}$$

$$(3-141)$$

如果我们将寿命除以相应的阻尼时间作为归一化束团寿命,则可以发现束-束相互作用引起的归一化寿命仅取决于束-束相互作用 ξ_y。

3.2.3　束-束相互作用引起的束流寿命变化

在 e^+e^- 存储环对撞机中,由于强大的量子激发和同步辐射阻尼效应,粒子被限制在一束团内。粒子的状态可以视为气体,其中粒子的位置遵循统计规律。当两个束团在对撞点(IP,用"＊"表示)对撞时,每个束团中的粒子除了受到同步辐射量子激发还将受到额外加热。以垂直平面为例,其中一个在 y 和 $y' = \dfrac{\mathrm{d}y}{\mathrm{d}s}$ 中产生了光束激发,表示为

$$\delta y = -\frac{\sigma_s}{f_y} y \qquad (3-142)$$

$$\delta y' = -\frac{1}{f_y}y \tag{3-143}$$

式中，f_y 为束-束相互等价透镜焦距，表示为

$$\frac{1}{f_y} = \frac{2N_e r_e}{\gamma\sigma_{y,\,*,\,+}(\sigma_{x,\,*,\,+}+\sigma_{y,\,*,\,+})} \tag{3-144}$$

式中，σ_s 是束长度；N_e 是束内的粒子数；r_e 是电子经典半径；$\sigma_{x,\,*,\,+}$ 和 $\sigma_{y,\,*,\,+}$ 是两个相互重叠的对撞束团对撞之前的横向尺寸；$\sigma_{x,\,*}$ 和 $\sigma_{y,\,*}$ 定义为两个束团在 IP 完全重叠时的横向尺寸。垂直 betatron 运动的不变量可表示为

$$a_y^2 = \frac{1}{\beta_y^*}\left[y_*^2 + \left(\beta_{y,\,*}y'_* - \frac{1}{2}\beta'_{y,\,*}y_*\right)^2\right] \tag{3-145}$$

从式(3-142)和式(3-143)可以得到

$$\delta a_y^2 = \frac{1}{\beta_{y,\,*}}\left(\frac{\sigma_s}{f_y}\right)^2 y_*^2\left[1+\left(\frac{\beta_{y,\,*}}{\sigma_s}\right)^2\right] \tag{3-146}$$

式中，y_* 是测试粒子相对于对撞束团中心的垂直位移。由于粒子的气体性质，人们必须根据其统计分布函数和来自式(3-146)的平均值来计算 y_* 的所有可能值，得到

$$\langle\delta a^2\rangle = \frac{1}{\beta_{y,\,*}}\left(\frac{\sigma_s\sigma_{y,\,*}}{f_y}\right)^2\left[1+\left(\frac{\beta_{y,\,*}}{\sigma_s}\right)^2\right] \tag{3-147}$$

结合同步辐射与束-束相互作用效应的束团的垂直尺寸可表示如下：

$$\sigma_{y,\,*}^2 = \frac{1}{4}\tau_y\beta_{y,\,*}\left\{Q_y + \frac{1}{T_0\beta_{y,\,*}}\left(\frac{\sigma_s\sigma_{y,\,*,\,0}}{f_y}\right)^2\left[1+\left(\frac{\beta_{y,\,*}}{\sigma_s}\right)^2\right]\right\} \tag{3-148}$$

式中，T_0 是回旋时间；τ_y 是辐射阻尼时间；Q_y 的定义为 $\sigma_{y,\,*,\,0}^2 = \frac{1}{4}\tau_y\beta_{y,\,*}Q_y$，其中 $\sigma_{y,\,*,\,0}$ 是束团在 IP 的自然垂直尺寸。解决式(3-148)，发现

$$\sigma_{y,\,*}^2 = \frac{\sigma_{y,\,*,\,0}^2}{1-\dfrac{\tau_y}{4T_0}\left(\dfrac{e^2 N_e K_{\mathrm{bb},\,y}}{E_0}\right)^2} \tag{3-149}$$

式中，E_0 是粒子的能量，同时

$$K_{\mathrm{bb}, y} = \frac{\sigma_s}{2\pi\epsilon_0 \sigma_{y, *, +} (\sigma_{x, *, +} + \sigma_{y, *, +})} \left[1 + \left(\frac{\beta_{y, *, +}}{\sigma_s} \right)^2 \right]^{\frac{1}{2}} \quad (3-150)$$

因为从式(3-149)和 $\sigma_y(s) = \sqrt{\epsilon_y \beta_y(s)}$ 可得

$$\epsilon_y = \frac{\epsilon_{y, 0}}{1 - \frac{\tau_y}{4T_0} \left(\frac{e^2 N_e K_{\mathrm{bb}, y}}{E_0} \right)^2} \quad (3-151)$$

式中，$\epsilon_{y, 0}$ 是自然横向发射度。对于扁平束（$\sigma_{y, *, +} \ll \sigma_{x, *, +}$），根据式(3-151)可知

$$\sigma_{x, *, +} + \sigma_{y, *, +} > \left[\frac{3RN_{\mathrm{IP}} (e^2 f N_e \beta_{y, *})^2}{8\pi^2 \epsilon_0 m_0 c^2 \gamma^5} \right]^{\frac{1}{2}} \quad (3-152)$$

定义

$$H = \frac{\sigma_{x, *, +} + \sigma_{y, *, +}}{\sigma_{x, *} \sigma_{y, *}} \quad (3-153)$$

其中，H 是衡量等离子箍缩效应的系数，假设 H 可以表示如下：

$$H = \frac{H_0}{\sqrt{\gamma}} \quad (3-154)$$

同时回顾束-束相互作用参数的定义：

$$\xi_y = \frac{N_e r_e \beta_{y, *}}{2\pi\gamma \sigma_{y, *} (\sigma_{x, *} + \sigma_{y, *})} \quad (3-155)$$

式中，β_y^* 是交互点处的 beta 函数值；σ_x^* 和 σ_y^* 分别是等离子体箍缩效应后两束团重叠时的束团横向尺寸。最后通过组合式(3-152)、式(3-154)和式(3-155)，可得一般情况式为

$$\xi_y \leqslant \xi_{y, \max, \mathrm{em}, \mathrm{flat}} = \frac{H_0}{2\pi F} \sqrt{\frac{T_0}{\tau_y \gamma N_{\mathrm{IP}}}} \quad (3-156)$$

或用于等磁性结构

$$\xi_y \leqslant \xi_{y, \max, \mathrm{em}, \mathrm{flat}} = \frac{H_0 \gamma}{F} \sqrt{\frac{r_e}{6\pi R N_{\mathrm{IP}}}} \quad (3-157)$$

式中，$H_0 \approx 2\,845$；R 是局部的二极磁铁弯转半径；F 可表示为

$$F = \frac{\sigma_s}{\sqrt{2}\,\beta_{y,\,*}} \left[1 + \left(\frac{\beta_{y,\,*}}{\sigma_s} \right)^2 \right]^{\frac{1}{2}} \tag{3-158}$$

式(3-156)和式(3-157)中的下标 em 表示发射度增长效应限制束-束相互作用参数。当 $\sigma_s = \beta_{y,\,*}$，我们有 $F = 1$。

以下将讨论束-束相互作用引起的束团寿命对束-束相互作用参数的限制。

我们已经得到了扁平束团的束-束相互作用效应限制的束团寿命为

$$\tau_{bb,\,y,\,\text{flat}} = \frac{\tau_y}{2} \left(\frac{3}{\sqrt{2}\,\pi \xi_y N_{IP}} \right)^{-1} \exp\left(\frac{3}{\sqrt{2}\,\pi \xi_y N_{IP}} \right) \tag{3-159}$$

$$\tau_{bb,\,x,\,\text{flat}} = \frac{\tau_x}{2} \left(\frac{3}{\pi \xi_x N_{IP}} \right)^{-1} \exp\left(\frac{3}{\pi \xi_x N_{IP}} \right) \tag{3-160}$$

对于圆形束团,有

$$\tau_{bb,\,y,\,\text{round}} = \frac{\tau_y}{2} \left(\frac{4}{\pi \xi_x N_{IP}} \right)^{-1} \exp\left(\frac{4}{\pi \xi_x N_{IP}} \right) \tag{3-161}$$

根据式(3-159)~式(3-161),我们发现对于相同的 $\frac{\tau_{y,\,bb,\,\text{flat}}}{\tau_y}$、$\frac{\tau_{x,\,bb,\,\text{flat}}}{\tau_x}$ 和 $\frac{\tau_{y,\,bb,\,\text{round}}}{\tau_y}$,我们有 $\xi_{x,\,\text{flat}} = \sqrt{2}\,\xi_{y,\,\text{flat}}$ 和 $\xi_{y,\,\text{round}} = \frac{4\sqrt{2}}{3}\xi_{y,\,\text{flat}} = 1.89\xi_{y,\,\text{flat}}$。

现在考虑到由束-束相互作用引起的发射度增长效应,可得

$$\tau_{bb,\,y,\,\text{flat}} = \frac{\tau_y}{2} \left(\frac{3\xi_{y,\,\max,\,em,\,\text{flat}}}{\sqrt{2}\,\pi \xi_{y,\,\max,\,0}\xi_y N_{IP}} \right)^{-1} \exp\left(\frac{3\xi_{y,\,\max,\,em,\,\text{flat}}}{\sqrt{2}\,\pi \xi_{y,\,\max,\,0}\xi_y N_{IP}} \right)$$
$$\tag{3-162}$$

和

$$\tau_{bb,\,y,\,\text{round}} = \frac{\tau_y}{2} \left(\frac{3\xi_{y,\,\max,\,em,\,\text{round}}}{\sqrt{2}\,\pi \xi_{y,\,\max,\,0}\xi_y N_{IP}} \right)^{-1} \exp\left(\frac{3\xi_{y,\,\max,\,em,\,\text{round}}}{\sqrt{2}\,\pi \xi_{y,\,\max,\,0}\xi_y N_{IP}} \right)$$
$$\tag{3-163}$$

其中

$$\xi_{y,\,\max,\,em,\,\text{round}} = 1.89\xi_{y,\,\max,\,em,\,\text{flat}} \tag{3-164}$$

式中,$\xi_{y,\,\max,\,0}$ 是刚性束-束相互作用极限值。

3.2.4 带角度对撞效应

为了获得更高的亮度,可以采用在束团对撞模式下运行环形对撞机,并具有明确的对撞交叉角。我们首先考虑扁平束团与另一个扁平束团碰撞,水平面上的半交叉角为 ϕ。由于交叉角,相互作用点处的两个碰撞束团的两个曲线坐标将不再重合。当交叉角度不是太大时,有[10]:

$$x^* = x + z\phi \tag{3-165}$$

式中, x^* 是测试粒子到碰撞束团中心的水平位移; z 和 x 是测试粒子相对于所属束团中心的纵向和横向位移。现在我们回忆一下式(3-110)描述的正面碰撞模式下测试粒子水平运动的哈密顿量,并且把式(3-165)代入式(3-110)可得

$$H_x = \frac{p_x^2}{2} + \frac{K_x(s)}{2}x^2 + \frac{N_e r_e}{2\gamma_*}\left[\frac{1}{\sigma_x^2}(x+z\phi)^2 - \frac{1}{12\sigma_x^4}(x+z\phi)^4 + \right.$$

$$\left. \frac{1}{180\sigma_x^6}(x+z\phi)^6 - \frac{1}{3\,360\sigma_x^8}(x+z\phi)^8 + \cdots\right]\sum_{k=-\infty}^{\infty}\delta(s-kL) \quad \text{(FB)}$$

$$\tag{3-166}$$

由于测试粒子可以根据一定的概率分布在束团内取一定的 z 值,例如高斯分布,因此在式(3-166)中由 σ_z 替换 z 是合理的,并以这种方式我们把式(3-166)中表示的二维哈密顿函数化简到一维。应该注意的是,式(3-166)仅考虑测试粒子的纵向位置,这被视为对正面对撞情况的小扰动,并且稍后将包括几何效应。为了简化分析,我们只考虑最低的纵向与横向非线性共振,即 $3Q_x \pm Q_s = p$(其中 Q_s 是同步加速器振荡调谐,而 p 是整数)。按照前面的相同步骤,由于最低阶的纵向和横向非线性共振,得到动力学孔径如下:

$$A_{\text{syn-beta},x}(s) = \left[\frac{2\beta_x(s)}{3\beta_x(s_{\text{IP}})^3}\right]^{\frac{1}{2}}\frac{2\gamma_*\sigma_x^4}{N_e r_e \sigma_z \phi} \tag{3-167}$$

和

$$R_{\text{syn-beta},x} = \frac{A_{\text{syn-beta},x}^2(s)}{\sigma_x^2(s)} = \frac{2}{3\pi^2}\left(\frac{1}{\xi_x^*\Phi}\right)^2 \tag{3-168}$$

式中, $\Phi = \dfrac{\sigma_z}{\sigma_x}\phi$ 是 Piwinski 角度。现在我们面临着如何将两种效果结合起来

的问题：主要是垂直束-束相互作用效应和由于水平交叉角引起的扰动。为了解决这个问题，我们假设，由于垂直和水平交叉角，束-束相互作用引起的总束团寿命可以表示为

$$\tau^*_{\text{bb, total}} = \frac{\tau^*_x + \tau^*_y}{4} \left(\cfrac{1}{\cfrac{1}{R_{y,\,8,\,\text{FB}}} + \cfrac{1}{R_{\text{syn}-\text{beta},\,x}}} \right)^{-1} \cdot$$

$$\exp\left(\cfrac{1}{\cfrac{1}{R_{y,\,8,\,\text{FB}}} + \cfrac{1}{R_{\text{syn}-\text{beta},\,x}}} \right) \quad (\text{FB}) \qquad (3-169)$$

式中，$R_{y,\,8,\,\text{FB}}$ 对应于式(3-124)。经过必要的准备，我们可以尝试回答两个常见问题。首先，对于在正面对撞束-束相互作用限制下工作的机器，束团寿命如何取决于交叉角？其次，给出一个明确的交叉角，为了使束团寿命与束-束限制下正面对撞的束团寿命相同，所设计的正面峰值亮度是多少？为了回答第一个问题，定义寿命减少因子：

$$R(\Phi) = \frac{\tau^*_{\text{bb, total}}}{\tau^*_{\text{bb},\,y}} \quad (\text{FB}) \qquad (3-170)$$

式中，$\tau^*_{\text{bb},\,y}$ 在式(3-138)中给出。$R(\Phi)$ 将告诉我们可以增加 Φ 的程度。关于第二个问题，可以想象将束-束限制的亮度降低系数 $f(\Phi)$，以补偿由于确定的交叉角度而导致的额外寿命减少。从物理上讲，我们要求：

$$\left[\frac{A^2_{\text{syn}-\text{beta},\,x}(s)}{\sigma^2_x(s)} \right]^{-1} + \left[\frac{A^2_{\text{dyna, crossing},\,8,\,y}(s)}{\sigma^2_y(s)} \right]^{-1}$$

$$= \left[\frac{A^2_{\text{dyna, head}-\text{on},\,8,\,y}(s)}{\sigma^2_y(s)} \right]^{-1} \quad (\text{FB}) \qquad (3-171)$$

在数学上，必须求解以下等式才能找到峰值亮度降低因子 $f(\Phi)$：

$$\frac{3\pi^2 \xi^2_{x,\,\text{design, FB}} f^2(\Phi)\Phi^2}{2} + \frac{\sqrt{2}\,\pi \xi_{y,\,\text{max, FB}} f(\Phi)}{3} = \frac{\sqrt{2}\,\pi \xi_{y,\,\text{max, FB}}}{3} \quad (\text{FB})$$
$$(3-172)$$

$$f(\Phi) = \frac{-b_0 + \sqrt{b_0^2 + 4a_0 c_0}}{2a_0} \quad (\text{FB}) \qquad (3-173)$$

式中，$a_0 = 3\pi^2 \xi^2_{x,\,\text{design, FB}}\Phi^2/2$；$b_0 = c_0 = \sqrt{2}\,\pi \xi_{y,\,\text{max, FB}}/3$；$\xi_{x,\,\text{max, FB}} \approx 0.044\,7$。

实际上，$f(\Phi)$对应于由于纵向横向共振引起的亮度降低，并且要找出总亮度降低因子，必须包括几何效果。总亮度降低系数可表示如下：

$$F(\Phi) = f(\Phi)(1 + \Phi^2)^{-\frac{1}{2}} \quad \text{(FB)} \qquad (3-174)$$

式中没有考虑沙漏效应（即 $\beta_{y,\text{IP}} > \sigma_z$）。最后，当交叉角在垂直平面或是圆形束团时，可得

$$R_{\text{syn-beta},y} = \frac{1}{3\pi^2}\left(\frac{r}{\xi_y^* \Phi}\right)^2 \quad \text{(FB)} \qquad (3-175)$$

和

$$R_{\text{syn-beta},y} = \frac{32}{27\pi^2}\left(\frac{1}{\xi_y^* \Phi}\right)^2 \quad \text{(RB)} \qquad (3-176)$$

式中，$r = \dfrac{\sigma_y}{\sigma_x}$ 和 $\Phi = \dfrac{\sigma_z}{\sigma_x}\phi$，如前所述。式（3-169）中由式（3-175）或式（3-176）替换 $R_{\text{syn-beta},x}$。按照上面的方法，可以轻松地对亮度降低效果进行相应的讨论。应该记住的是，垂直交叉角和圆形束团情况的几何亮度降低系数分别是 $\left[1 + \left(\dfrac{\Phi}{r}\right)^2\right]^{-\frac{1}{2}}$ 和 $(1 + \Phi^2)$。

3.2.5　寄生对撞点效应

以下将讨论寄生对撞点效应和它们对 $e^+ e^-$ 对撞机的亮度限制。

增加环形对撞机亮度的有效方法之一是增加对撞束团的数量。以双环对撞机为例，当相邻束团之间的距离较小并接近对撞点（IP）时，对撞束团不能被两个真空室隔开，它们必须在相同的束管中行进并且有机会在 IP 之前和之后进行所谓的寄生交叉对撞（PC）。PC 上的长程非线性束-束相互作用力将对 IP 上的束-束相互作用的限制产生额外的贡献。就 PEP-Ⅱ B-Factory 而言，在 by-2 模式和更高电流下运行时，寄生交叉效应将是非常重要的。

测试粒子在与圆形高斯反向电荷束团的正面碰撞中感觉到的 kick 可以表示为[5,11]

$$\delta r' = -\frac{2N_e r_e}{\gamma_* r}\left[1 - \exp\left(-\frac{r^2}{4\sigma^2}\right)\right] \quad (\text{RB}, \sigma_x = \sigma_y = \sigma) \qquad (3-177)$$

式中，$r = \sqrt{x^2 + y^2}$；$r' = \dfrac{\mathrm{d}r}{\mathrm{d}s}$；$N_e$ 是反向回旋束团中的粒子数；r_e 是电子经典

半径(2.818×10^{-15} m);σ 是反向回旋转束团在 IP 处的横向电荷密度分布的标准偏差;γ_* 是归一化的粒子能量;$*$ 表示测试粒子。与两束团的正面对撞完全不同,在寄生交叉期间,每束的粒子在另一束团的长距离场中表现得像一个宏观粒子,因此束-束相互作用公式应该修改以适应大的分离距离 d,它比 σ 大得多。关于长程束-束 kick 的近似值,可以用 Σ_{PC} 替换式(3-177)中的 σ,$\Sigma_{PC} = \sqrt{d_x^2 + d_y^2}$,其中 d_x 和 d_y 是水平和寄生交叉点处两个交叉束的垂直间隔距离。将式(3-177)的右侧泰勒展开并观察垂直 kick,可得

$$\delta y'_{PC} = \frac{N_e r_e}{\gamma_*} \left(\frac{1}{2\Sigma_{PC}^2} y - \frac{1}{16\Sigma_{PC}^4} y^3 + \frac{1}{192\Sigma_{PC}^6} y^5 - \frac{1}{3\,072\Sigma_{PC}^8} y^7 + \cdots \right) \quad (\text{RB})$$

$$(3-178)$$

线性存储环中的测试粒子的哈密顿量受垂直平面中的一个寄生交叉束-束相互作用扰动,表达式如下:

$$H_{PC,y} = \frac{p_y^2}{2} + \frac{K_y(s)}{2} y^2 + \frac{N_e r_e}{\gamma_*} \left(\frac{1}{4\Sigma_{PC}^2} y^2 - \frac{1}{64\Sigma_{PC}^4} y^4 + \right.$$

$$\left. \frac{1}{1\,152\Sigma_{PC}^6} y^6 - \frac{1}{24\,567\Sigma_{PC}^8} y^8 + \cdots \right) \sum_{k=-\infty}^{\infty} \delta(s-kL) \quad (\text{FB}) \quad (3-179)$$

式中,$p_y = \dfrac{dy}{ds}$。

下面给出了一组垂直平面正面对撞的相应公式:

$$\delta r'_{IP} = -\frac{2N_e r_e}{\gamma_* r} \left[1 - \exp\left(-\frac{r^2}{4\sigma^2} \right) \right] \quad (\text{RB}, \ \sigma_x = \sigma_y = \sigma) \quad (3-180)$$

将式(3-180)做 Taylor 展开,得到

$$\delta y'_{IP} = \frac{N_e r_e}{\gamma_*} \left(\frac{1}{2\sigma^2} y - \frac{1}{16\sigma^4} y^3 + \frac{1}{192\sigma^6} y^5 - \frac{1}{3\,072\sigma^8} y^7 + \cdots \right) \quad (\text{RB})$$

$$(3-181)$$

线性存储环中整个束团的粒子的哈密顿量由在垂直平面中的一个 IP 上的一次正面对撞扰动决定,表示如下:

$$H_{IP,y} = \frac{p_y^2}{2} + \frac{K_y(s)}{2} y^2 + \frac{N_e r_e}{\gamma_*} \left(\frac{1}{4\sigma^2} y^2 - \frac{1}{64\sigma^4} y^4 + \frac{1}{1\,152\sigma^6} y^6 - \right.$$

$$\frac{1}{24\,576\sigma^8}y^8 + \cdots\Big)\sum_{k=-\infty}^{\infty}\delta(s-kL) \quad \text{(RB)} \tag{3-182}$$

从式(3-182)开始,束-束相互作用下的束流寿命可以表示为

$$\tau_{\text{bb},y,\text{RB}} = \frac{\tau_y}{2}(R_{y,\text{IP,RB}})^{-1}\exp(R_{y,\text{IP,RB}}) = \frac{\tau_y}{2}\Big(\frac{4}{\pi\xi_y}\Big)^{-1}\exp\Big(\frac{4}{\pi\xi_y}\Big) \tag{3-183}$$

式中,τ_y是水平和垂直平面的阻尼时间;ξ_y是对撞束-束相互作用参数。简单地比较式(3-179)和式(3-182),可以得到使束团寿命受到一个寄生对撞的限制为

$$\tau_{\text{PC},y,\text{RB}} = \frac{\tau_y}{2}(R_{y,\text{PC,RB}})^{-1}\exp(R_{y,\text{PC,RB}})$$

$$= \frac{\tau_y}{2}\Big(\frac{4}{\pi\xi_{\text{PC},y}}\Big)^{-1}\exp\Big(\frac{4}{\pi\xi_{\text{PC},y}}\Big) \tag{3-184}$$

其中

$$\xi_{\text{PC},y} = \frac{r_e N_e \beta_{\text{PC},x}}{2\pi\gamma_* \Sigma_{\text{PC}}^2} = \frac{r_e N_e \beta_{\text{PC},y}}{2\pi\gamma_* d_x^2} \tag{3-185}$$

式中,$\beta_{\text{PC},y}$是寄生交叉点处的垂直 beta 函数值;d_y作为特殊情况设置为零。我们现在应该做的是结合 IP 和 PC 上的束-束相互作用的影响来获得相应的合成效应的束团寿命。关于光束与非线性电子云效应的扰动的相互作用,通过类比,得到

$$\tau_{\text{bb,total}} = \frac{\tau_y}{2}(R_{\text{total}})^{-1}\exp(R_{\text{total}}) \tag{3-186}$$

其中

$$R_{\text{total}} = \frac{1}{\dfrac{1}{R_{y,\text{IP,FB}}} + \dfrac{1}{R_{y,\text{PC,RB}}}} \tag{3-187}$$

$$R_{y,\text{IP,FB}} = \frac{3}{\sqrt{2}\,\pi\xi_y} \tag{3-188}$$

$$R_{y,\text{PC,RB}} = \frac{4}{\pi\xi_{\text{PC},y}} \tag{3-189}$$

如果每一圈有 N_{PC} 个寄生对撞点,式(3-187)可以变为

$$R_{total} = \cfrac{1}{\cfrac{1}{R_{y, IP, FB}} + \sum_{i=1}^{N_{PC}} \cfrac{1}{R_{y, PC, RB, i}}} \qquad (3-190)$$

其中

$$R_{y, PC, RB, i} = \frac{4}{\pi \xi_{PC, y, i}} \qquad (3-191)$$

$$\xi_{PC, y, i} = \frac{r_e N_e \beta_{PC, y, i}}{4\pi \gamma_* \Sigma_{PC, y, i}^2} = \frac{r_e N_e \beta_{PC, y, i}}{2\pi \gamma_* d_{x, i}^2} \qquad (3-192)$$

式中,d_y 设置为零。我们将式(3-188)和式(3-189)分别替换为以下两个表达式:

$$R_{y, IP, FB} = \frac{3\xi_{y, max, em, flat}}{\sqrt{2}\,\pi \xi_{y, max, 0} \xi_y} \qquad (3-193)$$

和

$$R_{y, PC, RB} = \frac{\xi_{y, max, em, flat}}{\pi \xi_{y, max, 0} \xi_{PC, y}} \qquad (3-194)$$

其中

$$\xi_{y, max, em, flat} = \frac{H_0}{2\pi F} \sqrt{\frac{T_0}{\tau_y \gamma}} \qquad (3-195)$$

$$F = \frac{\sigma_s}{\sqrt{2}\beta_{y, *}} \left[1 + \left(\frac{\beta_{y, *}}{\sigma_s} \right)^2 \right]^{\frac{1}{2}} \qquad (3-196)$$

式中,$H_0 \approx 2\,845$,$\xi_{y, max, 0}$ 是刚性束-束相互作用极限值。

3.3　环形加速器中电子云效应

本节主要讨论 $e^+ e^-$ 存储环中束-束效应和电子云效应影响下的正电子束寿命。电子云与正电子束团相互作用非常类似于空间电荷效应。首先,它是分布式的而不是局部的;其次,电子云是非相对论速度的。至于束轴附近的电

子云的横向尺寸,可以合理地假设它们与捕获的正电子束团的尺寸相同,远离正电子束的电子云不是这里讨论的主体。如果我们将局部电子云与正电子束相互作用力定义为 $f'_{ec}(s_0)$,这个微分力(其中"'"表示 $\frac{d}{ds}$)可以相当于虚拟局部束-束相互作用力 $F_{bb}(s_0)$。$f'_{ec}(s_0)$ 和 $F_{bb}(s_0)$ 之间的关系可表示为[12]:

$$f'_{ec}(s_0) = \frac{1}{2L} F_{bb}(s_0) \tag{3-197}$$

并且,$f'_{ec}(s_0)$ 引起的正电子线性频移的微分表示为

$$\xi'_{ec}(s_0) = \frac{r_e N_e \beta_{+,y}(s_0)}{2\pi\gamma\sigma_{+,y}(s_0)[\sigma_{+,x}(s_0) + \sigma_{+,y}(s_0)]} \left(\frac{1}{2L}\right) \tag{3-198}$$

式中,r_e 是电子的经典半径;$\sigma_{+,x}$ 和 $\sigma_{+,y}$ 是电子云和正电子束的横向均方根尺寸;L 是周长存储环;$\beta_{+,y}$ 是正电子的垂直 beta 函数;γ 是归一化正电子的能量;最后 N_e 是环内的电子云电荷总数;横截面为 $2\pi\sigma_{+,x}\sigma_{+,y}$。现在,可以利用 e^+e^- 对撞机中的束-束相互作用的分析结果来估计由微分电子云非线性力引起的垂直动力学孔径:

$$\left[\frac{\sigma_{+,y}(s_0)}{A'_{ec,y}(s_0)}\right]^2 = \frac{N_e r_e \beta_y(s_0)}{6\sqrt{2}\gamma\sigma_{+,x}(s_0)\sigma_{+,y}(s_0)L} \tag{3-199}$$

则环一周的电子云对垂直动力学孔径的总贡献为

$$\left(\frac{\sigma_{+,y}}{A_{ec,y}}\right)^2 = \int_{s_0}^{s_0+L} \frac{N_e r_e \beta_y(s_0)}{6\sqrt{2}\gamma\sigma_{+,x}(s_0)\sigma_{+,y}(s_0)L} ds_0 \tag{3-200}$$

我们发现:

$$R_{ec,y}^2 = \left(\frac{A_{ec,y}}{\sigma_{+,y}}\right)^2 \approx \frac{3\sqrt{2}\gamma}{\pi r_e \beta_{av,y}\rho_{ec}L} \tag{3-201}$$

式中,$\beta_{av,y}$ 是环一周的平均垂直 beta 函数;ρ_{ec} 是真空室内的平均电子云密度,定义如下:

$$\rho_{ec} = \frac{N_e}{2\pi\sigma_{av,+,x}\sigma_{av,+,y}L} \tag{3-202}$$

式中,$\sigma_{av,+,x}$ 和 $\sigma_{av,+,y}$ 是环一周的平均束团横向尺寸。由束团和电子云效应共同引起的总归一化垂直动力学孔径为

$$R_{\text{total},+,y}^2 = \cfrac{1}{\cfrac{1}{R_{\text{bb},+,y}^2} + \cfrac{1}{R_{\text{ec},y}^2}} \tag{3-203}$$

式中，$R_{\text{bb},+,y}^2$ 表示如下：

$$R_{\text{bb},+,y}^2 = \left(\frac{A_{\text{bb},y,\text{IP}}}{\sigma_{+,y,\text{IP}}}\right)^2 = \frac{3}{\sqrt{2}\pi\xi_{\text{bb},+,y}} \tag{3-204}$$

式中，$\xi_{\text{bb},+,y}$ 是正电子束团在垂直平面内的线性束-束频移；下标 IP 表示对撞点。结合束团和电子云效应，正电子的寿命可以估算为

$$\tau_{\text{total},+,y} = \frac{\tau_{+,y}}{2}(R_{\text{total},+,y}^2)^{-1}\exp(R_{\text{total},+,y}^2) \tag{3-205}$$

式中，$\tau_{+,y}$ 是正电子在垂直平面上的阻尼时间。

如果 e^+e^- 束团以有限交叉角碰撞，则所得到的正电子束寿命应考虑到有限交叉角的影响。

3.4　环形加速器中空间电荷效应

考虑到一个电子存储环，我们从机器中心的线性非相干空间电荷频移开始，有

$$\xi_{\text{sc}} = -\frac{r_e N_e \beta_{\text{av},y}}{2\pi\gamma\sigma_y(\sigma_x + \sigma_y)}\left(\frac{L}{\sqrt{2\pi}\beta^2\gamma^2\sigma_z}\right) \tag{3-206}$$

式中，r_e 是电子的经典半径；N_e 是束内的粒子数；σ_z 是束长度；$\beta_{\text{av},y}$ 是环上的平均值；$\beta_{\text{av},x}$ 假定等于 $\beta_{\text{av},y}$；σ_x 和 σ_y 是平均束的横向尺寸；β 和 γ 分别是归一化的电子的速度和能量。事实上，人们可以定义微分空间电荷频移为

$$\xi_{\text{sc}}'(s_0) = -\frac{r_e N_e \beta_y(s_0)}{2\pi\gamma\sigma_y(s_0)[\sigma_x(s_0) + \sigma_y(s_0)]}\left(\frac{1}{\sqrt{2\pi}\beta^2\gamma^2\sigma_z}\right) \tag{3-207}$$

式中，"'"表示 $\dfrac{\mathrm{d}}{\mathrm{d}s}$；$s_0$ 表示环中的任意位置。回顾一下存储环对撞机的束-束相互作用频移的表达式：

$$\xi_{\text{bb},y}(s_{\text{IP}}) = \frac{r_e N_e \beta_{y,\text{IP}}}{2\pi\gamma\sigma_y(s_{\text{IP}})[\sigma_x(s_{\text{IP}}) + \sigma_y(s_{\text{IP}})]} \tag{3-208}$$

式中，s_{IP} 表示对撞点。比较式(3-207)和式(3-208)，发现来自微分空间电荷的横向偏转力和束-束相互作用具有以下关系：

$$f'_{sc}(s) = f_{bb}(s_{IP})G \tag{3-209}$$

式中，

$$G = -\frac{1}{\sqrt{2\pi}\,\beta^2\gamma^2\sigma_z} \tag{3-210}$$

此外，f'_{sc} 和 f_{bb} 是横向力的总和，包括非线性部分。我们得出结论，微分空间电荷效应可以等同于存储环对撞机中的束-束相互作用问题。

现在讨论非线性空间电荷力限制下的束流寿命，让我们回顾一下关于 e^+e^- 对撞机中束-束相互作用的分析工作。以扁平束团($\sigma_y \ll \sigma_x$)为例，一个具有由非线性(八极子是最低非线性多极子)微分空间电荷力所决定的动力学孔径为

$$[A^2_{sc,\,y}(s)]' = \frac{\beta_y(s)}{\beta_y^2(s_0)}\left[\frac{3\sqrt{2}\,\gamma\sigma_x(s_0)\sigma_y^3(s_0)}{N_e r_e G}\right] \quad (\text{FB}) \tag{3-211}$$

紧接着的问题是如何根据微分空间产生的电荷效应计算总的全环动力学孔径。要回答这个问题，让我们引入以下公式：

$$A_{total,\,sc,\,y}(s) = \frac{1}{\sqrt{\sum_{s_0=0}^{L}\dfrac{1}{[A^2_{sc,\,y}(s)]'}}} \tag{3-212}$$

$$\frac{1}{A^2_{total,\,sc,\,y}(s)} = \int_{s_0=0}^{L}\frac{\beta_y^2(s_0)}{\beta_y(s)}\left[\frac{N_e r_e}{6\sqrt{\pi}\,\beta^2\gamma^3\sigma_x(s_0)\sigma_y^3(s_0)\sigma_z}\right]\mathrm{d}s_0 \tag{3-213}$$

假设微分空间电荷力是独立的，经过一些数学简化并使用式(3-206)，得到

$$R_y^2 = \left[\frac{A_{total,\,sc,\,y}(s)}{\sigma_y(s)}\right]^2 = \frac{3}{\sqrt{2}\,\pi\xi_{sc}} \tag{3-214}$$

由非线性空间电荷力导致的粒子寿命可以表示为

$$\tau_{sc,\,y}(\xi_{sc,\,y}) = \frac{\tau_y}{2}(R_y^2)^{-1}\exp(R_y^2) = \frac{\tau_y}{2}\left(\frac{3}{\sqrt{2}\,\pi\xi_{sc,\,y}}\right)^{-1}\exp\left(\frac{3}{\sqrt{2}\,\pi\xi_{sc,\,y}}\right) \tag{3-215}$$

式中，τ_y 是 y 平面中的阻尼时间。

3.5　束长拉伸及能散增加解析计算

电子环形加速器中束流自然束长和能散（单粒子束长和能散）是由同步辐射及加速阻尼效应间的平衡机制确定的。真实束团（多粒子束团）长度和能散对于各种束团集体效应起着重要的作用，同时，相关集体效应也影响着束团长度和束团能散。研究和了解束长及束团能散与束团流强之间的物理联系机制和解析关系是电子环形加速器物理的重要研究内容[13-16]。

3.5.1　电子环形加速器

本节将讨论电子储存环中单个束团纵向集体效应。电子存储环中的束延长现象首先在 ACO 中观察到，随后在其他机器中观察到，伴随束团的拉伸，人们发现单束团能散的增加具有或多或少可观测的阈值电流。在 ACO 中发现的第一个经验束长拉伸公式表示为[13]

$$\sigma_\tau^2 = \sigma_{\tau 0}^2 \left(1 + 2 \times 10^{-3} \frac{I_b}{E^4 \sigma_\tau} \right) \tag{3-216}$$

式中，σ_τ 是以纳秒(ns)为单位测量的束团 rms 持续时间；$\sigma_{\tau 0}$ 对应于 σ_τ，对于零束团电流；I_b 是束团电流，mA；E 是粒子能量，GeV（式中的 E^4 在后来的理论公式中被校正为 E^3）。从那时起，了解这些单束团纵向集体现象已成为加速器物理学家的主要研究内容之一。

下面我们会介绍一个理论框架，用于解释其物理过程并建立束团拉伸方程，并且首次提出束团的能散增加方程。

1) 储存环中尾场的表达

我们首先找到一个描述储存环全环尾场的解析表达式。为方便以后的理论处理，我们将使用三个参数，即束长 σ_z、总损耗因子 $k(\sigma_z)$ 和总电感 $L(\sigma_z)$ 来描述储存环的总尾场。作为假设，我们提出以下分析表达式：

$$W_z(z) = -ak(\sigma_z)\exp\left(-\frac{2z^2}{7\sigma_z^2}\right) \cdot$$

$$\cos\left\{ \left[1 + \frac{2}{\pi}\arctan\left(\arctan\frac{Z_i}{2Z_r}\right) \right] \frac{z}{\sqrt{3}\sigma_z} + \arctan\frac{Z_i}{2Z_r} \right\} \tag{3-217}$$

式中，$a = 2.23$；$Z_i = 2\pi L / T_0$；$Z_r = k(\sigma_z) \dfrac{T_b^2}{T_0}$，其中，$T_0 = 2\pi R_{av}/c$，$T_b = 3\sigma_z/c$；$R_{av}$ 是环的平均半径；σ_z 是束团长度；c 是光速；$z = 0$ 对应于光束的中心。

2）理论部分

根据电子存储环理论我们知道单个粒子的束团长度 σ_{z0} 可以表示为

$$\sigma_{z0}^2 = \left(\frac{c\alpha}{\Omega_{s0} E_0} \right)^2 \sigma_{\epsilon 0}^2 \tag{3-218}$$

式中，α 是动量压缩因子；$\sigma_{\epsilon 0}$ 是能量分散；E_0 是粒子的能量。可以从以下微分方程得到同步加速器振荡的角频率 Ω_{s0}：

$$\frac{\mathrm{d}W}{\mathrm{d}t} = eV(\sin\phi - \sin\phi_{s0}) \tag{3-219}$$

$$\frac{\mathrm{d}\phi}{\mathrm{d}t} = -\frac{1}{2\pi} \frac{h\eta\omega_s}{p_s R_{av}} W \tag{3-220}$$

式中，$W = 2\pi(E - E_0)/\omega_s$，$\omega_s$ 是同步粒子的角频率；V 是射频峰值电压；ϕ_{s0} 是同步相位；h 是谐波数；p_s 是同步粒子的动量；$\eta = \dfrac{1}{\gamma^2} - \alpha$，$\gamma$ 是归一化粒子的能量；R_{av} 是机器的平均半径。如果式（3-219）线性化为

$$\frac{\mathrm{d}W}{\mathrm{d}t} = eV\cos\phi_{s0}\Delta\phi \tag{3-221}$$

其中，$\Delta\phi = \phi - \phi_{s0}$，可以得到

$$\Omega_{s0}^2 = \frac{eV\cos\phi_{s0} h\eta\omega_s}{2\pi R_{av} p_s} \tag{3-222}$$

式（3-218）意味着，对于给定 α 和 E_0 的机器，只有两个可能的参数可以改变束长度，即 Ω_{s0} 和 $\sigma_{\epsilon 0}$。在下文中，我们将展示单束团短程尾场如何扰动 Ω_{s0} 和 $\sigma_{\epsilon 0}$，最后扰动 σ_{z0}。首先，我们将式（3-217）中所示的分析尾场表达式做 Taylor 展开：

$$W_z(z) = Ak(\sigma_z) + Bk(\sigma_z)\frac{z}{\sigma_z} + Ck(\sigma_z)\left(\frac{z}{\sigma_z}\right)^2 + O(z^3) \tag{3-223}$$

其中

$$A = - \frac{a}{\sqrt{1 + \left(\dfrac{Z_i}{2Z_r}\right)^2}} \tag{3-224}$$

$$B = \frac{0.289aZ_i\left[1 + 0.637\arctan\left(\arctan\dfrac{Z_i}{2Z_r}\right)\right]}{Z_r\sqrt{1 + \left(\dfrac{Z_i}{2Z_r}\right)^2}} \tag{3-225}$$

$$C = \frac{a}{\sqrt{1 + \left(\dfrac{Z_i}{2Z_r}\right)^2}}\left\{\frac{2}{7} + \frac{\left[1 + 0.637\arctan\left(\arctan\dfrac{Z_i}{2Z_r}\right)\right]^2}{6}\right\} \tag{3-226}$$

有了环的尾场的解析表达式,我们现在将注意力转向束团内粒子的动力学。我们只考虑 $W_z(z)$ 的主要线性部分 $W_z^1(z)$,并表示为

$$W_z^1(z) = Bk(\sigma_z)\frac{z}{\sigma_z} \tag{3-227}$$

要在同一基础上处理束团中 N_e 不同的粒子并包括尾场的影响,式(3-221)应修改如下:

$$\begin{aligned}\frac{\mathrm{d}W}{\mathrm{d}t} &= eV\cos\phi_{s0}\Delta\phi + e^2 N_e W_z^1\left(\frac{\lambda_{\mathrm{RF}}}{2\pi}\Delta\phi\right)\\ &= \left[1 - e^2 N_e\frac{Bk(\sigma_z)\lambda_{\mathrm{RF}}}{2\pi eV\cos\phi_{s0}\sigma_{z0}}\right]eV\cos\phi_{s0}\Delta\phi\end{aligned} \tag{3-228}$$

可以得到 Ω_s:

$$\Omega_s^2 = \Omega_{s0}^2\left[1 - \frac{e^2 N_e Bk(\sigma_z)c}{\sigma_{z0}h\omega_s eV\cos\phi_{s0}}\right] \tag{3-229}$$

上面的讨论只考虑了静态方面或势井扭曲效应。为了便于研究尾场势的非线性部分的作用,我们将使用哈密顿量形式。没有尾场力,线性纵向运动($\Delta\phi$)可以从以下哈密顿量导出:

$$H_0 = \frac{p_\phi^2}{2} + \frac{\Omega_{s0}^2}{2}\Delta\phi^2 \tag{3-230}$$

式中,$p_\phi = \dfrac{\mathrm{d}\Delta\phi}{\mathrm{d}t}$。为了便于我们的研究,我们以一系列由旋转周期分隔的 δ

函数形式将非线性尾场势项引入无扰动哈密顿量中。扰动的哈密顿量表示为

$$H = \frac{p_\phi^2}{2} + \frac{\Omega_{s0}^2}{2}\Delta\phi^2 +$$

$$\frac{e^2 N_e C k(\sigma_z)}{3}\left(\frac{\lambda_{RF}}{2\pi\sigma_z}\right)^2\left(\frac{h\eta\omega_s}{2\pi p_s R_{av}}\right)\Delta\phi^3 T_0 \sum_{n=-\infty}^{\infty}\delta(t - nT_0) \quad (3-231)$$

我们忽略了线性尾场项的扰动。扰动后的哈密顿量表示为

$$H = \frac{p_x^2}{2} + \frac{K_x(s)}{2}x^2 + \frac{b_2 L}{3\rho}x^3 \sum_{i=-\infty}^{\infty}\delta(s - iL) \quad (3-232)$$

式中，$p_x = dx/ds$；$K_x(s)$ 表示线性聚焦强度；b_2 是 δ 函数六极磁场的系数；ρ 是局部曲率半径。相应的动力学孔径 $A_{dyna,x}$ 可以通过分析计算得到：

$$A_{dyna,x} = \frac{\sqrt{2\beta_x(s)}}{\sqrt{3}\beta_x^{3/2}(s_1)}\left(\frac{\rho}{|b_2|L}\right) \quad (3-233)$$

式中，$\beta_x(s)$ 是存储环的 beta 函数；s_1 是 δ 函数六极磁铁所在的位置。通过类比式(3-231)和式(3-232)，获得 $\Delta\phi$ 的最大值 $A_{\Delta\phi}$，超过 $\Delta\phi$ 将引起相位不稳定并以混沌方式运动。$A_{\Delta\phi}$ 表示为

$$A_{\Delta\phi} = \sqrt{\frac{2}{3}}\,\frac{V\cos(\phi_{s0})}{e N_e C k(\sigma_z) T_0 \Omega_{s0}}\left(\frac{2\pi\sigma_z}{\lambda_{RF}}\right)^2 \quad (3-234)$$

定义 $\sigma_{\Delta\phi} = \dfrac{2\pi\sigma_z}{\lambda_{RF}}$ 并将 $A_{\Delta\phi}$ 除以 $\sigma_{\Delta\phi}$，得到

$$S = \frac{A_{\Delta\phi}}{\sigma_{\Delta\phi}} = \sqrt{\frac{2}{3}}\,\frac{\sigma_z V\cos(\phi_{s0})}{e N_e C k(\sigma_z) T_0 f_{s0}\lambda_{RF}} \quad (3-235)$$

式中，f_{s0} 是加速器同步振荡频率。如果我们将 $S \geqslant 1$ 作为束内粒子进行纵向相位混沌运动的粗略标准，可以得到束团内粒子数群的阈值：

$$N_{e,th} = \sqrt{\frac{2}{3}}\,\frac{\sigma_{z0} V\cos(\phi_{s0})}{e C k(\sigma_{z0}) T_0 f_{s0}\lambda_{RF}} \quad (3-236)$$

为简单起见，其中 σ_z 已被 σ_{z0} 替换。

首先考虑 $N_e \geqslant N_{e,th}$ 的情况。如上所述，束团内粒子的相位将执行随机运动(称为相位不稳定性)。我们必须探索 $W_z^1(z)$ 的动态情况，这与能散增加密切相关。将 $W_z^1(z)$ 表示为

$$W_z^1(z) = Bk(\sigma_z)\frac{z_0\sin(\Omega_s t + \phi_i)}{\sigma_z} \qquad (3-237)$$

根据上面提到的随机运动，ϕ_i 是随机相位，T_0 是一圈的短距离尾场势，随机能量波动的增量 Δw 表示为

$$\Delta w = e^2 N_e W_z^1(z)\exp\left(-\frac{T_0}{\tau_\epsilon}\right) + \left[1 - \exp\left(-\frac{T_0}{\tau_\epsilon}\right)\right]w \quad (3-238)$$

式中，τ_ϵ 是同步加速器辐射阻尼时间。假设 Δw 可以被视为马尔可夫随机变量，可以知道 Δw 的分布函数由 Fokker-Planck 方程控制：

$$\frac{\partial F(t,\ \Delta w)}{\partial t} = -\frac{\partial}{\partial\Delta w}[GF(t,\ \Delta w)] + \frac{1}{2}\frac{\partial^2}{\partial(\Delta w)^2}[DF(t,\ \Delta w)]$$

$$(3-239)$$

其中

$$G = \frac{\ll \Delta w \gg}{T_0} \qquad (3-240)$$

$$D = \frac{\ll (\Delta w)^2 \gg}{T_0} \qquad (3-241)$$

式中，$\ll\ \gg$ 表示 z_0 和 ϕ_i 的所有可能值的平均值。将式（3-238）代入式（3-240）和式（3-241）中，可得

$$G = \frac{e^2 N_e}{T_0}\ll W_z^1(z)\gg\exp\left(-\frac{T_0}{\tau_\epsilon}\right) + \left[1 - \exp\left(-\frac{T_0}{\tau_\epsilon}\right)\right]\frac{w}{T_0}$$

$$(3-242)$$

$$D = \left[1 - \exp\left(-\frac{T_0}{\tau_\epsilon}\right)\right]^2\frac{w^2}{T_0} + \frac{(e^2 N_e)^2}{T_0}\ll [W_z^1(z)]^2 \gg\exp\left(-\frac{2T_0}{\tau_\epsilon}\right)$$

$$(3-243)$$

其中，$\ll W_z^1(z)\gg = 0$，$\ll [W_z^1(z)]^2 \gg = \dfrac{[Bk(\sigma_z)]^2}{2}$。将式（3-242）和式（3-243）代入式（3-239），可得

$$T_0\frac{\partial F(t,\ \Delta w)}{\partial t} = -\left[1 - \exp\left(-\frac{T_0}{\tau_\epsilon}\right)\right]\frac{\partial}{\partial\Delta w}[wF(t,\ \Delta w)] +$$

$$\frac{1}{2}\Bigl[1-\exp\Bigl(-\frac{T_0}{\tau_\epsilon}\Bigr)\Bigr]^2\frac{\partial^2}{\partial(\Delta w)^2}[w^2F(t,\Delta w)]+$$

$$\frac{1}{2}\frac{[e^2N_\mathrm{e}Bk(\sigma_z)]^2}{2}\exp\Bigl(-\frac{2T_0}{\tau_\epsilon}\Bigr)\frac{\partial^2}{\partial(\Delta w)^2}[F(t,\Delta w)]$$

$$(3-244)$$

现在,用 w^2 乘以式(3-244)的两边并对 w 积分,得到

$$T_0\frac{\mathrm{d}\langle w^2\rangle}{\mathrm{d}t}=-\Bigl[1-\exp\Bigl(-\frac{2T_0}{\tau_\epsilon}\Bigr)\Bigr]\langle w^2\rangle+$$

$$\frac{[e^2N_\mathrm{e}Bk(\sigma_z)]^2}{2}\exp\Bigl(-\frac{2T_0}{\tau_\epsilon}\Bigr) \qquad (3-245)$$

因为 $T_0/\tau_\epsilon\ll1$,式(3-245)可以化简为

$$T_0\frac{\mathrm{d}\langle w^2\rangle}{\mathrm{d}t}=-\frac{2T_0}{\tau_\epsilon}\langle w^2\rangle+\frac{[e^2N_\mathrm{e}Bk(\sigma_z)]^2}{2} \qquad (3-246)$$

解方程式(3-246),可以得到

$$\langle w^2\rangle=\frac{[e^2N_\mathrm{e}Bk(\sigma_z)]^2}{2}\frac{\tau_\epsilon}{2T_0}\Bigl[1-\exp\Bigl(-\frac{s}{\tau_\epsilon}\Bigr)\Bigr]+\exp\Bigl(-\frac{s}{\tau_\epsilon}\Bigr)w_0^2$$

$$(3-247)$$

式中,w_0 是初始值。显然,当 $s\to\infty$ 时,由于粒子的动力学运动,可得额外的能散增加为

$$\sigma_{\epsilon,w}^2=\langle w^2\rangle_\infty=\frac{[Be^2N_\mathrm{e}k(\sigma_z)]^2}{4T_0}\tau_\epsilon \qquad (3-248)$$

总的能散增长可表示为

$$\sigma_\epsilon^2=\sigma_{\epsilon,0}^2+\sigma_{\epsilon,w}^2=\sigma_{\epsilon,0}^2\Bigl\{1+\frac{[Be^2N_\mathrm{e}k(\sigma_z)]^2}{4T_0\sigma_{\epsilon,0}^2}\tau_\epsilon\Bigr\} \qquad (3-249)$$

定义 $R_z=\dfrac{\sigma_z}{\sigma_{z0}}$ 和 $R_\epsilon=\dfrac{\sigma_\epsilon}{\sigma_{\epsilon0}}$,可以重写一个等磁结构的特例,式(3-249)可以精确表达为

$$R_\epsilon^2=\Bigl\{1+\frac{c[RR_{\mathrm{av}}I_\mathrm{b}Bk(\sigma_{z0})]^2}{\gamma^7R_z^{2\zeta}}\Bigr\} \qquad (3-250)$$

其中

$$C = \frac{576\pi^2\varepsilon_0}{55\sqrt{3}\,\hbar c^3} \tag{3-251}$$

此外，$I_b = eN_ec/T_0$；N_e 是一个束团内的粒子数；R 是局部弯转半径；ε_0 是真空的介电常数；$\hbar$ 是约化普朗克常数；ς 是给定机器的常量。

得到式（3-229）和式（3-250）后，可以在单束团短程尾场的影响下计算得到束团长度：

$$
\begin{aligned}
\sigma_z^2 &= \left(\frac{c\alpha}{\Omega_s E_0}\right)^2 \sigma_\epsilon^2 \\
&= \sigma_{z0}^2\left[1 - \frac{e^2 N_e B k(\sigma_{z0})c}{\sigma_{z0}R_z^\varsigma h w_s e V\cos\phi_{s0}}\right]^{-1}\left\{1 + \frac{C[RR_{av}I_b Bk(\sigma_{z0})]^2}{\gamma^7 R_z^{2\varsigma}}\right\}
\end{aligned}
\tag{3-252}
$$

对于一个等磁性结构，式（3-252）可以简化为

$$R_z^2 = \left[1 - \frac{eBk(\sigma_{z0})I_b J_\epsilon R\sigma_{z0}}{m_0 c^3 \alpha C_q \gamma^3 R_z^\varsigma}\right]^{-1}\left\{1 + \frac{C[RR_{av}I_b Bk(\sigma_{z0})]^2}{\gamma^7 R_z^{2\varsigma}}\right\} \tag{3-253}$$

其中

$$C_q = \frac{55\hbar}{32\sqrt{3}\,m_0 c} = 3.84\times10^{-13}\ \mathrm{m} \tag{3-254}$$

J_ϵ 称为能量阻尼分配系数，$J_\epsilon = 2 + \dfrac{\alpha R_{av}}{R}$。为了避免非物理解，式（3-253）应简化为

$$R_z^2 = 1 + \frac{eBk(\sigma_{z0})I_b J_\epsilon R\sigma_{z0}}{m_0 c^3 \alpha C_q \gamma^3 R_z^\varsigma} + \frac{C[RR_{av}I_b Bk(\sigma_{z0})]^2}{\gamma^7 R_z^{2\varsigma}} \tag{3-255}$$

对于 $N_e < N_{e,th}$ 的情况，式（3-255）和式（3-250）可以合理地化简为

$$R_z^2 = 1 + \frac{eBk(\sigma_{z0})I_b J_\epsilon R\sigma_{z0}}{m_0 c^3 \alpha C_q \gamma^3 R_z^\varsigma} \tag{3-256}$$

和

$$R_\epsilon^2 = 1 \tag{3-257}$$

3.5.2 质子环形加速器

本节将讨论质子储存环中的单束团纵向不稳定性。质子存储环中单束团能散的增长和束团拉伸是重要的加速器物理问题。质子储存环中纵向不稳定性的问题与同步辐射起重要作用的电子环中的问题完全不同。通过实验观察到,束团电流在阈值以下时,束长随着电流的增加而增加,而束团能散保持不变,并且势阱畸变理论可以很好地解释这种束团拉伸的机理。当束团流强超过阈值时,束团的能散也增加。

1) 束团能散增长

对于那些已经开始混沌运动的粒子,它们的动力学描述是很重要的。尽管会丢失关于粒子轨迹的一些详细信息,但这种方法将帮助我们获得有用的物理结果。当混沌运动发生时,式(2-105)和式(2-106)可以视为马尔可夫过程,因此,分布概率函数 $F(tI)$ 由 Fokker-Planck 方程描述[16]:

$$\frac{\partial F}{\partial t} = -\frac{\partial (AF)}{\partial I} + \frac{1}{2}\frac{\partial^2 (DF)}{\partial I^2} \tag{3-258}$$

其中,A 和 D 的定义如下:

$$A = \frac{1}{2\pi T}\int_0^{2\pi} \Delta I \, \mathrm{d}\theta \tag{3-259}$$

$$D = \frac{1}{2\pi T}\int_0^{2\pi} \Delta I^2 \, \mathrm{d}\theta \tag{3-260}$$

其中,T 是一个回旋周期。在相位 θ 上取平均值的合法性是基于如下事实:混沌运动的粒子将在相空间中混合其相位。对于式(2-103)和式(2-104)所描述的特定情况,我们有

$$A = 0 \tag{3-261}$$

$$D = \frac{e^2 N_p^2 K_{/\!/}^{\mathrm{tot}\,2}(\sigma_z) h^2 \eta^2}{2R_s^2 p_s^2} T_0 \tag{3-262}$$

将 $A=0$ 和 D 代入式(3-258),可以得到

$$\frac{\partial F}{\partial t} = \frac{1}{2} D \frac{\partial^2 F}{\partial I^2} \tag{3-263}$$

根据式(3-263),人们发现混沌加热发生在以下条件:

$$\langle I^2 \rangle = I_0^2 + D t \tag{3-264}$$

其中，$\langle I^2 \rangle = \int_0^\infty I^2 F \mathrm{d}I$。类似地，我们发现

$$\langle \Delta E^2 \rangle = \Delta E_0^2 + D_e t \tag{3-265}$$

$$D_e = \frac{U_w^2}{2 T_0} \tag{3-266}$$

显然，进行混沌运动的那些粒子的能量偏差幅度将随时间增加。

2）混沌运动的功率谱

当束团电流超过阈值电流 I_{bth} 时，束团中的一些粒子将进行混沌运动，这些粒子的纵向位置是随机变量。当 $I_b \gg I_{bth}$ 时，这些混沌运动的自相关的形式为

$$R(t) = R_0 \exp\left(-\frac{t}{\tau_c}\right) \tag{3-267}$$

$$\tau_c = \frac{2 T_0}{\ln K_0} = \frac{T_0}{\ln\left[\dfrac{\sqrt{\Omega'} \, T_0 e^2 N_p K_{\parallel}^{\mathrm{tot}}(\sigma_z) h \eta}{R_s p_s}\right]} \tag{3-268}$$

根据 Wiener-Khintchine 定理，我们知道随机变量的谱功率密度是其自相关函数的傅里叶变换，因此有

$$S(\omega) = \frac{1}{2\pi} \int_{-\infty}^\infty \exp(i\omega t) R(t) \mathrm{d}t = \frac{1}{\pi} R_0 \frac{\tau_c}{1 + \omega^2 \tau_c^2} \tag{3-269}$$

当满足：

$$\omega > \omega_c = \frac{1}{\tau_c} \tag{3-270}$$

功率谱 $S(\omega)$ 迅速下降，ω_c 相对于束团流强的变化可以通过实验测量，显然，有 $\omega_c \propto \ln(I_b)$。

3）束团拉伸

在质子环形加速器中，当 $I_b < I_{bth}$ 像电子存储环中发生的情况一样，束团可能受到潜在的势阱畸变引起束长拉伸。当 $I_b \geqslant I_{bth}$，束团中的一些粒子将执行随机运动并且这些粒子的同步振荡幅度将增加。从全局的角度来看，与 $I_b < I_{bth}$ 相比，随着束团电流的增加，束团长度增加得更快。由于并非所有粒

子都参与混沌运动,因此获得一些简单的公式或方程来描述全局束团拉伸和整个电流范围内的能散增加要困难得多。

3.6 电子环形加速器中单束团横向不稳定性

电子环形加速器中单束团横向不稳定性表现在如下两个方面:一个是束团中粒子横向运动不稳定并产生粒子丢失;另一个是束团横向发射度增大及相应的束团横向截面尺寸增加,但束团粒子并不损失。在本节中将对这两个现象分别进行讨论。

1) 电子储存环中单束团横向集体不稳定性理论

在电子存储环中,当单束电流明显超过阈值时,由 PETRA 和其他机器中都观察得到最大单束电流通常受到垂直平面中快速横向束团尺寸增长的限制[16-20]。对这种现象的理论解释是基于 Kohaupt 最初提出的横模耦合理论,并且被许多人引用。来自横模耦合理论的阈值电流为[18]:

$$I_{b,\,coupling}^{th} = \frac{f_s E_0}{e\langle\beta_{y,\,c}\rangle K_\perp^{tot}(\sigma_z)} \tag{3-371}$$

式中,f_s 是同步加速器振荡频率;E_0 是粒子能量;$\langle\beta_{y,\,c}\rangle$ 是 RF 腔体的平均垂直 beta 函数;$K_\perp^{tot}(\sigma_z)$ 是束长 σ_z 的总横向损耗因子。该阈值电流的问题在于它不能很好地解释实验结果。首先,与实验事实相反,它与储存环的色品没有明显的依赖性;其次,虽然可以归一化到一个机器,它也不适用于不同机器的实验结果。面对第二个难题,B. Zotter 引入了一个长度依赖的经验形状因子 F,并提出修改后的阈值电流如下所示:

$$I_{b,\,zotter}^{th} = \frac{F f_s E_0}{e\langle\beta_{y,\,c}\rangle K_\perp^{tot}(\sigma_z)} \tag{3-272}$$

然而,第一个问题仍未完全解决。式(3-272)是我们一直以来所了解的关于单束团快速横向集体不稳定性,它本质上是一个由于 F 因子而产生的经验公式。显然,需要做出更多努力来更好地理解相关的物理过程并建立真正的理论。在下文中,这种不稳定性的机理得到了不同的解释。

在真实粒子加速器中,Landau 阻尼的机制保证了束团中粒子集体的相干运动的稳定性。然而,如果相干振荡频率偏移到粒子集合的非相干振荡频率的频谱之外,则可以破坏 Landau 阻尼的机制,这认为是单束快速横向集体不稳定性发生的物理机制。为了用数学方法描述这个过程，我们来看看垂直方向的 betatron 振荡，它比水平方向更危险。忽略 β_y 随 s 变化，可以写为

$$y = B\cos\phi \qquad (3-273)$$

$$y' = -\frac{B}{\beta_y}\sin\phi \qquad (3-274)$$

式中，B 是任意振荡幅度；$\phi = s/\beta_y$；$y' = P_\perp/P_0$，$P_\perp$ 和 P_0 分别为粒子的横向和纵向动量。因此，相干垂直方向 betatron 振荡的能量表示为

$$E_\perp = \frac{y_c}{\beta_y}E_0 \qquad (3-275)$$

式中，y_c 表示集体电子感应加速器振荡的幅度；E_0 表示粒子能量。相干电子振荡频率的偏移可以通过使用 Boltzmann 和 Ehrenfest 定理来计算，该定理表明对于周期性和线性工作无损热机，能量和周期时间的乘积对于绝热变形是不变的，并且

$$\frac{\Delta\nu_{y,c}}{\nu_y} = \frac{\Delta E_\perp}{E_\perp} \qquad (3-276)$$

式中，$\nu_y = f_y/f_0$，f_y 和 f_0 分别是垂直 betatron 运动频率和旋转频率。式 $(3-276)$ 中的能量变化可以通过使用存储环一圈的横向损耗因子 $K_\perp^{\text{tot}}$ 的概念来计算，并且

$$\Delta E_\perp = \frac{e^2 N_e K_\perp^{\text{tot}}(\sigma_z) y_c}{\nu_y} \qquad (3-277)$$

式中，N_e 是束团中的粒子数；σ_z 是束团长度。结合式 $(3-275)$、式 $(3-276)$ 和式 $(3-277)$，有

$$\Delta\nu_{y,c} = -\frac{e^2 N_e K_\perp^{\text{tot}}(\sigma_z)\langle\beta_{y,c}\rangle}{E_0} \qquad (3-278)$$

式中，β_y 已被 $\langle\beta_{y,c}\rangle$ 取代，$\langle\beta_{y,c}\rangle$ 是 RF 腔区域中的平均 beta 函数，RF 腔区域中横向尾场更重要。非相干垂直方向 betatron 振荡频率的色散表示为

$$\sigma_{\nu_{y,\text{inc}}} = |\xi_{c,y}|\nu_y\frac{\sigma_{\varepsilon 0}R_\varepsilon}{E_0} \qquad (3-279)$$

式中，$\sigma_{\varepsilon 0}$ 是自然的能散；$R_\varepsilon = \sigma_\varepsilon/\sigma_{\varepsilon 0}$ 和 $\xi_{c,y}$ 是垂直平面中的色品（通常为正，

以控制头尾不稳定性)。为了将相干频率完全移出非相干频谱,需要

$$\Delta\nu_{y,c} = -4\sigma_{\nu_{y,inc}} \qquad (3-280)$$

最终得到不稳定阈值电流

$$I_{b,gao}^{th} = \frac{4f_y\sigma_{\epsilon0}R_\epsilon \mid \xi_{c,y}\mid}{e\langle\beta_{y,c}\rangle K_\perp^{tot}(\sigma_z)} \qquad (3-281)$$

实际上式(3-281)中 R_ϵ 和 $K_\perp^{tot}(\sigma_z)$ 都是 I_b 的函数。因此,式(3-281)应该以一致的方式求解。将 $K_\perp^{tot}(\sigma_z)$ 表示为 $K_\perp^{tot}(\sigma_z)=K_{\perp,0}^{tot}/R_z^\Theta$ 是很有用的,其中 $K_{\perp,0}^{tot}$ 是自然束团长度, $R_z=\sigma_z/\sigma_{z0}$, Θ 是常量。 R_ϵ 和 R_z 相对于 I_b 的变化可以通过求解纵向单束运动来获得。增加阈值电流的方法明显地显示在式(3-281)中。比较式(3-281)和式(3-272),可以把式(3-281)表示成与式(3-272)相似的形式:

$$I_{b,gao}^{th} = \frac{F'f_sE_0}{e\langle\beta_{y,c}\rangle K_\perp^{tot}(\sigma_z)} \qquad (3-282)$$

同时

$$F' = 4R_\epsilon \mid \xi_{c,y}\mid \frac{\nu_y\sigma_{\epsilon0}}{\nu_sE_0} \qquad (3-283)$$

显然,如果 $F'<F$, $I_{b,gao}^{th}<I_{b,zotter}^{th}$,这种情况总是可以通过减少 $|\xi_{c,y}|$ 形成。如果是用式(3-272)和式(3-282)描述相同的物理过程,我们找到了 $F(F=F')$ 的精确表达式。

2) 电子存储环中的束流横向发射度增加

对于未来 e^+e^- 直线对撞机,需要用阻尼环来为主直线加速器提供极小的横向发射度的束团。在电子存储环中,观察到随着束团电流的增加,不仅束团增长,能散增加,而且横向发射度也会增长。对横向发射度增加的通常解释是基于内部散射理论,其起源于 H. Bruck 的想法。实验结果与内部散射理论对于水平发射度增长一致,然而,在垂直平面中,比较结果不能令人满意。下面,除了束团内散射,我们还将关注横向发射度增长的另一个重要物理原因,即机器的短程横向尾场。不难想象,如果闭合轨道扭曲并且(或)真空室与理想几何中心不对齐,则束团中的粒子将由于单束短程尾场而遭受横向偏转,这导致其发射度增长类似于直线加速器中发生的情况。在下文中,我们将估计这种短程横向尾场引起的单束团发射度增长[19]。

横向尺寸为零的束团的横向运动微分方程表示为

$$\frac{d^2 y(s,z)}{ds^2} + \frac{2}{\tau_y c}\frac{dy(s,z)}{ds} + k^2(s,z)y(s,z)$$

$$= \frac{1}{m_0 c^2 \gamma(s,z)}e^2 N_e W_{\perp,y}(s,z)Y(s,z) \tag{3-284}$$

式中,$y(s,z)$ 是粒子与闭合轨道的横向偏差;s 是位于束中心的粒子的纵坐标;z 表示粒子在束内的对于束中心的纵向位置;$k(s,z)$ 描述线性聚焦强度;$W_{\perp,y}(s,z)$ 是点电荷尾场,$W_{\perp,y}(s,z) = \int_z^\infty \rho(z')W_{\perp,y}(s,z'-z)dz'$,束团线电荷密度 $\rho(z)$ 标准化为 $\int_{-\infty}^\infty \rho(z')dz' = 1$;$c$ 是光速;τ_y 是 y 方向的同步辐射阻尼时间;m_0 是电子的静止质量;e 是电子电荷;$Y(s,z)$ 是粒子之间的偏差和真空室的几何中心。由于同步辐射效应,人们可以通过在式(3-284)两侧乘以 $\rho(z)$ 来处理相同的粒子,并且对 z 从 $-\infty$ 到 ∞ 进行积分。因此,可以得到

$$\frac{d^2 y(s)}{ds} + \Gamma \frac{dy(s)}{ds} + k(s)^2 y(s) = \Lambda \tag{3-285}$$

式中,$\Gamma = \dfrac{2}{\tau_y c}$;$\Lambda = \dfrac{e^2 N_e k_{\perp,y}(\sigma_z)Y(s)}{m_0 c^2 \gamma l_s}$,$l_s$ 是存储环的周长,$k_{\perp,y}(\sigma_z) = \int_0^{l_s}\left\{\int_{-\infty}^\infty \rho(z)W_{\perp,y}(s,z)dz\right\}ds$ 和 $\rho(z) = \dfrac{1}{\sqrt{2\pi}\sigma_z}e^{-\frac{z^2}{2\sigma_z^2}}$,$Y(s)$ 是一个随机变量,描述真空盒准直误差和近轴轨道失真,$\langle Y(s)\rangle = 0(\langle\rangle$ 表示对 s 取平均值)。式(3-285)可以视为 Langevin 方程,它描述分子的布朗运动。

为了对电子的横向运动与分子的横向运动进行类比,定义 $P = \dfrac{e^2 N_e k_{\perp,y}(\sigma_z)}{m_0 c^2 \gamma}$,并且将 $Y(s)P$ 视为距离 l_s 的粒子的"速度"随机增量 $\left(\Delta \dfrac{dy}{ds}\right)$。我们假设随机变量 $Y(s)$ 遵循高斯分布:

$$f[Y(s)] = \frac{1}{\sqrt{2\pi}\sigma_Y}\exp\left[-\frac{Y(s)^2}{2\sigma_Y^2}\right] \tag{3-286}$$

并且分子的速度 u 分布遵循麦克斯韦分布:

$$g(u) = \sqrt{\frac{m}{2\pi kT}}\exp\left(-\frac{mu^2}{2kT}\right) \tag{3-287}$$

式中,m 是分子的质量;k 是玻尔兹曼常数;T 是绝对温度。分子的速度遵循麦克斯韦分布的事实允许我们获得 Λl_s 的分布函数:

$$\phi(\Lambda l_\mathrm{s}) = \frac{1}{\sqrt{4\pi q l_\mathrm{s}}}\exp\left(-\frac{\Lambda^2 l_\mathrm{s}^2}{4q l_\mathrm{s}}\right) \quad (3-288)$$

其中

$$q = \Gamma\frac{kT}{m} \quad (3-289)$$

通过将式(3-288)与式(3-286)比较,可得

$$2\sigma_Y^2 = \frac{4q l_\mathrm{s}}{P^2} \quad (3-290)$$

或

$$\frac{kT}{m} = \frac{\sigma_Y^2 P^2}{2l_\mathrm{s}\Gamma} \quad (3-291)$$

到目前为止,我们可以使用所有关于由式(3-285)描述的分子的随机运动的分析解。当 $k^2(s) \gg \frac{\Gamma^2}{4}$(绝热条件),通过式(3-291)中描述的简单替换得到

$$\begin{aligned}\langle y^2\rangle &= \frac{kT}{mk^2(s)} + \left[y_0^2 - \frac{kT}{mk^2(s)}\right]\left[\cos(k_1 s) + \frac{\Gamma}{2k_1}\sin(k_1 s)\right]^2\exp(-\Gamma s)\\ &= \frac{\sigma_Y^2\tau_y}{4T_0 k^2(s)}\left[\frac{e^2 N_e k_{\perp,y}(\sigma_z)}{m_0 c^2\gamma}\right]^2 +\\ &\quad\left\{y_0^2 - \frac{\sigma_Y^2\tau_y}{4T_0 k^2(s)}\left[\frac{e^2 N_e k_{\perp,y}(\sigma_z)}{m_0 c^2\gamma}\right]^2\right\}\left[\cos(k_1 s) + \frac{\Gamma}{2k_1}\sin(k_1 s)\right]^2\exp(-\Gamma s)\end{aligned}$$

$$(3-292)$$

$$\begin{aligned}\langle y'^2\rangle &= \frac{kT}{m} + \frac{k(s)}{k_1^2}\left[y_0^2 - \frac{kT}{mk^2(s)}\right]\sin^2(k_1 s)\exp(-\Gamma s)\\ &= \frac{\sigma_Y^2\tau_y}{4T_0 k^2(s)}\left[\frac{e^2 N_e k_{\perp,y}(\sigma_z)}{m_0 c^2\gamma}\right]^2 +\\ &\quad\frac{k(s)}{k_1^2}\left\{y_0^2 - \frac{\sigma_Y^2\tau_y}{4T_0 k^2(s)}\left[\frac{e^2 N_e k_y(\sigma_z)}{m_0 c^2\gamma}\right]^2\right\}\sin^2(k_1 s)\exp(-\Gamma s)\end{aligned}$$

$$(3-293)$$

$$\langle yy'\rangle = \frac{k^2(s)}{k_1}\left[\frac{kT}{mk^2(s)} - y_0^2\right]\left[\cos(k_1 s) + \frac{\Gamma}{2k_1}\sin(k_1 s)\right]\exp(-\Gamma s)$$

$$= \frac{k^2(s)}{k_1}\left\{\frac{\sigma_Y^2 \tau_y}{4T_0 k^2(s)}\left[\frac{e^2 N_e k_{\perp,y}(\sigma_z)}{m_0 c^2 \gamma}\right]^2 - y_0^2\right\}\times$$

$$\left[\cos(k_1 s) + \frac{\Gamma}{2k_1}\sin(k_1 s)\right]\exp(-\Gamma s) \tag{3-294}$$

其中，$k_1 = \sqrt{k^2(s) - \frac{1}{4}\Gamma^2}$。当 $s \to \infty$ 时，很容易获得

$$\langle y^2\rangle = \frac{kT}{mk^2(s)} = \frac{\sigma_Y^2 \tau_y}{4T_0 k^2(s)}\left[\frac{e^2 N_e k_{\perp,y}(\sigma_z)}{m_0 c^2 \gamma}\right]^2 \tag{3-295}$$

$$\langle y'^2\rangle = k^2(s)\langle y^2\rangle = \frac{\sigma_Y^2 \tau_y}{4T_0}\left[\frac{e^2 N_e k_{\perp,y}(\sigma_z)}{m_0 c^2 \gamma}\right]^2 \tag{3-296}$$

$$\langle yy'\rangle = 0 \tag{3-297}$$

发射度的均方根值的定义：

$$\epsilon_{w,y} = \left(\langle y^2\rangle\langle y'^2\rangle - \langle yy'\rangle^2\right)^{\frac{1}{2}} \tag{3-298}$$

将式(3-295)、式(3-296)和式(3-297)带入式(3-298)中得到

$$\epsilon_{w,y} = \frac{\sigma_Y^2 \tau_y}{4T_0 k(s)}\left[\frac{e^2 N_e k_{\perp,y}(\sigma_z)}{m_0 c^2 \gamma}\right]^2 \tag{3-299}$$

或

$$\epsilon_{w,y} = \frac{\sigma_Y^2 \tau_y \langle \beta_y(s)\rangle}{4T_0}\left[\frac{e^2 N_e k_{\perp,y}(\sigma_z)}{m_0 c^2 \gamma}\right]^2 \tag{3-300}$$

其中，$\langle \beta_y(s)\rangle$ 是 y 平面中电子环形加速器的平均 beta 函数。必须提醒的是，在本节开头假设束团具有零横向尺寸，但实际上，束团具有有限的横向尺寸。由于同步辐射的量子效应，束团内的粒子可以像气体分子一样移动。在电子存储环中，由于"混合"而不能保持束团的"香蕉"形状，这与在直线加速器中发生的情况完全不同，在那里没有或很少有同步辐射。在数学上考虑到这个事实，人们可以重写式(3-300)，表示如下：

$$\epsilon_{w,y} = \frac{\sigma_Y^2 \tau_y \langle \beta_y(s)\rangle}{4T_0 R_{c,y}^3}\left[\frac{e^2 N_e k_{\perp,y}(\sigma_z)}{m_0 c^2 \gamma}\right]^2 \tag{3-301}$$

式中，$R_{\epsilon,y}=\dfrac{\epsilon_{\text{total},y}}{\epsilon_{0,y}}$，$\epsilon_{\text{total},y}$ 是给定 N_e 中的最终发射度，$\epsilon_{0,y}$ 是零电流的发射度，$R_{\epsilon,y}$ 的立方函数依赖可以视为 Ansatz。最后，我们找到对应于给定束团的发射度的表达式为

$$\epsilon_{\text{total},y}=\epsilon_{0,y}+\epsilon_{\text{w},y}=\epsilon_{0,y}+\frac{\sigma_Y^2\tau_y\langle\beta_y(s)\rangle}{4T_0}\left[\frac{e^2N_ek_{\perp,y}(\sigma_z)}{m_0c^2\gamma}\right]^2$$

（3 - 302）

如果我们现在区分由下标 x 表示的水平平面和由下标 y 表示的垂直平面，则得到以下两个发射方程：

$$R_{\epsilon,x}=\frac{\epsilon_{\text{total},x}}{\epsilon_{0,x}}=1+\frac{\sigma_X^2\tau_x\langle\beta_x(s)\rangle}{4T_0\epsilon_{0,x}R_{\epsilon,x}^3}\left[\frac{e^2N_ek_{\perp,x}(\sigma_{z0})}{m_0c^2\gamma R_z^\Theta}\right]^2$$

（3 - 303）

$$R_{\epsilon,y}=\frac{\epsilon_{\text{total},y}}{\epsilon_{0,y}}=1+\frac{\sigma_Y^2\tau_y\langle\beta_y(s)\rangle}{4T_0\epsilon_{0,y}R_{\epsilon,y}^3}\left[\frac{e^2N_ek_{\perp,y}(\sigma_{z0})}{m_0c^2\gamma R_z^\Theta}\right]^2$$

（3 - 304）

式中，σ_{z0} 是零电流的束团长度；$R_z=\sigma_z/\sigma_{z0}$ 和 $\Theta=0.7$ 对应横向损耗因子的 SPEAR 缩放。由于 R_z 也是 N_e 的函数，只有当 $R_z(N_e)$ 已经从束长拉伸方程中求解时，才能解出式(3 - 303)和式(3 - 304)。

3.7 加速结构解析计算

带电粒子在加速器中得到或损失能量是通过加速结构中的电场进行相互作用。在本节中我们讨论微波加速结构。研究微波加速结构与带电粒子的相互作用主要包括两个方面的内容：一方面是加速结构中与带电粒子相互作用的各种电磁场特性量的解析计算；另一方面是运动的带电粒子束通过加速结构时所激起的电磁场及该电磁场对激励束本身和后续束的横向与纵向运动的影响。例如谐振腔开孔后对某个模式谐振频率的影响，慢波系统结构尺寸与色散曲线的关系，加速效率与加速结构之间的解析关系，波导与谐振腔之间的耦合系数的解析关系，尾场在频域和时域与加速结构之间的解析关系，对称二维加速结构与非对称加速结构的对比关系等，这些加速结构的基础理论问题在加速器领域长期没有得到解决，只能通过计算机数值计算或者实验加以确定，这一现状大大影响了加速结构的优化设计。本节将通过作者的原创性工作改变这一现状，为读者和加速器领域提供理论和解析方法上的支撑和帮助[21-33]。

3.7.1　圆形盘荷波导加速管理论

本节基于扰动方法,研究了腔壁上孔径引起的谐振频率变化,推导出了解析公式,并与数值和实验结果进行了比较[21];建立并验证了周期性的盘荷慢波导结构的色散关系,该理论明确地将群速度与耦合孔的形状和尺寸联系起来。这些明确表达的解析的色散关系不仅可以作为前向波(电耦合)和后向波(磁耦合)直线加速器设计的有用工具,而且可以清晰地显示相关的物理过程。

众所周知,微波元件的最基本元件是谐振腔。通过在腔体之间和腔体与波导之间引入耦合,可以获得不同类型的 RF 组件,例如直线加速器结构、射频电子枪和速调管等,因此,谐振腔的性能和特点值得进一步研究。本节的目的是通过解析方法找到由于腔壁上的孔引起的共振频率变化。基于相同的方法,建立了周期性盘荷慢波结构的解析色散关系,并将该慢波结构的群速度和其他性质与耦合孔的形状、尺寸、位置和腔几何形状相关联[22]。关于微波技术中腔的另一个重要参量是腔与波导之间的耦合系数 β[26,28]。

1) 微扰理论

Slater 的扰动公式将无损谐振腔的共振频率变化与该腔边界上的扰动联系起来,指出

$$\omega^2 = \omega_0^2 \left[1 + \frac{1}{2U} \int_{\Delta v} (\mu_0 H^2 - \epsilon_0 E^2) \mathrm{d}v \right] \qquad (3-305)$$

式中,ω_0 是扰动前的共振频率;ω 是扰动后的共振频率;U 是存储在腔内的总能量;Δv 是边界上的微小体积变化,E、H 分别是这个微小体积中的电场和磁场,它们的值等于扰动前的值。如果扰动很小,$\delta \omega = \omega - \omega_0$,那么

$$\delta \omega \approx \frac{\omega_0}{4U} \int_{\Delta v} (\mu_0 H^2 - \epsilon_0 E^2) \mathrm{d}v \qquad (3-306)$$

如果扰动发生在原始体积之外,则扰动公式(3-305)可以重写为

$$\omega^2 = \omega_0^2 \left[1 + \frac{2}{U} (\Delta W_{\mathrm{m}} - \Delta W_{\mathrm{e}}) \right]$$

或者

$$\frac{\omega - \omega_0}{\omega_0} \approx \frac{\Delta W_{\mathrm{m}} - \Delta W_{\mathrm{e}}}{U} \qquad (3-307)$$

式中，ΔW_e 和 ΔW_m 是存储在扰动体积中的时间平均电能和磁能。式（3-307）可以根据 Boltzmann 和 Ehrenfest 给出的一般定理建立，该定理指出对于周期性和线性工作，无损耗引擎，能量（动能和势）和周期对于绝热变形是不变的。

2）孔径引起的频率变化

腔壁上的孔可以等效于电偶极子的某种组合（如果该孔的尺寸与波长相比较小），例如

$$P = -\frac{\pi l_1^3 (1 - e_0^2)}{3E(e_0)} \epsilon_0 E_0 \tag{3-308}$$

$$M_1 = \frac{\mu_0 \pi l_1^3 e_0^2}{3[K(e_0) - E(e_0)]} H_1 \tag{3-309}$$

$$M_2 = \frac{\mu_0 \pi l_1^3 e_0^2 (1 - e_0^2)}{3[E(e_0) - (1 - e_0^2)K(e_0)]} H_2 \tag{3-310}$$

$$e_0 = \left(1 - \frac{l_2^2}{l_1^2}\right)^{\frac{1}{2}} \tag{3-311}$$

式中，ϵ_0 是真空的介电常数；μ_0 是真空的磁导率；P 和 M_1、M_2 分别是电偶极矩和磁偶极矩；E_0 是垂直于椭圆表面的电场；H_1 和 H_2 是与该椭圆的长轴和短轴平行的磁场；l_1 和 l_2 分别是长轴和短轴的长度；$K(e_0)$ 和 $E(e_0)$ 分别是第一种和第二种的完整椭圆积分：

$$K(e_0) = \frac{\pi}{2}\left[1 + \left(\frac{1}{2}\right)^2 e_0^2 + \left(\frac{1 \cdot 3}{2 \cdot 4}\right)^2 e_0^4 + \right.$$
$$\left. \left(\frac{1 \cdot 3 \cdot 5}{2 \cdot 4 \cdot 6}\right)^2 e_0^6 + \left(\frac{1 \cdot 3 \cdot 5 \cdot 7}{2 \cdot 4 \cdot 6 \cdot 8}\right)^2 e_0^8 + \cdots\right] \tag{3-312}$$

$$E(e_0) = \frac{\pi}{2}\left[1 - \left(\frac{1}{2}\right)^2 e_0^2 - \left(\frac{1 \cdot 3}{2 \cdot 4}\right)^2 \frac{e_0^4}{3} - \right.$$
$$\left. \left(\frac{1 \cdot 3 \cdot 5}{2 \cdot 4 \cdot 6}\right)^2 \frac{e_0^6}{5} - \left(\frac{1 \cdot 3 \cdot 5 \cdot 7}{2 \cdot 4 \cdot 6 \cdot 8}\right)^2 \frac{e_0^8}{7} - \cdots\right] \tag{3-313}$$

很明显，当 e_0 等于零时，该孔径变为圆形。此时，P 和 M_1、M_2 分别为

$$P = -\frac{2}{3} l^3 \epsilon_0 E_0 \tag{3-314}$$

$$M_1 = M_2 = \frac{4}{3} l^3 \mu_0 H_{1,2} \qquad (3-315)$$

这里应该提出的是,上面讨论的孔径没有体积,只有椭圆形表面。由于腔壁上的孔可以等效于电偶极子,如式(3-308)~式(3-310)所示。ΔW_e 和 ΔW_m 可以通过想象这些电偶极子与驱动其产生的电磁场相互作用来计算。根据Bethe 的理论,这些在孔径中心的驱动场是 E_0 和 $H_{1,2}$ 值的一半,它们分别是受到扰动之前的孔径中心的电场和磁场。通过计算这些电磁偶极子能量变化的时间平均值,可以得到

$$\Delta U_e = -\frac{1}{2} \boldsymbol{P} \cdot \boldsymbol{E}' = \frac{\pi l_1^3 (1-e_0^2)}{12 E(e_0)} \epsilon_0 E_0^2 = -\Delta W_e \qquad (3-316)$$

$$\Delta U_m = \Delta U_{m,1} + \Delta U_{m,2} = -\Delta W_m \qquad (3-317)$$

$$\Delta U_{m,1} = \frac{1}{2} \boldsymbol{M}_1 \cdot \boldsymbol{H}_1' = \frac{\mu_0 \pi l_1^3 e_0^2}{12 [K(e_0) - E(e_0)]} H_1^2 \qquad (3-318)$$

$$\Delta U_{m,2} = \frac{1}{2} \boldsymbol{M}_2 \cdot \boldsymbol{H}_2' = \frac{\mu_0 \pi l_1^3 e_0^2 (1-e_0^2)}{12 [E(e_0) - (1-e_0^2) K(e_0)]} H_2^2 \qquad (3-319)$$

式中,$E' = E_0/2$;$H_{1,2}' = H_{1,2}/2$;E_0 和 $H_{1,2}$ 是被扰动之前的孔径中心的电场和磁场。通过将式(3-307)与式(3-316)~式(3-319)进行组合,我们得到了由于腔壁上的开孔引起的共振频率变化。空腔扰动的频率变化也取决于距离 z。如果孔是圆孔,则频率变化为

$$\omega^2 = \omega_0^2 \left[1 + \frac{2\Delta U_e}{U}(1 - e^{-2\alpha_1 z}) - \frac{2\Delta U_m}{U}(1 - e^{-2\alpha_2 z}) \right] \qquad (3-320)$$

式中,ΔU_e、ΔU_m 的表示可以在式(3-316)和式(3-317)中得到;$z \geqslant 0$;α_1、α_2 表示如下:

$$\alpha_1 = \frac{2\pi}{\lambda} \left[\left(\frac{\lambda}{\lambda_{c1}} \right)^2 - 1 \right]^{\frac{1}{2}} \qquad (3-321)$$

$$\alpha_2 = \frac{2\pi}{\lambda} \left[\left(\frac{\lambda}{\lambda_{c2}} \right)^2 - 1 \right]^{\frac{1}{2}} \qquad (3-322)$$

式中,λ 是自由空间中的波长;$\lambda_{c1} = 2.62a$ 是 TM_{01} 模式波的截止波长;$\lambda_{c2} = 3.41a$ 是 TE_{11} 的截止波长;a 是圆形束管的半径。式(3-320)中存在两个

因子 $(1-\mathrm{e}^{-2\alpha_1 z})$ 和 $(1-\mathrm{e}^{-2\alpha_2 z})$ 的必要性可以很容易地证明,所以在这里省略了。为了展示式(3-320)的应用,这里将给出两个例子。对于圆形孔,由于孔内几乎没有磁场,所以式(3-320)可以化简为

$$\omega^2 = \omega_0^2 \left[1 + \frac{2\Delta U_\mathrm{e}}{U}(1-\mathrm{e}^{-2\alpha_1 z}) \right] \tag{3-323}$$

或

$$\delta\omega = \omega_0 \frac{a^3 \epsilon_0 E_0^2}{6U}(1-\mathrm{e}^{-2\alpha_1 z}) \tag{3-324}$$

可得

$$\frac{\mathrm{d}\omega}{\mathrm{d}z} = \omega_0 \frac{a^3 \epsilon_0 \alpha_1 E_0^2}{3U} \mathrm{e}^{-2\alpha_1 z} \tag{3-325}$$

对于没有圆形孔的电场,式(3-320)化简为

$$\omega^2 = \omega_0^2 \left[1 - \frac{2\Delta U_\mathrm{m}}{U}(1-\mathrm{e}^{-2\alpha_2 z}) \right] \tag{3-326}$$

或

$$\delta\omega = -\omega_0 \frac{a^3 \mu_0 H_0^2}{3U}(1-\mathrm{e}^{-2\alpha_2 z}) \tag{3-327}$$

最后可得

$$\frac{\mathrm{d}\omega}{\mathrm{d}z} = -2\omega_0 \frac{a^3 \mu_0 \alpha_2 H_0^2}{3U} \mathrm{e}^{-2\alpha_2 z} \tag{3-328}$$

3) 由腔之间耦合引起的频率变化

现在我们考虑通过公共腔壁上的孔耦合的两个腔。首先,讨论一个简单的情况,其中耦合仅通过圆形孔(电偶极子)进行。由于两个腔之间存在耦合,因电偶极子引起的第一腔中的能量变化如下:

$$\Delta W_{\mathrm{e},1} = \frac{1}{2}\boldsymbol{P}_1 \cdot \boldsymbol{E}_1' - \frac{1}{2}\boldsymbol{P}_1 \cdot \boldsymbol{E}_2' \tag{3-329}$$

式中,$\boldsymbol{P}_1$ 是与第一腔对应的电偶极矩;$\boldsymbol{E}_1' = \frac{1}{2}\boldsymbol{E}_1$;$\boldsymbol{E}_2'$ 是由第一个腔体的电偶极子看到的第二腔的电场,$\boldsymbol{E}_2' = \frac{1}{2}\mathrm{e}^{-\alpha_1 d}\boldsymbol{E}_2$;$d$ 是孔径所在的墙的厚度;$\boldsymbol{E}_1$、$\boldsymbol{E}_2$

是当孔径被理想的金属边界取代时，两个腔中束孔中心的电场。因此根据式 (3-307)，可以得到第一腔的频率变化为

$$
\begin{aligned}
\omega_1^2 &= \omega_{0,1}^2\left(1 - \frac{2\Delta W_{e,1}}{U}\right) \\
&= \omega_{0,1}^2\left(1 + \frac{1}{3}a^3\epsilon_0\,\frac{\boldsymbol{E}_1\cdot\boldsymbol{E}_1}{U} - \frac{1}{3}a^3\epsilon_0\,\frac{\boldsymbol{E}_1\cdot\boldsymbol{E}_2}{U}\mathrm{e}^{-\alpha_1 d}\right) \\
&= \omega_{0,1}^2\left(1 + \frac{1}{3}a^3\epsilon_0\,\frac{E_1^2}{U} - \frac{1}{3}a^3\epsilon_0\,\frac{E_1 E_2\cos\theta}{U}\mathrm{e}^{-\alpha_1 d}\right)
\end{aligned}
\tag{3-330}
$$

式中，θ 是 $\boldsymbol{E}_1$ 和 $\boldsymbol{E}_2$ 之间的相位差。至于第二腔，可以相应地遵循相同的规律。

如果两个腔通过圆形孔磁耦合，则第一腔的频率变化表示如下：

$$
\begin{aligned}
\omega_1^2 &= \omega_{0,1}^2\left(1 + \frac{2\Delta U_\mathrm{m}}{U}\right) \\
&= \omega_{0,1}^2\left(1 - \frac{2}{3}a^3\mu_0\,\frac{\boldsymbol{H}_1\cdot\boldsymbol{H}_1}{U} + \frac{2}{3}a^3\mu_0\,\frac{\boldsymbol{H}_1\cdot\boldsymbol{H}_2}{U}\mathrm{e}^{-\alpha_2 d}\right) \\
&= \omega_{0,1}^2\left(1 - \frac{2}{3}a^3\mu_0\,\frac{H_1^2}{U} + \frac{2}{3}a^3\mu_0\,\frac{H_1 H_2\cos\theta}{U}\mathrm{e}^{-\alpha_2 d}\right)
\end{aligned}
\tag{3-331}
$$

式中，θ 是 $\boldsymbol{H}_1$ 和 $\boldsymbol{H}_2$ 之间的相位差。如果这个耦合孔位于电场和磁场都没有消失的地方，那么由电偶极子引起的总频率变化可以通过参考式(3-307)，将式(3-330)与式(3-331)进行组合。

4) 慢波结构的色散关系

作为式(3-330)和式(3-331)的实际应用，我们考虑一个周期性的圆形盘荷加速器结构。根据 Floquet 定理，很容易知道 $\theta = \beta_0 D$，其中 β_0 是基本波数，D 是结构的空间周期。我们首先考虑电耦合结构的情况。根据式(3-330)可以得到

$$
\omega^2 = \omega_0^2\left[1 + \frac{N}{3}a^3\epsilon_0\,\frac{E_1^2}{U} - \frac{N}{3}a^3\epsilon_0\,\frac{E_1 E_2\cos(\beta_0 D)}{U}\mathrm{e}^{-\alpha_1 d}\right]
\tag{3-332}
$$

式中，N 是每个空腔壁上耦合孔的数量（假设这些 N 个孔的物理条件相同）。如果 $\beta_0 D = \pi/2$（$\pi/2$ 模式），那么

$$
\omega_{\pi/2}^2 = \omega_0^2\left(1 + \frac{N}{3}a^3\epsilon_0\,\frac{E_1^2}{U}\right)
\tag{3-333}
$$

通常 $|(\omega_0-\omega_{\pi/2})/\omega_{\pi/2}|\ll 0$，式(3-331)可以改写为

$$\omega^2=\omega_{\pi/2}^2\left[1-\frac{N}{3}a^3\epsilon_0\frac{E_1E_2\cos(\beta_0D)}{U}\mathrm{e}^{-\alpha_1d}\right] \qquad (3-334)$$

很明显,式(3-331)是电耦合周期性慢波结构的色散关系,将它与等效电路获得的结果进行比较,得到

$$\omega^2=\omega_{\pi/2}^2[1-k\cos(\beta_0D)] \qquad (3-335)$$

式中, $k=2C/(2C+C')$,经典色散关系式(3-335)中的耦合常数 k 可表示为

$$k=\frac{N}{3}a^3\epsilon_0\frac{E_1E_2}{U}\mathrm{e}^{-\alpha_2d} \qquad (3-336)$$

该电耦合慢波结构的群速度为

$$v_{\mathrm{g}}=\frac{\mathrm{d}\omega}{\mathrm{d}\beta_0}=\omega_{\pi/2}\frac{N}{6}a^3\epsilon_0\frac{\alpha_{\mathrm{e}}DE_1^2\sin(\beta_0D)}{U}\mathrm{e}^{-\alpha_1d} \qquad (3-337)$$

式中, $\alpha_{\mathrm{e}}=|E_2/E_1|$, $1\geqslant\alpha_{\mathrm{e}}\geqslant 0$,正常的加速器结构 $\alpha_{\mathrm{e}}=1$ 。

如果选择磁耦合,则从式(3-331)开始,我们得到磁耦合结构的色散关系为

$$\omega^2=\omega_{\pi/2}^2\left[1+\frac{2N}{3}a^3\mu_0\frac{H_1H_2\cos(\beta_0D)}{U}\mathrm{e}^{-\alpha_2d}\right] \qquad (3-338)$$

其中

$$\omega_{\pi/2}^2=\omega_{0,1}^2\left(1-\frac{2N}{3}a^3\mu_0\frac{H_1^2}{U}\right) \qquad (3-339)$$

与等效电路和经典色散关系相比较,得到

$$\omega^2=\frac{\omega_{\pi/2}^2}{[1-k\cos(\beta_0D)]}\approx\omega_{\pi/2}^2[1+k\cos(\beta_0D)] \qquad (3-340)$$

式中, $k=M/L$,已知

$$k=\frac{2N}{3}a^3\mu_0\frac{H_1H_2}{U}\mathrm{e}^{-\alpha_2d} \qquad (3-341)$$

这种磁耦合慢波结构的群速度为

$$v_{\mathrm{g}} = \frac{\mathrm{d}\omega}{\mathrm{d}\beta_0} = -\omega_{\pi/2}\,\frac{N}{3}\,a^3\mu_0\,\frac{\alpha_{\mathrm{m}} D H_1^2 \sin(\beta_0 D)}{U}\,\mathrm{e}^{-\alpha_2 d} \qquad (3\text{-}342)$$

式中，$\alpha_{\mathrm{m}} = |\,H_2/H_1\,|$，$1 \geqslant \alpha_{\mathrm{m}} \geqslant 0$，正常的加速器结构 $\alpha_{\mathrm{m}} = 1$。式(3-334)和式(3-338)中所示的色散关系具有理论和实际重要性，在理论上明确证明了在一个谐振模式(一般的任意谐振模式)的附近，谐振腔如何改变频率；实际上，这些公式已经揭示了群速度与公共腔壁上耦合孔尺寸之间的关系。

5) 常用公式的一般表达式总结

为了总结解析理论，假设耦合孔是椭圆形孔(圆形孔是椭圆形孔的特殊情况)，我们可以总结一些有用的公式。对应于式(3-323)和式(3-326)，有

$$\omega^2 = \omega_0^2\left[1 + \frac{2\pi l_1^3(1-e_0^2)\epsilon_0 E_0^2}{12 E(e_0) U}(1 - \mathrm{e}^{-2\alpha_1^* z})\right] \qquad (3\text{-}343)$$

$$\omega^2 = \omega_0^2\left\{1 - \frac{2\pi\mu_0 l_1^3 e_0^2 H_1^2}{12[K(e_0)-E(e_0)]U}(1 - \mathrm{e}^{-2\alpha_2^* z})\right\} \qquad (3\text{-}344)$$

对应于式(3-330)和式(3-331)，有

$$\omega_1^2 = \omega_{0,1}^2\left[1 + \frac{2\pi(1-e_0^2)l_1^3\epsilon_0 E_1^2}{12 E(e_0) U} - \frac{2\pi(1-e_0^2)l_1^3\epsilon_0 E_1 E_2 \cos\theta}{12 E(e_0) U}\mathrm{e}^{-\alpha_1^* d}\right]$$
$$(3\text{-}345)$$

$$\omega_1^2 = \omega_{0,1}^2\left\{1 - \frac{2\pi e_0^2 l_1^3\mu_0 H_1^2}{12[K(e_0)-E(e_0)]U} + \frac{2\pi e_0^2 l_1^3\mu_0 H_1 H_2 \cos\theta}{12[K(e_0)-E(e_0)]U}\mathrm{e}^{-\alpha_2^* d}\right\}$$
$$(3\text{-}346)$$

对应于式(3-334)和式(3-338)，有

$$\omega^2 = \omega_{\pi/2}^2\left[1 - \frac{2N\pi(1-e_0^2)l_1^3\epsilon_0 E_1 E_2 \cos(\beta_0 D)}{12 E(e_0) U}\mathrm{e}^{-\alpha_1^* d}\right] \qquad (3\text{-}347)$$

$$\omega^2 = \omega_{\pi/2}^2\left\{1 + \frac{2N\pi e_0^2 l_1^3\mu_0 H_1 H_2 \cos(\beta_0 D)}{12[K(e_0)-E(e_0)]U}\mathrm{e}^{-\alpha_2^* d}\right\} \qquad (3\text{-}348)$$

其中，当 e_0 比较接近于零的时候，$\alpha_{1,2}^* \approx \alpha_{1,2}$。

在上面所得公式的实际应用中，如果束孔不够小，最好使用平均场强，这也是为什么当束孔越来越大时，缩放定律将偏离 a^3 或 l^3(另一个原因是 $\mathrm{e}^{-\alpha_{1,2} d}$)。

6) 盘荷波导行波加速结构设计中的解析方法

行波加速结构的传统理论从圆柱形波导开始，其中电磁场的相速度(em

场)总是大于亮度。为了减少 em 场的相位速度,将盘引入波导,这就是所谓的盘荷加载波导慢波结构。然而,这种观点的缺点是很难得到简单的解析公式来描述结构特性。在下文中,认为上述盘荷波导结构是耦合谐振腔链。在新视角中,这种慢波结构的基本元素或出发点是谐振腔而不是圆柱形波导。耦合是由位于两个相邻腔之间的公共壁中的孔(或多个孔)提供的。

(1) 单 Pill-box 腔。Pill-box 腔内的谐振模式可分为两组:TM_{mnl} 和 TE_{mnl} 模式。通过 Pill-box 腔的带电粒子将受到 em 场的影响。Panofsky 和 Wenzel 证明了一个定理,即如果一个带电粒子以光速通过一个包含电磁场的任意形状的封闭空腔,则这个粒子所经历的横向 kick 可以表示为

$$\boldsymbol{p}_{\perp} = \frac{iq}{\omega_0} \int_0^h \mathrm{d}z \left[\boldsymbol{\nabla}_{\perp} E_z(z,t) \right]_{t=z/c} \tag{3-349}$$

式中,q 是电荷;ω_0 是对应于 $E_z(z,t)$ 的模式的角频率。很明显,如果这个粒子沿着 z 轴穿过空腔,TE_{mnl} 模式对粒子没有纵向或横向的影响。因此,我们的注意力只会是 TM_{mnl} 模式。

在圆柱坐标系中,TM_{mnl} 模式的 em 场分布为

$$E_r = -\frac{\varepsilon_0 l \pi R}{u_{mn} h} \mathrm{J}_m'(u_{mn} r/R) \cos(m\phi) \sin(l\pi z/h) \tag{3-350}$$

$$E_{\phi} = \frac{\varepsilon_0 l \pi m R^2}{u_{mn}^2 h r} \mathrm{J}_m(u_{mn} r/R) \sin(m\phi) \sin(l\pi z/h) \tag{3-351}$$

$$E_z = \varepsilon_0 \mathrm{J}_m(u_{mn} r/R) \cos(m\phi) \cos(l\pi z/h) \tag{3-352}$$

$$H_r = -\mathrm{j}\omega_{mnl}\epsilon_0 \frac{\varepsilon_0 m R^2}{u_{mn}^2 r} \mathrm{J}_m(u_{mn} r/R) \sin(m\phi) \cos(l\pi z/h) \tag{3-353}$$

$$H_{\phi} = -\mathrm{j}\omega_{mnl}\epsilon_0 \frac{\varepsilon_0 R}{u_{mn}} \mathrm{J}_m'(u_{mn} r/R) \cos(m\phi) \cos(l\pi z/h) \tag{3-354}$$

$$H_z = 0 \tag{3-355}$$

$$m = 0, 1, 2, \cdots \quad n = 0, 1, 2, \cdots \quad l = 0, 1, 2, \cdots \tag{3-356}$$

式中,R 和 h 分别是腔的半径和高度;u_{mn} 是贝塞尔函数 $\mathrm{J}_m(x)$ 的 n 阶根。TM_{mnl} 模式的共振角频率由下式确定:

$$\omega_{mnl} = c \left[(u_{mn}/R)^2 + (l\pi/h)^2 \right]^{\frac{1}{2}} \tag{3-357}$$

功耗 P_{mnl}、存储能量 U_{mnl} 和品质因数 $Q_{0,mnl}$ 可以分别表示为

$$P_{mnl} = \frac{R_{s,m}\omega_{mnl}^2 \epsilon_0^2 \varepsilon_0^2 \pi R^3 J_{m+1}^2(u_{mn})}{2\xi u_{mn}^2}(R + h/2\delta) \qquad (3-358)$$

$$U_{mnl} = \frac{\omega_{mnl}^2 \epsilon_0^2 \mu_0 h \varepsilon_0^2 \pi R^4 J_{m+1}^2(u_{mn})}{8\delta \xi u_{mn}^2} \qquad (3-359)$$

$$Q_{0,mnl} = \frac{Z_0 R\left[(u_{mn}/R)^2 + (l\pi/h)^2\right]^{\frac{1}{2}}}{2R_{s,m}(1 + 2R\delta/h)} \qquad (3-360)$$

其中

$$\delta = \begin{cases} 1, & l \neq 0 \\ \dfrac{1}{2}, & l = 0 \end{cases} \qquad (3-361)$$

$$\xi = \begin{cases} 1, & m \neq 0 \\ \dfrac{1}{2}, & m = 0 \end{cases} \qquad (3-362)$$

此外,σ 是电导率;μ 是磁导率;$R_{s,m}$ 和 Z_0 分别是金属表面电阻和真空阻抗。

(2) 慢波结构。如果通过位于两个相邻腔之间的壁上的耦合孔将一系列相同的腔耦合在一起,这将在单个腔中对应于每个谐振模式形成通带(具有零带宽的通带也是一种特殊的通带)。为了正确对待这个物理模型,我们将使用三个重要理论。

第一个理论是 Bethe 理论,它指出一个小孔相当于辐射电偶极子与磁偶极子的组合,其偶极矩分别与正常电场和入射波的切向磁场成正比(在束孔打开之前)。如果孔径很小,可以通过将这些孔放置在电场和磁场中来找到椭圆形孔和圆形孔的等效偶极矩。相关的计算公式如下:

$$P = -\frac{\pi l_1^3(1-e_0^2)}{3E(e_0)}\epsilon_0 E_0 \qquad (3-363)$$

$$M_1 = \frac{\pi l_1^3 e_0^2}{3[K(e_0) - E(e_0)]}\mu_0 H_1 \qquad (3-364)$$

$$M_2 = \frac{\pi l_1^3 e_0^2(1-e_0^2)}{3[E(e_0) - (1-e_0^2)K(e_0)]}\mu_0 H_2 \qquad (3-365)$$

$$e_0 = \left[1 - \left(\frac{l_2}{l_1}\right)^2\right]^{\frac{1}{2}} \tag{3-366}$$

式中，ϵ_0 和 μ_0 分别是真空的介电常数和磁导率；P 和 $M_1(M_2)$ 分别是电偶极矩；E_0 是垂直于椭圆表面的电场；H_1 和 H_2 是在开孔之前平行于该椭圆的长轴和短轴的磁场；l_1 和 l_2 分别是半长轴和半短轴的长度。$K(e_0)$ 和 $E(e_0)$ 是第一种和第二种的完整椭圆积分。显然，当 e_0 等于零时，孔径变为圆形，此时

$$P = -\frac{2}{3}a^3\epsilon_0 E_0 \tag{3-367}$$

$$M_1 = M_2 = \frac{4}{3}a^3\mu_0 H_{1,2} \tag{3-368}$$

式中，$a = l_1 = l_2$。应该指出，上面讨论的孔没有体积，只有椭圆形表面，并且本节中使用的所有数量都是 MKS 单位。

第二种理论是 Slater 扰动理论，其将损失较小谐振腔的谐振频率变化与体积中的能量变化联系起来。谐振频率的计算公式为

$$\omega^2 = \omega_0^2\left[1 + \frac{1}{2U}\int_{\Delta v}(\mu_0 H^2 - \epsilon_0 E^2)\mathrm{d}v\right]$$
$$= \omega_0^2\left[1 + \frac{2}{U}(\Delta W_m - \Delta W_e)\right] \tag{3-369}$$

式中，ω_0 和 ω 是扰动之前和之后的一种谐振模式的谐振频率；U 是此模式的存储能量；ΔW_m 和 ΔW_e 是腔体积中的时间平均电能和磁能变化。在耦合腔链的情况下，可以很自然地得出结论，能量变化是由等效偶极子引起的，这些偶极子在它们所在的腔体和相邻腔体中感受到电磁场。

第三种理论是 Floquet 理论（或者准确地说定理），它将电磁场的幅度和相位联系在两个以一个周期为分隔的位置。

$$\boldsymbol{F}(r, z+D) = \boldsymbol{F}(r, z)\exp(\mathrm{i}\beta_0 D) \tag{3-370}$$

式中，$\boldsymbol{F}$ 表示电场或磁场；如果不考虑损失，β_0 是一个实常数；$\theta_0 = \beta_0 D$ 是行波结构的模式。

基于这三个基本理论，可以容易地得到对应于每个谐振模式的通带色散关系。在下文中，我们仅考虑对应于 TM_{010} 模式的基模通带和对应于 TM_{110} 模式的通带。在这两种情况下，我们假设耦合孔是圆形而不是椭圆形（通用公

式可以在参考文献[6]中找到)。对于 TM_{010} 模式,耦合孔中心(打开之前)的电场和磁场的幅度分别为 $E_0 = \varepsilon_0$ 和 $H_{1,2} = 0$,并且耦合仅由电偶极子实现。基本通带色散关系是

$$\omega_{\theta_0, \mathrm{e}}^2 = \omega_{\pi/2, \mathrm{e}}^2 \left[1 - \frac{Na^3 \epsilon_0 E_0^2 \cos \theta_0}{3U_{010}} \exp(-\alpha_\mathrm{e} d) \right] \tag{3-371}$$

$$\omega_{\pi/2, \mathrm{e}}^2 = \omega_{010}^2 \left(1 + \frac{Na^3 \epsilon_0 E_0^2}{3U_{010}} \right) \tag{3-372}$$

式中,N 是单腔壁上的耦合孔的数量;ω_{010} 是在耦合孔打开之前 Pill-box 腔的 TM_{010} 模式角谐振频率。当 $N = 2$ 时,有

$$\omega_{\theta_0, \mathrm{e}}^2 = \omega_{\pi/2, \mathrm{e}}^2 \left[1 - \frac{4a^3 \cos \theta_0}{3\pi h R^2 \mathrm{J}_1^2(u_{01})} \exp(-\alpha_\mathrm{e} d) \right] \tag{3-373}$$

$$\omega_{\pi/2, \mathrm{e}}^2 = \omega_{010}^2 \left[1 + \frac{4a^3}{3\pi h R^2 \mathrm{J}_1^2(u_{01})} \right] \tag{3-374}$$

$$\alpha_\mathrm{e} = \left[(2.405/a)^2 - (2\pi/\lambda)^2 \right]^{\frac{1}{2}} \tag{3-375}$$

式中,λ 是自由空间中的波长;下标 e 用于表示电耦合。经典的电耦合色散方程为

$$\omega_{\theta_0, \mathrm{e}}^2 = \omega_{\pi/2, \mathrm{e}}^2 (1 - K_\mathrm{e} \cos \theta_0) \tag{3-376}$$

将式(3-373)与上式进行比较,可以发现

$$K_\mathrm{e} = \frac{4a^3}{3\pi h R^2 \mathrm{J}_1^2(u_{01})} \exp(-\alpha_\mathrm{e} d) \tag{3-377}$$

群速度是

$$\frac{v_{\mathrm{g}, \mathrm{e}}}{c} = \frac{1}{c} \frac{\mathrm{d}\omega_{\theta_0, \mathrm{e}}}{\mathrm{d}\beta_0} = \frac{\omega_{\pi/2, \mathrm{e}}^2 K_\mathrm{e} D \sin \theta_0}{2c\omega_{\theta_0, \mathrm{e}}} \tag{3-378}$$

显然,电耦合对应于前向行波。

现在我们将研究对应于 TM_{110} 模式的通带。对于 TM_{110} 模式,耦合孔中心(打开之前)的电场和磁场的幅度为 $E_0 = 0$ 和 $H_0 = H_{1,2} = \omega_{110} \epsilon_0 \varepsilon_0 R / 2u_{11}$,因此耦合受磁偶极子的影响。这个通带的色散关系是

$$\omega_{\theta_0, \mathrm{h}}^2 = \omega_{\pi/2, \mathrm{h}}^2 \left[1 + \frac{2Na^3 \mu_0 H_0^2 \cos \theta_0}{3U_{110}} \exp(-\alpha_\mathrm{h} d) \right] \tag{3-379}$$

$$\omega_{\pi/2,\,h}^2 = \omega_{110}^2 \left[1 - \frac{2Na^3\mu_0 H_0^2}{3U_{110}} \right] \qquad (3-380)$$

式中，ω_{110} 是在耦合孔打开之前 Pill-box 的 TM_{110} 模式角谐振频率。对于 $N=2$ 有

$$\omega_{\theta_0,\,h}^2 = \omega_{\pi/2,\,h}^2 \left[1 + \frac{4a^3 \cos\theta_0}{3\pi h R^2 J_2^2(u_{11})} \exp(-\alpha_h d) \right] \qquad (3-381)$$

$$\omega_{\pi/2,\,h}^2 = \omega_{110}^2 \left[1 - \frac{4a^3}{3\pi h R^2 J_2^2(u_{11})} \right] \qquad (3-382)$$

$$\alpha_h = \left[(1.841/a)^2 - (2\pi/\lambda)^2 \right]^{\frac{1}{2}} \qquad (3-383)$$

式中，λ 是自由空间中的波长；下标 h 表示磁耦合。经典的磁耦合色散关系为

$$\omega_{\theta_0,\,h}^2 = \omega_{\pi/2,\,h}^2 (1 + K_h \cos\theta_0) \qquad (3-384)$$

将式（3-381）与上式进行比较，可以发现

$$K_h = \frac{4a^3}{3\pi h R^2 J_2^2(u_{11})} \exp(-\alpha_h d) \qquad (3-385)$$

群速度是

$$\frac{v_{g,\,h}}{c} = \frac{1}{c} \frac{d\omega_{\theta_0,\,h}}{d\beta_0} = -\frac{\omega_{\pi/2,\,h}^2 K_h D \sin\theta_0}{2c\omega_{\theta_0,\,h}} \qquad (3-386)$$

与电耦合情况相反，磁耦合对应于后向行波。从式（3-377）、式（3-378）、式（3-385）和式（3-386）看，很明显 K_e、$v_{g,\,e}$、K_h 和 $v_{g,\,h}$ 缩小为 $a^3 \exp(-\alpha_{e,\,h} d)$。

在本节的开头，假设孔径表面上的电磁场是恒定的。但当孔径的尺寸非常大时，该假设无效。为了考虑光圈表面上的电磁场的变化，我们采用束孔表面上电磁场的平均值。对于基模通带，需要

$$E_0 = \frac{\varepsilon_0}{\pi a^2} \int_0^a 2\pi r J_0(u_{01} r/R) dr = \frac{2\varepsilon_0 R}{a u_{01}} J_1(u_{01} a/R) \qquad (3-387)$$

对于对应于 TM_{110} 模式的第一个高阶模式通带，需要

$$H_0 = \frac{1}{\pi a^2} \int_0^a \frac{\omega_{110}\epsilon_0 \varepsilon_0 R^2}{u_{11}^2 r} 2\pi r J_1(u_{11} r/R) dr$$

$$= \frac{\omega_{110}\epsilon_0 \varepsilon_0 R}{2u_{11}} \frac{4R^2}{a^2 u_{11}^2} \left[1 - J_0(u_{11} a/R) \right] \qquad (3-388)$$

通过将式(3-387)和式(3-388)分别代入式(3-371)和式(3-379),式(3-377)和式(3-385)可以改进为

$$K_e = \frac{4a^3}{3\pi hR^2 J_1^2(u_{01})} \exp(-\alpha_e d)\left[\frac{2R}{au_{01}}J_1(u_{01}a/R)\right]^2 \qquad (3-389)$$

$$K_h = \frac{4a^3}{3\pi hR^2 J_2^2(u_{11})} \exp(-\alpha_h d)\left\{\frac{4R^2}{a^2 u_{11}^2}[1-J_0(u_{11}a/R)]\right\}^2$$

$$\qquad\qquad (3-390)$$

有时对于耦合孔上的一些通带,在孔打开之前存在电场和磁场,并且在这种情况下,耦合受两个场的影响。得到的耦合系数 K_s 是独立计算的电耦合和磁耦合的总和。

当耦合孔径足够大时,对应于两种不同谐振模式的通带可以重叠,并且在这种情况下,所得到的耦合系数是两种不同模式的贡献之和。但是,当 $\frac{a}{\lambda} \leqslant$ 0.15 时,上面导出的公式可以给出很精确的结果。

(3) 分路阻抗和尾场。加速通带的并联阻抗定义为

$$R_{sh,L} = \frac{E_{s,z}^2}{dP/dz} \qquad (3-391)$$

式中,$E_{s,z}$ 是同步加速电场的幅度;dP/dz 是每单位长度的功耗。为了得到分路阻抗的解析公式,我们首先计算所谓的最大分路阻抗 $R_{M,L}$,它对应于孔径半径 $a=0$。在下文中,我们以 SLAC 类型 $2\pi/3$ 模式结构为例来演示分析方法。通过使用傅里叶分析,可以得到同步电场的幅度为

$$E_{s,z} = \frac{2}{3D}\int_0^{3D} E_z(z)\cos(2\pi z/3D)dz = \eta_{2\pi/3}E_0 \qquad (3-392)$$

其中,$\eta_{2\pi/3}$ 可以表示为

$$\eta_{2\pi/3} = \frac{2}{\pi}\left\{\sin\left(\frac{\pi h}{3D}\right) + \cos\left(\frac{2\pi}{3}\right)\left[\sin\left(\frac{\pi h}{D}+\frac{2\pi d}{3D}\right) - \sin\left(\frac{h\pi}{3D}+\frac{2\pi d}{3D}\right)\right]\right\}$$

$$= \frac{3}{\pi}\sin\left(\frac{\pi h}{3D}\right) \qquad (3-393)$$

同样地,对于 θ_0 的其他模式,有

$$\theta\eta_{\theta_0} = \frac{2}{\theta_0}\sin(\theta_0 h/2D) \qquad (3-394)$$

可以证明，如果 $\theta_0 = p\pi/q$，其中 p 和 q 是整数。式(3-391)可以改写为

$$R_{\mathrm{sh,L}} = R_{\mathrm{M,L}} = \frac{E_{\mathrm{s},z}^2 D}{P_{010}} = \frac{D\eta_{\theta_0}^2 Z_0^2}{\pi R_{\mathrm{s},0} R \mathrm{J}_1^2(u_{01})(R+h)} \qquad (3-395)$$

式中，$R_{\mathrm{M,L}}$ 是没有开束流孔情况下的最大纵向分流阻抗。然而，实际情况中，必须打开孔以使带电粒子通过，因此，实际分路阻抗总是小于 $R_{\mathrm{M,L}}$。孔径的影响可以考虑如下：在孔径区域外，$a \leqslant r \leqslant R$，电场变化大约为 $\mathrm{J}_0(u_{01}r/R)$。众所周知，孔径区域中的同步加速电场是均匀的，$0 \leqslant r \leqslant a$。根据两个区域的共同表面上的电场连续性的条件，$r=a$，可以知道同步加速电场是

$$E_{\mathrm{s},z} = \eta_{\theta_0} E_0 \mathrm{J}_0(u_{01}a/R) = \eta_{\theta_0} E_0 \mathrm{J}_0(2\pi a/\lambda) \qquad (3-396)$$

将式(3-396)代入式(3-395)，得到

$$R_{\mathrm{sh,L}}(a) = R_{\mathrm{M,L}} \mathrm{J}_0^2(u_{01}a/R) = R_{\mathrm{M,L}} \mathrm{J}_0^2(2\pi a/\lambda) \qquad (3-397)$$

对应于 TM_{110} 模式的通带的横向分路阻抗定义为

$$R_{\mathrm{sh,T}} = \frac{\left(\dfrac{\partial E_{\mathrm{s},z}}{\partial x}\right)^2}{k^2\left(\dfrac{\mathrm{d}P}{\mathrm{d}z}\right)} = \frac{(E_{\mathrm{s},z}/a)^2}{k^2\left(\dfrac{\mathrm{d}P}{\mathrm{d}z}\right)} \qquad (3-398)$$

式中，$k = 2\pi/\lambda$。与得到 $R_{\mathrm{sh,L}}$ 一样，可以得到

$$R_{\mathrm{sh,T}}(a) = \frac{2DZ_0^2 \eta_{\theta_0}^2 \mathrm{J}_1^2(u_{11}a/R)}{\pi R_{\mathrm{s},1} a^2 k^2 \mathrm{J}_2^2(u_{11}) R(R+h)}$$

$$= R_{\mathrm{M,T}}\left[\frac{2R}{au_{11}}\mathrm{J}_1(u_{11}a/R)\right]^2 = R_{\mathrm{M,T}}\left[\frac{\lambda}{a\pi}\mathrm{J}_1(2\pi a/\lambda)\right]^2$$

$$(3-399)$$

其中

$$R_{\mathrm{M,T}} = \frac{DZ_0^2 u_{11}^2 \eta_{\theta_0}^2}{2\pi R_{\mathrm{s},1} k^2 \mathrm{J}_2^2(u_{11}) R^3(R+h)} \qquad (3-400)$$

基模通带的损耗因子定义为

$$k_0(a) = \frac{[E_{\mathrm{s},z}(r=a)]^2}{4\left(\dfrac{\mathrm{d}U}{\mathrm{d}z}\right)} \qquad (3-401)$$

式中，dU/dz 是每单位长度的储存能量。与获得 $R_{sh,L}$ 类似，可以得到

$$k_0(a) = \frac{D\eta_{\theta_0}^2 \mathrm{J}_0^2(u_{01}a/R)}{2\epsilon_0 \pi h R^2 \mathrm{J}_1^2(u_{01})} \quad (3-402)$$

尾场的基本模式是

$$W_{z,0}(a, s) = 2k_0(a)\cos(\omega_{\theta_0,e}/cs) \quad (3-403)$$

式中，s 是驱动电荷与测试电荷之间的距离。

TM_{110} 模式通带的损耗因子定义为

$$k_1(a) = \frac{[E_{s,t}(r=a)]^2}{4\left(\dfrac{dU}{dz}\right)} \quad (3-404)$$

类似地，可以得到

$$k_1(a) = \frac{a^2 u_{11}^2 D\eta_{\theta_0}^2}{4\pi\epsilon_0 h R^4 \mathrm{J}_2^2(u_{11})}\left[\frac{2R}{au_{11}}\mathrm{J}_1(u_{11}a/R)\right]^2 \quad (3-405)$$

偶极子尾场表示为

$$W_{T,1}(a, s) = \frac{2cr_0 k_1(a)}{\omega_{\theta_{s,h}}a^2}\sin(\omega_{\theta_{s,h}}s/c)(\boldsymbol{r}\cos\vartheta - \boldsymbol{\vartheta}\sin\vartheta) \quad (3-406)$$

式中，r_0 是驱动电荷与轴的横向偏差；$\omega_{s,h}$ 是测试电荷以与 em 波速相同的速度移动的同步频率；$\boldsymbol{r}$ 和 $\boldsymbol{\vartheta}$ 是单位向量，假设驱动电荷为 $\vartheta=0$。

（4）耦合腔。耦合器腔是连接波导（工作在 H_{10} 模式）与行波结构的腔。在下文中，我们假设波导耦合器耦合孔是圆形的，波导是矩形的，其宽度和高度分别为 A 和 B。我们将耦合系数 β 表示为

$$\beta(a_1) = \frac{16Z_0 k k_{10} a_1^6 H_c^2 \exp(-2\alpha_c t)}{9AB(P_{c,010} + U_{c,010}v_g/h_c)} \quad (3-407)$$

式中，下标 c 表示耦合器腔；$P_{c,010}$ 和 $U_{c,010}$ 是功率耗散和三个孔打开前存储在耦合器腔中的能量；H_c 是波导-腔耦合孔打开之前的中心磁场，$k_{10}=k[1-(\lambda/2A)^2]^{\frac{1}{2}}$；$t$ 是波导与耦合腔内表面之间的壁厚；v_g 是行波结构的群速度。使用式（3-358）和式（3-359），我们得到

$$\beta(a_1) = \frac{16Z_0 k k_{10} a_1^6 \exp(-2\alpha_c t)}{9\pi ABR_c R_{s,0}(R_c + h_c)\left[1 + \dfrac{Z_0 R_c}{2R_{s,0}(R_c + h_c)}(v_g/c)\right]}$$

$$(3-408)$$

$$\alpha_c = \frac{2\pi}{\lambda}\left[(\lambda/3.41a_1)^2 - 1\right]^{\frac{1}{2}}$$

$$(3-409)$$

很明显，$\beta(a_1)$ 与 $a_1^6\exp(-2\alpha_c t)$ 成比例。当 $v_g = 0$ 时，式(3-408)简化为与波导-单驻波腔耦合系统的情况相对应的公式。

打开图 3-1 所示的三个孔后，耦合器腔的谐振频率 ω_c 应该与行波结构的工作频率 ω_{θ_0} 相同。我们知道

$$\omega_c^2 = \omega_{\theta_0}^2 = \omega_{c,010}^2\left[1 + \frac{1}{3}a_2^3\epsilon_0\frac{\epsilon_{c,0}^3}{U_{c,010}} + \frac{1}{3}a^3\epsilon_0\frac{\epsilon_{c,0}^2}{U_{c,010}} - \right.$$
$$\left. \frac{2}{3}a_1^3\mu_0\frac{H_c^2}{U_{c,010}} - \frac{1}{3}a^3\epsilon_0\frac{\epsilon_{c,0}^2\cos(\theta_0)\exp(-\alpha_e d)}{U_{c,010}}\right] \quad (3-410)$$

式中，$\omega_{c,010}$ 是三个孔打开前耦合器腔的谐振频率。经过简化，可得

$$\omega_c^2 = \omega_{\theta_0}^2 = c^2\frac{u_{01}^2}{R_c^2}\left[1 + \frac{2a_2^3}{3\pi h_c R_c^2 J_1^2(u_{01})} + \right.$$
$$\left. \frac{2a^3}{3\pi h_c R_c^2 J_1^2(u_{01})} - \frac{4a_1^3}{3\pi h_c R_c^2} - \frac{2a^3\cos(\theta_0)\exp(-\alpha_e d)}{3\pi h_c R_c^2 J_1^2(u_{01})}\right] \quad (3-411)$$

定义

$$\frac{\mathrm{d}f}{f_{c,010}} = \frac{f_{\theta_0} - f_{c,010}}{f_{c,010}}$$

$$(3-412)$$

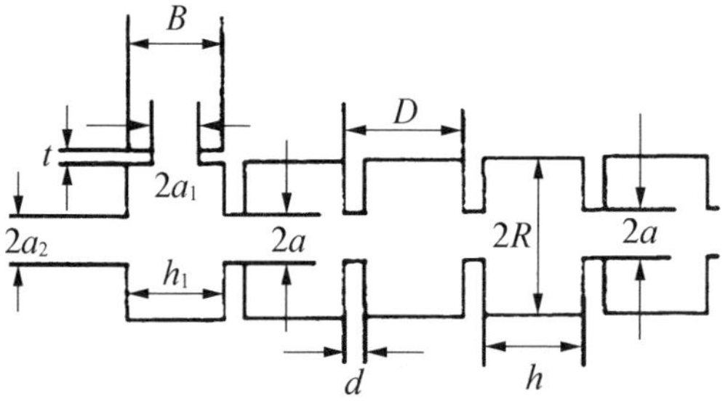

图 3-1 行波结构的耦合腔

根据式(3-411)可得

$$\frac{\mathrm{d}f}{f_{c,010}} = \frac{1}{2}\left[\frac{2a_2^3}{3\pi h_c R_c^2 \mathrm{J}_1^2(u_{01})} + \frac{2a^3}{3\pi h_c R_c^2 \mathrm{J}_1^2(u_{01})} - \frac{4a_1^3}{3\pi h_c R_c^2} - \frac{2a^3 \cos(\theta_0)\exp(-\alpha_e d)}{3\pi h_c R_c^2 \mathrm{J}_1^2(u_{01})}\right] \qquad (3-413)$$

图3-2显示了由于位于耦合器腔壁上的三个孔而导致的相对谐振频率变化 $\mathrm{d}f/f_{c,010}$。

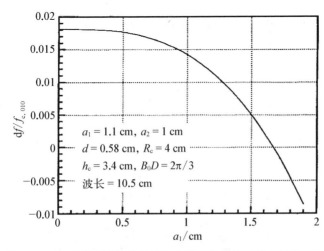

图3-2 位于耦合器腔壁上的三个孔导致的相对谐振频率变化

在图3-1所示的耦合腔中,侧壁上的耦合孔破坏了圆柱对称性,并且通过耦合器腔的带电粒子将获得横向动量冲击。这里我们使用扰动方法来评估耦合孔径的影响。由耦合孔产生的不对称电磁场可视为由等效的电偶极子产生。对于基本模式,孔表面上的电场为零,因此,只有等效磁偶极子有助于扰动场。由于耦合孔径尺寸($2a_1$)和耦合器腔长度(h_c)小于工作波长,因此磁偶极子及其磁场可视为静态。由磁偶极子产生的空腔中心的磁场为

$$\boldsymbol{B} = -\frac{\boldsymbol{M}_s}{4\pi R_c^3} \qquad (3-414)$$

其中,式(3-414)中的 $\boldsymbol{M}_s$ 是式(3-368)中的四倍。假设波导中的磁场 $\boldsymbol{H}_w$ 与腔中的磁场具有相同的效果,那么

$$\boldsymbol{B} = -\frac{8a_1^3 \mu_0 \boldsymbol{H}_\phi(R_c)}{3\pi R_c^3} \qquad (3-415)$$

式中，$\boldsymbol{H}_\phi(R_c)$ 是耦合孔表面打开前的磁场。由于该磁场通过耦合器腔后带电粒子沿轴线以 $v=c$ 移动的横向动量增益是

$$m_0 \gamma c^2 \Delta r' = \frac{8ech_c a_1^3 \mu_0 H_\phi(R)}{3\pi R_c^3} = \frac{8eh_c a_1^3 E_0 \sin(\Phi) J_1(u_{01})}{3\pi R_c^3} \tag{3-416}$$

式中，$r' = dr/dz$；E_0 是轴上的加速电场；$\Phi=0$ 对应于最大加速度。为了减小耦合孔的影响，可以移动耦合器腔的轴。在这个新轴上，总磁场为零。可以较容易地找到轴移位 δ_r 满足以下等式：

$$J_1(u_{01}\delta_r/R_c) = \frac{8}{3\pi}(a_1/R_c)^3 J_1(u_{01}) \tag{3-417}$$

当 δ_r 很小时，有

$$\delta_r = \frac{16a_1^3 J_1(u_{01})}{3\pi u_{01} R_c^2} \tag{3-418}$$

如果耦合孔是椭圆形的，则式(3-418)由以下两个公式所取代：

$$\delta_{r,1} = \frac{4l_1^3 e_0^2 J_1(u_{01})}{3[K(e_0) - E(e_0)]u_{01} R_c^2} \tag{3-419}$$

$$\delta_{r,2} = \frac{4l_1^3 e_0^2(1-e_0^2)J_1(u_{01})}{3[E(e_0) - (1-e_0^2)K(e_0)]u_{01} R_c^2} \tag{3-420}$$

式中，$\delta_{r,1}$ 和 $\delta_{r,2}$ 分别对应于磁场平行于椭圆形孔的长轴和短轴的情况。为了分析公式的有效性，我们采用 LIL 加速结构的输入和输出耦合器(在 CERN 用作 LEP 的注入器)作为例子。输入耦合器腔半径 $R_c = 3.774\,\text{cm}$，耦合孔径宽 3.4 cm，高为 2.98 cm。孔表面上的磁场平行于 2.98 cm 的边缘。通过将此矩形孔等效为圆形孔 $[a = (3.4 \times 2.98/\pi)^{\frac{1}{2}}]$ 并使用式(3-418)，得到 $\delta_{r,in} = 1.5\,\text{mm}$。实验结果证明是 1.88 mm。输出耦合器腔半径 $R_c = 3.76\,\text{cm}$，耦合孔径宽为 3.4 cm，高为 2.34 cm。孔表面上的磁场平行于 2.34 cm 的边缘。通过将此矩形孔等效为圆形孔 $[a = (3.4 \times 2.34/\pi)^{\frac{1}{2}}]$ 并使用式(3-418)，我们得到 $\delta_{r,out} = 1.03\,\text{mm}$。实验结果证明是 1.13 mm。

7) 多周期结构

在前面我们使用的方法可以很容易地扩展到多周期结构的情况。假设行波结构是通过级联基本相同结构而不是相同的单个腔来构造的，并且每个基

本结构由 n_0 腔组成。每个基本结构都起到单腔的作用。不同之处在于,对于 n_0 腔的结构,有 n_0 模式对应于每个单腔模式(TM$_{mnl}$ 或 TE$_{mnl}$)。对于由 n_0 腔体组成的基本结构,对应于每个 TM$_{mnl}$ 或 TE$_{mnl}$ 单腔模式,有 n_0 离散模式(由 TM$_{mnl, n_0}$ 或 TE$_{mnl, n_0}$ 表示)。如果通过引入基本结构之间的耦合来构建周期性结构,则通带将由对应于图 3-3 所示的每个 TM$_{mnl, n_0}$ 或 TE$_{mnl, n_0}$ 模式的 n_0 子通带组成。如果腔尺寸和耦合没有选择得当,则会出现子禁带。

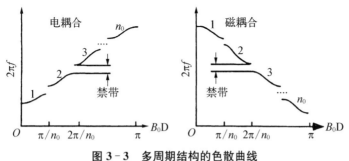

图 3-3 多周期结构的色散曲线

8) 盘荷波导加速结构损耗因子和尾场的解析公式

通过直接求解麦克斯韦方程或通过对频域中的同步模式求和,可以在时域中计算盘荷加载直线加速结构中的尾场。通常计算机代码 TBCI 和 ABCI 用于时域,KN7C 和 TRANSVRS 用于频域。然而,在本节中,我们将给出解析公式计算所有同步模式的损耗因子。从这些解析公式中,可以很容易地找出每个同步模式对总尾场的贡献。损耗因子(尾场)与结构几何尺寸之间的关系已得到很好的验证。使用 ABCI 程序证实了这些公式的有效性。结果表明,这些损耗因子的解析表达式也可用于单个 Pill-box 腔中[23]。

单 Pill-box 腔已在第 3.7.1 节第 6) 小节中阐述,现可以通过一个半径为 a 且长度为 d 的圆柱形管连接两个 Pill-box 腔来构造盘荷波导结构。由于通过空腔之间的孔的耦合,对应于每个 Pill-box 谐振模式将形成通带。在下文中,我们将继续使用下标 mnl 来指定通带。根据扰动理论,当束孔半径 a 较小时,mnl 阶模式的通带可表示为

$$\omega_{\theta_{mnl}}^2 = \omega_{\pi/2, mnl}^2 [1 + K_{mnl} \cos(\theta_{mnl})] \quad (3-421)$$

式中,$\theta_{mnl} = (2\pi/\lambda_{mnl})D$;$\lambda_{mnl}$ 是可用空间中的波长,它可以在 mnl 阶通带内变化。现在,我们采用 TM$_{010}$ 和 TM$_{110}$ 模式通带作为两个示例。对于 TM$_{010}$

模式,我们有

$$\omega_{\theta_{010}}^2 = \omega_{\pi/2,010}^2 \left[1 + K_{010}\cos(\theta_{010})\right] \qquad (3-422)$$

$$\omega_{\pi/2,010}^2 = \omega_{010}^2 \left[1 + \frac{4a^3}{3\pi hR^2 J_1^2(u_{01})}\right] \qquad (3-423)$$

其中,ω_{010} 是在打开耦合孔之前 Pill-box 的 TM_{010} 模式角谐振频率,此时

$$K_{010} = -\frac{4a^3}{3\pi hR^2 J_1^2(u_{01})}\exp(-\alpha_{010}d) \qquad (3-424)$$

$$\alpha_{010} = \left[(2.62/a)^2 - (2\pi/\lambda_{010})^2\right]^{\frac{1}{2}} \qquad (3-425)$$

同时对于 TM_{110} 模式,有

$$\omega_{\theta_{110}}^2 = \omega_{\pi/2,110}^2 \left[1 + K_{110}\cos(\theta_{110})\right] \qquad (3-426)$$

$$\omega_{\pi/2,110}^2 = \omega_{110}^2 \left[1 - \frac{4a^3}{3\pi hR^2 J_2^2(u_{11})}\right] \qquad (3-427)$$

ω_{110} 是在打开耦合孔之前 Pill-box 的 TM_{110} 模式角谐振频率,此时

$$K_{110} = \frac{4a^3}{3\pi hR^2 J_2^2(u_{11})}\exp(-\alpha_{110}d) \qquad (3-428)$$

$$\alpha_{110} = \left[(1.841/a)^2 - (2\pi/\lambda_{110})^2\right]^{\frac{1}{2}} \qquad (3-429)$$

在下面我们假设 $\omega(\theta_{mnl})$ 与 ω_{mnl} 没有太大区别,我们将使用 ω_{mnl} 来替换 mnl 通带的同步频率。参考文献[10]中,G. Dôme 做出同样的假设来解决同样的问题。

同步模式的损耗因子的定义表示为

$$k = \frac{E_{s,z}(r=a)^2}{4\left(\frac{dU}{dz}\right)} \qquad (3-430)$$

式中,$E_{s,z}(r=a)$ 是沿着 $r=a$ 轴的同步减速电场;dU/dz 是每米存储的能量。对于 mnl 阶通带,有 $E_{s,z}^{mnl}(r=a)=E_{z,mnl}(r=a)\eta(\theta_{mnl})$ 和 $dU/dz = U_{mnl}/D$,其中 $E_{z,mnl}(r=a)$ 是在打开孔之前 Pill-box 腔中的 mnl 阶模式的纵向电场。当 $m=0$ 时,有

$$\eta(\theta_{mn0}) = \frac{2\sin(\theta_{mn0}h/2D)}{\theta_{mn0}} \qquad (3-431)$$

其中

$$\theta_{mn0} = D\left(\frac{u_{mn}}{R}\right) \qquad (3-432)$$

但是，如果 $l \neq 0$，则应考虑腔内的电场变化。因此

$$\cos(l\pi z/h)\cos(\theta_{mnl}z/D) = \frac{1}{2}\cos[(l\pi/h+\theta_{mnl}/D)z] + \frac{1}{2}\cos[(\theta_{mnl}/D-l\pi/h)z] \qquad (3-433)$$

很明显，$l \neq 0$ 的效果只是将一个同步模式分成两个。通过类比发现，对应于这两种模式的 η 可以表示为

$$\eta^+(\theta_{mnl}) = \frac{1}{2}\frac{\sin(\theta_{mnl}h/2D+l\pi/2)}{\theta_{mnl}+lD\pi/h} \qquad (3-434)$$

$$\eta^-(\theta_{mnl}) = \frac{1}{2}\frac{\sin(\theta_{mnl}h/2D-l\pi/2)}{\theta_{mnl}-lD\pi/h} \qquad (3-435)$$

其中

$$\theta_{mnl} = D\left[\left(\frac{u_{mn}}{R}\right)^2 + \left(\frac{l\pi}{h}\right)^2\right]^{\frac{1}{2}} \qquad (3-436)$$

我们得到对应于 mnl 阶通带的损耗因子 k_{mnl} 的一般表达式为

$$k_{mnl} = \frac{E_{s,z}^{mnl}(r=a)^2 D}{4U_{mnl}}$$

$$= \frac{2\xi h u_{mn}^2 J_m^2\left(\frac{u_{mn}}{R}a\right)}{\left[\left(\frac{u_{mn}}{R}\right)^2+\left(\frac{l\pi}{h}\right)^2\right]\epsilon_0 D\pi R^4 J_{m+1}^2(u_{mn})}\left[\frac{S^2(x_1)+S^2(x_2)}{4}\right] \qquad (3-437)$$

其中

$$S(x) = \frac{\sin x}{x} \qquad (3-438)$$

和

$$x_1 = \frac{h}{2}\left\{\left[\left(\frac{u_{mn}}{R}\right)^2 + \left(\frac{l\pi}{h}\right)^2\right]^{\frac{1}{2}} - \frac{l\pi}{h}\right\} \tag{3-439}$$

$$x_2 = \frac{h}{2}\left\{\left[\left(\frac{u_{mn}}{R}\right)^2 + \left(\frac{l\pi}{h}\right)^2\right]^{\frac{1}{2}} + \frac{l\pi}{h}\right\} \tag{3-440}$$

通过选择 $m=0$，$n=1$，$l=0$ 和 $m=1$，$n=1$，$l=0$，我们回到基本模式的分析损耗因子表达式和参考文献[8]中的第一个偶极模式：

$$k_{010} = \frac{D\eta_{\theta_{010}}^2 \mathrm{J}_0^2(u_{01}a/R)}{2\epsilon_0 \pi h R^2 \mathrm{J}_1^2(u_{01})} \tag{3-441}$$

$$W_{z.010}(a,s) = 2k_{010}(a)\cos(\omega_{\theta_{010}}\tau) \tag{3-442}$$

第一个偶极模式的损耗因子是

$$k_{110} = \frac{a^2 u_{11}^2 D\eta_{\theta_{110}}^2}{4\pi\epsilon_0 h R^4 \mathrm{J}_2^2(u_{11})}\left[\frac{2R}{au_{11}}\mathrm{J}_1(u_{11}a/R)\right]^2 \tag{3-443}$$

第一个偶极模式的尾场表示为

$$W_{T.110}(a,s) = \frac{2cr_0 k_{110}(a)}{\omega_{\theta_{110}}a^2}\sin(\omega_{\theta_{110}}\tau)\left[\boldsymbol{r}\cos\phi - \boldsymbol{\phi}\sin\phi\right] \tag{3-444}$$

式中，$\boldsymbol{r}$ 和 $\boldsymbol{\phi}$ 是单位向量，假设驱动电荷为 $\phi=0$。通过考虑所有模式，可以通过使用以下公式找到穿过盘荷波导结构的点电荷的 delta wakefield 函数：

$$W_z(\tau) = \sum_{m=0}^{\infty}\sum_{n=1}^{\infty}\sum_{l=0}^{\infty} W_{z,mnl}(\tau) \tag{3-445}$$

$$W_r(\tau) = \sum_{m=0}^{\infty}\sum_{n=1}^{\infty}\sum_{l=0}^{\infty} W_{r,mnl}(\tau) \tag{3-446}$$

$$W_\phi(\tau) = \sum_{m=0}^{\infty}\sum_{n=1}^{\infty}\sum_{l=0}^{\infty} W_{\phi,mnl}(\tau) \tag{3-447}$$

其中

$$W_{z,mnl}(\tau) = 2k_{mnl}\left(\frac{r}{a}\right)^m\left(\frac{r_{\mathrm{q}}}{a}\right)^m\cos(m\phi)\cos(\omega_{mnl}\tau) \tag{3-448}$$

$$W_{r,\,mnl}(\tau) = 2m\,\frac{ck_{mnl}}{\omega_{mnl}a}\left(\frac{r}{a}\right)^{m-1}\left(\frac{r_q}{a}\right)^m\cos(m\phi)\sin(\omega_{mnl}\tau) \quad (3-449)$$

$$W_{\phi,\,mnl}(\tau) = -2m\,\frac{ck_{mnl}}{\omega_{mnl}a}\left(\frac{r}{a}\right)^{m-1}\left(\frac{r_q}{a}\right)^m\cos(m\phi)\sin(\omega_{mnl}\tau) \quad (3-450)$$

式中，$\tau = s/c$，s 是激励电荷与测试电荷之间的距离；r_q 是激励电荷的横向坐标；c 是真空中的光速。根据高斯电荷分布的 q 和束长 σ_t，可以计算基于尾场函数的合成尾场为

$$W_{G,\,z}(\tau) = \int_{-\infty}^{\tau} W_z(\tau - t)I(t)\mathrm{d}t \quad (3-451)$$

$$W_{G,\,r}(\tau) = \int_{-\infty}^{\tau} W_r(\tau - t)I(t)\mathrm{d}t \quad (3-452)$$

$$W_{G,\,\phi}(\tau) = \int_{-\infty}^{\tau} W_\phi(\tau - t)I(t)\mathrm{d}t \quad (3-453)$$

其中

$$I(t) = \frac{q}{(2\pi)^{1/2}\sigma_t}\exp\left(-\frac{t^2}{2\sigma_t^2}\right) \quad (3-454)$$

如果 $\tau \geqslant 3\sigma_t$，式(3-451)、式(3-452)和式(3-453)可以替换为以下表达式：

$$W_{G,\,z}(\tau) = \sum_{m=0}^{\infty}\sum_{n=1}^{\infty}\sum_{l=0}^{\infty} W_{z,\,mnl}(\tau)\exp\left(-\frac{\omega_{mnl}^2\sigma_t^2}{2}\right) \quad (3-455)$$

$$W_{G,\,r}(\tau) = \sum_{m=0}^{\infty}\sum_{n=1}^{\infty}\sum_{l=0}^{\infty} W_{r,\,mnl}(\tau)\exp\left(-\frac{\omega_{mnl}^2\sigma_t^2}{2}\right) \quad (3-456)$$

$$W_{G,\,\phi}(\tau) = \sum_{m=0}^{\infty}\sum_{n=1}^{\infty}\sum_{l=0}^{\infty} W_{\phi,\,mnl}(\tau)\exp\left(-\frac{\omega_{mnl}^2\sigma_t^2}{2}\right) \quad (3-457)$$

对于 m 阶模式，高斯束的总损耗因子为

$$K_m(\sigma_t) = \sum_{n=1}^{\infty}\sum_{l=0}^{\infty} k_{mnl}\exp(-\omega_{mnl}^2\sigma_t^2) \quad (3-458)$$

为了估计所有单极模式的单束团能量损失 ΔU_t，将束团负载增强因子定义为

$$B(\sigma_t) = \frac{K_0(\sigma_t)}{k_{010}\exp(-\omega_{010}^2\sigma_t^2)} \qquad (3-459)$$

和

$$\Delta U_t = B(\sigma_t)\Delta U_0 \qquad (3-460)$$

式中，ΔU_0 是基本模式损失的能量。

为了理解更高阶模式的贡献，我们通过定义基本模式损耗因子 k_{mnl} 和第一个偶极模式损耗因子 k_{010} 来测量损耗因子 k_{110}，相关表达式为

$$\gamma_{mnl} = \frac{k_{mnl}}{k_{010}}$$

$$= \frac{\xi u_{mn}^2 J_m^2\left(\dfrac{u_{mn}}{R}a\right)J_1^2(u_{01})}{\left[\left(\dfrac{u_{mn}}{R}\right)^2+\left(\dfrac{l\pi}{h}\right)^2\right]R^2 J_{m+1}^2(u_{mn})J_0^2\left(\dfrac{u_{01}}{R}a\right)} \cdot \frac{\left[S^2(x_1)+S^2(x_2)\right]}{S^2\left(\dfrac{hu_{01}}{2R}\right)}$$

$$(3-461)$$

和

$$\beta_{mnl} = \frac{k_{mnl}}{k_{110}}$$

$$= \frac{\xi u_{mn}^2 J_m^2\left(\dfrac{u_{mn}}{R}a\right)J_2^2(u_{11})}{2\left[\left(\dfrac{u_{mn}}{R}\right)^2+\left(\dfrac{l\pi}{h}\right)^2\right]R^2 J_{m+1}^2(u_{mn})J_1^2\left(\dfrac{u_{11}}{R}a\right)} \cdot \frac{\left[S^2(x_1)+S^2(x_2)\right]}{S^2\left(\dfrac{hu_{11}}{2R}\right)}$$

$$(3-462)$$

式中，$l=0$，则

$$\gamma_{mn0} = \frac{2\xi J_m^2\left(\dfrac{u_{mn}}{R}a\right)J_1^2(u_{01})}{J_{m+1}^2(u_{mn})J_0^2\left(\dfrac{u_{01}}{R}a\right)} \cdot \frac{S^2\left(\dfrac{hu_{mn}}{2R}\right)}{S^2\left(\dfrac{hu_{01}}{2R}\right)} \qquad (3-463)$$

$$\beta_{mn0} = \frac{\xi J_m^2\left(\dfrac{u_{mn}}{R}a\right)J_2^2(u_{11})}{J_{m+1}^2(u_{mn})J_1^2\left(\dfrac{u_{11}}{R}a\right)} \cdot \frac{S^2\left(\dfrac{hu_{mn}}{2R}\right)}{S^2\left(\dfrac{hu_{11}}{2R}\right)} \qquad (3-464)$$

9) 周期性磁盘加载结构中非相对论性带电粒子产生的尾场的解析公式

以加速结构中的非相对论带电粒子产生的尾场的计算为研究主题，特别

是当研究高功率质子(或 H⁻)直线加速器时,例如加速器生产氚(APT),由于高能量部分中的直线加速器是超导型,因此人们对通过粒子在腔内沉积的能量以及在加速结构中的尾场引起的不稳定性更加注意。与高度相对论($\beta = \frac{v}{c} = 1$) 带电粒子产生的尾场相比,非相对论粒子的尾场与速度有关,粒子感受到的激发模式的频率增加了 $1/\beta$。通过这个物理图像,人们可以用 $\beta = 1$ 来概括时域中空腔的分析尾场计算的形式,以一种相当直接的方式对 $\beta \leqslant 1$ 的一般情况进行扩展。在下面的讨论中,我们将给出一组用于计算尾场的分析公式[24]。

我们将自己局限于粒子-腔相互作用并处理频域中的尾场问题。穿过盘荷波导结构的点电荷的 delta wakefield 函数可以使用以下公式计算:

$$W_z(\tau) = \sum_{m=0}^{\infty}\sum_{n=1}^{\infty}\sum_{l=0}^{\infty} W_{z,mnl}(\tau) \tag{3-465}$$

$$W_r(\tau) = \sum_{m=0}^{\infty}\sum_{n=1}^{\infty}\sum_{l=0}^{\infty} W_{r,mnl}(\tau) \tag{3-466}$$

$$W_\phi(\tau) = \sum_{m=0}^{\infty}\sum_{n=1}^{\infty}\sum_{l=0}^{\infty} W_{\phi,mnl}(\tau) \tag{3-467}$$

其中

$$W_{z,mnl}(\tau) = 2k_{mnl}\left(\frac{r}{a}\right)^m\left(\frac{r_q}{a}\right)^m\cos(m\phi)\cos(\omega_{mnl}\tau) \tag{3-468}$$

$$W_{r,mnl}(\tau) = 2m\frac{ck_{mnl}}{\omega_{mnl}a}\left(\frac{r}{a}\right)^{m-1}\left(\frac{r_q}{a}\right)^m\cos(m\phi)\sin(\omega_{mnl}\tau) \tag{3-469}$$

$$W_{\phi,mnl}(\tau) = -2m\frac{ck_{mnl}}{\omega_{mnl}a}\left(\frac{r}{a}\right)^{m-1}\left(\frac{r_q}{a}\right)^m\sin(m\phi)\sin(\omega_{mnl}\tau) \tag{3-470}$$

$$\omega_{mnl}^2 = c^2\left[\left(\frac{u_{mn}}{R}\right)^2+\left(\frac{l\pi}{h}\right)^2\right] \tag{3-471}$$

式中, $\tau = \frac{s}{\beta c}$, s 是激励电荷与测试电荷之间的距离; r_q 是激励电荷的横坐标。

对于一组高斯分布电荷 r_q,我们可以计算从 delta wakefield 函数开始的集成尾场函数:

$$W_{G,z}(\tau) = \int_{-\infty}^{\tau} W_z(\tau-t)I(t)\mathrm{d}t \tag{3-472}$$

$$W_{G,r}(\tau) = \int_{-\infty}^{\tau} W_r(\tau-t)I(t)\mathrm{d}t \tag{3-473}$$

$$W_{G,\phi}(\tau) = \int_{-\infty}^{\tau} W_\phi(\tau-t)I(t)\mathrm{d}t \tag{3-474}$$

$$I(t) = \frac{q}{(2\pi)^{1/2}\sigma_t}\exp\left(-\frac{t^2}{2\sigma_t^2}\right) \tag{3-475}$$

式中，$\sigma_t = \dfrac{\sigma_z}{\beta_c}$。如果 $\tau \geqslant 3\sigma_t$，式(3-472)、式(3-473)和式(3-474)可以用以下表达式替换：

$$W_{G,z}(\tau) = \sum_{m=0}^{\infty}\sum_{n=1}^{\infty}\sum_{l=0}^{\infty} W_{z,mnl}(\tau)\exp\left(-\frac{\omega_{mnl}^2\sigma_t^2}{2}\right) \tag{3-476}$$

$$W_{G,r}(\tau) = \sum_{m=0}^{\infty}\sum_{n=1}^{\infty}\sum_{l=0}^{\infty} W_{r,mnl}(\tau)\exp\left(-\frac{\omega_{mnl}^2\sigma_t^2}{2}\right) \tag{3-477}$$

$$W_{G,\phi}(\tau) = \sum_{m=0}^{\infty}\sum_{n=1}^{\infty}\sum_{l=0}^{\infty} W_{\phi,mnl}(\tau)\exp\left(-\frac{\omega_{mnl}^2\sigma_t^2}{2}\right) \tag{3-478}$$

对于 m 阶模式，一个高斯束团的总损耗因子是

$$K_m(\sigma_t) = \sum_{n=1}^{\infty}\sum_{l=0}^{\infty} k_{mnl}(\sigma_t) = \sum_{n=1}^{\infty}\sum_{l=0}^{\infty} k_{mnl}\exp(-\omega_{mnl}^2\sigma_t^2) \tag{3-479}$$

对应于 mnl 阶通频带的损失因子 k_{mnl} 的一般表达式可推广为

$$k_{mnl} = \frac{2\xi h u_{mn}^2 \mathrm{J}_m^2\left(\frac{u_{mn}}{R}a\right)}{\left[\left(\frac{u_{mn}}{R}\right)^2+\left(\frac{l\pi}{h}\right)^2\right]\epsilon_0 D\pi R^4 \mathrm{J}_{m+1}^2(u_{mn})}\left[\frac{S^2(x_1)+S^2(x_2)}{4}\right] \tag{3-480}$$

其中

$$\xi = \begin{cases}1, & m\neq 0 \\ 1/2, & m=0\end{cases} \tag{3-481}$$

$$S(x) = \frac{\sin x}{x} \tag{3-482}$$

和

$$x_1 = \frac{h}{2\beta} \left\{ \left[\left(\frac{u_{mn}}{R} \right)^2 + \left(\frac{l\pi}{h} \right)^2 \right]^{\frac{1}{2}} - \frac{l\pi}{h} \right\} \tag{3-483}$$

$$x_2 = \frac{h}{2\beta} \left\{ \left[\left(\frac{u_{mn}}{R} \right)^2 + \left(\frac{l\pi}{h} \right)^2 \right]^{\frac{1}{2}} + \frac{l\pi}{h} \right\} \tag{3-484}$$

当粒子速度 $\beta = 1$ 时,通过设置 $m = 0$,$n = 1$ 和 $l = 0$,可以从式(3-480)得到磁盘加载结构的点充电基本模式损耗因子为

$$k_{010} = \frac{2J_0^2 \left(\frac{u_{01}}{R} a \right) \sin^2 \left(\frac{u_{01}h}{2R} \right)}{\epsilon_0 \pi h D J_1^2 (u_{01}) u_{01}^2} \tag{3-485}$$

显然,当 $a = 0$ 和 $h = D$ 时,式(3-485)给出了 Pill-box 腔的点电荷基本模式损耗因子,当 $a = R$ 时得到 $k_{mnl} \equiv 0$,这对应于没有圆形管束的电阻损耗。

应该记住的是,在本节中我们考虑的是尾场而不是尾流势,并且尾场和损耗因子的单位为 $\mathrm{V/(C \cdot m)}$。

总而言之,在本节中,我们概括了在参考文献中的周期性磁盘加载结构(包括封闭的 Pill-box 腔)中的尾场的分析公式。这些公式的优点是,首先考虑到梁管半径;其次,将它们纳入腔体设计自动化程序非常方便,例如 Los Alamos 正在开发的计算加速结构中与粒子速度相关的尾场和损耗因子,如 APT 型结构;再次,它们可以非常有效地计算非常短的束长度的尾场;最后,它们甚至可以用于估算由管道表面粗糙度引起的尾场。

3.7.2　矩形加速管的尾场

本节主要讨论矩形加速结构损耗因子和尾场的解析公式。我们考虑一个矩形慢波加速结构。由于这是三维问题,在通常情况下,必须求助于三维计算机程序来计算电荷通过结构时激发的尾场。上节中我们建立了圆柱形磁盘加载结构中的损耗因子和尾场的分析公式。这里,我们将给出矩形慢波加速结构中损耗因子和尾场的解析公式[25]。

首先,简要总结单个矩形腔的特性,因为矩形腔是矩形加速结构非常基本的元素,然后建立起所有同步模式的损耗因子和尾场的解析表达式。

1) 单矩形谐振腔

在笛卡尔坐标系中,矩形谐振腔中 TM_{mnl} 模的 em 场分布为

$$E_x = -\frac{H_0 l m \pi^2}{j\omega_{mnl}\epsilon_0 hb}\cos\left(\frac{m\pi x}{b}\right)\sin\left(\frac{n\pi y}{a}\right)\sin\left(\frac{l\pi z}{h}\right) \qquad (3-486)$$

$$E_y = -\frac{H_0 l n \pi^2}{j\omega_{mnl}\epsilon_0 ha}\sin\left(\frac{m\pi x}{b}\right)\cos\left(\frac{n\pi y}{a}\right)\sin\left(\frac{l\pi z}{h}\right) \qquad (3-487)$$

$$E_z = \frac{H_0}{j\omega_{mnl}\epsilon_0}\left[\left(\frac{m\pi}{b}\right)^2+\left(\frac{n\pi}{a}\right)^2\right]\sin\left(\frac{m\pi x}{b}\right)\sin\left(\frac{n\pi y}{a}\right)\cos\left(\frac{l\pi z}{h}\right)$$

$$(3-488)$$

$$H_x = \frac{H_0 n\pi}{a}\sin\left(\frac{m\pi x}{b}\right)\cos\left(\frac{n\pi y}{a}\right)\cos\left(\frac{l\pi z}{h}\right) \qquad (3-489)$$

$$H_y = -\frac{H_0 m\pi}{b}\cos\left(\frac{m\pi x}{b}\right)\sin\left(\frac{n\pi y}{a}\right)\cos\left(\frac{l\pi z}{h}\right) \qquad (3-490)$$

$$H_z = 0 \qquad (3-491)$$

$$m=1,2,\cdots \quad n=1,2,\cdots \quad l=0,1,2,\cdots \qquad (3-492)$$

式中，ϵ_0 是真空中的电容率；H_0 是常数。TM$_{mnl}$ 模式的谐振角频率由下式确定：

$$\omega_{mnl}=c\left[\left(\frac{m\pi}{b}\right)^2+\left(\frac{n\pi}{a}\right)^2+\left(\frac{l\pi}{h}\right)^2\right]^{\frac{1}{2}} \qquad (3-493)$$

功耗 P_{mnl}、存储能量 U_{mnl} 和品质因数 $Q_{0,mnl}$ 分别表示为

$$P_{mnl}=\frac{R_{s,mnl}H_0^2\pi^2}{4}\left[\frac{n^2 b}{a}\left(1+\frac{h}{a\delta}\right)+\frac{m^2 a}{b}\left(1+\frac{h}{b\delta}\right)\right] \qquad (3-494)$$

$$U_{mnl}=\frac{H_0^2\mu_0 abh\pi^2}{16\delta}\left(\frac{n^2}{a^2}+\frac{m^2}{b^2}\right) \qquad (3-495)$$

$$Q_{0,mnl}=\frac{\omega\mu_0 abh(n^2/a^2+m^2/b^2)}{4R_{s,mnl}\delta\left[n^2\frac{b}{a}(1+h/a\delta)+m^2\frac{a}{b}(1+h/b\delta)\right]} \qquad (3-496)$$

其中

$$\delta=\begin{cases}1, & l\neq 0\\ 1/2, & l=0\end{cases} \qquad (3-497)$$

$$R_{s,mnl} = \frac{\omega_{mnl}\mu_0}{2\sigma} \tag{3-498}$$

式中,σ 是电导率;μ_0 是磁导率。

2) 矩形慢波加速结构的损耗因子

我们考虑一个矩形加速结构。由于腔之间的孔耦合,将形成对应于每个封闭矩形谐振腔模式的通带。我们将继续使用下标 mnl 来指定通带。在下文中,我们假设 $\mathrm{TM}\omega_{mnl}$ 通带的同步频率与 ω_{mnl} 没有太大差别,我们将使用 ω_{mnl} 来替换相应的同步频率。通过矩形结构的点电荷的 δ 函数尾场可以通过使用以下公式找到

$$W_x(\tau) = \sum_{m=0}^{\infty}\sum_{n=1}^{\infty}\sum_{l=0}^{\infty} W_{x,mnl}(\tau) \tag{3-499}$$

$$W_y(\tau) = \sum_{m=0}^{\infty}\sum_{n=1}^{\infty}\sum_{l=0}^{\infty} W_{y,mnl}(\tau) \tag{3-500}$$

$$W_z(\tau) = \sum_{m=0}^{\infty}\sum_{n=1}^{\infty}\sum_{l=0}^{\infty} W_{z,mnl}(\tau) \tag{3-501}$$

式中,$W_{x,mnl}$、$W_{y,mnl}$ 和 $W_{z,mnl}$ 是对应于 mnl 阶同步模式的尾场。为了找出 $W_{x,mnl}$、$W_{y,mnl}$ 和 $W_{z,mnl}$ 的表达式,必须使用 Panofsky-Wenzel 定理。因此我们知道在笛卡尔坐标系中,有

$$W_{x,mnl}(s) = Z_l(s)\frac{\partial T_{mn}(x,y)}{\partial x} \tag{3-502}$$

$$W_{y,mnl}(s) = Z_l(s)\frac{\partial T_{mn}(x,y)}{\partial y} \tag{3-503}$$

$$W_{z,mnl}(s) = T_{mn}(x,y)\frac{\mathrm{d}Z_l(s)}{\mathrm{d}s} \tag{3-504}$$

式中,$s = \tau c$,c 是真空中的光速,s 是激励电荷与测试电荷之间的距离;$T_{mn}(x,y)$ 和 $Z_l(s)$ 满足以下等式:

$$Z_l(s)\frac{\partial^2 T_{mn}(x,y)}{\partial x^2} + Z_l(s)\frac{\partial^2 T_{mn}(x,y)}{\partial y^2} - T_{mn}(x,y)\frac{\mathrm{d}^2 Z_l(s)}{\mathrm{d}z^2} = 0 \tag{3-505}$$

可以得到

$$W_{z,mnl}(\tau) = 2k_{mnl} \frac{\sin\left(\frac{m\pi x}{b}\right)\sin\left(\frac{n\pi y}{a}\right)}{\sin\left(\frac{m\pi x_{\mathrm{w}}}{b}\right)\sin\left(\frac{n\pi y_{\mathrm{w}}}{a}\right)} \cdot$$

$$\frac{\sin\left(\frac{m\pi x_{\mathrm{q}}}{b}\right)\sin\left(\frac{n\pi y_{\mathrm{q}}}{a}\right)}{\sin\left(\frac{m\pi x_{\mathrm{w}}}{b}\right)\sin\left(\frac{n\pi y_{\mathrm{w}}}{a}\right)}\cos(\omega_{mnl}\tau) \qquad (3-506)$$

$$W_{x,mnl}(\tau) = 2m\frac{c\pi k_{mnl}}{\omega_{mnl}b} \frac{\cos\left(\frac{m\pi x}{b}\right)\sin\left(\frac{n\pi y}{a}\right)}{\sin\left(\frac{m\pi x_{\mathrm{w}}}{b}\right)\sin\left(\frac{n\pi y_{\mathrm{w}}}{a}\right)} \cdot$$

$$\frac{\sin\left(\frac{m\pi x_{\mathrm{q}}}{b}\right)\sin\left(\frac{n\pi y_{\mathrm{q}}}{a}\right)}{\sin\left(\frac{m\pi x_{\mathrm{w}}}{b}\right)\sin\left(\frac{n\pi y_{\mathrm{w}}}{a}\right)}\sin(\omega_{mnl}\tau) \qquad (3-507)$$

$$W_{y,mnl}(\tau) = 2n\frac{c\pi k_{mnl}}{\omega_{mnl}a} \frac{\sin\left(\frac{m\pi x}{b}\right)\cos\left(\frac{n\pi y}{a}\right)}{\sin\left(\frac{m\pi x_{\mathrm{w}}}{b}\right)\sin\left(\frac{n\pi y_{\mathrm{w}}}{a}\right)} \cdot$$

$$\frac{\sin\left(\frac{m\pi x_{\mathrm{q}}}{b}\right)\sin\left(\frac{n\pi y_{\mathrm{q}}}{a}\right)}{\sin\left(\frac{m\pi x_{\mathrm{w}}}{b}\right)\sin\left(\frac{n\pi y_{\mathrm{w}}}{a}\right)}\sin(\omega_{mnl}\tau) \qquad (3-508)$$

式中，x_{q} 和 y_{q} 是激励电荷的横坐标和纵坐标；x 和 y 是测试电荷的横坐标和纵坐标，并且在连接两个相邻矩形腔的波导表面上选择了 $x=x_{\mathrm{w}}$，$y=y_{\mathrm{w}}$ 的轴。

同步模式的损耗因子的定义表示为

$$k_{mnl} = \frac{E_{\mathrm{s},z}^{mnl}(x=x_{\mathrm{w}},\ y=y_{\mathrm{w}})^2}{4\left(\frac{\mathrm{d}U_{mnl}}{\mathrm{d}z}\right)} \qquad (3-509)$$

式中，$E_{\mathrm{s},z}^{mnl}(x=x_{\mathrm{w}},\ y=y_{\mathrm{w}})$ 是沿 $x=x_{\mathrm{w}}$，$y=y_{\mathrm{w}}$ 轴的同步减速电场，$\left(\frac{\mathrm{d}U_{mnl}}{\mathrm{d}z}\right)$ 是每米存储的能量。有 $E_{\mathrm{s},z}^{mnl}(x=x_{\mathrm{w}},\ y=y_{\mathrm{w}}) = E_{z,mnl}(x=x_{\mathrm{w}},\ y=$

$y_w)\eta(\theta_{mnl})$ 和 $dU_{mnl}/dz = U_{mnl}/D$,其中 $E_{z,mnl}(x = x_w, y = y_w)$ 是 mnl 阶模式在打开孔之前的矩形腔的纵向电场。当 $l = 0$ 时,有

$$\eta(\theta_{mn0})^+ = \frac{\sin(\theta_{mn0}h/2D)}{\theta_{mnl}} \tag{3-510}$$

当 $l \neq 0$ 时,有以下两个同步模式对应于 indice l:

$$\eta(\theta_{mnl})^+ = \frac{1}{2}\frac{\sin(\theta_{mnl}h/2D + l\pi/2)}{\theta_{mnl} + lD\pi/h} \tag{3-511}$$

和

$$\eta(\theta_{mnl})^- = \frac{1}{2}\frac{\sin(\theta_{mnl}h/2D - l\pi/2)}{\theta_{mnl} - lD\pi/h} \tag{3-512}$$

其中

$$\theta_{mnl} = D\left[\left(\frac{m\pi}{b}\right)^2 + \left(\frac{n\pi}{a}\right)^2 + \left(\frac{l\pi}{h}\right)^2\right]^{\frac{1}{2}} \tag{3-513}$$

通过使用式(3-488)、式(3-489)、式(3-509)和式(3-511),我们得到对应于 mnl 阶通带的损耗因子 k_{mnl} 的一般表达式为

$$
\begin{aligned}
k_{mnl} &= \frac{E_{s,z}^{mnl}(x = x_w, y = y_w)^2 D}{4U_{mnl}} \\
&= \frac{4h[(m\pi/b)^2 + (n\pi/a)^2]\sin^2\left(\dfrac{m\pi x_w}{b}\right)\sin^2\left(\dfrac{n\pi y_w}{a}\right)}{\epsilon_0 abD[(m\pi/b)^2 + (n\pi/a)^2 + (l\pi/h)^2]}\left[\frac{S^2(x_1) + S^2(x_2)}{2}\right] \\
&= k_{mnl}^* \sin^2\left(\frac{m\pi x_w}{b}\right)\sin^2\left(\frac{n\pi y_w}{a}\right)
\end{aligned} \tag{3-514}
$$

其中

$$k_{mnl}^* = \frac{4h[(m\pi/b)^2 + (n\pi/a)^2]}{\epsilon_0 abD[(m\pi/b)^2 + (n\pi/a)^2 + (l\pi/h)^2]}\left[\frac{S^2(x_1) + S^2(x_2)}{4}\right] \tag{3-515}$$

$$S(x) = \frac{\sin x}{x} \tag{3-516}$$

和

$$x_1 = \frac{h}{2} \left\{ \left[\left(\frac{m\pi}{b}\right)^2 + \left(\frac{n\pi}{a}\right)^2 + \left(\frac{l\pi}{h}\right)^2 \right]^{\frac{1}{2}} - \frac{l\pi}{h} \right\} \quad (3-517)$$

$$x_2 = \frac{h}{2} \left\{ \left[\left(\frac{m\pi}{b}\right)^2 + \left(\frac{n\pi}{a}\right)^2 + \left(\frac{l\pi}{h}\right)^2 \right]^{\frac{1}{2}} + \frac{l\pi}{h} \right\} \quad (3-518)$$

通过将式(3-514)代入式(3-506)、式(3-507)和式(3-508)，终于得到了

$$W_{z,mnl}(\tau) = 2k_{mnl,i} \sin\left(\frac{m\pi x}{b}\right) \sin\left(\frac{n\pi y}{a}\right) \cdot$$
$$\sin\left(\frac{m\pi x_q}{b}\right) \sin\left(\frac{n\pi y_q}{a}\right) \cos(\omega_{mnl}\tau) \quad (3-519)$$

$$W_{x,mnl}(\tau) = 2m \frac{c\pi k_{mnl,i}}{\omega_{mnl}b} \cos\left(\frac{m\pi x}{b}\right) \sin\left(\frac{n\pi y}{a}\right) \cdot$$
$$\sin\left(\frac{m\pi x_q}{b}\right) \sin\left(\frac{n\pi y_q}{a}\right) \sin(\omega_{mnl}\tau) \quad (3-520)$$

$$W_{y,mnl}(\tau) = 2n \frac{c\pi k_{mnl,i}}{\omega_{mnl}a} \sin\left(\frac{m\pi x}{b}\right) \cos\left(\frac{n\pi y}{a}\right) \cdot$$
$$\sin\left(\frac{m\pi x_q}{b}\right) \sin\left(\frac{n\pi y_q}{a}\right) \sin(\omega_{mnl}\tau) \quad (3-521)$$

式中，下标 i 区分了四种不同情况，而 $k_{mnl,i}$ 表示为

$$k_{mnl,1} = k_{mnl}^* \sin^2\left(\frac{n\pi y_w}{a}\right) \quad (3-522)$$

$$k_{mnl,2} = k_{mnl}^* \sin^2\left(\frac{n\pi x_w}{b}\right) \quad (3-523)$$

$$k_{mnl,3} = k_{mnl}^* \sin^2\left(\frac{n\pi y_w}{a}\right) \sin^2\left(\frac{m\pi x_w}{b}\right) \quad (3-524)$$

$$k_{mnl,4} = k_{mnl}^* \quad (3-525)$$

式(3-522)~式(3-524)中与孔径相关的系数只是表示耦合孔径对损耗因子的影响。很明显，当 $x_w=0$，$y_w=0$ 时，所有损耗因子将为零，因为这种情况对应于无限均匀矩形波导（假设该波导没有损耗）。要注意到，尾场对矩形结构中的横向电荷坐标的依赖性与圆柱形结构中的完全不同，正是这种差异意味着在未来的直线对撞机中可能应用矩形加速结构。

通过设置 $D=h$ 并使用式(3-524)在一个封闭的矩形谐振腔中获得尾场。

对于一个高斯电荷 q 和束长 σ_t，我们可以计算从 δ 函数尾场开始的集成尾场：

$$W_{G,z}(\tau) = \int_{-\infty}^{\tau} W_z(\tau - t) I(t) \mathrm{d}t \qquad (3-526)$$

$$W_{G,x}(\tau) = \int_{-\infty}^{\tau} W_x(\tau - t) I(t) \mathrm{d}t \qquad (3-527)$$

$$W_{G,y}(\tau) = \int_{-\infty}^{\tau} W_y(\tau - t) I(t) \mathrm{d}t \qquad (3-528)$$

其中

$$I(t) = \frac{q}{(2\pi)^{1/2}\sigma_t} \exp\left(-\frac{t^2}{2\sigma_t^2}\right) \qquad (3-529)$$

如果 $\tau \geqslant 3\sigma_t$，式(3-526)、式(3-527)和式(3-528)可以替换为以下表达式：

$$W_{G,z}(\tau) = \sum_{m=0}^{\infty}\sum_{n=1}^{\infty}\sum_{l=0}^{\infty} W_{z,mnl}(\tau)\exp\left(-\frac{\omega_{mnl}^2\sigma_t^2}{2}\right) \qquad (3-530)$$

$$W_{G,x}(\tau) = \sum_{m=0}^{\infty}\sum_{n=1}^{\infty}\sum_{l=0}^{\infty} W_{x,mnl}(\tau)\exp\left(-\frac{\omega_{mnl}^2\sigma_t^2}{2}\right) \qquad (3-531)$$

$$W_{G,y}(\tau) = \sum_{m=0}^{\infty}\sum_{n=1}^{\infty}\sum_{l=0}^{\infty} W_{y,mnl}(\tau)\exp\left(-\frac{\omega_{mnl}^2\sigma_t^2}{2}\right) \qquad (3-532)$$

下面，我们将讨论基模的聚焦属性。矩形结构中的基模对通过的带电粒子聚焦或散焦取决于加速粒子相对于加速电场的相位。这种特性使得矩形结构对于将来的直线对撞机更加有用，其中束团应保持非常靠近轴线，以避免过多的尾场偏转力。可以从式(3-519)～式(3-521)获得三个方向上的力的表达式：

$$F_z(\Phi) = qE_0\cos\Phi \qquad (3-533)$$

$$F_x(\Phi) = -qE_0\frac{c\pi}{\omega_{110}b}\cos\left(\frac{\pi x}{b}\right)\sin\left(\frac{\pi y}{a}\right)\sin\Phi \qquad (3-534)$$

$$F_y(\Phi) = -qE_0\frac{c\pi}{\omega_{110}a}\sin\left(\frac{\pi x}{b}\right)\cos\left(\frac{n\pi y}{a}\right)\sin\Phi \qquad (3-535)$$

式中，q 是粒子的电荷；E_0 是同步加速电场强度；$\Phi > 0$ 对应于位于同步 RF 波峰之前的粒子。如果粒子靠近轴，则有

$$F_x(\Phi) = qE_0\frac{c\pi^2}{\omega_{110}b^2}\mathrm{d}X\sin\Phi \qquad (3-536)$$

$$F_y(\Phi) = qE_0 \frac{c\pi^2}{\omega_{110}a^2} \mathrm{d}Y \sin\Phi \tag{3-537}$$

式中，$\mathrm{d}X$ 和 $\mathrm{d}Y$ 是从矩形结构中心测量的粒子横向坐标。很明显，通过选择负 Φ（其中 BNS 阻尼也起了作用），可以在两个横向平面上聚焦。

3.7.3　加速管主耦合器

在速调管和直线加速结构的设计中，微波腔体可以是驻波或行波。为了确定波导与腔之间的耦合系数，可以使用不同的方法，例如实验、数值模拟和解析计算。在本节中，我们将以解析计算的方法展示如何使用扰动方法确定波导与腔这一耦合系统的耦合系数[26,28]。

在宽度为 a、高度为 b 的矩形波导中，归一化的 H_{nm} 模式可以从标量函数导出：

$$\psi_{nm}(x, y) = \left(\frac{\epsilon_{0n}\epsilon_{0m}}{ab\mathrm{j}k_0 Z_0 \Gamma_{nm} k_{c,nm}^2}\right)^{\frac{1}{2}} \cos\left(\frac{n\pi}{a}x\right) \cos\left(m\pi \frac{2y-b}{b}\right) \tag{3-538}$$

根据以下关系：

$$\boldsymbol{h}_{znm} = \boldsymbol{a}_z k_{c,nm}^2 \psi_{nm} \tag{3-539}$$

$$\boldsymbol{h}_{nm} = -\Gamma_{nm} \nabla_t \psi_{nm} \tag{3-540}$$

$$\boldsymbol{e}_{nm} = \frac{\mathrm{j}k_0 Z_0}{\Gamma_{nm}} (\boldsymbol{a}_x \boldsymbol{a}_y - \boldsymbol{a}_y \boldsymbol{a}_x) \cdot \boldsymbol{h}_{nm} \tag{3-541}$$

$$\boldsymbol{E}_{nm}^{\pm} = \boldsymbol{e}_{nm} \mathrm{e}^{\mp \Gamma_{nm}z} \cdot \boldsymbol{h}_{nm} \tag{3-542}$$

$$\boldsymbol{H}_{nm}^{\pm} = (\pm \boldsymbol{h}_{nm} + \boldsymbol{h}_{znm}) \mathrm{e}^{\mp \Gamma_{nm}z} \tag{3-543}$$

式中，$\epsilon_{0n} = 1(n=0)$，$\epsilon_{0n} = 2(n>0)$；$Z_0 = 120\pi(\Omega)$；$k_{c,nm}^2 = (m\pi/b)^2 + (n\pi/a)^2 - k_0^2$；$\boldsymbol{h}_{nm}$ 和 $\boldsymbol{e}_{nm}$ 是横向磁场和横向电场；$\Gamma_{nm}^2 = k_{c,nm}^2 - k_0^2$，$k_0 = 2\pi/\lambda$，$\lambda$ 是自由空间中的波长。式(3-538)已经按如下条件进行了归一化：

$$\int_0^a \int_0^b \boldsymbol{e}_{nm} \times \boldsymbol{h}_{nm} \cdot \boldsymbol{a}_z \mathrm{d}x \mathrm{d}y = 1 \tag{3-544}$$

现在我们考虑一个由小孔激发的波导的情况，它可以等价于电偶极子 $\boldsymbol{P}$ 或磁偶极子 $\boldsymbol{M}$。可以根据常规波导模式扩展散射场，如下所示：

$$\boldsymbol{E}_s = \sum a_n \boldsymbol{E}_n^+ \quad (z > 0) \tag{3-545}$$

$$\boldsymbol{H}_s = \sum a_n \boldsymbol{H}_n^+ \quad (z > 0) \tag{3-546}$$

$$\boldsymbol{E}_s = \sum b_n \boldsymbol{E}_n^- \quad (z < 0) \tag{3-547}$$

$$\boldsymbol{H}_s = \sum b_n \boldsymbol{H}_n^- \quad (z < 0) \tag{3-548}$$

其中展开系数 a_n 和 b_n 可以根据 Lorentz 变换原则通过以下关系获得：

$$2a_n = \mathrm{j}\omega(\mu_0 \boldsymbol{H}_n^- \cdot \boldsymbol{M} - \boldsymbol{E}_n^- \cdot \boldsymbol{P}) \tag{3-549}$$

$$2b_n = \mathrm{j}\omega(\mu_0 \boldsymbol{H}_n^+ \cdot \boldsymbol{M} - \boldsymbol{E}_n^+ \cdot \boldsymbol{P}) \tag{3-550}$$

式中，$\omega = \dfrac{k_0}{c}$，电偶极子和磁偶极子可估算如下：

$$\boldsymbol{P} = \frac{\pi l_1^3 (1 - e_0^2)}{3 E_0(e_0)} \epsilon_0 \boldsymbol{E}_0 \tag{3-551}$$

$$\boldsymbol{M}_1 = \frac{\pi l_1^3 e_0^2}{3[K(e_0) - E_0(e_0)]} \mu_0 \boldsymbol{H}_1 \tag{3-552}$$

$$\boldsymbol{M}_2 = -\frac{\pi l_1^3 e_0^2 (1 - e_0^2)}{3[E_0(e_0) - (1 - e_0^2)K(e_0)]} \mu_0 \boldsymbol{H}_2 \tag{3-553}$$

$$K(e_0) = \frac{\pi}{2}\left[1 + \left(\frac{1}{2}\right)^2 e_0^2 + \left(\frac{1 \cdot 3}{2 \cdot 4}\right)^2 e_0^4 + \left(\frac{1 \cdot 3 \cdot 5}{2 \cdot 4 \cdot 6}\right)^2 e_0^6 + \cdots\right] \tag{3-554}$$

$$E(e_0) = \frac{\pi}{2}\left[1 - \left(\frac{1}{2}\right)^2 e_0^2 - \left(\frac{1 \cdot 3}{2 \cdot 4}\right)^2 \frac{e_0^4}{3} - \left(\frac{1 \cdot 3 \cdot 5}{2 \cdot 4 \cdot 6}\right)^2 \frac{e_0^6}{5} - \cdots\right] \tag{3-555}$$

$$e_0 = \left(1 - \frac{l_2^2}{l_1^2}\right)^{\frac{1}{2}} \tag{3-556}$$

式中，ϵ_0 是真空的介电常数；μ_0 是真空的渗透率。当光圈是半径为 r 的圆形时，式(3-551)和式(3-552)可以简化为

$$\boldsymbol{P} = -\frac{2}{3} r^3 \epsilon_0 \boldsymbol{E}_0 \tag{3-557}$$

$$\boldsymbol{M}_{1,2} = \frac{4}{3} r^3 \mu_0 \boldsymbol{H}_{1,2} \tag{3-558}$$

作为一个特例，我们考虑波导中的 H_{10} 模式。H_{10} 模式的规范化模式函数是

$$\boldsymbol{E}_{10}^+ = \boldsymbol{e}_{10} \mathrm{e}^{-\Gamma_{10} z} \tag{3-559}$$

$$\boldsymbol{E}_{10}^- = \boldsymbol{e}_{10} \mathrm{e}^{\Gamma_{10} z} \tag{3-560}$$

$$\boldsymbol{H}_{10}^+ = (\boldsymbol{h}_{10} + \boldsymbol{h}_{z10}) \mathrm{e}^{-\Gamma_{10} z} \tag{3-561}$$

$$\boldsymbol{H}_{10}^- = (-\boldsymbol{h}_{10} + \boldsymbol{h}_{z10}) \mathrm{e}^{\Gamma_{10} z} \tag{3-562}$$

$$\boldsymbol{e}_{10} = -\mathrm{j}k_0 Z_0 \left(\frac{2}{\mathrm{j}abk_0 Z_0 \Gamma_{10}}\right)^{\frac{1}{2}} \sin\left(\frac{\pi x}{a}\right) \boldsymbol{a}_y \tag{3-563}$$

$$\boldsymbol{h}_{10} = \Gamma_{10} \left(\frac{2}{\mathrm{j}abk_0 Z_0 \Gamma_{10}}\right)^{\frac{1}{2}} \sin\left(\frac{\pi x}{a}\right) \boldsymbol{a}_x \tag{3-564}$$

$$\boldsymbol{h}_{z10} = \left(\frac{2}{\mathrm{j}abk_0 Z_0 \Gamma_{10}}\right)^{\frac{1}{2}} \frac{\pi}{a} \cos\left(\frac{\pi x}{a}\right) \boldsymbol{a}_z \tag{3-565}$$

$$\Gamma_{10} = k_0 \left[1 - \left(\frac{\lambda}{2a}\right)^2\right]^{\frac{1}{2}} \tag{3-566}$$

波导内 H_{10} 模式的峰值功率可表示为

$$P_{\max} = \frac{abZ_0 k_0}{4\Gamma_{10}} H_{x,10,\max}^2 \tag{3-567}$$

$$H_{x,10,\max} = \frac{a\Gamma_{10}}{\pi} H_{z,10,\max} \tag{3-568}$$

式中，$H_{x,10,\max}$ 和 $H_{z,10,\max}$ 分别是 x 和 z 方向中 H_{10} 模式的峰值磁场。如果波导被椭圆孔的磁偶极子激发，可以从式(3-549)和式(3-550)中找到对应于 H_{10} 模式的扩展系数 a_1 和 b_1，如下所示：

$$2a_1 = \mathrm{j}\omega\mu_0 \boldsymbol{H}_{10}^- \cdot \boldsymbol{M} = \mathrm{j}\omega\mu_0 \boldsymbol{h}_{z10} \cdot \boldsymbol{M} \tag{3-569}$$

$$2b_1 = \mathrm{j}\omega\mu_0 \boldsymbol{H}_{10}^+ \cdot \boldsymbol{M} = \mathrm{j}\omega\mu_0 \boldsymbol{h}_{z10} \cdot \boldsymbol{M} = 2a_1 \tag{3-570}$$

如果波导的一侧终止于金属腔壁，该金属壁位于距耦合孔中心的距离 L 处，则向前和向后的波将向上行进和朝向波导的另一侧行进。根据上述金属壁设定

的边界条件，人们知道金属壁表面
的 $H_{z,10}$ 为零。

通过上述准备，可以开始建立
图 3-4 所示的波导腔耦合系统的
耦合系数的解析公式。根据定
义，有

$$\beta = \frac{P}{P_0^*} \qquad (3-571)$$

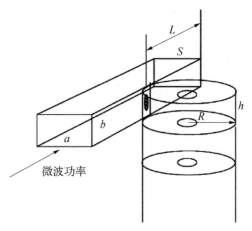

图 3-4　类型 I 的波导腔耦合系统

式中，P 是从腔体通过耦合孔辐射
到波导中的功率；$P_0^* = P_0 + Uv_g/h$，P_0 是耦合腔壁消耗的功率，
U 是存储在耦合器腔内的能量，v_g 是结构的群速度（$v_g = 0$ 的情况对应于驻波
腔）。实际上，如果加速束流的功率 P_b 与（$P_0 + Uv_g/h$）相当，则必须将 P_b 添
加到 P^*。通过使用式(3-567)和式(3-571)可以得到：

$$\beta = \frac{\pi^2 N Z_0 k_0 \Gamma_{10} e_0^4 l_1^6 e^{-2\alpha d} \sin^2\left(\frac{2\pi L}{\lambda_{g,10}}\right)}{9ab\left[K(e_0) - E(e_0)\right]^2} \left(\frac{\pi}{a\Gamma_{10}}\right)^2 \frac{H_1^2}{P_0^*} \qquad (3-572)$$

式中，N 是连接到耦合腔的波导的数量（假设每个耦合孔上的磁场是相同的）；
H_1 是在耦合孔打开之前耦合孔位置处的磁场；$\lambda_{g,10}$ 是 H_{10} 模式的波导波长；
d 是波导内表面和耦合腔内表面之间的平均壁厚；α 是衰减系数，可表示为 $\alpha = \frac{2\pi}{\lambda}\left[\left(\frac{\lambda}{4l_{1,2}}\right)^2 - 1\right]^{1/2}$，取决于耦合孔内的波型是 H_{10} 或 H_{01}。如果我们在
Pill-box 用 P_0 和 U_0 TM_{010} 模式的分析表达式，式(3-572)可以进一步简化为

$$\beta = \frac{N\pi Z_0 k_0 \Gamma_{10} l_1^6 e_0^4 e^{-2\alpha d} \sin^2\left(\frac{2\pi L}{\lambda_{g,10}}\right)}{9abRR_s(R+h)\left[K(e_0) - E(e_0)\right]^2 \left[1 + \frac{Z_0 R}{2R_s(R+h)}\left(\frac{v_g}{c}\right)\right]} \left(\frac{\pi}{a\Gamma_{10}}\right)^2$$

$$(3-573)$$

式中，R_s 是金属表面电阻。如果耦合孔为半径为 r 的圆形，则衰减系数应表
示为 $\alpha = \frac{2\pi}{\lambda}\left[\left(\frac{\lambda}{3.41r}\right)^2 - 1\right]^{1/2}$。

例如,考虑行波结构,$h=0.02$,$R=0.04$,$v_g/c=0.03$,$a=0.072$,$b=0.02$,$\lambda=0.1$,$N=2$,$d=0.0022$,$L=\lambda_{g,10}/4$,$2l_2=h$,根据式(3-573)得到,对于 $\beta=1$,耦合孔径长度 $2l_1$ 应该是 0.035,这非常接近 HFSS 模拟结果。

3.7.4 加速管高次模耦合器

大多数现有的直线对撞机项目为了获得所需的亮度,必须通过使用失谐、阻尼或"失谐+阻尼"加速结构来适当地控制长距离尾场引起的发射度增长。

对于常温加速结构的直线对撞机,必须根据具体的机器设计参数,通过使用失谐、阻尼或"失谐+阻尼"加速结构来适当地控制远程尾场。本节是关于阻尼加速结构高阶模耦合器设计的探讨,我们尝试将阻尼结构分为三种类型,并详细讨论如何确定 HOM 耦合器的耦合孔径尺寸以及如何估计其对阻尼 HOM 的影响。第一类阻尼结构是其中每个腔有 HOM 耦合器阻尼。第二类阻尼结构被分类为恒定阻抗结构的一部分,有 HOM 耦合器阻尼。第一类与第二类阻尼结构之间有本质区别。为了估计该 HOM 耦合器的效果,引入并计算了等效的品质因数。最后,研究了第三类阻尼结构("失谐+阻尼"),并且认为这种类型的结构不适用于直线对撞机[29-30]。

1) 第一类阻尼结构

首先,我们考虑在谐振模式下工作的单个谐振射频腔,例如 TM_{110} 模式。与此模式对应的品质因数定义为

$$Q_{0,110}=\frac{2\pi f_{110}W_{110}}{P_{110}}=\frac{Z_0 u_{11}}{2R_{s,110}\left(1+\dfrac{R}{h}\right)} \qquad (3-574)$$

式中,W_{110} 和 P_{110} 是存储的能量和腔内功率损失;f_{110} 是工作频率;R 和 h 分别为腔半径和高度;u_{11} 是贝塞尔函数的第一个根 $J_1(x)$;$Z_0=120\pi$;$R_{s,110}=(f_{110}\pi\mu_0/\sigma)^{1/2}$;$\mu_0$ 是磁导率;σ 是电导率。如果该腔体装有一些波导,则加载的品质因数定义为

$$Q_{L,110}=\frac{Q_{0,110}}{1+\beta_{N,110}} \qquad (3-575)$$

式中,$\beta_{N,110}$ 称为波导与谐振腔之间的耦合系数,对应于 TM_{110} 模式;下标 N 表示波导的数量。如果腔体装有四个均匀分布在腔体圆柱表面的波导,$\beta_{4,110}$ 是 TM_{110} 模式偏振无关量,可以分析表示为

$$\beta_{4,110}(l) = \frac{\pi Z_0 k k_{10} l^6 \mathrm{e}^{-2\alpha_c t} \mathrm{J}'^2_1(u_{11})}{144\left[\ln\left(\frac{4l}{w}\right) - 1\right]^2 ABRR_{\mathrm{s},110}(R+h)\mathrm{J}^2_2(u_{11})} \quad (3-576)$$

式中，$k = 2\pi/\lambda_{110}$，$k_{10} = k[1 - (\lambda_{110}/2A)^2]^{1/2}$；$\alpha_c = (2\pi/\lambda_{110})[(\lambda_{110}/2l)^2 - 1]^{1/2}$；$A$ 和 B 是 HOM 波导的宽度和高度；l 和 w 是四个矩形耦合槽的宽度和高度，l 与磁场平行；t 是腔内表面与波导之间的壁厚。很明显，耦合槽越大，加载的 $Q_{\mathrm{L},110}$ 就越低。现在，如果这种波导加载腔中的许多腔耦合在一起，则在基模未衰减的条件下获得第一种阻尼加速结构。对于 TM_{11} 模式的通带，可以说加载的 Q 几乎就是 $Q_{\mathrm{L},110}$。

2) 第二类阻尼结构

现在我们考虑第二种阻尼结构，它与第一种阻尼结构有本质区别。给定一个长度为 L 的恒定阻抗盘荷加载结构，我们可以计算基模的通带和 TM_{11} 模（这是多束团运行的最危险模式）。两个色散方程中的耦合系数可以解析表示为

$$\omega^2_{\theta_0,\mathrm{e}} = \omega^2_{\pi/2,\mathrm{e}}(1 - K_{\mathrm{e}}\cos\theta_0) \quad (3-577)$$

$$K_{\mathrm{e}} = \frac{4a^3}{3\pi h R^2 \mathrm{J}^2_1(u_{01})}\exp(-\alpha_{\mathrm{e}}d) \quad (3-578)$$

$$\alpha_{\mathrm{e}} = [(2.62/a)^2 - (2\pi/\lambda)^2]^{\frac{1}{2}} \quad (3-579)$$

$$\omega^2_{\theta_1,\mathrm{h}} = \omega^2_{\pi/2,\mathrm{h}}(1 + K_{\mathrm{h}}\cos\theta_1) \quad (3-580)$$

$$K_{\mathrm{h}} = \frac{4a^3}{3\pi h R^2 \mathrm{J}^2_2(u_{11})}\exp(-\alpha_{\mathrm{h}}d) \quad (3-581)$$

$$\alpha_{\mathrm{h}} = [(1.841/a)^2 - (2\pi/\lambda)^2]^{\frac{1}{2}} \quad (3-582)$$

式中，下标 e 和 h 表示基模是电耦合，TM_{11} 模是磁耦合；θ_0 是基模通带的工作模式，例如 $\theta_0 = 2\pi/3$，我们定义 $\theta_1 = \theta_{1,\mathrm{s}}$ 作为 TM_{11} 模式通带的相移，相位速度等于光速，这非常接近正常 S 波段结构中的 π 模。假设现在一个带电粒子以接近光速的速度离轴注入结构，人们就知道这个粒子会在 TM_{11} 模式下失去能量，主要是在同步相移 $\theta_{1,\mathrm{s}}$ 并在它后面产生尾流 $W_{\perp,11}(s)$，其中 s 是这个激励电荷与后续测试电荷之间的距离（当然它也会产生在其他频率下振荡的尾场）。如果 $0 < \theta_{1,\mathrm{s}} < \pi$，尾场 $W_{\perp,11}$ 的能量将在激励电荷通过后沿结构长

度 L 均匀分布，并以 $v_g(\theta_{1,s})$ 的群速度向上游移动。假设有四个分布式波导在结构的开始处连接到 HOM 引出腔，为了通过 HOM 波导从结构吸收 $W_{\perp,11}$ 的能量而没有任何反射，必须仔细选择耦合器墙上的插槽尺寸，将此 HOM 耦合器与 TM_{11} 行波模式匹配，工作在 $\theta_{1,s}$（就像匹配输入和输出均为恒阻抗行波加速结构的耦合器）。耦合槽的宽度 l_* 和高度 w_* 必须满足以下关系：

$$\beta_{4,11}(l_*) = \frac{\pi Z_0 k k_{10} l_*^6 e^{-2a_c^* t} J_1'(u_{11})^2}{144 \left[\ln\left(\frac{4l_*}{w_*}\right) - 1\right]^2 ABRR_{s,110}(R+h) J_2^2(u_{11})} \cdot$$

$$\frac{1}{\left\{1 + \frac{Z_0 R}{2R_{s,110}(R+h)}\left[\frac{v_g(\theta_{1,s})}{c}\right]\right\}} = 1 \qquad (3-583)$$

式中，$\alpha_c^* = (2\pi/\lambda_{110})[(\lambda_{110}/2l_*)^2 - 1]^{1/2}$；$c$ 是光速。比较式(3-576)和式(3-583)，可以发现两种阻尼结构之间的根本区别，即第二类阻尼结构的 HOM 耦合器中的耦合槽不应太大或太小。但是，对于第一类阻尼结构，此限制不存在。

一旦 HOM 耦合器匹配，就会知道对于带电粒子 q 的测试粒子横向尾场的偏转力 $W_{\perp,11}$，它位于激励电荷后方 s 的距离处：

$$F_{\perp,11} = q W_{\perp,11} e^{-\frac{\omega(\theta_{1,s})}{2Q_{0,11}}\left(\frac{s}{c}\right)} D(s) \qquad (3-584)$$

$$\begin{cases} D(s) = L - V_g(\theta_{1,s})\dfrac{s}{c} & [s \leqslant cL/V_g(\theta_{1,s})] \\ D(s) = 0 & [s > cL/V_g(\theta_{1,s})] \end{cases} \qquad (3-585)$$

式中，$\omega(\theta_{1,s})$ 是在相移为 $\theta_{1,s}$ 的 TM_{11} 模式的角频率；$Q_{0,11}$ 是以角频率 $\omega(\theta_{1,s})$ 工作的结构的品质因数。很明显，当 $V_g(\theta_{1,s})=0$ 时，没有阻尼效应（只有耦合器腔被阻尼）。若要根据负载品质因数来判断 HOM 耦合器的阻尼效果，我们将使用指数函数 $L e^{-\frac{\omega(\theta_{1,s})}{2Q_{c,11}}\left(\frac{s}{c}\right)}$ 来模拟式(3-584)中的函数 $D(s)$，通过选择 $Q_{e,11}$ 为

$$Q_{e,11} = \frac{\omega(\theta_{1,s})L(1 - e^{-1})}{2v_g(\theta_{1,s})} \qquad (3-586)$$

这两个函数在相同的 s 下降到相同的值，Le^{-1}。式(3-584)可以表示为

$$F_{\perp,11} = qW_{\perp,11}Le^{-\frac{\omega(\theta_{1,s})}{2Q_{L,11}}\left(\frac{s}{c}\right)} \qquad (3-587)$$

式中，$Q_{L,11}$ 称为等效加载品质因子，表示为

$$Q_{L,11} = \frac{Q_{0,11}}{1+\dfrac{Q_{0,11}}{Q_{e,11}}} = \frac{Q_{0,11}}{1+\beta_{eq}} \qquad (3-588)$$

式中，β_{eq} 称为等效耦合系数，它与式(3-576)和式(3-583)中表示的耦合系数无关。如果 $Q_{0,11} \gg Q_{e,11}$，则 $Q_{L,11} \approx Q_{e,11}$。对于式(3-588)值得注意的是，有两种方法可以减少 $Q_{L,11}$：减少 L 或增加 $v_g(\theta_{1,s})$。对于长度为 L 的恒定阻抗结构，应该用于达到所需 $Q^*_{L,11}$ 的 HOM 耦合器的总数 N_c 可以通过以下表达式计算：

$$N_c = \frac{L\omega(\theta_{1,s})(1-e^{-1})(Q_{0,11}-Q^*_{L,11})}{2cQ_{0,11}Q^*_{L,11}\left[\dfrac{v_g(\theta_{1,s})}{c}\right]} \qquad (3-589)$$

3）第三类阻尼结构

第三类阻尼结构是通过少量 HOM 波导来抑制失谐结构，例如，S 波段线性对撞机的加速结构。由于失谐结构中的物理过程比恒定阻抗中的物理过程复杂得多，我们将首先讨论它而不添加 HOM 耦合器并假设空腔的尺寸彼此不同。当粒子穿过轴的结构时，它会将部分能量储存在 TM_{11} 模式下，主要以 f_1 到 f_n 的频率振荡，其中下标 n 是这个长度为 L 的失谐结构中不同腔体的总数。测试粒子感觉到的横向偏转力可表示为

$$F_{\perp,11} = \sum_{i=1}^{n} 2qK_{\perp,11}\frac{L}{n}\sin\left[\omega(\theta_{1,s,i})\frac{s}{c}\right]e^{-\frac{\omega(\theta_{1,s,i})}{2Q_{0,11}}\left(\frac{s}{c}\right)} \qquad (3-590)$$

其中

$$K_{\perp,11} = \frac{k_{1,i}c}{a_i^2\omega(\theta_{1,s,i})} \qquad (3-591)$$

式中，$k_{1,i}$ 是与 i 阶腔对应的 TM_{11} 模式损失因子，可以通过分析计算：

$$k_{1,i} = \frac{a_i^2 u_{11}^2 D\eta_{\theta_{1,s,i}}^2}{4\pi\epsilon_0 hR_i^4 J_2^2(u_{11})}\left[\frac{2R_i}{a_i u_{11}}J_1\left(\frac{u_{11}}{R_i}a_i\right)\right]^2 \qquad (3-592)$$

$$\eta_{\theta 1,s,i} = \frac{2}{\theta_{1,s,i}} \sin\left(\frac{\theta_{1,s,i} h}{2D}\right) \tag{3-593}$$

有不同的方法来使结构失谐,例如均匀失谐、高斯失谐和正弦失谐。

(1) 均匀失谐的横向偏转力表示为

$$F_{\perp,11} = 2\langle K_{\perp,11}\rangle \sin\left(\frac{2\pi\langle f\rangle s}{c}\right) \frac{\sin(\pi s \Delta f/c)}{(\pi s \Delta f/c)} \cdot$$
$$\exp\left[-\frac{\pi\langle f\rangle}{Q_{0,11}}\left(\frac{s}{c}\right)\right] L \tag{3-594}$$

(2) 高斯失谐的横向偏转力表示为

$$F_{\perp,11} = 2\langle K_{\perp,11}\rangle \sin\left(\frac{2\pi\langle f\rangle s}{c}\right) e^{-2(\pi\sigma_f s/c)^2} \cdot$$
$$\exp\left[-\frac{\pi\langle f\rangle}{Q_{0,11}}\left(\frac{s}{c}\right)\right] L \tag{3-595}$$

(3) 正弦失谐的横向偏转力表示为

$$F_{\perp,11} = 2\langle K_{\perp,11}\rangle \sin\left(\frac{2\pi\langle f\rangle s}{c}\right) J_0\left(\frac{\pi\Delta f s}{c}\right) \cdot$$
$$\exp\left[-\frac{\pi\langle f\rangle}{Q_{0,11}}\left(\frac{s}{c}\right)\right] L \tag{3-596}$$

式中,$\langle f\rangle$ 是平均同步频率;Δf 是同步频率扩展的全范围;σ_f 是高斯频率分布中的均方根宽度。如果我们考虑一个均匀失谐的结构,其束孔半径绝热地从最初的 a_1 减少到最后的 a_n,则带电粒子通过的能量可以在结构内移动而不是局部振荡。为了研究这种能量流,让我们看一下 i 阶模式的行为。在一个激励粒子通过后,沉积在 i 阶腔中的能量以角频率 $\omega(\theta_{1,s,i})$ 振荡向上游传播[如果 $v_g(\theta_{1,s,i}) < 0$]。结构内部 TM$_{11}$ 模式能量的运动可以分为三种不同的方式:① 对于在结构开始时沉积的模式,它们将在局部振荡,因为它们不能向下游传播。② 对于在结构末尾生成的模式[从 f_m 到 f_n,$v_g(\theta_{1,s,i}) < 0$,$i = m,\cdots,n$],能量将向上游传播并最终被捕获在下游空腔中的某处,其中对应于这些频率的群速度等于零。③ 对于 f_1 与 f_m 之间的模式的能量将在第 1 腔与第 m 腔之间的结构中振荡(向后和向前行进),其中已经产生频率为 f_i 的能量。

通过几个 HOM 耦合器抑制失谐结构中的 TM$_{11}$ 模式是 S-Band 线性对撞机主直线加速器设计中目前采用的"调谐＋阻尼"结构的主要思想,由于失谐本身的影响无法抑制多束团发射度的增长。为了演示 HOM 耦合器的行为，我们假设在失谐结构的开始处安装了一个 HOM 耦合器(4 个波导)，并与 i 阶 TM$_{11}$ 模式匹配。对应于 i 阶模式的等效加载品质因数可表示为

$$Q_{\mathrm{L},11,i} = \frac{Q_{0,11,i}}{1 + \dfrac{Q_{0,11,i} 2\langle v_{\mathrm{g}}(\theta_{1,\mathrm{s},i})\rangle}{\omega(\theta_{1,\mathrm{s},i}) z_i (1 - \mathrm{e}^{-1})}} \tag{3-597}$$

式中，$\langle v_{\mathrm{g}}(\theta_{1,\mathrm{s},i})\rangle$ 是 i 阶模式从 $z = z_i$ 到 $z \approx 0$ 的平均群速度，其中 HOM 耦合器位于其中。这种 HOM 耦合器对其他模式的影响是彼此不同的，并且由于不匹配而不太明显。

3.7.5　直线加速器结构

1) 有损腔之间耦合态的判据

对于耦合的双腔系统，重要的是通过给定的耦合系数 k 和品质因子 Q_0 来判断两个腔是耦合的、临界耦合的还是非耦合。在本节中，我们将给出一个量化标准来做出判断，即 $kQ_0 > 2$，$kQ_0 = 2$ 和 $kQ_0 < 2$ 对应于上述三种情况。众所周知，对于耦合的双腔系统，一个单腔模式通常将分裂成两种模式。然而，如果腔具有有限的损耗，则两个谐振模式的相移不完全为零或者 π。耦合双腔系统的详细讨论也可以扩展到多腔驻波结构[31]。

多腔驻波结构是驻波直线加速器的重要组成部分。为了更好地理解这种结构，必须澄清一些相关的非常基本的物理图像。最基本的元件是耦合的双腔系统，它是多腔驻波结构的基本组成部分。众所周知，没有损耗的两个耦合腔具有两个谐振模式，零和 π，它们从相应的单腔模式中分离，而且两个腔中的场的幅度是相同的。然而，实际上，腔有损耗，并且为了保持驻波结构中的电磁场的建立，结构中的功率流应该等于总欧姆损耗率，也就是说

$$\frac{\mathrm{d}W}{\mathrm{d}t} = -\frac{\omega}{Q_0} W + \frac{W}{L} v_{\mathrm{g}} = 0 \tag{3-598}$$

式中，W 是存储在结构中的总能量；ω 是谐振角频率；L 是结构长度；v_{g} 是 ω 的群速度。已知

$$v_{\mathrm{g}} = \frac{\omega}{Q_0} L \tag{3-599}$$

有必要提一下，对于行波结构，总是有

$$v_{\mathrm{g}} > \frac{\omega}{Q_0} L \tag{3-600}$$

而该结构流向外部的功率是

$$P_{\mathrm{out}} = \left(\frac{v_{\mathrm{g}}}{L} - \frac{\omega}{Q_0}\right) W \tag{3-601}$$

周期结构的色散关系由下式描述：

$$\omega^2 = \omega_{\pi/2}^2 \left[1 - k\cos(\beta D)\right] \tag{3-602}$$

式中，k 是耦合系数；$\beta = 2\pi/\lambda$ 是工作频率下的波长。现在我们考虑一个耦合的双腔系统，并假设这种色散关系仍然成立。为了满足式(3-598)，需要有

$$\frac{kQ_0\omega_{\pi/2}^2}{2\omega^2} \mid \sin\theta \mid = 1 \tag{3-603}$$

或者

$$1 - k\cos\theta = \frac{kQ_0}{2} \mid \sin\theta \mid \tag{3-604}$$

式中，$\theta = \beta D$；$L = D$。由于通常情况下，$k \ll 1$，$Q_0 \gg 1$，所以式(3-604)可以简化为

$$1 = \frac{kQ_0}{2} \mid \sin\theta \mid \tag{3-605}$$

$$\theta_1 = \arcsin\left(\frac{2}{kQ_0}\right) \tag{3-606}$$

$$\theta_2 = \pi - \theta_1 \tag{3-607}$$

很明显，如果 $kQ_0 > 2$ 有两个解 θ_1 和 θ_2。且当 $kQ_0 \approx \infty$ 时，$\theta_1 \approx 0$，$\theta_2 \approx \pi$。当 $kQ_0 = 2$ 时，只有一个解 $\theta_1 = \theta_2 = \pi/2$，这种情况称为临界耦合。然而，当 $kQ_0 < 2$ 时，θ 将没有解，并且可以认为两个腔体是非耦合的(独立的)。由于 $\theta_{1,2}$ 取决于 kQ_0，因此可以很容易地找到谐振频率与 kQ_0 之间的关系：

$$\omega_{\theta_{1,2}}^2 = \omega_{\pi/2}^2(1 - k\cos\theta_{1,2}) \tag{3-608}$$

在实际中，质量因子 Q_0 可以通过波导或光束加载来衰减，结果是所得到的谐振频率将改变并且可以通过式(3-608)来找到。至于两个腔中的场的比

例,有

$$R = \cos(\theta_{1,2}) = \left[1 - \left(\frac{2}{kQ_0}\right)^2\right]^{\frac{1}{2}} \tag{3-609}$$

如果我们考虑双耦合系统中的基模,耦合系数 k 可以表示为

$$k = \frac{4a^3}{3\pi DR^2 J_1(u_{01})} e^{-\alpha_e d} \tag{3-610}$$

式中,u_{01} 是贝塞尔函数 $J_0(x)$ 的第一个根,而 $\alpha_e = 2\pi[(\lambda/2.62a)^2 - 1]^{1/2}/\lambda$。

上面的讨论可以很容易地扩展到多腔耦合驻波系统。如果级联一个由 N 个基本组件组成的多腔耦合驻波系统,式(3-604)和式(3-605)被替换为

$$1 - k\cos(N\theta) = \frac{kQ_0}{2} \mid \sin(N\theta) \mid \tag{3-611}$$

$$1 = \frac{kQ_0}{2} \mid \sin(N\theta) \mid \tag{3-612}$$

本节给出了确定多腔驻波结构耦合状态的实用标准:耦合($kQ_0 > 2$)、临界耦合($kQ_0 = 2$)和非耦合($kQ_0 < 2$)。对于耦合多腔驻波结构,可以通过求解式(3-611)得到谐振模式(θ)。谐振频率与 kQ_0 之间的关系已经确立,相应的谐振频率可以从式(3-602)中得到。

2) 半盘行波加速结构

正常的盘荷波导结构中的暗电流是限制加速梯度增高的主要障碍之一。在这里,我们提出了一种半盘加速结构,以减少暗电流。其横向射频聚焦力可以减小尾场对射束发射度增长的影响。3D 程序 PRIAM 已被用于计算该结构的场分布和色散曲线。同时在本节中,已经完成了场发射电子轨迹的估计。

下一代 TeV e^+e^- 直线对撞机要求加速结构支持高加速度梯度,以使机器保持在合理的范围内。然而,在传统的轴对称盘荷波导结构中,当场电平达到一定值时,从加速结构的表面发射可观的电子,其中一些被行波捕获并连续加速,捕获的电子流是所谓的暗电流。暗电流具有非常宽的能谱,因此在探测器内产生大量噪声。另一方面,暗电流激发尾场并以束流加载的形式消耗宝贵的射频功率。

这里提出了一种半盘行波加速结构,旨在降低暗电流。在下节中,我们将

首先了解一下传统的盘荷波导结构的暗电流,然后研究半盘行波加速结构[32]。

(1) 传统的盘荷波导结构。为了得到传统轴对称结构中场致发射电子行为的一般概念,让我们看一下它的纵向和横向运动。

轴对称盘荷波导结构内的纵向电场表示为

$$E_z(r, z, t) = E_z(r, z)\sin(\omega t - k_g z + \phi_0) \qquad (3-613)$$

式中,$\omega = 2\pi f$;$k_g = 2\pi/\lambda_g$ 是此行波结构的基波数;ϕ_0 是在 $z=0$ 和 $t=0$ 时场致发射电子发射时的初始发射相位。如果仅保留线性项,则轴附近的电场可表示为

$$E_z(r, z, t) = E_z(0, z)\sin(\omega t - k_g z + \phi_0) \qquad (3-614)$$

在以下分析处理中,$E_z(0, z)$ 选择为常数 E_{z0}。从式(3-614)可以得到

$$\frac{d\gamma}{dz} = \frac{qE_{z0}}{m_0 c^2}\sin\phi \qquad (3-615)$$

其中

$$\phi = \omega t - k_g z + \phi_0 = k\int_0^z \left[\frac{\gamma}{(\gamma^2-1)^{1/2}} - 1\right]dz + \phi_0 \qquad (3-616)$$

式中,γ 是电子相对论能量与静止能量 $m_0 c^2$ 的比;$k = 2\pi/\lambda$,λ 是自由空间中的电磁波长。在式(3-616)中,选择 k_g 等于 k(本节中的行波的相速度 $\beta_p = \omega/kc = 1$)。当 $\gamma \gg 1$ 时,将 ϕ 固定为其渐近值:

$$\phi_f = \frac{1}{\alpha\sin(\phi_0+\delta\phi)} + \phi_0 \qquad (3-617)$$

$$\alpha = \frac{qE_{z0}}{m_0 c^2 k} \qquad (3-618)$$

式中,$\delta\phi$ 可以从经验公式计算得出,该公式如下:

$$\delta\phi = 19E_{z0}^{-0.9} \qquad (3-619)$$

式中,E_{z0} 以 MV/cm 为单位。事实上,如果 $\phi_0 > 60°$,可以忽略 $\delta\phi$。从式(3-615)和式(3-617)可以得到纵向捕获电子相对于固定相和电子纵向位置 z 的最终能量增益的近似表达式为

$$\Gamma_f = 1 + \alpha\sin(\phi_f)kz \qquad (3-620)$$

在下文中,我们将讨论场发射电子的横向运动,仅使用线性射频场项来简化。众所周知,以速度 v_z 行进的电荷 q 作用于粒子的横向射频力表示为

$$F_r = \frac{qrk}{2}(1 - \beta_\mathrm{p}\beta_z)E_{z0}\cos(\omega t - kz + \phi_0) \tag{3-621}$$

式中,r 是与轴的横向偏差;$\beta_z = v_z/c$。假设电子从 $t = 0$ 和 $z = 0$ 发射,并且空腔壁上有 $\beta_z = 0$,可以从式(3-621)看出电子的聚焦或散焦取决于它们的初始发射相位 ϕ_0。当场发射电子的速度接近光的速度时,它们将不再感受到横向射频力,并且如果它们被适当地聚焦,它们中的一些可以沿着结构在轴附近连续加速为暗电流。

(2) 半盘行波加速结构的射频属性。我们所提出的半盘行波加速结构如图 3-5 所示。为了与 SLAC 类型 $2\pi/3$ 模式结构进行比较,已为此半盘行波加速结构选择了相同的模式。$2\pi/3$ 模式的驻波电场分布如图 3-6 所示。值得注意的是,π 模式下的群速度不为零,这是因为该结构具有"准"$D/2$ 周期性。图 3-7 显示了群速度 v_g 和分路阻抗 R 与束孔半径 r_0 的关系。

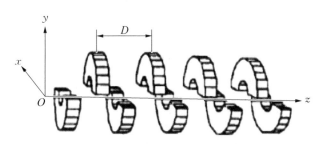

图 3-5   半盘行波加速结构

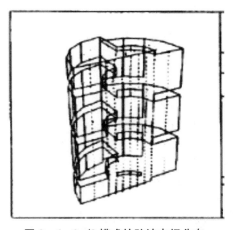

图 3-6 $2\pi/3$ 模式的驻波电场分布

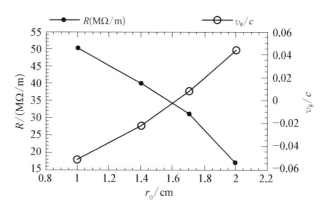

图 3-7　群速度 v_g 和分路阻抗 R 与束孔半径 r_0 的关系

（3）半盘行波加速结构的束流动力学。在这个结构内部移动的电子的运动可以从轴附近的场分布中得到，就像前一节中所分析的那样。纵向运动可以通过针对轴对称结构导出的相同公式来描述。现在，我们首先看一下垂直平面中电子的横向运动（对称平面，$x=0$），我们知道 E_z、E_x 和 H_y 可以表示为

$$E_z(x, y, z, t)\,|_{x=0, y=0} = E_{z0}\sin(\omega t - kz + \phi_0) \tag{3-622}$$

$$E_x(x, y, z, t)\,|_{y=0} = xK_e\cos(\omega t - kz + \phi_0) \tag{3-623}$$

$$E_y(x, y, z, t)\,|_{x=0, y=0} = E_{y0}\cos(\omega t - 2kz + \phi_0) \tag{3-624}$$

$$H_y(x, y, z, t)\,|_{y=0} = -xK_h\sin(\omega t - kz + \phi_0) \tag{3-625}$$

根据 $\nabla \cdot \boldsymbol{E} = 0$，并表示为

$$\frac{\partial E_x}{\partial x} + \frac{\partial E_y}{\partial y} + \frac{\partial E_z}{\partial z} = 0 \tag{3-626}$$

我们得到

$$\begin{aligned}
E_y(x, y, z, t)\,|_{x=0} &= E_y(0, 0, z, t) - \int_0^y \left(\frac{\partial E_x}{\partial x} + \frac{\partial E_z}{\partial z}\right) \mathrm{d}y \\
&= E_{y0}\cos(\omega t - 2kz + \phi_0) - yK_e\cos(\omega t - kz + \phi_0) + \\
&\quad ykE_{z0}\cos(\omega t - kz + \phi_0) \tag{3-627}
\end{aligned}$$

根据 $\nabla \times \boldsymbol{H} = \epsilon_0 \dfrac{\partial \boldsymbol{E}}{\partial t}$，我们有

$$\frac{\partial H_x}{\partial y} = \frac{\partial H_y}{\partial x} - \epsilon_0 \frac{\partial E_z}{\partial t} \qquad (3-628)$$

$$H_x = \int_0^y \left(\frac{\partial H_y}{\partial x} - \epsilon_0 \frac{\partial E_z}{\partial t} \right) \mathrm{d}y$$

$$= -yK_h \sin(\omega t - kz + \phi_0) - y\epsilon_0 \omega E_{z0} \cos(\omega t - kz + \phi_0) \quad (3-629)$$

式中,常数 E_{y0}、E_{z0}、K_e 和 K_h 可以确定。从式(3-627)和式(3-629)可知,作用在粒子上的横向力可表示为

$$F_y = qE_{y0} \cos(\omega t - 2kz + \phi_0) +$$
$$qyk(1 - \beta_p \beta_z) E_{z0} \cos(\omega t - kz + \phi_0) -$$
$$qyK_e \cos(\omega t - kz + \phi_0) - qy\mu_0 v_z K_h \sin(\omega t - kz + \phi_0) \quad (3-630)$$

至于电磁力在水平面上的表达式($y=0$),同样地,我们也有

$$F_x = qxK_e \cos(\omega t - kz + \phi_0) + qx\mu_0 v_z K_h \sin(\omega t - kz + \phi_0)$$
$$(3-631)$$

对于加速电子 $\gamma \gg 1$ 和 $\beta_z \approx 1$,忽略式(3-630)中的第一项,它不与电子同步,并使用式(3-617),横向射频力可以改写为

$$F_y = -qyK_e \cos \phi_f - qy\mu_0 v_z K_h \sin \phi_f \qquad (3-632)$$

$$F_x = qxK_e \cos \phi_f + qx\mu_0 v_z K_h \sin \phi_f \qquad (3-633)$$

很明显,如果在一个平面中的发射电子聚焦在另一个平面中,它将会散焦。为了在两个横向平面上聚焦加速束流,需要沿着结构旋转半圆盘的偏振。这里将重点关注截面中场发射电子的运动。基于式(3-630)和式(3-631)中的线性射频力表达式,我们计算了场发射电子的轨迹,并发现很少有电子可以被捕获为暗电流,因为当一个横向平面中的场发射电子聚焦在另一个平面中,它将被散焦。

3) 通过在加速腔中引入基频散度来抑制基模尾场

在设计下一代 TeV e$^+$e$^-$ 直线对撞机和高亮度环形对撞机时,尾场引起的不稳定性是主要关注点之一。众所周知,射频腔对对撞机的总尾场有很大的贡献。

为了提高对撞机的亮度,我们已经对不同的尾场抑制方法做了很多努力,例如用于环形对撞机射频腔体中的阻尼波导和直线加速器中的阻尼/失谐结

构,以便允许多束团的稳定加速。在本节中,我们只关注影响后续束团的长距离尾场。第一,考虑了一系列独立的射频腔,这可以等同于环形加速器中的高频腔的情况,建议将频率调谐器安装在射频腔中以抑制尾场。第二,由于行波结构是未来线性对撞机的主要加速部件,为了同时抑制纵向和横向长程尾场,提出了一种新的加速结构,其加速场的相速度沿着结构振荡[33]。

(1)非耦合射频腔。首先,我们从具有无损导电壁的单个封闭腔体中的尾场的一些基本属性开始。带有电荷 Q 的激发点电荷沿着称为 z 轴的直线路径以速度 $v=c$ 穿过腔体。该电荷在 $z=0$ 进入腔体,$t=0$ 并且保留在 $z=L$。纵向和横向尾场电位 $z=L$ 和 $W_\perp$ 定义为在相同路径上距离 s 之后的以光速运行的测试电荷所经历的总电压损失和横向动量 kick。W_z 和 $W_\perp$ 在数学上表示如下:

$$W_z(s) = -\frac{1}{Q}\int_0^L E_z[z,(z+s)/c]\mathrm{d}z \tag{3-634}$$

$$\boldsymbol{W}_\perp(s) = \frac{1}{Q}\int_0^L [\boldsymbol{E}_\perp + (\boldsymbol{v}\times\boldsymbol{B})_\perp]_{t=(z+s)/c}\mathrm{d}z \tag{3-635}$$

根据因果关系我们知道

$$W_z(s) = 0, \quad s < 0 \tag{3-636}$$

$$\boldsymbol{W}_\perp(s) = 0, \quad s < 0 \tag{3-637}$$

对于具有电荷分布 $I(s)$ 的给定激励束团,两个尾场电位是

$$W_z^{\mathrm{b}}(s) = \int_0^\infty I(s-s')W_z(s')\mathrm{d}s' \tag{3-638}$$

$$\boldsymbol{W}_\perp^{\mathrm{b}}(s) = \int_0^\infty I(s-s')\boldsymbol{W}_\perp(s')\mathrm{d}s' \tag{3-639}$$

这只是 $I(s)$ 分别与 $W_z(s)$ 和 $\boldsymbol{W}_\perp(s)$ 的卷积。

通过使用 Condon 方法,可以获得纵向和横向尾场电位的表达式,如下所示:

$$W_z(s) = 2\sum_n k_n \cos\left(\omega_n\frac{s}{c}\right), \quad s > 0 \tag{3-640}$$

$$\boldsymbol{W}_\perp(s) = 2\sum_n \boldsymbol{K}_n \sin\left(\omega_n\frac{s}{c}\right), \quad s > 0 \tag{3-641}$$

式中，k_n 和 $\boldsymbol{K}_n$ 分别是损失因子和 kick 因子，对应于第 n 个激励模式。值得一提的是，当腔边界经历小的扰动时，k_n 和 $\boldsymbol{K}_n$ 将保持几乎恒定，只会引起某些模式的频率变化。

如果腔壁具有有限的导电能力，则将存在抑制尾场电位的阻尼因子为

$$W_z(s) = 2\sum_n k_n \cos\left(\omega_n \frac{s}{c}\right) \mathrm{e}^{-\frac{\omega_n s}{2cQ_n}}, \quad s > 0 \tag{3-642}$$

$$\boldsymbol{W}_\perp(s) = 2\sum_n \boldsymbol{K}_n \sin\left(\omega_n \frac{s}{c}\right) \mathrm{e}^{-\frac{\omega_n s}{2cQ_n}}, \quad s > 0 \tag{3-643}$$

式中，Q_n 是 n 阶模式的加载品质因数。若已知哪个模式对于束流不稳定性是最危险的，可以尝试降低相应的品质因数并因此增加阻尼率。这是许多实验室使用的方法的本质。在下面的讨论中，假设加载的品质因子 Q_n 非常大并且忽略阻尼效应。

如果有一个点电荷通过一串 N 个非耦合相同的谐振腔，很明显这 N 个空腔的平均尾场电位与单个空腔相同。假如我们不是使用 N 个相同的空腔，而是通过对每个空腔中每种模式的频率扰动来不同地干扰这 N 个腔的腔壁，如下所示：

$$\Delta\omega_{mn} = \Delta\omega_n \cos\left(\frac{2\pi}{ND}mD\right) \tag{3-644}$$

式中，m 指第 m 个腔；n 指第 n 个模式；D 是两个相邻腔之间的距离。从上面的讨论中我们假设 k_{mn} 和 $\boldsymbol{K}_{mn}$ 对于所有腔都是相同的，它们简单地表示为 k_n 和 $\boldsymbol{K}_n$，其中 n 是模式编号。这 N 个腔的平均尾场势是

$$\langle W_z(s)\rangle = \frac{2}{N}\sum_n \sum_{m=1}^N k_n \cos\left\{\left[\omega_n + \Delta\omega_n \cos\left(\frac{2\pi}{ND}mD\right)\right]\frac{s}{c}\right\} \tag{3-645}$$

$$\langle \boldsymbol{W}_\perp(s)\rangle = \frac{2}{N}\sum_n \sum_{m=1}^N \boldsymbol{K}_n \sin\left\{\left[\omega_n + \Delta\omega_n \cos\left(\frac{2\pi}{ND}mD\right)\right]\frac{s}{c}\right\} \tag{3-646}$$

如果 N 值非常大，可以用两个积分代替

$$\begin{aligned}
\langle W_z(s)\rangle &= \frac{2}{2\pi}\mathrm{Re}\left[\sum_n k_n \mathrm{e}^{\mathrm{i}\omega_n \frac{s}{c}} \int_{-\pi}^{\pi} \mathrm{e}^{\mathrm{i}\Delta\omega_n \frac{s}{c}\cos\phi}\,\mathrm{d}\phi\right] \\
&= 2\mathrm{Re}\left[\sum_n k_n \mathrm{e}^{\mathrm{i}\omega_n \frac{s}{c}} \mathrm{J}_0\left(\Delta\omega_n \frac{s}{c}\right)\right]
\end{aligned} \tag{3-647}$$

$$\langle \boldsymbol{W}_{\perp}(s)\rangle = \frac{2}{2\pi}\mathrm{Im}\left[\sum_n \boldsymbol{K}_n \mathrm{e}^{\mathrm{i}\omega_n \frac{s}{c}}\int_{-\pi}^{\pi}\mathrm{e}^{\mathrm{i}\Delta\omega_n \frac{s}{c}\cos\phi}\mathrm{d}\phi\right]$$

$$= 2\mathrm{Im}\left[\sum_n \boldsymbol{K}_n \mathrm{e}^{\mathrm{i}\omega_n \frac{s}{c}}\mathrm{J}_0\left(\Delta\omega_n \frac{s}{c}\right)\right] \qquad (3-648)$$

式中,Re 和 Im 表示复数的实部和虚部。式(3-647)和式(3-648)表明,通过以正弦方式调谐腔模式频率,还可以获得尾场电位幅度阻尼效应。尾场电位的幅度由 $\mathrm{J}_0(\Delta\omega_n s/c)$ 调制,并且存在一系列零幅度于

$$s_{ni} = u_{0i}c/\Delta\omega_n, \quad i=1,\ 2,\ 3,\ \cdots \qquad (3-649)$$

式中,s_{ni} 是测试粒子感觉不到第 n 个模式的任何尾场的位置;u_{0i} 是零阶 Bessel 函数的第 i 个解,它可以用以下公式计算:

$$u_{0i} = \frac{\pi}{4}(4i-1) + \frac{1}{2\pi(4i-1)} - \frac{31}{6\pi^3(4i-1)^3} + \frac{3\ 779}{15\pi^5(4i-1)^5} - \cdots$$

$$(3-650)$$

此系列适用于将函数 $\mathrm{J}_0(z)$ 的所有(除了最小的 u_{01})零值正确计算到至少五位数。

这种频率失谐的尾场抑制方法可以应用于环形对撞机的射频腔,其中束团连续地通过加速射频腔。如果在环中仅使用一个(或几个)腔,则可以通过频率调谐器(或多个)进行频率调制,并适当选择其位置。此调谐器可更改高阶模式的频率,同时保持基本模式(TM$_{010}$)不受干扰。如果沿着环的束空间分布几乎与 s_{ni} 一致,则将极大地抑制由第 n 个模式引起的多束团不稳定性。

实际使用这种频率调谐器方法的主要限制在于需要高振荡频率 $f_0(f_0 = 1/T_0)$。尾场电位是一个调谐器振荡周期 T_0 的平均值,很自然地要求在时间段 T_0 内,粒子不会因瞬时尾场而丢失。如果 T_0 的数量级为 ms,则 f_0 的数量级为 kHz。看起来由传统机制驱动的调谐器几乎不能满足这一要求。然而,电控铁氧体调谐器可能适用于快速调谐。

调谐器的运动比简单的正弦振荡更复杂。在下文中,我们将考虑调谐器的两种更复杂的运动方式,以便更快地抑制尾场电位。

① 第一种情况:假设在 $T_1(T_1 \gg T_0)$ 期间,瞬时尾场不会强烈降低粒子动力学,我们假设 $\Delta\omega_n$ 如下:

$$\Delta\omega_n = \Delta\omega_{n1}\sin\left(\frac{2\pi}{T_1}t\right) \qquad (3-651)$$

式中，T_1 为平均时间段。新平均的纵向和横向尾流势如下：

$$\langle W_z(s)\rangle_1 = 2\mathrm{Re}\left[\sum_n \frac{1}{2\pi} k_n e^{i\omega_n \frac{s}{c}} \int_{-\pi}^{\pi} \mathrm{J}_0\left(\Delta\omega_{n1} \frac{s}{c}\sin\Phi\right)\mathrm{d}\Phi\right]$$
$$= 2\mathrm{Re}\left[\sum_n k_n e^{i\omega_n \frac{s}{c}} \mathrm{J}_0^2\left(\frac{\Delta\omega_{n1}}{2}\frac{s}{c}\right)\right] \qquad (3-652)$$

$$\langle \boldsymbol{W}_\perp(s)\rangle_1 = 2\mathrm{Im}\left[\sum_n \frac{1}{2\pi} \boldsymbol{K}_n e^{i\omega_n \frac{s}{c}} \int_{-\pi}^{\pi} \mathrm{J}_0\left(\Delta\omega_{n1} \frac{s}{c}\sin\Phi\right)\mathrm{d}\Phi\right]$$
$$= 2\mathrm{Im}\left[\sum_n \boldsymbol{K}_n e^{i\omega_n \frac{s}{c}} \mathrm{J}_0^2\left(\frac{\Delta\omega_{n1}}{2}\frac{s}{c}\right)\right] \qquad (3-653)$$

将式(3-647)、式(3-648)与式(3-652)、式(3-653)比较，我们看到后者的尾场电位幅度比前一种情况下降得更快。

② 第二种情况：假设 $(\Delta\omega_n)^2$ 随着时间的推移，T_1 具有分布函数[$\Delta\omega_n$ 与式(3-647)和式(3-648)中的那些相同]：

$$\int_0^\infty \frac{T_1}{(\Delta\omega_0)^2} e^{-(\Delta\omega_n/\Delta\omega_0)^2}\mathrm{d}(\Delta\omega_n)^2 = T_1 \qquad (3-654)$$

T_1 期间的平均尾场势变为

$$\langle W_z(s)\rangle_2 = 2\mathrm{Re}\left[\sum_n k_n e^{i\omega_n \frac{s}{c}} \frac{1}{(\Delta\omega_0)^2}\int_0^\infty e^{-(\Delta\omega_n/\Delta\omega_0)^2}\mathrm{J}_0\left(\Delta\omega_n \frac{s}{c}\right)\mathrm{d}(\Delta\omega_n)^2\right]$$
$$= 2\mathrm{Re}\left[\sum_n k_n e^{i\omega_n \frac{s}{c}} e^{-(s\Delta\omega_0)^2/4c^2}\right] \qquad (3-655)$$

$$\langle \boldsymbol{W}_\perp(s)\rangle_2 = 2\mathrm{Im}\left[\sum_n \boldsymbol{K}_n e^{i\omega_n \frac{s}{c}} \frac{1}{(\Delta\omega_0)^2}\int_0^\infty e^{-(\Delta\omega_n/\Delta\omega_0)^2}\mathrm{J}_0\left(\Delta\omega_n \frac{s}{c}\right)\mathrm{d}(\Delta\omega_n)^2\right]$$
$$= 2\mathrm{Im}\left[\sum_n \boldsymbol{K}_n e^{i\omega_n \frac{s}{c}} e^{-(s\Delta\omega_0)^2/4c^2}\right] \qquad (3-656)$$

在这种情况下，尾场电位幅度呈指数下降。

在继续下一节之前，还需要明确两点。第一，在假设腔体闭合的情况下获得上面给出的公式。在本节中，我们假设 Condon 方法总是保持正确，即使腔体上的孔径稍微扰动 k_n、$\boldsymbol{K}_n$ 和 ω_n。第二，在尾场电位的总和中，通常只有少数模式对光束发射度增长或不稳定性是危险的。因此，我们可以注意这些少数模式，甚至只有一种模式。

（2）行波加速结构。用行波加速结构加速电子束团串时，我们必须解决长程不稳定的问题(或多束不稳定性),这是非常重要的。在本节中,我们仅讨论长程不稳定的问题。

可以认为行波结构是由单个射频腔的链构成,其通过耦合孔彼此发生电耦合或磁耦合。该行波结构的通带由单腔的相应正常模式形成。例如,基本通带(用于加速电子)对应单腔的 TM_{010} 模式,最危险的偏转通带(HEM_{11})分别对应 TE_{111} 和 TM_{110} 模式。因此,在下文中,术语"模式"将以与通带相同的含义使用。

为了讨论的需要,我们考虑一个恒定阻抗结构和一个通带。该通带可以是基波或任何其他更高阶的通带。该通带的色散关系近似为

$$\omega^2 = \omega_0^2(1 - k\cos\phi) \tag{3-657}$$

式中,ϕ 是相邻腔之间的相移;ω_0 是对应于 $\phi = \pi/2$ 的中频角频率;k 是耦合系数,可以用来进行解析计算。式(3-657)可以简化为

$$\omega = \omega_0 - \Delta\omega\cos\phi \tag{3-658}$$

式中,$\Delta\omega$ 是该通带的角频带宽的一半。

当带有电荷 Q 的粒子以 $v = c$ 通过此结构时,此通带中每个周期产生的尾场电位为

$$W = 2k_w e^{i(\omega_0 - \Delta\omega\cos\phi)\frac{s}{c}} / \left(1 - \frac{v_g^*}{c}\sin\phi\right) \tag{3-659}$$

式中,W 是纵向或横向尾场势的复数的实部或虚部,k_w 相应地为损耗因子或 kick 因子,而 v_g^* 是中频带的群速度。式(3-659)的物理意义是该结构在开始时以同步频率 $\omega(\phi)$ 振荡。

现在我们调整式(3-659)中的频率 ω_0,一共 N 个单元而不改变通带宽度 $\Delta\omega$。式中的 ω_0 被替换为 $\omega_0 + \delta\omega\cos\left(\frac{2\pi}{N}m\right)$,其中,$m$ 是 m 阶单元,其起点与 N 相同。这些 N 个单元的平均 W 是

$$\langle W \rangle = \frac{1}{N}\sum_{m=1}^{N} 2k_w e^{i[\omega_0 + \delta\omega\cos(2\pi m/N) - \Delta\omega\cos\phi]\frac{s}{c}} / \left(1 - \frac{v_g^*}{c}\sin\phi\right) \tag{3-660}$$

如果 N 很大且 ϕ 保持几乎恒定的值,式(3-660)可以用以下积分代替:

$$\langle W \rangle = \frac{1}{2\pi\left(1 - \frac{v_g^*}{c}\sin\phi\right)} \int_{-\pi}^{\pi} 2k_w e^{i(\omega_0 + \delta\omega\cos\Phi - \Delta\omega\cos\phi)\frac{s}{c}} d\Phi$$

$$= \frac{1}{\left(1 - \dfrac{v_g^*}{c}\sin\phi\right)} 2k_w e^{i(\omega_0 - \Delta\omega\cos\phi)\frac{s}{c}} J_0\left(\delta\omega\ \frac{s}{c}\right) \qquad (3-661)$$

很明显,该尾场电位的幅度受到抑制,与前一节的两种情况一样,可以进行更复杂的调制。

如果式(3-661)中的 $\delta\omega$ 在 M 单元上正弦调制,即

$$\delta\omega = \delta\omega_1 \sin\left(\frac{2\pi}{M}m\right) \qquad (3-662)$$

这 M 个单元的平均尾场势是

$$\langle W \rangle_1 = \frac{1}{\left(1 - \dfrac{v_g^*}{c}\sin\phi\right)} 2k_w e^{i(\omega_0 - \Delta\omega\cos\phi)\frac{s}{c}} \frac{1}{2\pi}\int_{-\pi}^{\pi} J_0\left(\delta\omega_1\sin\Phi\ \frac{s}{c}\right) d\Phi$$

$$= \frac{1}{\left(1 - \dfrac{v_g^*}{c}\sin\phi\right)} 2k_w e^{i(\omega_0 - \Delta\omega\cos\phi)\frac{s}{c}} J_0^2\left(\frac{\delta\omega_1}{2}\ \frac{s}{c}\right) \qquad (3-663)$$

如果如式(3-661)所示的调制在 M 个单元上的分布是

$$\int_0^\infty \frac{M}{(\delta\omega_0)^2} e^{-(\delta\omega/\delta\omega_0)^2} d(\delta\omega)^2 = M \qquad (3-664)$$

则

$$\langle W \rangle_2 = \frac{1}{\left(1 - \dfrac{v_g^*}{c}\sin\phi\right)} 2k_w e^{i(\omega_0 - \Delta\omega\cos\phi)\frac{s}{c}} \frac{1}{(\delta\omega_0)^2}\int_0^\infty e^{-(\delta\omega/\delta\omega_0)^2} J_0\left(\delta\omega\ \frac{s}{c}\right) d(\delta\omega)^2$$

$$= \frac{1}{\left(1 - \dfrac{v_g^*}{c}\sin\phi\right)} 2k_w e^{i(\omega_0 - \Delta\omega\cos\phi)\frac{s}{c}} e^{-(s\delta\omega_0)^2/4c^2} \qquad (3-665)$$

当然,其他不同类型的调制也是可能的。然而,从傅里叶积分的观点来看,正弦调制是最基本的调制。上面的讨论非常普遍,因为通带可以是行波结构中的任何一个。

在通常的失谐加速结构中,基本通带(加速通带)总是保持不被调谐,也就是说为了与以相同速度移动的加速电子同步,对应于射频源频率的相速度总是等于电子的速度。由于"阻尼"方法(降低相应模式的加载 Q)不能用于加速

模式,因为总是需要高分路阻抗,现在的问题是找出抑制纵向基模的方法即使横向偏转模式可以通过"阻尼"或"失谐"方法来抑制。在下文中,我们将提出一种新颖的加速结构,其加速模式同步频率(相速度＝粒子速度)沿加速结构被调制,以便抑制基模的长程纵向尾场。

如上所述,行波结构中的激发粒子将其能量以与其相速度和其移动的相位相同的频率存储到相应的模式(或通带)中。因此,为了抑制基模的纵向尾场,产生尾场的频率应沿加速结构失谐。我们假设

$$\omega_w = \omega_{w0} + \delta\omega \sin(Kz) \tag{3-666}$$

式中,ω_w 是尾场角频率,$K = 2\pi/L$ 和 L 是沿结构的调制周期。因为 ω_w 满足色散方程和同步条件,有

$$\omega_w = \omega_0 - \Delta\omega \cos(\beta_w D) \tag{3-667}$$

$$\frac{\omega_w}{\beta_w} = c \tag{3-668}$$

式中,ω_0 是中频带角频率,$\Delta\omega$ 是通带宽度的一半(假设为常数),D 是周期性加速结构的周期长度。我们表示

$$\beta_w D = \theta \tag{3-669}$$

根据式(3-666),我们可以将色散方程重写为

$$\omega = \omega_{w0} + \delta\omega \sin(Kz) + \Delta\omega \cos\theta - \Delta\omega \cos(\beta D) \tag{3-670}$$

如果我们选择射频源角频率为 ω_{RF},这是在通带内,那么

$$\omega_{RF} = \omega_{w0} + \delta\omega \sin(Kz) + \Delta\omega \cos\theta - \Delta\omega \cos(\beta_{RF} D) \tag{3-671}$$

ω_{RF} 是

$$\omega_{RF} = \omega_{w0} \tag{3-672}$$

我们定义

$$\beta_{RF} = \beta_0 + \Delta\beta_{with\theta_0} = \beta_0 D \tag{3-673}$$

其中,$\beta_0 = \omega_{RF}/c$。如果 $\delta\omega/\Delta\omega \leqslant \sin\theta_0$,$|\Delta\beta D| \ll 1$ 且 $v_g/c \ll 1$,从式(3-671)发现

$$\Delta\beta = -\frac{\delta\omega \sin(Kz)}{\Delta\omega D \sin\theta_0} \tag{3-674}$$

高频源频率的群速度为

$$v_g = \frac{\mathrm{d}\omega_{RF}}{\mathrm{d}\beta_{RF}} = \Delta\omega D \sin(\beta_{RF} D) \tag{3-675}$$

长度 L 的平均群速度为

$$\langle v_g \rangle_L = \Delta\omega D \sin\theta_0 J_0\left(\frac{\delta\omega}{\Delta\omega \sin\theta_0}\right) = R_v v_g \mid_{z=0} \tag{3-676}$$

其中

$$R_v = J_0\left(\frac{\delta\omega}{\Delta\omega \sin\theta_0}\right) \tag{3-677}$$

称为群速度减少因子。加速场的相速度是

$$v_p = \frac{\omega_{RF}}{\beta_{RF}} = \frac{c}{\left[1 - \dfrac{\delta\omega \sin(Kz)}{\Delta\omega \beta_0 D \sin\theta_0}\right]} \tag{3-678}$$

加速场以其相速度围绕光速振荡而行进。很明显,粒子并不总是与射频加速场同步,因此,仔细观察粒子的纵向和横向运动会发生什么是很重要的。

纵向加速电场可写为

$$E_z(r, z, t) = E_0 \sin\left(\omega_{RF} t - \int_0^z \beta_{RF}\mathrm{d}z + \phi_0\right) \tag{3-679}$$

式中,E_0 假定为常数,β_{RF} 是结构中角频率为 ω_{RF} 的波数。在 L 长度上的平均加速电场是

$$\begin{aligned}
\langle E \rangle_L &= \frac{1}{L}\int_0^L E_0 \sin\left(\omega_{RF}\frac{z}{c} - \int_0^z \beta_{RF}\mathrm{d}z + \phi_0\right)\mathrm{d}z \\
&= E_0 J_0\left(\frac{\delta\omega}{\Delta\omega DK \sin\theta_0}\right)\sin\left(\phi_0 + \frac{\delta\omega}{\Delta\omega DK \sin\theta_0}\right) \\
&= E_0 R \sin\left(\phi_0 + \frac{\delta\omega}{\Delta\omega DK \sin\theta_0}\right)
\end{aligned} \tag{3-680}$$

其中

$$R = J_0\left(\frac{\delta\omega}{\Delta\omega DK \sin\theta_0}\right) \tag{3-681}$$

称为场减少因子(缩写因子)。至于横向运动,射频场表示的横向力为

$$F_r = \frac{-Qr}{2}\left[\frac{dE_0}{dz}\sin\left(\omega_{RF}t - \int_0^z \beta_{RF}dz + \phi_0\right) + \right.$$
$$\left. (\beta_0\beta_z - \beta_{RF})E_0\cos\left(\omega_{RF}t - \int_0^z \beta_{RF}dz + \phi_0\right)\right] \quad (3-682)$$

式中，$\beta_z = v_z/c$ 是粒子的归一化纵向速度，在下文中取 β_z 为 1。长度为 L 的横向动量变化是

$$P = \frac{1}{c}\int_0^L F_r dz \quad (3-683)$$

可以证明，当 $\beta_0 \approx 1$，$P = 0$ 就像传统加速结构中发生的情况一样。根据式 (3-661) 中表达的一般结论，可以立即得到在长度 L 上的平均基本模式纵向尾场：

$$\langle W \rangle_L = \frac{2k_w \cos\left(\omega_{w0}\frac{s}{c}\right) J_0\left(\delta\omega\frac{s}{c}\right)}{1 - \frac{v_g^*}{c}\sin\theta_0} = \frac{2k_w \cos\left(\omega_{RF}\frac{s}{c}\right) J_0\left(\delta\omega\frac{s}{c}\right)}{1 - \frac{v_g^*}{c}\sin\theta_0} \quad (3-684)$$

我们现在可以说，与传统结构相比，基模尾场抑制所付出的代价是将加速梯度降低 R。

如果 $\delta\omega$ 具有类似于式(3-664)的分布。一个具有 L_t 长度的平均基本纵模尾场电位如下：

$$\langle W \rangle_{L_t} = \frac{2k_w \cos\left(\omega_{RF}\frac{s}{c}\right)e^{\frac{(s\delta\omega_0)^2}{4c^2}}}{1 - \frac{v_g^*}{c}\sin\theta_0} \quad (3-685)$$

可以合理地设想 L_t 是一个加速部分的长度。也就是说，这个加速部分的平均尾场势是 $\langle W \rangle_{L_t}$。

对于简单的正弦调制的情况，如公式(3-666)所示，我们需要找出必须选择 $\delta\omega$ 的范围。如果实际接受的最低 R 约为 80%，从式(3-681)可以得到

$$\left|\frac{\delta\omega}{\Delta\omega DK\sin\theta_0}\right| = 1 \quad (3-686)$$

接下来，我们假设 $D = D_0$，其中

$$D_0 = \frac{c\theta_0}{\omega_{RF}} = \frac{\theta_0}{\beta_0} \qquad (3-687)$$

然后

$$|\delta\omega| \leqslant \left| \frac{2\pi D_0 \Delta\omega \sin\theta_0}{L} \right| \qquad (3-688)$$

一旦确定了半通带宽度 $\Delta\omega$（与设计的平均群速度 $\langle v_g \rangle$ 相关）和 θ_0，就可以从式 (3-678) 中获知最大频率调制幅度 $\delta\omega$。很自然地假设两个相邻束之间的距离为

$$d = \frac{u_{01} c}{|\delta\omega|} \qquad (3-689)$$

其中，激励粒子的尾场势的幅度为零。如果射频脉冲长度为 τ_{RF}，则此射频脉冲中可接受的最大束数为

$$N_b = \frac{|\delta\omega| \tau_{RF}}{u_{01}} \qquad (3-690)$$

其中，$\delta\omega$ 的绝对值越大，给定射频脉冲中的束团数就越大。

　　本节的主要目的是同时抑制基本加速模式和横向偏转模式的尾场。由于基本加速模式可以失谐，其他更高阶的纵向和横向模式也将同时失谐。理想情况下对于所有要抑制的模式，可以设法使调制的幅度相同，例如 $\delta\omega$。零尾场势幅度对于所有这些模式的位置将是相同的。

3.8　微波测量

　　微波测量领域广泛使用扰动方法，但是当扰动物体接近谐振腔壁时，传统的扰动公式将不再正确。这是当微扰接近腔壁时腔壁上的感应电荷影响的结果。

　　本节考虑了这一影响，给出了经过实验验证的改进微扰公式。这些改进微扰公式可广泛用于直线加速器和其他微波器件中的电磁场的测量[34]。

　　为了证明当扰动物体接近腔壁时，在腔壁上引起的镜像电荷的影响，我们需要测量谐振腔中已知的场强分布，并与无扰动时的场强分布进行对比。现在，通过使用小金属球，可以测量 Pill-box 谐振腔 TM_{010} 模式轴线的电场。未

校正的扰动公式是

$$(f_o^2 - f^2)/f_o^2 = (4/3)3\pi E_o^0 A^3 \tag{3-691}$$

$$E_o^2 = \frac{\epsilon_0 E^2}{2W} \tag{3-692}$$

式中,f_o 是腔体的无扰动谐振频率;f 是腔体扰动后的谐振频率;E_o 和 E 分别是小球体所在位置的归一化和真实的电场;A 是球体的半径;W 是存储在空腔中的能量。

众所周知,TM_{010} 模式中沿 Pill-box 腔轴线的电场大小是恒定的。然而,测量结果与预期的结果不同。在实验中,球越靠近腔壁,$(f_o^2 - f^2)$ 就越大,我们从式(3-691)得到的结论是沿轴的场不是常数,显然,必须对式(3-691)进行修改才能用于精确测量。

当球体靠近腔壁时,$(f_o^2 - f^2)$ 变大的原因是当扰动物体接近腔壁时会在腔壁上引起感应的镜像电荷,并且感应电荷对场的影响会随着物体的接近而逐渐变得很大。因此通过式(3-691)计算得到的场是测量的场与壁上感应电荷产生的场的组合。我们现在应该做的是将未受干扰的场和两个频率(f_o 和 f)之间建立直接关系。

众所周知,电场可能被电介质和导电材料扰动,然而,磁场仅受到导电材料的干扰。下面,我们将推导出改进扰动公式,通过使用金属和电介质球作为扰动物来测量电场、磁场和组合场。我们已经进行了实验以证实这些改进的扰动公式的有效性。数学细节在"3) 改进扰动公式的推导"一节中可以找到。

1) 小金属球对腔的微扰

根据微扰理论,我们有

$$f^2 = f_o^2 \left[1 + \int_v (H_o^2 - E_o^2) dv \right] \tag{3-693}$$

$$H_o^2 = \frac{\mu_0 H^2}{2W} \tag{3-694}$$

式中,H_o 和 H 分别是归一化磁场和扰动对象所在的真实磁场。从式(3-693)开始,我们区分了两种情况。第一种情况集中在电场上,将在本节中讨论。针对磁场的第二种情况以及两种情况的组合将在下一节中讨论。

当球体处没有磁场时,式(3-693)可以化简为

$$(f_o^2 - f^2)/f_o^2 = \int_v E_o^2 \, dv \qquad (3-695)$$

经过一些数学处理,我们得到修正的扰动公式为

$$(f_o^2 - f^2)/f_o^2 = (4\pi/3)3E_o^2 A^3 (1+\alpha) \qquad (3-696)$$

式中,E_o 是要测量的场,不受金属球的影响;A 是金属球的半径;α 表示如下:

$$\alpha = 4(A/C)^3 + 16(A/C)^6 + 55.6(A/C)^8 + 32(A/C)^9 + 226.3(A/C)^{11}$$
$$(3-697)$$

式中,C 是从球体中心到墙壁的距离的两倍。当球体离墙壁很远时,式(3-696)可以化简为式(3-691)。我们可通过实验结果确认式(3-696)的正确性。

当球体位置没有电场时,式(3-693)可以化简为

$$(f_o^2 - f^2)/f_o^2 = -\int_v H_o^2 \, dv \qquad (3-698)$$

我们得到改进的磁场扰动公式如下:

$$(f_o^2 - f^2)/f_o^2 = (4\pi/3)(3/2)A^3 H_o^2 (1+\beta) \qquad (3-699)$$

其中

$$\beta = -2(A/C)^3 + (4/3)(A/C)^6 + 16.9(A/C)^8 \qquad (3-700)$$

当球体远离腔壁时,式(3-699)化简为

$$(f_o^2 - f^2)/f_o^2 = -(3/2)H_o^2 (4\pi/3)A^3 \qquad (3-701)$$

当球体所在的位置电场和磁场都存在时,组合的扰动公式很容易通过式(3-693)获得。

$$(f_o^2 - f^2)/f_o^2 = (4\pi/3)A^3 3[E_o^2(1+\alpha) - (1/2)H_o^2(1+\beta)]$$
$$(3-702)$$

当球体远离腔壁时,式(3-702)化简为未修改的扰动公式,如下:

$$(f_o^2 - f^2)/f_o^2 = (4\pi/3)A^3 3[E_o^2 - (1/2)H_o^2] \qquad (3-703)$$

到目前为止,我们已经给出了金属球的改进扰动公式。在下一节中,我们

将讨论电介质球扰动的影响。

2）电介质球对腔体的扰动

当我们必须测量电场和磁场同时存在时的电磁场时，必须使用电介质扰动物体。W. K. Saunders 已经解决了这个问题，为了完成讨论，我们也采用了相同的技术，结果发现有些不同。

根据扰动理论，我们有

$$\delta f = -\frac{\pi f_{\circ}}{W}\int_{v}(\boldsymbol{P}'\cdot\boldsymbol{E}_{\circ})\mathrm{d}v \qquad (3-704)$$

式中，δf 是由于扰动引起的共振频率变化；$\boldsymbol{P}'$ 是介质球体的电极化；v 是球体的体积；W 是空腔储存的能量；$\boldsymbol{E}_{\circ}$ 是球体所在的无扰动时的电场。

根据式(3-704)，改进扰动公式表示如下：

$$\delta f = \frac{\pi f_{\circ}}{W}\frac{\epsilon-1}{4\pi}\epsilon_{0}\frac{4\pi}{3}A^{3}E_{\circ}^{2}b_{1}^{l} \qquad (3-705)$$

其中，b_{1}^{l} 的值是通过计算机从以下方程组计算的：

$$a_{m}^{l} = \frac{a^{2m+1}(\epsilon-1)}{m+1+m\epsilon}\left[E_{\circ}d_{ml}+\sum_{i=1}^{l}\frac{2^{i}a_{i}^{l-1}(m+i)!}{i!(m-1)!c^{m+1+i}}\right] \qquad (3-706)$$

$$b_{m}^{l} = \left[-3E_{\circ}d_{ml}-\sum_{i=1}^{l}\frac{2^{i}a_{i}^{l-1}(m+i)!(2m+1)}{i!m!c^{m+1+i}}\right]/(m+1+m\epsilon)$$

$$(3-707)$$

$$a_{1}^{\circ} = \frac{\epsilon-1}{2+\epsilon}A^{3}E_{\circ} \qquad (3-708)$$

$$d_{m1} = \begin{cases}0, & m\neq 1 \\ 1, & m=1\end{cases} \qquad (3-709)$$

式中，ϵ_{0} 是自由空间介电常数；ϵ 是球体的相对介电常数；l 是近似的阶数，阶数越高，计算结果就越精确。当球远离腔壁时，b_{1}^{l} 减少到 $b_{1}^{\circ}=-3\epsilon_{0}/(2+\epsilon)$，将式(3-705)化简为未修改的形式：

$$\delta f = \frac{-\pi A^{3}(\epsilon-1)\epsilon_{0}f_{\circ}E_{\circ}^{2}}{W(\epsilon+2)} \qquad (3-710)$$

这些结果表明，当球体触及墙壁时，b_{1}^{l} 将无法收敛到极限。

3）改进扰动公式的推导

（1）金属球电场扰动公式。我们将此问题视为静态问题，因为扰动对象的尺寸与波长相比非常小。然后有

$$\Phi_e^l = \sum_{n=0}^{\infty} a_n^l \mathrm{P}_n(\cos\theta) R^{-(n+1)} \tag{3-711}$$

$$\varphi_e^{l-1} = -\sum_{i=1}^{\infty} \frac{2^i a_i^{l-1}}{i!} \sum_{k=0}^{\infty} \frac{(k+i)!}{k!} \mathrm{P}_k(\cos\theta) \frac{R^k}{C^{k+1+i}} \tag{3-712}$$

式中，Φ_e^l 是腔内球体产生的势；φ_e^{l-1} 是由腔壁上感应电荷产生的电位；l 是近似值。腔壁的边界条件需要满足

$$\Phi_e^{l-1} + \varphi_e^{l-1} = 0 \tag{3-713}$$

当球体远离腔壁时，Φ_e^l 减少到 Φ_e^o。

$$\Phi_e^o = -E_o R\cos\theta + \frac{E_o A^3}{R^2}\cos\theta \tag{3-714}$$

通过对比式（3-711）和式（3-714），可以注意到

$$a_1^o = A^3 E_o, \ a_n^o = 0 \quad n \neq 1 \tag{3-715}$$

为了满足球体表面上的边界条件（$R=A$），我们有

$$\Phi_e^l + \varphi_e^{l-1} - E_o R\cos\theta = \mathrm{constant} \tag{3-716}$$

$$\iint_s \frac{\partial}{\partial R}(\Phi_e^l + \varphi_e^{l-1} - E_o R\cos\theta)\mathrm{d}s = 0 \tag{3-717}$$

因此

$$a_m^l = E_o A^3 d_{ml} + \sum_{i=1}^{l} \frac{2^i a_i^{l-1}(m+i)! A^{2m+1}}{i! \, m! \, C^{m+1+i}} \tag{3-718}$$

对于球体表面上 R 方向的场，有

$$E_r = \sum_{n=0}^{\infty} (n+1)a_n^l \mathrm{P}_n(\cos\theta) A^{-(n+2)} +$$
$$\sum_{i=1}^{l} \frac{2^i a_i^{l-1}}{i!} \sum_{k=0}^{\infty} \frac{(k+i)!}{k!} \mathrm{P}_k(\cos\theta) + E_o \mathrm{P}_1(\cos\theta) \tag{3-719}$$

当 $n=0, 1, 2$ 时，E_r 可以表示为

$$E_r = \left[2a_1^l A^{-3} + \sum_{i=1}^{l} \frac{2^i a_i^{l-1}(i+1)}{i!\, C^{i+2}} + E_o \right] P_1(\cos\theta) + $$
$$\left[3a_2^l A^{-4} + \sum_{i=1}^{l} \frac{2^i a_i^{l-1}(2+i)!}{i!\, C^{3+i}} A \right] P_2(\cos\theta) \tag{3-720}$$

式(3-693)中的积分应按以下方式执行,其中 E_a 对应于式(3-695)中的 E_o。

$$\int_v E_a^2 dv = \int_v E_r^2 dv = \int_0^A dA \int_v^{v+dv} E_r^2 dv \tag{3-721}$$

现在 $E_r = UP_1 + QP_2$,其中

$$U = 2a_1^l A^{-3} + \sum_{i=1}^{l} \frac{2^1 a_i^{l-1}(2+i)!}{i!\, C^{2+i}} + E_o \tag{3-722}$$

$$Q = 3a_2^l A^{-4} + \sum_{i=1}^{l} \frac{2^i a_i^{l-1}(2+i)!}{i!\, C^{3+i}} A \tag{3-723}$$

然后

$$\int_v E_a^2 dv = \int_o^A \left(\frac{4\pi}{3} U^2 A^2 dA + \frac{4\pi}{5} Q^2 A^2 dA \right) \tag{3-724}$$

从这个等式中,可以通过选择 l 作为不同的数字来获得不同精度的修改公式,例如,当我们选择 $l=0$ 时,得到未修改的公式,用式(3-691)表示;选择 $l=2$ 并经过一些烦琐的计算后得到

$$(f_o^2 - f^2)/f_0^2 = \frac{4\pi}{3} 3E_o^2 A^3 (1+\alpha) \tag{3-725}$$

其中

$$\alpha = 4(A/C)^3 + 16(A/C)^6 + 55.636(A/C)^8 + 32(A/C)^9 + 226.3(A/C)^{11} \tag{3-726}$$

(2) 金属球磁场扰动公式。以同样的方法,我们现在考虑通过小金属球对磁场的扰动。首先,我们注意到 Φ_m^l 是由腔体中引入的球体产生的磁势;φ_m^{l-1} 是腔壁上电荷产生的磁势。Φ_{mi}^l 是在球体内部的磁势。为了满足球体表面的边界条件,即 $R=A$,在腔壁上 $\Phi_m^l + \varphi_m^{l-1} = 0$,那么

$$\Phi_m^l - H_o R\cos\theta + \varphi_m^{l-1} = \Phi_{mi}^l \tag{3-727}$$

$$\frac{\partial}{\partial R}(\Phi_m^l - H_o R\cos\theta + \varphi_m^{l-1}) = 0 \qquad (3-728)$$

其中

$$\Phi_m^l = \sum_{n=0}^{\infty} b_n^l P_n(\cos\theta) R^n \qquad (3-729)$$

$$\Phi_{mi}^l = \sum_{n=0}^{\infty} a_n^l P_n(\cos\theta) R^{-(n+1)} \qquad (3-730)$$

$$\varphi_m^{l-1} = -\sum_{i=1}^{l} \frac{2^i a_i^{l-1}}{i!} \sum_{k=0}^{\infty} \frac{(k+i)!}{k!} P_k(\cos\theta) \frac{R^k}{C^{k+1+i}} \qquad (3-731)$$

从式(3-727)和式(3-728)可以得到

$$a_m^l = -\frac{A^{m+2}}{m+1}\left[H_o d_{m1} + \sum_{i=1}^{l} \frac{2^i a_i^{l-1}(m+i)! A^{m-1}}{i!(m-1)! C^{m+1+i}}\right] \qquad (3-732)$$

当球体远离墙壁时,Φ_m^l 减少到 Φ_m^0

$$\Phi_m^0 = -H_o R\cos\theta - \frac{H_o A^3 \cos\theta}{2R^2} \qquad (3-733)$$

对比式(3-730)和式(3-733),可得

$$a_1^o = -\frac{H_o A^3}{2} \qquad (3-734)$$

至于球体表面的磁场,它只有一个 θ 部分,其中 H_a 对应于式(3-734)中的 H_o。

$$\int_v H_a^2 dv = \int_v H_\theta^2 dv \qquad (3-735)$$

对于一阶近似,即 $l=1$,有

$$H_\theta = -\frac{3}{2} H_o \sin\theta + 3H_o \sin\theta (A/C)^3 +$$

$$(15\cos^2\theta\sin\theta - 3\sin\theta)(A/C)^4 \frac{5}{2} H_o \qquad (3-736)$$

$$\frac{(f_o^2 - f^2)}{f_o^2} = -\int_v H_\theta^2 dv = 2\pi \int_0^A \int_0^\pi H_\theta^2 A^2 \sin\theta\, d\theta\, dA$$

$$= -\frac{4\pi}{3}\frac{3}{2} A^3 H_o^2 (1+\beta) \qquad (3-737)$$

其中

$$\beta = -2(A/C)^3 + \frac{4}{3}(A/C)^6 + 16.9(A/C)^8 \qquad (3-738)$$

（3）介质球扰动公式。根据微扰理论

$$\delta f = -\frac{\pi f_0}{W} \int_v (\boldsymbol{P}' \cdot \boldsymbol{E}_0) \mathrm{d}v \qquad (3-739)$$

式中，W 是储能；$\boldsymbol{P}'$ 是介质球体中的极化度；v 是球体的体积；$\boldsymbol{E}_0$ 是球体所在位置未受扰动时的电场。我们有

$$\Phi_e^l = \sum_{n=0}^{\infty} a_n P_n(\cos\theta) R^{-(n+1)} \qquad (3-740)$$

$$\Phi_i^l = \sum_{n=0}^{\infty} b_n P_n(\cos\theta) R^n \qquad (3-741)$$

$$\varphi_e^{l-1} = -\sum_{i=1}^{l} \frac{2^i a_i^{l-1}}{i!} \sum_{k=0}^{\infty} \frac{(k+i)!}{k!} P_k(\cos\theta) \frac{R^k}{C^{k+i+1}} \qquad (3-742)$$

式中，Φ_e^l 是球体在球外产生的势；Φ_i^l 是球内的势；φ_e^{l-1} 是腔内像电荷产生的势。为了满足表面和腔壁上的边界条件，需要

$$\Phi_e^l - E_0 R \cos\theta + \varphi_e^{l-1} = \Phi_i^l \qquad (3-743)$$

$$\frac{\partial}{\partial R}(\Phi_e^l - E_0 R \cos\theta + \varphi_e^{l-1}) = \epsilon \frac{\partial}{\partial R}\Phi_i^l \qquad (3-744)$$

在腔的表面

$$\Phi_e^{l-1} + \varphi_e^{l-1} = 0 \qquad (3-745)$$

当球体远离墙壁时，Φ_e^l 减少到 Φ_e^0。

$$\Phi_e^0 = -\frac{1-\epsilon}{2+\epsilon} A^3 \frac{E_0 \cos\theta}{R^2} \qquad (3-746)$$

式中，ϵ 是相对介电常数。从式(3-743)和方程(3-744)可以得到：

$$a_m^l = \frac{A^{2m+1}(\epsilon-1)}{m+1+m\epsilon} \left[E_0 d_{m1} + \sum_{i=1}^{l} \frac{2^i a_i^{l-1}(m+i)!}{i!(m-1)!C^{m+1+i}} \right] \qquad (3-747)$$

$$b_m^l = \frac{1}{m+1+m\epsilon} \left[-3E_\circ d_{m1} - \sum_{i=1}^{l} \frac{2^i a_i^{l-1} (m+i)! (2m+1)}{i! \, m! \, C^{m+1+i}} \right]$$

$$(3-748)$$

对比式(3-745)和式(3-746),得到

$$a_1^\circ = \frac{\epsilon-1}{2+\epsilon} A^3 E_\circ \qquad (3-749)$$

根据式(3-747)、式(3-748)和式(3-749),每个 b_m^l 都可以计算出来,但是,我们只需要 b_1^l 来计算电场,这个结论将在下面证明。

根据积分方程

$$\iint_s U \nabla V \mathrm{d}s = \iiint_v \nabla \cdot (U \nabla V) \mathrm{d}v = \iiint_v U \cdot \Delta V \mathrm{d}v + \iiint_v \nabla U \cdot \nabla V \mathrm{d}v$$

$$(3-750)$$

令

$$V = -E_\circ R \cos\theta, \ U = \Phi_i^l, \ \Delta V = 0 \qquad (3-751)$$

将式(3-751)代入式(3-750),可以得到

$$\iint_s \Phi_i^l \frac{\partial V}{\partial R} \mathrm{d}s = \iiint \nabla \Phi_i^l \cdot \nabla U \mathrm{d}v \qquad (3-752)$$

现在 $\boldsymbol{E}' = -\nabla \Phi_i^l$, $\boldsymbol{E}_\circ = -\nabla V$, 接下来

$$\iiint_v \boldsymbol{E}' \cdot \boldsymbol{E}_\circ \mathrm{d}v = -\sum_{n=0}^{\infty} b_n^l E_\circ^2 2\pi A^2 A^n \int_0^\pi P_1(\cos\theta) P_n(\cos\theta) \sin\theta \mathrm{d}\theta$$

$$= -\frac{4\pi}{3} E_\circ^2 A^3 b_1^l \qquad (3-753)$$

$$P' = \frac{\epsilon-1}{4\pi} \epsilon_0 \boldsymbol{E}_\circ \qquad (3-754)$$

然后

$$\delta f = \frac{\pi f_\circ (\epsilon-1)}{4\pi W} \epsilon_0 \frac{4\pi}{3} A^3 E_\circ^2 b_1^l \qquad (3-755)$$

3.9　束晕解析计算

强流质子加速器中的束晕现象是强流质子直线加速器性能的制约性因素,束晕粒子损失到加速器腔壁或管壁将有产生放射性的可能,如果放射性强

度影响环境和运行维护,加速器的实用性就会受到相应的制约。了解束晕产生的物理机制以及如何定量和解析地计算束晕粒子流强和束晕粒子损失速率是加速器物理研究及解决问题的方向[35]。在环形电子加速器中也存在束晕现象,并影响引出电子束的品质[36]。

3.9.1　强流质子直线加速器

自 20 世纪 40 年代初以来,生成、加速和输送强流离子束已经成为研究的重要课题,最初与军事应用相关。最近,在相关的可能应用中,例如热核能产生、放射性废物的嬗变、氚和特殊材料的生产以及钚的转化对高功率离子束的要求越来越高。直线加速器的主要挑战之一是保持机器维护方便。丢失的粒子主要来自围绕束核的晕圈。物理学家为了探究束晕形成的起源,在解析模型和数值模拟上工作了多年。其中,O'Connell,Wangler,Mills 和 Crandall 提出的粒子核模型是最简单和最有意义的,它说明了构成晕的粒子动力学的许多重要特征。束流核心具有均匀的密度和零发射度。现在,我们简要总结一下束晕形成的数值和理论上的主要结果。一旦存在包络振荡,当粒子振荡频率约为核心振荡的一半时,发生参数共振,这由 Gluckstern 进行分析预测并且由 Wangler 等人和 Ryne 等人通过数值模拟证实。通过在相空间中作图(首先在 Lagniel 的束晕研究中使用),人们发现存在由分界线定义的三个不同区域。第一个是所谓的核心主导区域,粒子将大部分时间花在核心区域。第二个是外部区域,或所谓的聚焦主导区域,其中粒子大部分时间都在核心之外。第三个是围绕原点每侧的 x 轴(径向)上的两个固定点周围的区域,其中粒子振荡接近核心频率的一半,并且上述参数共振产生较大的能量转移。为了更全面地了解光晕形成,建议读者阅读 T. Wangler 撰写的书。

现有模型的问题在于预测粒子损失率并不容易。在本节中,我们试图详细解释晕圈形成过程,并尝试分析估计晕圈电流和晕圈电流损耗率。首先,我们讨论连续螺线管聚焦通道中圆形连续光束的粒子密度分布。假设构成束流的粒子是费米子,例如电子和质子,在平衡状态下遵循费米-狄拉克统计。然后,我们研究最初位于非均匀密度区域的粒子的横向运动。在该区域中非线性力引起的随机运动的条件是通过解析找到的。最后,我们建立了晕圈电流和晕圈电流损耗率的分析公式[35]。

1) 粒子密度分布

为了传输有限空间电荷的强流束流,必须沿束流线安装光学聚焦元件。

束流中的单粒子运动由施加的聚焦力和空间电荷力决定,该空间电荷力取决于束流的集体运动。显然,以一致的方式建立单粒子的运动方程和集体运动方程并不容易,因为它取决于粒子的具体分布。20 世纪 50 年代,Kapchinskij 和 Vladimirskij 研究了一种"完美的束流"(但不现实),它均匀地填充了投影椭圆,并且用它们导出了连续束流的包络和单粒子横向运动微分方程(局限于圆形和连续束流)。对于包络方程,我们有

$$\frac{\mathrm{d}^2 R}{\mathrm{d}z^2} + K_0^2 R - \frac{K}{R} - \frac{\epsilon^2}{R^3} = 0 \tag{3-756}$$

式中,R 是连续螺线管聚焦通道中的光束包络;ϵ 是光束非标准化横向发射度;$K = 2(I_b/I_0)/(\beta\gamma)^3$,$\gamma$ 和 β 分别是归一化粒子的能量和速度(v/c),I_b 是束电流,$I_0 = 4\pi\epsilon_0 m_0 c^3/q$,其中 m_0/q 是粒子的质荷比(对于电子 $I_0 = 1.7 \times 10^4$ A)。 对于单粒子方程,必须区分以下两种不同的情况:

① 当 $x < R$,方程为

$$\frac{\mathrm{d}^2 x}{\mathrm{d}z^2} + \left(K_0^2 - \frac{K}{R^2}\right)x = 0 \tag{3-757}$$

② 当 $x > R$,方程为

$$\frac{\mathrm{d}^2 x}{\mathrm{d}z^2} + K_0^2 x - \frac{K}{x} = 0 \tag{3-758}$$

由于 K-V 包络方程是从特定的微规范分布导出的,因此其他类型分布的有效性不是自动的。根据 Lapostolle 和 Sacherer 的理论,包络线和发射度定义为

$$R^2 = 4\overline{x^2} \tag{3-759}$$

$$\epsilon = 4\sqrt{\overline{x^2 x'^2} - \overline{xx'}^2} \tag{3-760}$$

从现在开始,以式(3-756)表示包络方程的形式。该方程被认为是独立的粒子密度分布。我们区分两种情况:匹配和不匹配的束流。现在考虑一个连续的聚焦通道,对于第一种情况,意味着

$$K_0^2 R - \frac{K}{R} - \frac{\epsilon^2}{R^3} = 0 \tag{3-761}$$

和

$$\frac{\mathrm{d}^2 x}{\mathrm{d} z^2} + K_\epsilon^2 x = 0 \qquad (3-762)$$

对于 $x < R$，其中 $K_\epsilon^2 = \epsilon^2 / R^4$。对于匹配的情况，显然，当 $\epsilon = 0$ 时，光束包络内的粒子运动可以等于绝对温度为零的无碰撞气体中的粒子运动。对于零发射度匹配的束流包络半径 R_0，可以找到 $R_0 = \sqrt{K}/K_0$。当 $\epsilon \neq 0$ 时，固定包络半径将变为 $R = R_0 + \delta R$。将此表达式代入式(3-756)，对于 $\delta R \ll R$，人们发现

$$\delta R = \frac{\epsilon^2}{2 K_0^2 R_0^3} \qquad (3-763)$$

对于零发射度束流，如果 R 从 R_0 稍微偏离 ΔR，则包络振荡大致像谐振子一样，有

$$\frac{\mathrm{d}^2 \Delta R}{\mathrm{d} z^2} + K_R^2 \Delta R = 0 \qquad (3-764)$$

式中，$K_R = \sqrt{2} K_0$。至于光束内的粒子($x < R$)，根据式(3-757)发现它们的运动用以下等式描述：

$$\frac{\mathrm{d}^2 x}{\mathrm{d} z^2} + K_{\Delta R}^2 x = 0 \qquad (3-765)$$

式中，$K_{\Delta R} = \sqrt{2 K_0^2 \Delta R / R_0}$。

在我们讨论热力学平衡下外部聚焦力下带电粒子束的粒子密度分布之前，重要的是要注意所考虑的主体实际上是非中性等离子体，并且已知非中性等离子体表现出的集体性质类似于中性等离子。集中振荡和屏蔽效应也存在于非中性等离子体中，因此，在下文中，我们仅使用"等离子体"来表示我们的系统。从上面的讨论可知，对于零发射度匹配束流($\Delta R = 0$)，束流内的粒子不进行随机运动。对于费米粒子，如电子和质子，如果束流的实际状态可以视为与零发射度匹配情况的小偏差，则可以得出结论，它们的密度分布遵循费米-狄拉克统计数据：

$$n(E) = \frac{1}{1 + \exp[(E - \mu)/kT]} \qquad (3-766)$$

式中，E 是粒子的能量；μ 是化学能；k 是玻尔兹曼常数；T 是粒子的温度，它是粒子横向随机运动的量度。很明显，麦克斯韦分布只是费米-狄拉克分布的

一个特例,即 $\mu \ll kT$。 粒子的能量与其等离子体振荡幅度的平方成正比,kT 与德拜长度(λ_D)的平方成比例,如果 $(E-\mu)$ 和 RT 分别正比于 Cx^2 和 CR_0^2,则可以重写式(3-766)为

$$n(x) = \frac{F}{R_0^2 \{1 + \exp[(x^2 - R_0^2)/\lambda_\mathrm{D}^2]\}} \tag{3-767}$$

式中,F 是归一化因子,表示为

$$F = \frac{(R_0/\lambda_\mathrm{D})^2}{\ln\left\{\dfrac{1 + \exp[-(R_0/\lambda_\mathrm{D})^2]}{\exp[-(R_0/\lambda_\mathrm{D})^2]}\right\}} \tag{3-768}$$

使用 $\int_0^\infty n(x)\mathrm{d}x^2 = 1$ 的归一化条件。很明显,当 $\lambda_\mathrm{D} = 0$ 时,粒子横向分布的最大延伸是 R_0。当 $\epsilon = 0$ 时,λ_D 可估算如下:

$$\lambda_\mathrm{D}^2 = \frac{v_{\mathrm{thermal}}^2}{K_{\Delta R}^2} = \Delta R R_0 \tag{3-769}$$

或者

$$\left(\frac{\lambda_\mathrm{D}}{R_0}\right)^2 = \frac{\Delta R}{R_0} = \left(\frac{K_{\Delta R}}{K_R}\right)^2 \tag{3-770}$$

在这种情况下,束流温度仅由包络振荡确定,或者换句话说,包络振荡加热束流。现在我们来看一下束流具有有限发射度的更一般情况。在这种情况下,有 $R = R_0 + \Delta R + \delta R$,$\lambda_\mathrm{D}$ 的一般表达式如下:

$$\lambda_\mathrm{D}^2 = \frac{(\delta R^2 + \Delta R^2)K_R^2}{K_{\Delta R}^2 + K_\epsilon^2} \tag{3-771}$$

式中,ΔR 和 δR 在统计上是独立的。式(3-771)告诉我们,发射度和包络振荡都会加热束流。显然,对于具有 $\epsilon = 0$ 的匹配束流,粒子密度平稳分布是均匀的,具有明确的束流半径 R_0。但是,如果 $\lambda_\mathrm{D} \neq 0$ 存在位于 $x = R_0$ 附近的非均匀密度分布区域。为了研究单粒子动力学,我们假设对于 $x < R_0 - \lambda_\mathrm{D}$ 和 $x > R_0 - \lambda_\mathrm{D}$,粒子横向运动分别由式(3-757)和式(3-758)描述。在本节中,我们将关注非均匀区域中的粒子动力学。

2) 由非线性共振引起的晕圈粒子的随机运动

现在我们研究最初位于聚焦主导区域的粒子的运动。对于零发射度束

流,如果我们定义 $x = R_0 + \Delta x$,则发现 Δx 满足以下非线性微分方程。对于 $\Delta x > 0$,该方程为

$$\frac{\mathrm{d}^2 \Delta x}{\mathrm{d}z^2} + K_0^2 \Delta x + \frac{K}{R_0}\left[\frac{\Delta x}{R_0} - \left(\frac{\Delta x}{R_0}\right)^2 + \left(\frac{\Delta x}{R_0}\right)^3 + \cdots\right] + \cdots = 0$$

$$(3-772)$$

对于 $\Delta x < 0$,方程为

$$\frac{\mathrm{d}^2 \Delta x}{\mathrm{d}z^2} = 0 \qquad (3-773)$$

很明显式(3-773)描述了一个自由偏移运动。数字显示,Δx 的解是稳定且周期性的。事实上,式(3-772)和式(3-773)的解只能通过使用式(3-772)获得。条件是振荡解的相位应根据 R_0 加上额外的相移,因此,在下面的分析处理中,我们只考查对应于 $\Delta x > 0$ 的等式。现在让我们考虑一下由于周期性聚焦或不匹配而存在包络调制,ΔR 大约为 R_0 的情况。正如我们在前面假设的那样,位于非均匀密度区域的粒子的轨迹由式(3-758)确定。描述 R_0 附近的粒子运动的微分方程证明是:

$$\frac{\mathrm{d}^2 \Delta x}{\mathrm{d}z^2} + K_0^2 \Delta x + \frac{K}{R_0}\left[\frac{\Delta x}{R_0} - \left(\frac{\Delta x}{R_0}\right)^2 + \left(\frac{\Delta x}{R_0}\right)^3 + \cdots\right] +$$

$$\frac{K \Delta R}{R_0^2}\left[-2\frac{\Delta x}{R_0} + 3\left(\frac{\Delta x}{R_0}\right)^2 - 4\left(\frac{\Delta x}{R_0}\right)^3 + \cdots\right] = 0 \qquad (3-774)$$

现在我们用相应的哈密顿量来代表式(3-774):

$$H = H_0 + K\left[-\frac{1}{3}\left(\frac{\Delta x}{R_0}\right)^3 + \frac{1}{4}\left(\frac{\Delta x}{R_0}\right)^4 + \cdots\right] +$$

$$\frac{K \Delta R}{R_0}\left[-\left(\frac{\Delta x}{R_0}\right)^2 + \left(\frac{\Delta x}{R_0}\right)^3 - \left(\frac{\Delta x}{R_0}\right)^4 + \cdots\right] \qquad (3-775)$$

同时

$$H_0 = \frac{p^2}{2} + \frac{2K_0^2}{2}\Delta x^2 \qquad (3-776)$$

式中,$p = \mathrm{d}\Delta x / \mathrm{d}z$,$K_0(z)$ 和 $\Delta R_0(z)$ 是满足关系的周期函数,表示为

$$K_0(z) = K_0(z+L) \qquad (3-777)$$

$$\Delta R(z) = \Delta R(z+L) \tag{3-778}$$

显然,哈密顿量 H 包含两部分:线性力部分 H_0 和非线性力部分。将非线性力部分视为 H_0 的扰动是很自然的。为了简化数学处理,我们假设 $\Delta R_0(z)$ 由周期 L 和幅度 ΔR_0 的周期性 δ 函数表示。仅保留最低的粒子包络共振项,可以将哈密顿量 H 简化为

$$H = H_0 + K\left(\frac{\Delta R_0}{R_0}\right)\left(\frac{\Delta x}{R_0}\right)^3 L \sum_{k=-\infty}^{\infty} \delta(z-kL) \tag{3-779}$$

对于以下形式的哈密顿量:

$$H = \frac{p_x^2}{2} + \frac{k_{x0}^2 x^2}{2} + \frac{a_m}{m} x^m \sum_{k=-\infty}^{\infty} \delta(z-kL) \tag{3-780}$$

一个具有表达的最大稳定偏差为

$$\Delta x_{\max}(z) = \sqrt{2\beta_x(z)}\left[\frac{1}{m\beta_x^m(z_i)}\right]^{\frac{1}{2(m-2)}}\left(\frac{1}{a_m}\right)^{\frac{1}{m-2}} \tag{3-781}$$

式中,z_i 是发生扰动的位置。通过式(3-779)与式(3-780)之间的类比,可以找到最大的 $\Delta x(z)$,超过该值的粒子将进行随机运动,$\Delta x_{\max}(z)$ 的相关表达式为

$$\frac{\Delta x_{\max}(z)}{R_0} = \frac{2R_0^3\sqrt{\beta(z)}}{\sqrt{27}LK\Delta R_0\beta(z_i)^{3/2}} \tag{3-782}$$

式中,$\beta(z)$ 是零空间电荷效应的聚焦通道的 beta 函数。如果需要 $\beta(z)=\beta(z_i)=\beta_{av}$,式(3-782)可以进一步简化为

$$\frac{\Delta x_{\max}}{R_0} = \frac{2R_0^3}{\sqrt{27}LK\Delta R_0\beta_{av}} \tag{3-783}$$

式中,$\beta_{av}=R_0/\sqrt{K}$。

3) 估计束流的电流损失率

根据上面的讨论,人们知道位于 $x=R_0+\Delta x$ 和 $\Delta x \geqslant \Delta x_{\max}$ 的粒子将执行随机运动并向外扩散,从而产生束晕。现在的问题是束晕电流是多少,束晕粒子的密度分布是多少(与最初假设的费米-狄拉克分布不同),以及由于束晕粒子导致的射束管道上的损耗率是多少。为了回答这些问题,首先,我们根据 Fermi-Dirac 分布计算束晕电流 I_h:

$$I_{h} = \frac{I_{b}F}{R_0^2} \int_{R_0 + \Delta x_{max}}^{\infty} \frac{1}{1 + \exp\left(\dfrac{x^2 - R_0^2}{\lambda_D^2}\right)} dx^2$$

$$= I_{b}F \frac{\lambda_D^2}{R_0^2} \ln\left\{\frac{\exp\left[(x^2 - R_0^2)/\lambda_D^2\right]}{1 + \exp\left[(x^2 - R_0^2)/\lambda_D^2\right]}\right\}\Bigg|_{x = R_0 + \Delta x_{max}}^{x = \infty}$$

$$= I_{b} \frac{\ln\left[\dfrac{1 + \exp\left(\dfrac{2\Delta x_{max}R_0 + \Delta x_{max}^2}{\Delta R_0 R_0}\right)}{\exp\left(\dfrac{2\Delta x_{max}R_0 + \Delta x_{max}^2}{\Delta R_0 R_0}\right)}\right]}{\ln\left[\dfrac{1 + \exp(-R_0/\Delta R_0)}{\exp(-R_0/\Delta R_0)}\right]} \quad (3-784)$$

其次,正如我们之前所示,与其他粒子不同,束晕粒子进行随机运动,因此束晕电流的密度分布 I_h 肯定会偏离最初假设的费米-狄拉克分布处理。对于半径为 R_m 的给定束流管(假设它远大于 $R_0 + \Delta x_{max}$),我们假设束晕电流采用以下密度分布:

$$h(x) = \frac{2}{R_m^2}\left(1 - \frac{x^2}{R_m^2}\right) \quad (3-785)$$

式中, $\int_0^{R_m} I_h h(x) dx^2 = I_h (x = 0$ 对应于 $R_m \gg R_0 + \Delta x_{max}$ 的假设)。 最后,我们正处于估算束流管壁上束晕电流损失率的阶段。由于束流包络振荡,束晕盘的尺寸延伸到传输系统的机械孔径半径 R_m,振荡为 $x = R_m \pm \Delta R_0$。显然,位于 $(R_m - \Delta R_0) \leqslant x \leqslant R_m$ 中的粒子会丢失,这种损失将通过扩散过程填充。目前的损失可以计算如下:

$$I_{loss} = I_h \int_{R_m - \Delta R_0}^{R_m} h(x) dx^2 \approx 4\left(\frac{\Delta R_0}{R_m}\right)^2 I_h \quad (3-786)$$

定义等离子体角频率 $\omega_p = (nq^2/\epsilon_0 m_0 \gamma)^{1/2}$ 和等离子体波数 $k_p = \omega_p/\beta c$,可以得到等离子体波长 $\lambda_p = \sqrt{\dfrac{2\pi}{K}}\dfrac{R_0}{r}$。 如果粒子重新分配距离,或所谓的弛豫距离 $\lambda_p/4$,使其周期短于包络振荡周期,则束电流损失率为 R_{loss}(A/m),可以估算为 $R_{loss} = I_{loss}/L$。 总之,我们得到了一个简化的束流损耗率公式如下:

$$R = \frac{4I_b f}{L}\left(\frac{\Delta R_0}{R_m}\right)^2 \frac{\ln\left[\dfrac{1+\exp\left(\dfrac{2\Delta x_{max}R_0 + \Delta x_{max}^2}{\Delta R_0 R_0}\right)}{\exp\left(\dfrac{2\Delta x_{max}R_0 + \Delta x_{max}^2}{\Delta R_0 R_0}\right)}\right]}{\ln\left[\dfrac{1+\exp(-R_0/\Delta R_0)}{\exp(-R_0/\Delta R_0)}\right]} \qquad (3-787)$$

式中，f 是平均束电流与峰值束电流之比。当前式(3-787)中的损失率由可用作基于数值模拟的实际机器设计的指南得到。

现在我们简要讨论束流发射度的要求。从式(3-771)开始在 $\delta R \ll R_0$ 的条件下，有限束流发射度的影响被忽略了，或者

$$\epsilon_n \ll \beta\gamma\sqrt{2\Delta R R_0 K} \qquad (3-788)$$

式中，$\epsilon_n = \beta\gamma\epsilon$ 是归一化的发射度。作为示例，我们考虑具有上述参数的质子束和束传输系统。我们发现当 $W = 100\,\text{MeV}$ 时，有 $R_{loss} < 1\,\text{nA/m}$。应该限制 $\Delta R_0 \leqslant 0.001\,94\,\text{m}$。根据式(3-788)，有 $\epsilon_n \ll 1.6\,\text{mm} \cdot \text{mrad}$。参考一种高电流低发射度的质子源，其中流强为 $110\,\text{mA}$、能量为 $75\,\text{keV}$ 的束流的归一化发射度为 $0.2\,\text{mm} \cdot \text{mrad}$，远小于 $1.6\,\text{mm} \cdot \text{mrad}$。

3.9.2　环形电子加速器

通常假定电子束(横向或纵向)的分布函数为高斯分布。然而，实际上，由于随机过程总会存在一些偏差，因此加速器束流的电荷分布可以分为两部分：具有高斯分布的束流中心和具有更广泛分布的束晕。束流中心部分影响环形或直线对撞机的亮度以及同步加速器光源的亮度，而束晕可以在碰撞实验探测器中产生背景噪声，并且如果其分布太大甚至会降低寿命。

在ATF2(加速器测试设备2期)的对撞点(IP)，用基于激光干涉仪技术精心设计的光束尺寸监视器(称为Shintake监视器)测量低于 $100\,\text{nm}$ 的电子束尺寸。然而，IP部分中的光子背景将影响Shintake探测器的调制，因此降低了束斑尺寸测量的分辨率。由于束流管道的光束晕散射是背景的主要来源，为了研究束晕沿ATF2光束线的电荷分布并决定准直策略，我们需要知道ATF2入口处的束晕状态和它是如何在ATF阻尼环中产生的。因此，在本节中，我们试图根据Hirata和Yokoya建立的理论，对几种常见的随机过程进行ATF中束晕分布的分析估计[36]。典型的阻尼环参数列于表3-2中。

表 3-2 典型的 ATF 参数

参 数	参 数 值
能量 E_{0^*}/GeV	1.28
能量分散 δ_0	5.44×10^{-4}
能量接受度	0.005
平均 β_x/β_y/m	3.9/4.5
水平发射度/nm	1
垂直发射度/pm	10
横向阻尼时间/ms	18.2/29.2
纵向阻尼时间/ms	20.9

1) 残余气体散射

加速器和储存环的性能取决于加速器的许多组件,一个非常重要的组件是真空系统。被加速粒子与残余气体原子之间的相互作用可能降低束流品质、减少束流寿命、增加发射度,也可能产生束晕,因为粒子的分布偏离高斯分布。

通过库仑相互作用引起的电子偏转由卢瑟福散射描述。我们假设这种散射是弹性的,并且残余气体的反冲动量可以忽略不计。电子散射原子的微分截面由式(3-789)给出:

$$\frac{\mathrm{d}\sigma}{\mathrm{d}\Omega} = \left(\frac{2Zr_e}{\gamma}\right)^2 \frac{1}{(\theta^2 + \theta_{\min}^2)^2} \qquad (3-789)$$

式中,Z 是原子序数;r_e 是经典电子半径;γ 是相对论洛伦兹因子;$\theta_{\min}$ 由不确定性原理决定为

$$\theta_{\min} = \frac{Z^{1/3}\alpha}{\gamma} \qquad (3-790)$$

式中,α 是精细结构常数。如果我们将整个空间角 Ω 进行积分,获得总横截面为

$$\sigma_{\mathrm{tot}} = \int_0^{2\pi}\int_{\theta_{\max}}^{\pi} \left(\frac{2Zr_e}{\gamma}\right)^2 \frac{1}{(\theta^2 + \theta_{\min}^2)^2} \sin\theta\,\mathrm{d}\theta\,\mathrm{d}\varphi$$
$$\approx 4\pi Z^{4/3}(192r_e)^2 \qquad (3-791)$$

然后我们需要获得概率密度函数 $f(\theta)$。假设 $\theta^2 = \theta_x^2 + \theta_y^2$,在一个方向上积分将给出另一个方向的微分横截面:

$$\frac{\mathrm{d}\sigma}{\mathrm{d}\theta} = \frac{4\pi r_e^2 Z^2}{\gamma^2} \frac{1}{(\theta^2 + \theta_{\min}^2)^{3/2}} \qquad (3-792)$$

在这里和之后的计算中简写

$$\theta \equiv \theta_x (\theta_y) \qquad (3-793)$$

从而

$$f(\theta) = \frac{1}{\sigma_{\mathrm{tot}}} \frac{\mathrm{d}\sigma}{\mathrm{d}\theta} = \frac{\theta_{\min}^2}{(\theta^2 + \theta_{\min}^2)^{3/2}} \qquad (3-794)$$

而且

$$\int_0^\infty f(\theta)\mathrm{d}\theta = 1 \qquad (3-795)$$

对于弹性散射,我们假设 CO 气体在 ATF 中的束气散射中占主导地位,因此单位时间内的总散射概率为

$$N = Q\sigma_{\mathrm{tot}}c \qquad (3-796)$$

式中,c 是光速;Q 是单位体积中气体分子的数量,由下式给出:

$$Q = 2.65 \times 10^{20} nP \qquad (3-797)$$

式中,n 是每个气体分子中的原子数;P 是以帕斯卡为单位的气体压强。这里对于 ATF,$Z = 50^{1/2}$ 且 $n = 2$。

在一个阻尼时间内电子和气体原子的碰撞概率是

$$N_\tau = N\tau \qquad (3-798)$$

式中,τ 是横向阻尼时间。最后,得到束流横向分布为

$$\begin{aligned}
\rho(X) &= \frac{1}{\pi} \int_0^\infty \cos(kX) \exp\Bigg\{ -\frac{k^2}{2} + \frac{2}{\pi} N_\tau \cdot \\
&\quad \int_0^1 \frac{\left[\int_0^\infty \cos\left(\frac{k}{\sigma_0'} x\theta\right) f(\theta)\mathrm{d}\theta \right]^{-1}}{\sigma_0'} \arccos(x)\mathrm{d}x \Bigg\} \mathrm{d}k \\
&= \frac{1}{\pi} \int_0^\infty \cos(kX) \exp\Bigg[-\frac{k^2}{2} + \frac{2}{\pi} N_\tau \cdot \\
&\quad \int_0^1 \frac{\Theta xk K_1(\Theta xk) - 1}{x} \arccos(x)\mathrm{d}x \Bigg] \mathrm{d}k
\end{aligned} \qquad (3-799)$$

式中，Θ 是由角度束流尺寸归一化的最小散射角度，其由下式定义

$$\Theta = \frac{\theta_{\min}}{\sigma'_0} \qquad (3-800)$$

式中，$\sigma'_0 = \dfrac{\sigma_0}{\beta}$；$\Theta$ 可以表示水平和垂直两个坐标。该公式告诉我们，受残余气体散射效应干扰的束流分布仅由两个参数决定，即归一化散射频率 N_τ 和最小归一化散射角 Θ。根据式（3-799）得到的束流横向分布绘制在图 3-8 和图 3-9 中。

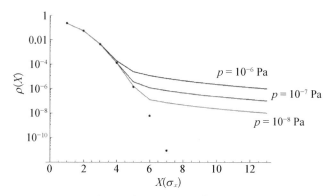

图 3-8　具有不同真空度的水平束流分布（水平坐标 X 通过均方根束斑尺寸归一化）

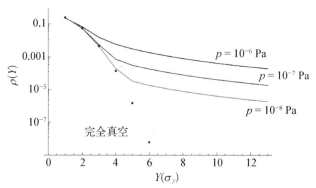

图 3-9　具有不同真空度的垂直束流分布（垂直坐标 Y 通过均方根束斑尺寸归一化）

从图 3-8 和图 3-9 中可以看出，由于残余气体散射效应，束流分布将偏离高斯分布。更糟的真空状态将产生更大的束晕和更小的高斯束流中心。而且，可以看出，由于弹性残余气体散射，束流的垂直分布受到的影响大于水平

分布。因为 $\sigma_{y0'} < \sigma_{x0'}$，所以 $\Theta_y > \Theta_x$。

2）束流与残余气体的轫致辐射效应

众所周知，当带电粒子加速时，它们发射电磁辐射，即光子。当电子偏转时，由于发射的辐射，电子失去能量。这种轫致辐射对相对论电子的影响非常强烈。下式给出了具有能量 ε 的光子和由轫致辐射引起的能量损失的微分截面：

$$\frac{\mathrm{d}\sigma}{\mathrm{d}\varepsilon} = 4\alpha r_e^2 Z(Z+1)\left[\frac{4}{3}\ln\left(\frac{183}{Z^{1/3}}\right) + \frac{1}{9}\right]\frac{1}{\varepsilon} \tag{3-801}$$

然后，可以得到总散射频率：

$$\sigma_{\mathrm{tot}} = \int_{E_{\min}}^{E_{\max}} \frac{\mathrm{d}\sigma}{\mathrm{d}\varepsilon}\mathrm{d}\varepsilon = 4\alpha r_e^2 Z(Z+1) \cdot \left[\frac{4}{3}\ln\left(\frac{183}{Z^{1/3}}\right) + \frac{1}{9}\right]\ln\left(\frac{E_{\max}}{E_{\min}}\right) \tag{3-802}$$

和概率密度函数：

$$f(\varepsilon) = \frac{1}{\sigma_{\mathrm{tot}}}\frac{\mathrm{d}\sigma}{\mathrm{d}\varepsilon} = \frac{1}{\ln\left(\dfrac{E_{\min}}{E_{\min}}\right)}\frac{1}{\varepsilon} \tag{3-803}$$

其中

$$\int_{E_{\min}}^{E_{\max}} f(\varepsilon)\mathrm{d}\varepsilon = 1 \tag{3-804}$$

式中，$E_{\max}$ 等于最大能量损失；$E_{\min}$ 是假定值，将在后面讨论。

另外，使用式（3-796）和式（3-798），我们可以计算出总碰撞频率。

因此，由残余气体轫致辐射效应引起的束流能量分布可以表示为

$$\rho(E) = \frac{1}{\pi}\int_0^\infty \cos(kE)\exp\left[-\frac{k^2}{2} + \frac{2}{\pi}N_\tau\int_0^1 \frac{W}{x}\arccos(x)\mathrm{d}x\right]\mathrm{d}k \tag{3-805}$$

式中，$W = \left[\int_{E_{\min}}^{E_{\max}} \dfrac{\cos\left(\dfrac{kx}{E_0\delta_0}\varepsilon\right)}{\left(\ln\dfrac{E_{\max}}{E_{\min}}\right)\varepsilon}\mathrm{d}\varepsilon\right] - 1$，图 3-10 显示了基于式（3-805）的束流

能量分布。可以看出，束晕的水平取决于真空水平。较低的真空度将产生较小的束晕。此外，它表明最小能量损失 $E_{\min}$ 是一个重要的参数，可以预测我们

可以获得多长的拖尾。对于 ATF 情况,如果我们将 $E_{\min}$ 的值设置为大于自然能散的 1%,我们将不会得到光束晕的分布。这并不意味着 $7\sigma_E$ 外没有束晕粒子,它只是意味着由于计算算法,大于 $7\sigma_E$ 的能量的分布函数 $\rho(E)$ 变为负值。因此,我们需要选择合适的 $E_{\min}$,同时要注意计算时间和束晕长度的平衡。

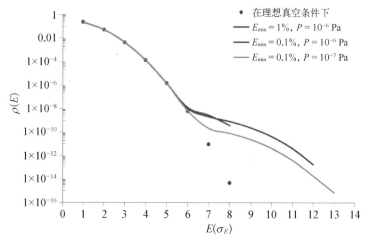

图 3-10 具有不同真空压力和不同最小能量损失的能量分布(水平坐标 E 通过自然能量扩散归一化)

3) 束内散射

束内散射(IBS)是束团内部粒子之间多个小角度库仑碰撞的结果,这与 Touschek 效应不同。Touschek 效应描述了较强的碰撞过程,导致两个碰撞粒子的损失。然而,实际上,还有许多其他碰撞只有很小的动量交换。由于散射效应,束团中的粒子可以随机地将它们的横向动量转换为纵向动量,这导致动量尺寸的连续增加以及当粒子运动超出孔径时束流寿命的减少。已有资料提供了详细的束内散射理论。然而,目前的理论主要讨论均方根发射度增长和由于束内散射引起的增长时间,由于束流具有非高斯分布,所以不能给出所有粒子的分布信息。在本节中,我们将重点关注纵向和垂直方向的 IBS 诱导束流分布。

在两个散射粒子的质心参考系中,电子(或正电子)的库仑散射的微分截面由 Møller 公式给出:

$$\frac{\mathrm{d}\bar{\sigma}}{\mathrm{d}\Omega} = \frac{4r_e^2}{(v/c)^4}\left(\frac{4}{\sin^4\theta} - \frac{3}{\sin^2\theta}\right) \tag{3-806}$$

式中,v 是质心系中的相对速度。由于水平动量比垂直动量大得多,因此对动量交换贡献更多，并且 θ 是散射角，我们将假设它基本上位于水平方向。横杠表示质心参考系，并且在质心系统中计算微分散射截面 $\mathrm{d}\bar{\sigma}$。

在小角度情况下（IBS 常见），Møller 公式的微分截面化简为

$$\frac{\mathrm{d}\bar{\sigma}}{\mathrm{d}\Omega} = \frac{16 r_{\mathrm{e}}^2}{(v/c)^4} \frac{1}{\sin^4 \theta} \tag{3-807}$$

考虑到动量的角度变化给出垂直于水平轴的动量分量，可得

$$p_{\perp} = p_x \sin \theta \tag{3-808}$$

和

$$\mathrm{d}p_{\perp} = p_x \cos \theta \mathrm{d}\theta \approx - p_x \mathrm{d}\theta \tag{3-809}$$

其中

$$p_x = \frac{m_0 v}{2} \tag{3-810}$$

式中，m_0 是电子的静止质量。考虑到

$$\mathrm{d}\Omega = 2\pi \sin \theta \mathrm{d}\theta \tag{3-811}$$

我们得到

$$\mathrm{d}\bar{\sigma} = 2\pi \frac{r_{\mathrm{e}}^2}{\bar{\beta}^2} \frac{\mathrm{d}p_{\perp}}{p_{\perp}^3} \tag{3-812}$$

式中，$\bar{\beta} = \dfrac{v}{2c}$；$p_{\perp}$ 是在质心框架中从水平方向到垂直方向的动量交换。

此外，考虑到在垂直和纵向方向上发生的传递概率相同的事实，我们可以得到质心系统中纵向动量增长的微分截面为

$$\mathrm{d}\bar{\sigma} = \pi \frac{r_{\mathrm{e}}^2}{\bar{\beta}^2} \frac{\mathrm{d}\varepsilon}{\varepsilon^3} \tag{3-813}$$

式中，ε 是由于质心系统中的 IBS 效应引起的纵向动量变化。如果我们将纵向动量转回实验室系统，真正的纵向动量增长将是 $\gamma \varepsilon$。最后，对于单个测试粒子，每秒水平方向到纵向的动量交换事例总数 N 和概率密度函数 $f(\varepsilon)$ 可以分别表示为

$$N = \frac{4\pi}{\gamma^2}\int \bar{\beta} c P(\boldsymbol{x}_1, \boldsymbol{x}_2)\int_{E_{\min}}^{\infty}\frac{\mathrm{d}\bar{\sigma}}{\mathrm{d}\epsilon}\mathrm{d}\epsilon\,\mathrm{d}\boldsymbol{x}_1\mathrm{d}\boldsymbol{x}_2 \approx \frac{cr_e^2}{6\gamma^3}\frac{N_e}{E_{\min}^2\sigma_x\sigma_y\sigma_z\sigma_{x'}}$$

$$(3-814)$$

$$f(\varepsilon) = \frac{1}{\bar{\sigma}_{\mathrm{tot}}}\frac{\mathrm{d}\sigma}{\mathrm{d}\varepsilon} = \frac{2E_{\min}^2}{\varepsilon^3}$$

$$(3-815)$$

对于式(3-814)的积分,我们可以得到近似结果。

因此,由于 IBS 过程,得到了束流能量分布的表达式为

$$\rho(E) = \frac{1}{\pi}\int_0^{\infty}\cos(kE)\exp\left[-\frac{k^2}{2}+\frac{2}{\pi}N_\tau\int_0^1\frac{B}{x}\arccos(x)\mathrm{d}x\right]\mathrm{d}k$$

$$(3-816)$$

式中,N_τ 是由纵向阻尼率($N_\tau = N\tau_z$)归一化的总散射率;$B = \left[\int_{E_{\min}}^{\infty}\dfrac{2E_{\min}^2\cos\left(\dfrac{kx}{E_0\delta_0}\gamma\varepsilon\right)}{\varepsilon^3}\mathrm{d}\varepsilon\right]-1$,$E_{\min}$ 是 IBS 过程中纵向的最小动量增量。

此外,使用与残余气体散射相同的方法,可以得到 IBS 引起的垂直分布为

$$\rho(Y) = \frac{1}{\pi}\int_0^{\infty}\cos(kY)\exp\left[-\frac{k^2}{2}+\frac{2}{\pi}N_\tau\int_0^1\frac{C}{x}\arccos(x)\mathrm{d}x\right]\mathrm{d}k$$

$$(3-817)$$

式中,N_τ 是由垂直阻尼率($N_\tau = N\tau_y$)归一化的总散射率,C 的表达式为

$$C = \left[\int_{P_{\min}}^{\infty}\frac{2P_{\min}^2\cos\left(\dfrac{kx}{\sigma_y'}p_y\right)}{p_y^3}\mathrm{d}p_y\right]-1$$

$$(3-818)$$

而 $P_{\min}$ 是 IBS 过程中垂直方向上的最小动量增量。

图 3-11 显示了基于式(3-816)的散射束能量分布。在这里,我们选择 $E_{\min}$ 等于自然能散的 0.01%。可以看到,更大的束流电荷密度会产生更大的束晕,这也会增加 RMS 光束的大小。由于 ATF 阻尼环的设计粒子数为 1×10^{10},如图 3-11 所示,束流能量分布将在 $8\sigma_E$ 外偏离原来的高斯形状,相比于束团中心,束晕粒子将具有约 1×10^{-16} 的密度。与图 3-10 相比,可以看出,在 ATF 阻尼环中,束晕的能量分布主要受残余气体轫致辐射效应的影响,而

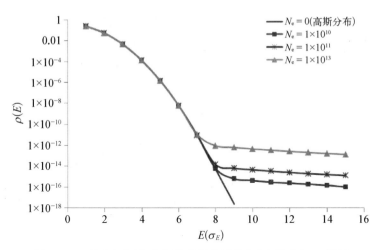

图 3 - 11　具有不同电荷量的束团能量分布(水平坐标 E 通过自然能量扩散归一化)

不是 IBS 效应。

图 3 - 12 显示了基于式(3 - 817)的垂直电荷分布。在这里,我们选择 $P_{\min}$ 约为自然能散的 0.02%。在 ATF 阻尼环中,真空水平为 $10^{-7} \sim 10^{-6}$ Pa。根据图 3 - 9,由束流残余气体效应决定的垂直束晕电荷密度比 ATF 中的束团中心密度低约 4 个数量级。因此,在 ATF 阻尼环中,束团垂直分布主要是由束气散射主导而不是 IBS 效应。

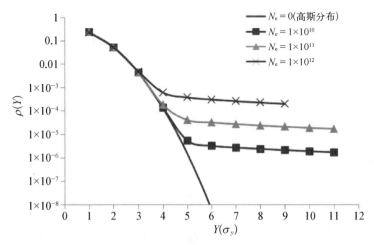

图 3 - 12　具有不同电荷量的束团垂直分布(垂直坐标 Y 通过均方根束斑尺寸归一化)

3.10 极化束流

对于自旋为 $\frac{1}{2}$ 的粒子(如电子、正电子和质子)组成的束流,束流极化度 P 是唯一的可观测量:

$$P = \frac{N_+ - N_-}{N_+ + N_-} \qquad (3-819)$$

式中,N_+ 和 N_- 分别是束流中沿某个特定方向位于自旋量子态 $\left| \frac{1}{2}, \frac{1}{2} \right\rangle$ 和 $\left| \frac{1}{2}, -\frac{1}{2} \right\rangle$ 的粒子个数。在环形加速器中,核物理和粒子物理的研究要求产生和维持较高的束流极化度。尽管自旋是量子力学的概念,利用半经典近似,我们可以用经典的自旋矢量 S 在半经典的自旋进动矢量 $\boldsymbol{\Omega}$ 作用下的运动来描述量子系统中的自旋运动。这里的 S 和 $\boldsymbol{\Omega}$ 其实是对应的量子算符的期望值。在电磁场中,自旋矢量 S 的运动由 Thomas-BMT 方程来描述:

$$\frac{\mathrm{d}S}{\mathrm{d}t} = \boldsymbol{\Omega} \times S \qquad (3-820)$$

$$\boldsymbol{\Omega} = -\frac{e}{m\gamma} \left[(1 + a\gamma) \boldsymbol{B}_\perp + (1 + a) \boldsymbol{B}_\parallel - \left(a\gamma + \frac{\gamma}{\gamma + 1} \right) \frac{\boldsymbol{\beta} \times \boldsymbol{E}}{c} \right]$$
$$(3-821)$$

这里,S 定义在粒子自身参考系中,而电磁场矢量 E 和 B 则定义在实验室参考系下,其中磁场矢量可以分解为 $\boldsymbol{B} = \boldsymbol{B}_\parallel + \boldsymbol{B}_\perp$,$\boldsymbol{B}_\parallel = (\boldsymbol{\beta} \cdot \boldsymbol{B})\boldsymbol{\beta}/\beta$。$a = g/2 - 1$ 为带电粒子的反常磁矩因子,电子(正电子)的反常磁矩因子为 $a = 0.001\,159\,652\,19$,而质子的反常磁矩因子为 $a = 1.792\,847\,39$。

在环形加速器中,一个电子的自旋矢量的运动受到电磁场的影响,而电磁场的强度则依赖于其轨道运行的坐标。Thomas-BMT 方程可以表示为

$$\frac{\mathrm{d}S}{\mathrm{d}\theta} = \boldsymbol{\Omega} \times S \qquad (3-822)$$

$$\boldsymbol{\Omega}(z, \theta) = \boldsymbol{\Omega}_0 + \boldsymbol{\omega}(z, \theta) \qquad (3-823)$$

式中,$\theta = s/R$ 为加速器中的轴向方位角;R 为加速器的平均半径;$\boldsymbol{\Omega}_0$ 为闭合

轨道上的自旋进动矢量,而 $\boldsymbol{\omega}(\boldsymbol{z}, \theta)$ 则表示在方位角 θ 处围绕闭合轨道的轨道坐标 $\boldsymbol{z}$ 处的粒子的自旋进动矢量。上述方程的一组特殊解称为不变自旋场 (invariant spin field) $\hat{n}(\boldsymbol{z}, \theta)$,也通称为 $\hat{n}$ 轴,其满足周期性条件:

$$\hat{n}(\boldsymbol{z}, \theta) = \hat{n}(\boldsymbol{z}, \theta + 2\pi) \tag{3-824}$$

在闭合轨道上,$\hat{n}(\boldsymbol{z}, \theta)$ 记作 $\hat{n}_0(\theta)$,而 $\hat{n}_0(\theta)$ 则满足周期性条件 $\hat{n}_0(\theta + 2\pi) = \hat{n}_0(\theta)$。不平行于 $\hat{n}$ 轴的自旋矢量 $\boldsymbol{S}$ 将围绕 $\hat{n}$ 轴做进动,粒子绕加速器转动一圈,自旋矢量绕 $\hat{n}$ 轴的旋转角度为 $2\pi\nu_S$,这里 ν_S 称为自旋工作点(spin tune),是轨道运动振幅的函数。而在闭合轨道上,ν_S 用 ν_0 来表示,称为闭合轨道自旋工作点(closed orbit spin tune)。理想情况下,环形加速器中的束流闭合轨道位于水平面内,此时 $\hat{n}_0$ 沿垂直方向,而 $\nu_0 = a\gamma_0$,γ_0 为参考粒子的相对论能量因子。因此,如果能够高精度地测量 ν_0,则可以得到束流中心能量的精确测量值,这是高精度束流能量标定的基础。然而在实际加速器中,磁场的加工和准直偏差导致加速器中存在水平偏转磁场 B_x,粒子物理实验通常要求在对撞点处安装螺线管来提供纵向偏转磁场 $B_\parallel$,这些效应会导致实际加速器中的 ν_0 与 $a\gamma_0$ 存在一定的系统性偏差,在利用极化束流进行束流能量标定时必须对这些系统性偏差进行深入分析。另一方面,这些水平和纵向磁场会激励起自旋-轨道耦合共振(或简称自旋共振,spin resonance),一般形式的自旋共振条件为

$$\nu_S = k + k_x\nu_x + k_y\nu_y + k_z\nu_z, \quad k_x, k_y, k_z \in \mathbf{Z} \tag{3-825}$$

式中,ν_S 在自旋共振严格满足时没有定义,否则 ν_S 只是轨道运动作用量(J_x, J_y, J_z)的函数。

束流中不同粒子的自旋矢量在环形加速器中变化的同时,束流的极化度也随时间发生变化。可以证明,在相空间中自旋矢量 $\boldsymbol{S}$ 和 $\hat{n}$ 轴之间的夹角 $\boldsymbol{S} \cdot \hat{n}$ 是一个绝热不变量。因此,时间平均的束流极化度可以表示为

$$\boldsymbol{P}_\infty = \langle \langle \boldsymbol{S} \cdot \hat{n} \rangle \hat{n} \rangle \tag{3-826}$$

式中,内层积分是对 $\boldsymbol{z}$ 附近无穷小的相空间体积元内的自旋矢量在 $\hat{n}$ 轴上的投影取平均值,外层积分则是对整个相空间取平均值。$\boldsymbol{P}_\infty$ 的数值在加速器上的不同位置是相同的。因为 $|\langle \boldsymbol{S} \cdot \hat{n} \rangle| \leqslant 1$,在同一个相空间的环面($J_x$, J_y, J_z)上,时间平均的束流极化度不会大于 $\hat{n}$ 在这个环面上的平均值,即静态极限极化度 P_{lim}:

$$P_{\text{lim}} = |\langle \hat{n}(\boldsymbol{z}, \theta) \rangle| \tag{3-827}$$

在自旋共振附近，$\hat{n}$ 会显著偏离 $\hat{n}_0$，因此 $P_{\lim}$ 也会比较小。

3.10.1 极化束流加速

当极化束流穿越自旋共振时可能发生显著的退极化。以在同步加速器中的极化束流加速为例，加速过程中 ν_0 随束流中心能量增加而增大，从而穿越一系列的自旋共振。其中有两类主要的自旋共振：一类主要由四极磁铁中的垂直闭合轨道畸变激励，共振条件为 $\nu_0 = k$，称为误差自旋共振（imperfection resonances）；另一类由四极磁铁中的垂直 betatron 振荡激励，共振条件为 $v_s = k \pm v_y$，称为内秉自旋共振（intrinsic resonances）。束流以恒定加速度穿越一个孤立的自旋共振线时，束流极化度的变化可以由 Froissart-Stora 公式来描述：

$$\frac{P_f}{P_i} \approx 2\mathrm{e}^{-\frac{\pi|\epsilon_\kappa|^2}{2\alpha}} - 1 \tag{3-828}$$

式中，ϵ_κ 为该自旋共振的共振强度；$\alpha = \dfrac{\mathrm{d}\nu_0}{\mathrm{d}\theta}$ 描述加速穿越自旋共振的速率。为了保证加速穿越自旋共振时极化度的大小基本不变，按照 Froissart-Stora 公式有两种可能性：一是快速穿越，即 $|\epsilon_\kappa| \leqslant 0.056\sqrt{\alpha}$ 时，$P_f \geqslant 99\% P_i$；二是绝热穿越，即 $|\epsilon_\kappa| \geqslant 1.8\sqrt{\alpha}$ 时，$|P_f| \geqslant 99\% |P_i|$，但方向相反，即发生了极化度翻转。

在同步加速器中，自旋共振强度通常随着束流能量的增加而增强，且与磁聚焦结构的周期性特征有强烈的依赖关系。这意味着，在同步加速器中加速极化束流，通常需要穿越不同强度的多个自旋共振。对于中低能同步加速器，通常可以通过自旋共振校正、绝热穿越强共振线、快速穿越弱共振线等措施，分别针对不同类型和强度的自旋共振设计加速穿越的方案，以保持束流极化度。然而，对于高能同步加速器，需要穿越的自旋共振数量繁多，且一些强自旋共振的强度大于相邻自旋共振之间的间隔，不再满足孤立自旋共振线的条件，这些常规的自旋共振穿越手段不再适用。在这种情况下需要采用西伯利亚蛇（Siberian snake）来维持束流极化度。西伯利亚蛇是一类特殊的操纵自旋运动的装置，能够将自旋矢量沿某个特定方向旋转 $s \cdot 180°$，其中 $0 < s \leqslant 1$，$s = 1$ 的称为完整西伯利亚蛇（full Siberian snake），而 $s < 1$ 的称为部分西伯利亚蛇（partial Siberian snake）。当同步加速器中安装一个或多个西伯利亚蛇时，可以改变闭合轨道自旋工作点 ν_0 随束流能量简单的线性依赖关系，甚至使得 $\nu_0 = 0.5$ 而不再依赖于束流能量，在这种情况下，极化束流在同步加速器

中加速时,不再穿越误差自旋共振和内秉自旋共振这些重要的低阶自旋共振线,束流极化度能够得到很好的保持。然而,引入西伯利亚蛇并不能消除高阶自旋共振线,对于 HERA-p、SSC 及未来的 SppC 等超高能质子同步加速器,加速穿越这些高阶自旋共振线仍然会导致束流极化度的显著损失,合理引入多个西伯利亚蛇是在加速器过程中维持束流极化度的必要手段。

3.10.2 同步辐射对束流极化的影响

在电子(正电子)储存环中,同步辐射效应对束流动力学起决定性影响。对于轨道运动,辐射阻尼和量子激发相互平衡从而确定了在电子(正电子)储存环中的平衡束流发射度。同步辐射效应对于自旋运动也有类似的影响。首先,电子在均匀磁场中发出同步辐射光子,其中有一部分光子辐射伴随着电子自旋在沿磁场方向"自旋向上"和"自旋向下"两个量子态之间翻转,且电子自旋从"自旋向上"到"自旋向下"与从"自旋向下"到"自旋向上"翻转的概率是不同的。在电子储存环中,由于导引磁场沿垂直方向,这微小的差异使得电子束流极化沿着磁场反方向逐渐积累,而对于正电子束流,上述效应则会引起束流极化沿着磁场方向积累,在理想情况下束流平衡极化度可以达到 92.38%。但与此同时,同步辐射的随机性也会激励起束流的退极化。一个随机光子的辐射会对粒子的运动轨迹产生扰动,同时也会对此后粒子的自旋进动矢量产生相应的扰动。由于辐射阻尼效应,这个粒子最终会回到最初的轨道运行轨迹附近,但此时的自旋矢量与发射光子之前的自旋矢量方向不同,即改变了 $\boldsymbol{S} \cdot \hat{n}$ 的大小。对于一个完全极化的电子(正电子)束流,大量的随机光子发射会导致束流中不同粒子的自旋发生扩散效应,导致束流极化度的减小。同步辐射对束流极化的这两重效应相互平衡,使得束流的平衡极化矢量 $\boldsymbol{P}_{DK}$ 在方位角 θ、相空间 z 处沿 $\hat{n}(z, \theta)$ 方向,极化度大小 P_{DK} 可以用 Derbenev-Kondratenko 公式来计算:

$$P_{DK} = \frac{-\dfrac{8}{5\sqrt{3}} \oint d\theta \left\langle \dfrac{1}{|\rho|^3} \hat{b} \cdot \left(\hat{n} - \dfrac{\partial \hat{n}}{\partial \delta} \right) \right\rangle_\theta}{\oint d\theta \left\langle \dfrac{1}{|\rho|^3} \left[1 - \dfrac{2}{9}(\hat{n} \cdot \hat{\beta})^2 + \dfrac{11}{18} \left(\dfrac{\partial \hat{n}}{\partial \delta} \right)^2 \right] \right\rangle_\theta} \qquad (3-829)$$

式中,$\partial \hat{n} / \partial \delta$ 为自旋-轨道耦合函数,是退极化效应强度的表征;$\hat{\beta}$ 是沿粒子运动方向的单位矢量,$\hat{b} = \hat{\beta} \times (d\hat{\beta}/dt) / |d\hat{\beta}/dt|$。其中 P_{DK} 在相空间中处处相等,这是因为轨道运动的阻尼时间通常远小于束流极化达到平衡的时间尺度,

平衡态极化度对轨道运动坐标的依赖性被同步辐射对轨道运动的激励和阻尼所消除。对于整个束流而言,其平衡极化度是对相空间的平均,即

$$\boldsymbol{P}_{\text{ens, DK}} = P_{\text{DK}} \langle \hat{n} \rangle \tag{3-830}$$

相应地,束流极化达到平衡的特征时间 τ_{DK} 包括了自极化建立的特征时间 τ_{p} 和退极化特征时间 τ_{dep} 的贡献,相关的表达式如下:

$$\tau_{\text{DK}}^{-1} = \tau_{\text{p}}^{-1} + \tau_{\text{dep}}^{-1} \tag{3-831}$$

$$\tau_{\text{p}}^{-1} = \frac{8}{5\sqrt{3}} \frac{r_e \gamma^5 \hbar}{m_e} \oint \left\langle \frac{1}{|\rho|^3} \left(1 - \frac{2}{9}(\hat{n} \cdot \hat{\beta})^2\right) \right\rangle_\theta \tag{3-832}$$

$$\tau_{\text{dep}}^{-1} = \frac{8}{5\sqrt{3}} \frac{r_e \gamma^5 \hbar}{m_e} \oint \left\langle \frac{1}{|\rho|^3} \frac{11}{18} \left(\frac{\partial \hat{n}}{\partial \hat{\delta}}\right)^2 \right\rangle_\theta \tag{3-833}$$

特别地,储存环中电子束流的平衡极化度可以近似表示为

$$P_{\text{ens, DK}} \approx \frac{92.4\%}{1 + \tau_{\text{p}}/\tau_{\text{dep}}} \tag{3-834}$$

对于一个初始极化度为 P_0 的电子束流,其束流极化度随时间的变化可以表示为

$$P(t) = P_{\text{ens, DK}} \left(1 - e^{-\frac{t}{\tau_{\text{DK}}}}\right) + P_0 e^{-\frac{t}{\tau_{\text{DK}}}} \tag{3-835}$$

在世界上许多电子储存环中均测量到了由自极化效应产生的束流极化度,如图3-13所示。在较低束流能量下,限制束流平衡极化度的主要是各

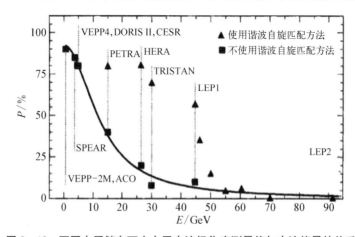

图 3-13 不同电子储存环中电子束流极化度测量值与束流能量的关系

种误差自旋共振,可以通过特殊的谐波自旋拟合方法得到有效抑制,从而较大程度地恢复较高的束流极化度;然而,在较高束流能量下,这些误差自旋共振受到纵向振荡边带的影响大大加强,显著限制了束流平衡极化度。

3.10.3　对横向极化束流的共振退极化测量

在正负电子湮没实验中,通过对极化正、负电子束流的共振退极化测量,通常能够提供对玻色子质量的最精确测量。共振退极化技术的工作原理是采用特定振荡频率 f_{drive} 的水平方向交变磁场来激励束流,当交变磁场的振荡频率满足自旋共振条件 $f_{drive} = (k \pm v_0)f_0$ 时,原本沿垂直方向极化的束流中不同粒子的自旋矢量偏向水平方向,从而导致束流退极化。在实际测量中,通过在选定频率范围 $[f_1, f_2]$ 中以一定的速度 df_{drive}/dt 扫描交变磁场的振荡频率,如果在某次扫描前后束流极化度发生显著改变,则说明选定的频率范围中包含了共振频率,即可以得到 v_0 的高精度测量值,进而可以根据 $v_0 \approx a\gamma_0$ 来得到束流能量的测量值。图 3-14 所示为在 LEP 上开展的一次共振退极化测量结果,通过对一个横向极化的束团进行多次共振退极化扫描,可以确定 v_0 的小数部分在 0.477 附近,因为 LEP 的工作能量对应的 v_0 在 101.5 附近,这一次测量对束流能量的测量精度在 10^{-5} 以内。共振退极化并不要求很高的束流极化度,通常 10% 的束流极化度即可满足要求,通过储存环中正负电子束

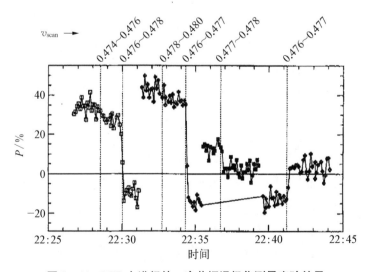

图 3-14　LEP 上进行的一次共振退极化测量实验结果

流的自极化效应可以产生足够的束流极化度,在某些情况下,可以通过在储存环中加速非对称型扭摆磁铁(asymmetric wiggler)来加速束流的自极化效应。对测量中的各种误差效应进行深入、系统的分析则是实现高精度测量的关键所在。此外,利用共振退极化的超高精度,还可以对储存环光学参数进行测量,乃至对潮汐现象开展研究。

3.10.4 纵向极化正负电子束流对撞实验

在高能环形正负电子对撞机中,实现纵向极化正负电子束流对撞能够为研究基本粒子的相互作用提供额外的重要探针。用于对撞实验的极化束流通常需要至少 $30\%\sim50\%$ 的束流极化度,且与此同时保持尽可能高的对撞亮度。新一代高能环形正负电子对撞机为了实现超高的对撞亮度,束流寿命 τ_b 在几十分钟到小时量级,而为了保持高平均亮度,其纷纷采用了连续注入(top-up injection 或 continuous injection)。在这种情况下,储存环中的平均束流极化度可以表示为

$$P_{avg} = P_{ens, DK} \frac{\tau_b}{\tau_{DK} + \tau_b} + P_0 \frac{\tau_{DK}}{\tau_{DK} + \tau_b} \tag{3-836}$$

所以,在高能环形正负电子对撞机中实现较高的平均束流极化度有两种途径:一是利用储存环中的自极化效应,这要求 $P_{ens, DK}$ 较大,即 $\tau_p < \tau_{dep}$,且同时 $\tau_{DK} < \tau_b$;二是向储存环中注入极化的束流,这要求 P_0 较大,且同时 $\tau_{DK} > \tau_b$。对于 CEPC 在 Z 能区的束流参数,$\tau_p \approx 256$ h $\gg \tau_b$,所以实现第一种途径要求大大降低 τ_p 或者显著增加 τ_b,这都意味着对撞亮度的显著下降;而实现第二种途径在储存环中预期可能提供较高的平衡极化度,主要的技术挑战则是产生高极化度的正负电子束流,并在增强器加速过程中保持束流极化度。

此外,为了在储存环中减小退极化效应,需要束流极化度在加速器的弧区沿垂直方向,而对撞点处则要求纵向极化度,这意味着在每个对撞点两侧需要按照特殊的自旋旋转器(spin rotator)来实现束流极化方向的上述操纵。由于自旋旋转器的设计不可避免地需要引入水平方向磁场,可能引起退极化效应,需要对自旋旋转器局部、每个对撞点两侧的两个自旋旋转器之间的区域进行自旋拟合,努力消除或减弱这些退极化效应,这是实现纵向极化束流对撞的另一个重要挑战。

3.11　微波电子枪的理论研究

本节从理论上研究了微波电子枪(射频枪)的一般方法。在简要回顾了腔内发射度增长的来源后,给出了优化标准,并找到了腔体轴上的优化电场分布,从而可以设计射频枪腔[37-38]。

自从第一支射频枪发明以来,世界上许多实验室都在研究用于不同用途的射频枪,例如,作为 FEL 的电子源和未来 e^+e^- 直线对撞机。尽管已经在不同的实验室开发了 RF 枪,但其设计的理论标准仍有待进一步研究。本节试图解决这个问题。

一般而言,RF 枪是一种能够为电子束团提供所需能量、电流的设备,当然,还会产生一定的束团能散和发射度。与直流枪相比,射频枪不仅与直流枪存在同样的问题,如空间电荷效应和非线性力效应,这些都有发射度的增长效应,而且还有其自身特有的与时间相关力的效应。如果射频枪没有很好地设计,尽管其高电场会降低空间电荷效应,但由于时间依赖的力效应,它还可能具有很大的发射度增长和大的能散。至于非线性力效应,在射频和直流枪中,如果光束直径不够小,它就会显示出来。因此,在射频枪的设计中,应该有两个标准,一个是最小化非线性力效应,另一个是最小化时间依赖性效应。

假设腔是圆柱形对称的,我们从麦克斯韦方程开始,并通过腔的轴上的电场表示离开腔轴的电磁场,这可以通过实验测量。

麦克斯韦方程:

$$\nabla \times \boldsymbol{H} = \frac{\partial \boldsymbol{D}}{\partial t} \tag{3-837}$$

$$\nabla \times \boldsymbol{E} = -\frac{\partial \boldsymbol{B}}{\partial t} \tag{3-838}$$

$$\nabla \cdot \boldsymbol{B} = 0 \tag{3-839}$$

$$\nabla \cdot \boldsymbol{D} = 0 \tag{3-840}$$

$$\nabla^2 \boldsymbol{E} + k^2 \boldsymbol{E} = 0 \tag{3-841}$$

$$\nabla^2 \boldsymbol{H} + k^2 \boldsymbol{H} = 0 \tag{3-842}$$

式中, $k = \dfrac{2\pi}{\lambda}$, $\lambda = \dfrac{c}{f}$, 根据式(3-841)可得

$$\frac{1}{r}\frac{\partial\left(r\frac{\partial E_z}{\partial r}\right)}{\partial r}+\frac{\partial^2 \boldsymbol{E}_z}{\partial z^2}+k^2 \boldsymbol{E}_z=0 \tag{3-843}$$

$$r\frac{\partial \boldsymbol{E}_z}{\partial r}=-\int_0^r r\left(\frac{\partial^2 \boldsymbol{E}_z}{\partial z^2}+k^2 \boldsymbol{E}_z\right)\mathrm{d}r \tag{3-844}$$

$$\frac{\partial \boldsymbol{E}_z}{\partial r}=-\frac{r}{2}\left(\frac{\partial^2 \boldsymbol{E}_z}{\partial z^2}\bigg|_{r=0}+k^2 \boldsymbol{E}_z\bigg|_{r=0}\right)+h(r^3)+\cdots \tag{3-845}$$

$$\frac{\partial^2 \boldsymbol{E}_z}{\partial r^2}=-\frac{1}{2}\left(\frac{\partial^2 \boldsymbol{E}_z}{\partial z^2}\bigg|_{r=0}+k^2 \boldsymbol{E}_z\bigg|_{r=0}\right)+h(r^2)+\cdots \tag{3-846}$$

$$E_z(r,z,t)=E_z(r,z)\sin(\omega t+\phi_0) \tag{3-847}$$

将 $E_z(r,z)$ 做泰勒展开,可得

$$E_z(r,z)=E_z(0,z)+\frac{r^2}{2}\left(\frac{\partial^2 E_z}{\partial r^2}\bigg|_{r=0}\right)+h(r^4)+\cdots \tag{3-848}$$

根据式(3-846)和式(3-848),有

$$E_z(r,z)=E_z(0,z)-\frac{r^2}{4}\left[\frac{\mathrm{d}^2 E_z(0,z)}{\mathrm{d}z^2}\right]+k^2 E_z(0,z)+h(r^4)+\cdots \tag{3-849}$$

根据 $\nabla \cdot \boldsymbol{E}=0$ 和 $E_\varphi=0$,可得

$$\frac{1}{r}\frac{\partial(rE_r)}{\partial r}+\frac{\partial E_z}{\partial z}=0 \tag{3-850}$$

$$E_r=-\frac{r}{2}\frac{\mathrm{d}E_z(0,z)}{\mathrm{d}z}-\frac{r^3}{16}\left[\frac{\mathrm{d}^3 E_z(0,z)}{\mathrm{d}z^3}+k^2\frac{\mathrm{d}E_z(0,z)}{\mathrm{d}z}\right]+h(r^5)+\cdots \tag{3-851}$$

在 $\nabla \times \boldsymbol{H}=\epsilon_0\frac{\partial \boldsymbol{E}}{\partial t}$ 时,只有 H_φ 存在,因此

$$\frac{1}{r}\frac{\partial(rH_\varphi)}{\partial r}=\epsilon_0\frac{\partial \boldsymbol{E}_z}{\partial t} \tag{3-852}$$

根据式(3-852)可以得到

$$H_\varphi = \frac{\epsilon_0 \omega}{2} r E_z(0,z)\cos(\omega t + \phi_0) - \frac{r^3}{16}\epsilon_0 \omega \left[\frac{d^2 E_z(0,z)}{dz^2}\right] +$$

$$k^2 E_z(0,z)\left[B\cos(\omega t + \phi_0)\right] + h(r^5) + \cdots \qquad (3-853)$$

根据式(3-851)、式(3-853)以及

$$F_r = q E_r - q\mu_0 v_z H_\varphi \qquad (3-854)$$

我们可以得到

$$
\begin{aligned}
F_r = &-\frac{qr}{2}\left[\frac{dE_z(0,z)}{dz}\sin(\omega t + \phi_0) + \right.\\
&\left. \mu_0 \epsilon_0 \omega v_z E_z(0,z)\cos(\omega t + \phi_0)\right] +\\
&\frac{qr^3}{16}\left\{\left[\frac{d^3 E_z(0,z)}{dz^3} + k^2 \frac{dE_z(0,z)}{dz}\right]\sin(\omega t + \phi_0) + \right.\\
&\left. \mu_0 \epsilon_0 \omega v_z \left[\frac{d^2 E_z(0,z)}{dz^2} + k^2 E_z(0,z)\right]\cos(\omega t + \phi_0)\right\} + h(r^5) + \cdots
\end{aligned}
$$

$$(3-855)$$

通过观察式(3-855)和式(3-853),很明显,纵向力和横向力可以通过$E_z(0,z)$唯一地确定,也就是沿腔体轴线的电场分布,该场如果需要也可以通过实验测量。也就是说,射频腔的属性由$E_z(0,z)$确定,优化射频腔的优点是优化$E_z(0,z)$分布。对于给定的E_z分布,可以计算电子枪的属性并通过改变E_z的形状优化腔。因此,我们必须找到一些标准来指导我们的优化设计。

为了 RF 枪的理论研究的完整性,如果非线性力效应是主导的,我们就从最小化该效应的标准开始。

根据式(3-855),如果令

$$\frac{d^2 E_z(0,z)}{dz^2} + k^2 E_z(0,z) = 0 \qquad (3-856)$$

很容易看出式(3-855)中的非线性项正在消失,从式(3-856)我们可以得到需要的场分布:

$$E_z(0,z) = E_0 \cos(kz + \Phi) \qquad (3-857)$$

通过这种分布,K. J. Kim 完成了理论工作。但应该注意的是,在式(3-857)中有一个参数 Φ,它可以在不引入任何非线性力效应的情况下改变。

在本文中,我们尝试建立另一个标准,以最小化时间依赖力效应。该标准

在数学上表示如下：

$$\frac{\partial}{\partial \phi_0} \int_{t_0}^{t_f} F_r \, \mathrm{d}t = 0 \tag{3-858}$$

我们只考虑式(3-855)中的线性项，它是显性的，并且考虑 $\dfrac{\partial \beta_z}{\partial \phi_0}$，$\dfrac{\partial r}{\partial \phi_0}$ 和 $\dfrac{\partial t_f}{\partial \phi_0}$ 很小。因此，当没有空间充电力时，我们有

$$-\frac{er}{2\omega}\left[\frac{\mathrm{d}E_z(0,z)}{\mathrm{d}z}\sin(\omega t+\phi_0)+\beta_z E_z(0,z)k\cos(\omega t+\phi_0)\right]\Big|_{t_0}^{t_f}+$$

$$\frac{er}{2\omega}\int_{t_0}^{t_f}\left\{\sin(\omega t+\phi_0)\mathrm{d}\left[\frac{\mathrm{d}E_z(0,z)}{\mathrm{d}z}\right]+k\cos(\omega t+\phi_0)\mathrm{d}(\beta_z E_z)\right\}=0$$

$$\tag{3-859}$$

式(3-859)是我们新标准的数学形式，我们可以从中找到优化的场分布。获得解的一种方法是向内核询问被积函数和非被积函数为零，并将问题转化为仅求解微分方程，但有时这种解决方案不满足边界条件，我们必须强制它这样做，因为强加在内核上的条件太严格了。无论如何，首先为简单起见，如果存在我们将尝试找到这种解。例如，在不考虑空间电荷效应的单腔射频枪的情况下，我们具有以下条件：

$$E_z(0,0)=E_0,\ E_z(0,L)=0,\ \beta_0 \approx 0,\ \omega t_f+\phi_0=\pi \tag{3-860}$$

如果令 $\dfrac{\mathrm{d}E_z(0,0)}{\mathrm{d}z}=0$，那么需要解决以下微分方程：

$$\frac{\mathrm{d}^2 E_z(0,z)}{\mathrm{d}z^2}=-k\cot(\omega t+\phi_0)\left[\frac{\mathrm{d}\beta_z}{\mathrm{d}z}E_z(0,z)+\beta_z\frac{\mathrm{d}E_z(0,z)}{\mathrm{d}z}\right]$$

$$\tag{3-861}$$

其中

$$\frac{\mathrm{d}\beta_z}{\mathrm{d}z}=\frac{(1-\beta_z^2)^{\frac{3}{2}}}{\beta_z}\frac{eE_z(0,z)}{m_0 c^2}\sin(\omega t+\phi_0) \tag{3-862}$$

$$t=\frac{1}{c}\int_0^z \frac{\mathrm{d}z}{\beta_z} \tag{3-863}$$

通过选择 E_0 和 ϕ_0，可以找到解 E_z^*，它满足微分方程和边界条件。

在前面的讨论中,我们没有考虑空间电荷效应,这也是发射度增长的来源。所以现在,为了减少这种影响,我们试图首先展示空间电荷如何增加发射度,然后看看它是如何将该效应包含在第二个标准中的。

我们知道可归因于空间电荷力的横向动量可表示为

$$P_{rsc} = \int_{t_0}^{t_f} F_{rsc} dt \qquad (3-864)$$

为了分析表达 P_{rsc},使用了下式进行计算,即

$$P_{rsc} = \frac{m_0 c^2}{eE_z(0,0)\sin\phi_0} \int_1^{\gamma_f} \frac{F_{rsc}}{c\beta_z} d\gamma \qquad (3-865)$$

从式(3-865)可以看出,P_{rsc} 依赖于初始阶段 ϕ_0。因此空间电荷效应可以表现为时间依赖的力效应。如果在表达式中,F_{rsc} 存在非线性径向项,空间电荷力效应也可以表现为非线性力效应。现在可以重写式(3-858),格式如下:

$$\frac{\partial}{\partial\phi_0} \int_{t_0}^{t_f} F_{rsc} dt + \frac{\partial P_{rsc}}{\partial\phi_0} = 0 \qquad (3-866)$$

从式(3-865)可以得到

$$\frac{\partial P_{rsc}}{\partial\phi_0} = -\frac{m_0 c^2 \cos\phi_0}{eE_z(0,0)\sin^2\phi_0} \int_1^{\gamma_f} \frac{F_{rsc}}{c\beta_z} d\gamma \qquad (3-867)$$

找到满足式(3-856)的场分布的方法之一是用 $dE_z(0,0)/dz$ 求解方程(3-857)~式(3-863)。选择取消式(3-866)中的 $\partial P_{rsc}/\partial\phi_0$ 一项,也就是说

$$\left.\frac{dE_z(0,z)}{dz}\right|_{z=0} = \frac{2}{er} \frac{m_0 c^2 k \cos\phi_0}{eE_z(0,0)\sin^3\phi_0} \int_1^{\gamma_f} \frac{F_{rsc}}{\beta_z} d\gamma \qquad (3-868)$$

边界条件用式(3-860)和式(3-868)表示,我们只考虑 F_{rsc} 中的线性径向项可以解微分方程,来获得理论一致性。有时当空间电荷大于某个极限时,将没有满足边界条件的解。这意味着我们必须强制它这样做或解式(3-866)以找到解,而不要求式(3-859)中的被积函数内核为零。

如果使用多个腔体,我们必须找出沿这些腔体轴线的场分布。当 $\beta_z \approx 1$ 时,每个腔中的边界条件 $E_z(0,0)=0$ 和 $E_z(0,L)=0$,可以证明没有微分方程式(3-861)的非零解。我们必须回到基本积分方程式(3-859)来找到解。

在本节中我们得出结论,当电子具有高度相对论性时,所有谐振腔中的场

分布用式(3-857)表示,其中 $\Phi = -\pi/2$,可满足以上两个标准。同时如果腔的长度选择为 $\lambda/2$,为了便于展示,我们考虑一个特殊情况,其中初始阶段 $\phi_0 = 0$,每个相邻腔体的相移为 π。结论证明如下。

根据上述假设,我们知道:

$$\beta_z \approx 1, \ t = z/c, \ L = \lambda/2, \ \phi_0 = 0 \tag{3-869}$$

$$E_z = E_0 \sin(kz) \tag{3-870}$$

首先,我们在式(3-859)中看到非整数项:

$$\left[\frac{\mathrm{d}E_z(0,z)}{\mathrm{d}z} \sin(kz) + E_0 k \sin(kz)\cos(kz) \right] \Big|_0^{L=\lambda/2} = 0 \tag{3-871}$$

接下来我们在式(3-859)中看到积分项:

$$-\int_0^{\lambda/2} \left[-\sin(kz)k^2 E_0 \sin(kz) + E_0 k^2 \cos(kz)\cos(kz) \right] \mathrm{d}z$$

$$= -\int_0^{\lambda/2} k^2 E_0 \left[\cos^2(kz) - \sin^2(kz) \right] \mathrm{d}z = 0 \tag{3-872}$$

通过场分布 $E_z(0,z) = E_0 \sin(kz)$,我们也可以很容易证明:

$$\frac{\partial W(\phi_0)}{\partial \phi_0} \Big| \phi_0 = 0 = \frac{\partial}{\partial \phi_0} \int_0^{\lambda/2} F_z \mathrm{d}z = 0 \tag{3-873}$$

$$\frac{1}{c} \int_0^{\lambda/2} F_r \mathrm{d}z = 0 \tag{3-874}$$

式中,$W(\phi_0)$ 是腔体出口处电子相对于初始相位的能量。式(3-873)和式(3-874)描述了这个场分布的两个非常重要的属性,可归因于有一个质量好的光束,例如,当 $\phi_0 = 0$ 时,我们知道:

$$W(\phi) - W(\phi_0) = \frac{1}{2} \frac{\partial^2 W(\phi_0)}{\partial \phi_0^2} (\phi - \phi_0)^2 \tag{3-875}$$

其中

$$\frac{\partial^2 W(\phi_0)}{\partial \phi_0^2} \Big|_{\phi_0 = 0} = -\frac{eE_0\pi}{2k} \tag{3-876}$$

如果在进入具有脉冲长度 $\Delta\phi$ 和能量扩散 ΔW 的腔体中存在电子束,则根据式(3-877)选择场强 E_0 可以消除这种能量传播。E_0 的计算公式为

$$E_0 = \frac{4 \mid \Delta W \mid k}{e \pi \Delta \phi^2} \qquad (3-877)$$

到目前为止,我们得到了有关两个标准的空腔中的所有场分布。基于上面给出的理论,在 LAL Orsay 中设计了两个非耦合腔光电阴极射频枪,并使用 PARMELA 进行了模拟。在本节中,我们只考虑圆柱形对称腔和线性 RF 的空间电荷力。在这两个腔之后,理论上应该使用另外两种腔:一个是圆柱形不对称腔,用于消除电子束发射度的线性部分;另一个特殊设计的空腔对电子束具有很强的非线性效应,可用于消除电子束发射度的非线性部分。

3.12　光电阴极射频枪的理论研究

在本节中,我们给出了一组分析公式来描述光电阴极射频枪在任何射频频率下的特性,如能量、能量扩散、束长、输出电流和发射度等,作为激光注入阶段的函数,在射频枪的设计和实际操作中是有用的[39]。

由于第一个热电子和光电阴极射频枪出现在几十年前,已经发现了这两种类型的射频枪的许多应用,不仅是基于直线加速器的自由电子激光器的低发射度电子源[40-41],而且是电子存储环的电子源,如 ATF 阻尼环。如今,研究射频枪的研究人员可以很容易地找到数百篇射频枪研发的相关文献,涵盖从 144 MHz 到 17 GHz 的射频工作频率,其中两个主峰位于 3 GHz 和 1.3 GHz 左右。至于射频枪理论,即 Kim 的理论,Kim 为 BNL 型射频枪构建了一个非常重要的理论框架,然而,许多公式的有效性非常有限。在本节中,我们尝试提供一组分析公式,描述来自 $\left(n+\dfrac{1}{2}\right)$ 单元 BNL 型射频枪的出射电子束的特征参数。

为了在后来的驻波射频枪的讨论中使物理图像更清晰,我们先讨论行波直线加速器内的粒子的纵向运动。假设直线加速器内加速电场的行波表示为

$$E_z(z, t) = E_0 \sin(\omega t - kz + \phi_0) \qquad (3-878)$$

式中,ω 为 $k = \dfrac{2\pi}{\lambda}$ 的角频率;λ 为自由空间中的电磁波长;ϕ_0 为在 $t=0$ 和 $z=0$ 时静止的粒子的相位。根据式(3-878),可以通过使用以下等式计算粒子的

能量变化：

$$\frac{\mathrm{d}\gamma}{\mathrm{d}z} = \frac{qE_0}{m_0 c^2}\sin\phi \tag{3-879}$$

其中

$$\phi = \omega t - kz + \phi_0 = k\int_0^z \left(\frac{\gamma}{\gamma^2-1} - 1\right)\mathrm{d}z + \phi_0 \tag{3-880}$$

式中，ϕ 是粒子相对于行波电场的相位；γ 是粒子由其静止能量 $m_0 c^2$ 归一化的能量。显然，要求解式(3-879)，必须知道 ϕ 对于来自式(3-880)的 z 的函数依赖性。要计算式(3-880)，我们首先引入 Γ 作为 γ 的第一个近似值：

$$\Gamma = 1 + \alpha\sin(\phi_0 + \delta\phi)kz \tag{3-881}$$

$$\alpha = \frac{qE_0}{m_0 c^2 k} \tag{3-882}$$

式(3-881)中引入至关重要的一个参数是 $\delta\phi$，它存在的物理原因是电子的初始纵向速度低且 ϕ 在阴极区的快速增长。应该指出的是，该参数也应该在驻波射频枪的理论中引入，这将在后面说明。通过使用式(3-881)，式(3-880)中的积分可以通过以下结果解决：

$$\phi = \frac{1}{\alpha\sin(\phi_0+\delta\phi)}\left[(\Gamma^2-1)^{1/2} - (\Gamma-1)\right] + \phi_0 \tag{3-883}$$

如果射频枪出口处的 $\Gamma \gg 1$，那么 ϕ 将被固定在其渐近值(或最终相位)：

$$\phi_f(\phi_0) = \frac{1}{\alpha\sin(\phi_0+\delta\phi)} + \phi_0 \tag{3-884}$$

以 S 波段为例，$\delta\phi$ 的经验公式为

$$\delta\phi(\text{degree}) = 19E_0(\text{MV/cm})^{-0.9} \tag{3-885}$$

式(3-884)和式(3-885)可以进一步改进为

$$\phi_f(\phi_0) = \frac{1}{\dfrac{\alpha\sin(\phi_0+\sqrt{2}\pi)}{6\sqrt{\alpha}}} + \phi_0 + \frac{2\pi}{15\alpha} \tag{3-886}$$

在本节的其余部分，我们将使用式(3-886)而不是式(3-884)。

通过以上准备,我们现在可以开始讨论驻波射频枪,其轴上电场表示为

$$E_z(z, t) = E_0 \cos(kz) \sin(\omega t + \phi_0) \tag{3-887}$$

式中,位置 $z=0$ 对应于阴极位置;ϕ_0 是初始相位,或者当激光脉冲到达阴极表面时 $t=0$ 的注入相位。粒子的能量变化可以由下式确定:

$$\frac{d\gamma}{dz} = \frac{qE_0}{2m_0c^2}[\sin\phi + \sin(\phi + 2kz)] \tag{3-888}$$

式中,ϕ 与在式(3-880)中的定义相同。靠近阴极($z\approx 0$)时,粒子的速度非常慢,ϕ 在这个区域变化很快。为了得到 ϕ 的适当近似值,我们首先估计近阴极区域的能量变化并从式(3-888)得到

$$\frac{d\gamma}{dz} \approx \alpha k \sin\phi \tag{3-889}$$

式中,α 与在式(3-882)中的定义相同。现在比较式(3-889)和式(3-879),可以得出该物理过程与本节开头的讨论非常相似。通过类比,我们可以使用式(3-886)用于渐近相位,或射频枪出口处的最后相位。假设在近阴极区域几乎达到渐近相位,通过求解式(3-888),可以得到在射频枪出口处粒子的能量为

$$\gamma(\phi_0) = 1 + \frac{\alpha}{2}\left\{kL\sin\phi_f + \frac{1}{2}[\cos\phi_f - \cos(\phi_f + 2kL)]\right\} \tag{3-890}$$

式中,L 是 $(n+1/2)$ 个 cell RF 枪腔的长度。对于在 RF 相位和注入相位 ϕ_0,激光脉冲长度为 $\Delta\phi_0$,在射频枪出口处的能量扩散和束团的能量分布可以估算为

$$\Delta W(\phi_0) = m_0 c^2 \frac{d\gamma(\phi_0)}{d\phi_0} \Delta\phi_0 \tag{3-891}$$

$$\frac{\Delta W(\phi_0)}{W(\phi_0)} = \frac{1}{\gamma(\phi_0)} \frac{d\gamma(\phi_0)}{d\phi_0} \Delta\phi_0 \tag{3-892}$$

根据式(3-886)可以在射频枪出口处找到激光脉冲长度 $\Delta\phi_0$ 与束长 $\Delta\phi_f(\phi_0)$ 之间的关系:

$$\Delta\phi_f(\phi_0) = \frac{d\phi_f(\phi_0)}{d\phi_0} \Delta\phi_0 \tag{3-893}$$

假设激光脉冲在光电阴极上沉积的能量为 W_1,阴极表面产生的电荷为 Q_0,可估算如下:

$$Q_0(\phi_0) = eQE_0\frac{W_1}{h\nu}\exp\left(\frac{e}{kT_e}\sqrt{\frac{eE_0\sin\phi_0}{4\pi\epsilon_0}}\right) \quad (3-894)$$

式中,QE_0 是没有 Schottky 效应的阴极量子效率;$h\nu$ 是激光的光子能量;kT_e 是从阴极发射的电子的热能;ϵ_0 是真空介电常数。可以用 Schottky 效应定义阴极量子效率:

$$QE(\phi_0) = QE_0\exp\left(\frac{e}{kT_e}\sqrt{\frac{eE_0\sin\phi_0}{4\pi\epsilon_0}}\right) \quad (3-895)$$

如果由方程式(3-893)给出的射频枪出口处的束长是一个半峰宽FWHM值,射频枪出口处的束电流定义为

$$I(\phi_0) = \frac{2.35\omega Q_0(\phi_0)}{\sqrt{2\pi}\,\Delta\phi_f(\phi_0)} \quad (3-896)$$

式中,ω 是之前定义的射频的角频率。关于射频枪内电子的横向运动:如果阴极处的电子初始横向动量为零,则由射频枪出口处的横向 RF 力引起的归一化横向动量增益可表示为

$$p_rf = \frac{\alpha rk}{2}\sin[\phi_f(\phi_0)] \quad (3-897)$$

式中,r 是电子在阴极处的初始横向位置,假设在射频枪内是恒定的,$p_rf = \beta_z\gamma r'$,$r' = dr/dz$,β_z 是电子的标准化纵向速度。由 RF 场引起的归一化横向发射度可以估计为

$$\epsilon_{n,RF}(\pi m\cdot rad) = 4(\langle p_{RF}^2\rangle\langle r^2\rangle - \langle p_{RF}r\rangle^2)^{\frac{1}{2}} \quad (3-898)$$

$$= \frac{\alpha k\sigma_r^2}{2\pi}\left|\cos[\phi_f(\phi_0)]\frac{d\phi_f(\phi_0)}{d\phi_0}\right|\Delta\phi_0 \quad (3-899)$$

式中,σ_r 是阴极上激光器的横向均方根尺寸;$\Delta\phi_0$ 是激光脉冲持续时间的弧度FWHM值。由空间电荷效应引起的归一化横向发射度可以从以下表达式得到:

$$\epsilon_{n,\,sp}(\pi m \cdot rad) = \frac{\pi I_{av}}{2\alpha k I_A \sin[\phi_f(\phi_0)]}\left(\frac{1}{3\dfrac{\sigma_r}{\sigma_z}+5}\right) \tag{3-900}$$

式中，I_A 是 Alfvén 电流，$I_A = 4\pi\epsilon_0 m_0 c^3/e = 17\,000$ A；σ_r 和 σ_z 是束团横向和纵向均方根尺寸；$I_{av} = I(\phi_0)/2$（I_{av} 是整束团长度电流）。我们知道由电子的有限热力学引起的归一化横向发射度为

$$\epsilon_{n,\,T}(\pi m \cdot rad) = \frac{\sigma_r}{2}\sqrt{\frac{kT_e}{m_0 c^2}} \tag{3-901}$$

通过结合射频和空间电荷效应，可以获得射频枪出口处的总束横向均方根发射度为

$$\epsilon_{n,\,total} = \sqrt{\sigma_{n,\,RF}^2 + \sigma_{n,\,sp}^2 + \sigma_{n,\,T}^2} \tag{3-902}$$

3.13　行波射频枪的理论研究

本节从理论上研究了行波型射频枪（TW 枪），得出了关于能量增益、能散和横向发射度的分析公式[42]。

作为 FEL 和未来的 e^+e^- 直线对撞机潜在的高亮度电子注入器，射频枪（热离子阴极和光阴极）已经在理论上和实验上有了广泛的研究。由于历史和部分技术原因，几乎所有的实验和理论工作都局限于驻波射频枪。然而，正如 J. Le Duff 和 T. Shintake 所指出的那样，TW 枪也可能对射频枪技术非常有用。本节将对 TW 枪进行理论研究。在进入下一部分之前，先假设阴极的半径很小，并且忽略来自空间电荷和射频场的非线性力[43]。

3.13.1　纵向运动中的射频场效应

圆柱形对称 TW 结构内的纵向电场表示如下：

$$E_z(r, z, t) = E_z(r, z)\sin(\omega t - \beta_0 z + \phi_0) \tag{3-903}$$

式中，$\omega = 2\pi f$；β_0 是这种慢波 TW 结构的基本波数；ϕ_0 是电子束中心的发射相位。由于只保留线性项，轴附近的电场可表示为

$$E_z(r, z, t) = E_z(0, z)\sin(\omega t - \beta_0 z + \phi_0) \tag{3-904}$$

在以下分析处理中，$E_z(0, z)$ 为常数。

从式(3-904)可以得出

$$\frac{\mathrm{d}\gamma}{\mathrm{d}z} = \frac{qE_z(0, z)}{m_0 c^2} \sin\phi \qquad (3-905)$$

其中

$$\phi = \omega t - \beta_0 z + \phi_0 = k\int_0^z \left(\frac{\gamma}{\gamma^2-1} - 1\right)\mathrm{d}z + \phi_0 \qquad (3-906)$$

式中，$k = 2\pi/\lambda$，λ 是自由空间中的电磁波长；令 β_0 等于 k（也就是说此行波的相速度等于光速）；γ 是电子归一化能量。作为 γ 的第一阶近似，式(3-905)可以通过积分得到

$$\Gamma = 1 + \alpha\sin(\phi_0 + \delta\phi)kz \qquad (3-907)$$

$$\alpha = \frac{qE_z(0, 0)}{m_0 c^2 k} \qquad (3-908)$$

式中，$E_z(0, 0)$ 是阴极表面上的峰值电场；Γ 是 γ 的近似表达式。在式(3-907)引入了一个非常重要的参数 $\delta\phi$，存在该参数的物理原因是电子的初始纵向速度低和阴极区域的 ϕ 快速增加。应该指出的是，对于 SW 枪的理论，这个参数也应该引入，如下所示。通过使用式(3-907)，式(3-906)可以整合为

$$\phi = \frac{1}{\alpha\sin(\phi_0 + \delta\phi)}\left[(\Gamma^2-1)^{\frac{1}{2}} - (\Gamma-1)\right] + \phi_0 \qquad (3-909)$$

如果 $\Gamma \gg 1$，那么 ϕ 将固定为其渐近值：

$$\phi_{\mathrm{f}} = \frac{1}{\alpha\sin(\phi_0 + \delta\phi)} + \phi_0 \qquad (3-910)$$

其中，$\delta\phi$ 可以从经验公式计算得出：

$$\delta\phi(\mathrm{degree}) = 19E_z(0, 0)^{-0.9} \qquad (3-911)$$

式中，$E_z(0, 0)$ 的单位是 MV/cm。很明显，$\delta\phi \approx 0$ 对应于 $E_z(0, 0)$ 接近无穷大。从式(3-910)可以计算出 TW 枪的最终能量增益为

$$\Gamma_{\mathrm{f}} = 1 + \alpha\sin(\phi_{\mathrm{f}})kL \qquad (3-912)$$

式中，L 是 TW 枪结构的长度。对于从阴极发射的电子束，束中心的发射相位

为 ϕ_0，并且束长度为 $\Delta\phi_0$，该电子束的能量扩散可以从式（3 - 912）计算得到：

$$\Delta\Gamma_{\mathrm{f}} = \alpha k L \cos\phi_{\mathrm{f}} \left[1 - \frac{\cos(\phi_0 + \delta\phi)}{\alpha\sin(\phi_0 + \delta\phi)^2} \right] \Delta\phi_0 \tag{3-913}$$

如果 $\phi_{\mathrm{f}} = 90°$，则

$$\Delta\Gamma_{\mathrm{f}} = \frac{1}{2}\alpha k L \left[1 - \frac{\cos(\phi_0^* + \delta\phi)}{\alpha\sin(\phi_0^* + \delta\phi)^2} \right]^2 (\Delta\phi_0)^2 \tag{3-914}$$

其中，ϕ_0^* 对应 $\phi_{\mathrm{f}} = 90°$。从式（3 - 910）可以计算渐近束长度为

$$\Delta\phi_0 - \Delta\phi_{\mathrm{f}} = \frac{\cos(\phi_0 + \delta\phi)}{\alpha\sin(\phi_0 + \delta\phi)^2}\Delta\phi_0 \tag{3-915}$$

式中，$\Delta\phi_0$，$\Delta\phi_{\mathrm{f}}$ 分别是初始和渐近的束团长度。很明显，当 $0 < \phi_0 + \delta\phi < \pi/2$ 时会产生聚束效应；当 $\pi/2 < \phi_0 + \delta\phi < \pi$ 时会出现 debunching 效果；当 $\phi_0 + \delta\phi = \pi/2$ 既不会产生聚束效应，也不会产生 debunching 效应。如果该行波结构非常长，则必须考虑纵向稳定性问题。

3.13.2　横向运动中的射频场效应

从 $\nabla \cdot \boldsymbol{E} = 0$ 和 $E_\varphi = 0$，可得

$$\frac{1}{r}\frac{\partial(rE_{\mathrm{r}})}{\partial r} + \frac{\partial E_z}{\partial z} = 0 \tag{3-916}$$

$$E_r(r,\,z,\,t) = -\frac{r}{2}\left[\frac{\mathrm{d}E_z(0,\,z)}{\mathrm{d}z}\sin(\omega t - \beta_0 z + \phi_0) - \right.$$
$$\left. \beta_0 E_z(0,\,z)\cos(\omega t - \beta_0 z + \phi_0) \right] \tag{3-917}$$

从 $\nabla \times \boldsymbol{H} = \epsilon_0\dfrac{\partial \boldsymbol{E}}{\partial t}$，只有 H_φ 存在，因此

$$\frac{1}{r}\frac{\partial(rH_\varphi)}{\partial r} = \epsilon_0\frac{\partial E_z}{\partial t} \tag{3-918}$$

从式（3 - 918）可得

$$H_\varphi = \frac{\epsilon_0\omega}{2}rE_z(0,\,z)\cos(\omega t - \beta_0 z + \phi_0) \tag{3-919}$$

此外

$$F_r = qE_r - q\mu_0 v_z H_\varphi \qquad (3-920)$$

根据式(3-917)、式(3-919)和式(3-920)我们知道

$$
\begin{aligned}
F_r &= -\frac{qr}{2}\left[\frac{\mathrm{d}E_z(0,z)}{\mathrm{d}z}\sin(\omega t - \beta_0 z + \phi_0) + \right. \\
&\quad \left. (\mu_0\epsilon_0\omega v_z - \beta_0)E_z^*(0,z)\cos(\omega t - \beta_0 z + \phi_0)\right] \\
&= -\frac{qr}{2}\left[\frac{\mathrm{d}E_z(0,z)}{\mathrm{d}z}\sin(\omega t - \beta_0 z + \phi_0) + \right. \\
&\quad \left. (k\beta_z - \beta_0)E_z(0,z)\cos(\omega t - \beta_0 z + \phi_0)\right]
\end{aligned}
\qquad (3-921)
$$

式中，$\beta_z = v_z/c$。根据式(3-921)，由射频场可以得到横向动量增益为

$$P_{\mathrm{RF}} - P_{r0} = \int_{t_0}^{t_f} F_r \mathrm{d}t \qquad (3-922)$$

$$p_r = \frac{P_r}{m_0 c} = \beta_z \gamma r' \qquad (3-923)$$

式中，$r' = \frac{\mathrm{d}r}{\mathrm{d}z}$；$p_r$ 是归一化的横向动量。如果我们假设在阴极表面 $P_{r0}=0$，在加速期间 r 保持恒定值，并且在 TW 枪的出口处 $\beta_z \approx 1$。我们得到

$$p_{\mathrm{RF}} = \frac{\alpha rk}{2}\left(\sin\phi_f + \frac{1}{\alpha}\cot\phi_f\right) \qquad (3-924)$$

由于从阴极发射的电子发射相 ϕ_0 有一个初始相位扩散 $\Delta\phi_0$，在 TW 枪的出口处还有一个瞬间横向动量扩散 Δp_{RF}，它可以通过式(3-924)推导出来，表示为

$$\Delta p_{\mathrm{RF}} = \frac{\partial p_{\mathrm{RF}}}{\partial \phi_0}\Delta\phi_0 + \frac{1}{2}\frac{\partial^2 p_{\mathrm{RF}}}{\partial \phi_0^2}(\Delta\phi_0)^2 \qquad (3-925)$$

Δp_{RF} 是线性射频场产生的电子束横向发射度的来源。从式(3-924)可以推导出横向均方根发射度的解析公式为

$$\epsilon_r(\pi\mathrm{m}\cdot\mathrm{rad}) = 4(\langle p_r^2\rangle\langle r^2\rangle - \langle p_r r\rangle^2)^{\frac{1}{2}} \qquad (3-926)$$

式中，r 表示 x 或 y 部分。由于该分析式复杂，因此在此省略。相反，我们使

用横向发射度 ϵ_r 的定义是相位空间中电子占据的面积除以 π：

若 $\dfrac{\partial p_{RF}}{\partial \phi_0} \neq 0$，有

$$\epsilon_r^{RF} = \frac{\alpha k r_c^2}{2\pi} \left| \left(\cos \phi_f - \frac{1}{\alpha \sin^2 \phi_f} \right) \left[1 - \frac{\cos(\phi_0 + \delta\phi)}{\alpha \sin^2(\phi_0 + \delta\phi)} \right] \right| (\Delta \phi_0)$$

$$(3-927)$$

若 $\dfrac{\partial p_{RF}}{\partial \phi_0} = 0$，有

$$\epsilon_r^{RF} = \frac{\alpha k r_c^2}{4\pi} \left| \sin \phi_f + \frac{2\cos \phi_f}{\alpha \sin^3 \phi_f} \right| \left[1 - \frac{\cos(\phi_0 + \delta\phi)}{\alpha \sin^2(\phi_0 + \delta\phi)} \right]^2 (\Delta \phi_0)^2$$

$$(3-928)$$

式中，r_c 是阴极半径。

3.13.3 空间电荷效应对横向运动的影响

为了简化空间电荷效应的处理，我们首先考虑电子从阴极连续发射并在横向上均匀分布（高斯分布的情况将在后面讨论）。在这种长脉冲圆柱形光束模型中，横向空间电荷力是线性的，纵向电场是零。通过使用所谓的 Alfvén 电流：$I_A = 4\pi\epsilon_0 m_0 c^3 / q = 17\,000$ A，其中 q 是电子电荷，可以将横向空间电荷力表示为

$$F_{rsc} = \frac{qr}{2} \left(\frac{m_0 c^2}{q} \right) \frac{4(1 - \beta_z^2)}{r_c^2 \beta_z} \left(\frac{I}{I_A} \right)$$

$$(3-929)$$

$$P_{rsc} = \int_{t_0}^{t_f} F_{rsc} \mathrm{d}t$$

$$(3-930)$$

式中，r_c 是阴极半径；I 是电子束电流。根据式（3-929）和式（3-930），并假设 γ 已经变得很大，我们可以得到

$$p_{rsc} = \frac{\alpha k r}{2} \eta \frac{1}{\sin \phi_f}$$

$$(3-931)$$

$$\eta_0 = \frac{2\pi}{\alpha^2 (k r_c)^2} \left(\frac{I_0}{I_A} \right)$$

$$(3-932)$$

$$\eta = \frac{2\pi}{\alpha^2 (k r_c)^2} \left(\frac{I}{I_A} \right)$$

$$(3-933)$$

$$I = \frac{I_0}{\frac{\mathrm{d}\phi_\mathrm{f}}{\mathrm{d}\phi_0}} = \frac{I_0}{\left[1 - \dfrac{\cos(\phi_0 + \delta\phi)}{\alpha \sin^2(\phi_0 + \delta\phi)}\right]} \qquad (3-934)$$

式中，I_0 是从阴极发射的电子束电流。我们现在结合式(3-924)和式(3-931)得到了由于射频和空间电荷力产生的总横向动量增益 p_r：

$$p_r = \frac{\alpha r k}{2}\left(\sin\phi_\mathrm{f} + \frac{1}{\alpha}\cot\phi_\mathrm{f} + \eta\,\frac{1}{\sin\phi_\mathrm{f}}\right) \qquad (3-935)$$

从式(3-935)我们可以得到能量分散为

$$\Delta p_r = \frac{\alpha r k}{2}\left(\cos\phi_\mathrm{f} - \frac{1}{\alpha\sin^2\phi_\mathrm{f}} - \eta\,\frac{\cos\phi_\mathrm{f}}{\sin^2\phi_\mathrm{f}}\right)\left[1 - \frac{\cos(\phi_0 + \delta\phi)}{\alpha\sin^2(\phi_0 + \delta\phi)}\right]\Delta\phi_0$$

$$(3-936)$$

式中，$\partial\eta/\partial\phi_0$ 已被省略。根据相同的定义，我们可以得到由于射频和空间电荷力共同作用下的总横向发射度为

$$\epsilon_r = \frac{\alpha k r_\mathrm{c}^2}{2\pi}\left|\left(\cos\phi_\mathrm{f} - \frac{1}{\alpha\sin^2\phi_\mathrm{f}} - \eta\,\frac{\cos\phi_\mathrm{f}}{\sin^2\phi_\mathrm{f}}\right)\left[1 - \frac{\cos(\phi_0 + \delta\phi)}{\alpha\sin^2(\phi_0 + \delta\phi)}\right]\right|\Delta\phi_0$$

$$(3-937)$$

$$\epsilon_r = \frac{\alpha k r_\mathrm{c}^2}{4\pi}\left|\frac{\partial^2 p_r}{\partial\phi_0^2}\right|(\Delta\phi_0)^2 \qquad (3-938)$$

式中，$\partial^2 p_r/\partial\phi^2$ 可以通过解析计算得到。由于其复杂性，这里进行了省略。

参考文献

[1] Gao J. Analytical estimation on the dynamic apertures of circular accelerators[J]. Nuclear Instruments and Methods in Physics Research Section A，2000，451(3)：545-557.

[2] Gao J. Analytical estimation of dynamic apertures limited by the wigglers in storage rings[J]. Nuclear Instruments and Methods in Physics Research Section A，2004，516(2)：243-248.

[3] Xiao M，Gao J. Analytical estimation of the dynamic apertures of beams with momentum deviation and application in FFAG[C]. WEPEA022 Proceedings of IPAC2013，Shanghai，2013.

[4] Gao J. Emittance growth and beam lifetime limitations due to beam-beam effects in $e^+ e^-$ storage ring colliders[J]. Nuclear Instruments and Methods in Physics

Research Section A, 2004,533(3): 270 - 274.

[5] Gao J. Review of some important beam physics issues in electron positron collider designs[J]. Modern Physics Letters A, 2015, 30(11): 20.

[6] Gao J. Emittance growth and beam limitations due to beam-beam effects in $e^+ e^-$ storage ring colliders[J]. Nuclear Instruments and Methods in Physics Research Section A, 2002, 533(3): 270 - 274.

[7] Gao J. Analytical expression for the maximum beam-beam tune shift in electron storage rings[J]. Nuclear Instruments and Methods in Physics Research Section A, 1998,413(2): 431 - 434.

[8] Gao J. Analtical estimation of maximum beam-beam tune shifts for electron-positron and hadron circular colliders[C]. FRT3A2 Proceedings of HF2014, Beijing, 2014.

[9] Gao J. Analytical estimation of the beam-beam interaction limited dynamic apertures and lifetimes in $e^+ e^-$ circular colliders[J]. Nuclear Instruments and Methods in Physics Research Section A, 2001, 463(1): 50 - 61.

[10] Gao J. Analytical estimation of the effects of crossing angle on the luminosity of an $e^+ e^-$ circular collider[J]. Nuclear Instruments and Methods in Physics Research Section A, 2002, 481(1): 756 - 759.

[11] Gao J. On parasitic crossings and their limitations to $e^+ e^-$ storage ring colliders[C]. Proceedings of EPAC 2004, Lucerne, 2004.

[12] Gao J. Analytical treatment of the nonlinear electron cloud effect and the combined effects with beam-beam and space charge nonlinear forces in storage rings[J]. Chinese Physics C, 2009, 33: 135.

[13] Gao J. On the single bunch longitudinal collective effects in electron storage rings [J]. Nuclear Instruments and Methods in Physics Research Section A, 2002, 491 (1): 1.

[14] Gao J. An empirical equation for bunch lengthening in electron storage rings[J]. Nuclear Instruments and Methods in Physics Research Section A, 1999, 432 (2): 539 - 543.

[15] Gao J. Bunch lengthening and energy spread increasing in electron storage rings[J]. Nuclear Instruments and Methods in Physics Research Section A, 1998, 418(2): 332.

[16] Gao J. Single bunch longitudinal instabilities in proton storage rings[C]. 1999 Particle Accelerator Conference, New York, 1999.

[17] Gao J. On the scaling law of the single bunch transverse instability threshold current vs. the chromaticity in electron storage rings[J]. Nuclear Instruments and Methods in Physics Research Section A, 2002, 491(1): 346.

[18] Gao J. Theory of single bunch transverse collective instabilities in electron storage rings[J]. Nuclear Instruments and Methods in Physics Research Section A, 1998, 416(1): 186.

[19] Gao J. Bunch transverse emittance increase in electron storage rings[J]. Chinese

Physics C, 2009, 33(7): 572 - 576.

[20] Gao J. Analytical treatment of some selected problems in particle accelerators[R]. LAL/RT 03 - 04: 192.

[21] Gao J. Analytical formulae for the resonant frequency changes due to opening apertures on cavity walls[J]. Nuclear Instruments and Methods in Physics Research Section A, 1992, 311(3): 437 - 443.

[22] Gao J. Analytical approach and scaling laws in the design of disk-loaded travelling wave accelerating structures[J]. Particle Accelerators, 1994, 43(4): 235 - 257.

[23] Gao J. Analytical formulae and the scaling laws for the loss factors and wakefields in disk-loaded periodic structures[J]. Nuclear Instruments and Methods in Physics Research Section A, 1996, 381(1): 174.

[24] Gao J. Analytical formulae for the wakefields produced by the nonrelativistic charged particles in periodic disk-loaded structures[J]. Nuclear Instruments and Methods in Physics Research Section A, 2000, 447(3): 301.

[25] Gao J. Analytical formulae for the loss factors and wakefields of a rectangular accelerating structure[C]. Proceedings of EPAC96, Barcelona, 1996.

[26] Gao J. Analytical formula for the coupling coefficient β of a cavity-waveguide coupling system[J]. Nuclear Instruments and Methods in Physics Research Section A, 1991, 309: 5 - 10.

[27] Gao J. Analytical formulae for the coupling coefficient β between a waveguide and a travelling wave structure[J]. Nuclear Instruments and Methods in Physics Research Section A, 1993, 330(1): 306.

[28] Gao J. Analytical determination of the coupling coefficient of the waveguide cavity coupling systems[J]. Nuclear Instruments and Methods in Physics Research Section A, 2001, 481(1): 36.

[29] Gao J. On the higher order mode coupler design for damped accelerating structures [C]. Proceedings of the 1995 IEEE Particle Accelerator Conference, Dallas, 1995: 1717 - 1719.

[30] Gao J. Absorption of higher order modes in RF cavities via waveguides [C]. Proceedings of the Workshop on Microwave-Absorbing Materials for Accelerators, Washington D. C. , 1993.

[31] Gao J. The criterion for the coupling states between cavities with losses[J]. Nuclear Instruments and Methods in Physics Research Section A, 1995, 352(3): 661 - 662.

[32] Gao J. Demi-disk travelling wave accelerating structure[C]. Proceedings of PAC93, Washington D. C. , 1993.

[33] Gao J. Fundamental mode detuned travelling wave accelerating structure [C]. Proceedings of PAC93, Washington D. C. , 1993.

[34] Gao J. Effects of the cavity walls on perturbation measurements [J]. IEEE Transactions on Instrumentation and Measurement, 1993,40(3): 618 - 622.

[35] Gao J. On the halo formation in space-charge dominated beams [J]. Nuclear

Instruments and Methods in Physics Research Section A，2002，484(1)：46 - 53.

[36] Wang D，Bambade P，Naito T，et al. Beam halo study on the electron storage ring [J]. Laser and Particle Beams，2017，35(2)：263 - 346.

[37] Gao J. Theoretical investigation of the microwave electron gun [J]. Nuclear Instruments and Methods in Physics Research Section A，1990，297(3)：335 - 342.

[38] Gao J. Theoretical investigation of optimizing the microwave electron gun [J]. Nuclear Instruments and Methods in Physics Research Section A，1991，304(1)：348 - 352.

[39] Gao J. On the theory of photocathode RF guns[J]. Chinese Physics C，2009，33 (4)：306 - 310.

[40] Gao J，Xie J L. RF gun development at IHEP for BFELP[J]. Nuclear Instruments and Methods in Physics Research Section A，1991，304(1)：375 - 363.

[41] Gao J. Microwave electron gun and experiments [J]. Review of Scientific Instruments，1992,63(1)：64.

[42] Gao J. Theoretical investigation of travelling wave RF gun[C]. Proceedings of the 3rd European Particle Accelerator Conference EPAC 92，Berlin，1992：584 - 586.

[43] Gao J. Nonlinear repairing in phase space emittance recovering techniques[J]. Nuclear Instruments and Methods in Physics Research Section A，1991，304(1)：353 - 356.

第 4 章
高能粒子对撞机关键系统设计理论与方法

高能粒子对撞机的整体物理设计可分为直线对撞机和环形对撞机,从粒子种类上又可以分轻子对撞机、强子对撞机和离子对撞机等。对撞机由一个复杂的加速器系统构成,设计目标参数与各加速器系统参数间具有复杂的相互关系,在进行对撞机设计时,如果其中某个重要物理解析关系没有正确地建立起来,就很难采用数值方法进行对撞机的优化设计。在本章中,基于第 3 章中所打下的相关物理理论及解析公式基础,给出了正负电子直线对撞机、正负电子环形对撞机及质子-质子环形对撞机的完整解析设计公式体系,并实际应用在诸如 ILC、CEPC、SppC 等下一代对撞机的设计中。

4.1 直线正负电子对撞机设计方法

基于给定物理目标的对撞机包含设计是一个复杂系统,各种束流参数相互联系,相互交织,相互影响,因此,要做到对撞机的整体设计与性能优化,就要深入、准确、完整地了解各个束流参数之间的相互关系,从而从物理目标要求及其他方面的约束条件入手,将束流参数空间进行确定和调整优化。对于正负电子直线对撞机来讲,首先需要确定对撞束流能量、对撞机的亮度指标及探测器背景噪声水平限制,并通过运用其他相关约束条件联立求解得到对撞机参数表。由于不是所有约束是刚性约束,包括目标亮度,因此参数表具有一定的参数优化余地。

4.1.1 对撞机参数优化

1) 直线对撞机设计中的参数选择

从直线对撞机的对撞点(IP)处的物理约束开始,给出了确定对撞束参数的一般过程。通过使用该过程,给出了 TESLA、SBLC、NLC(JLC)和 CLIC 的新参数列表[1—2]。在本节中,还提出了用于 S 波段(3 GHz)超导线性对撞机(SSLC)的参数列表。SSLC 的主要优点是它避免了暗电流的危险,并且具有较低的交流功耗。

人们普遍认为,未来线性对撞机的亮度应该在 $10^{33} \sim 10^{34}$ cm^{-2} · s^{-1} 的量级内。对于较高的 E_{cm},亮度必须与能量的平方成正比以保持恒定的事件率。两个高斯正面碰撞束流的亮度由下式给出:

$$L_0 = \frac{f_{rep} N_b N_e^2}{4\pi \sigma_x^* \sigma_y^*} H_{D_x} H_{D_y} \qquad (4-1)$$

式中,f_{rep} 是束团串的重复率;N_b 是束团数;N_e 是每束团的粒子数;$\sigma_x^* = (\epsilon_x^* \beta_x^*)^{1/2}$,$\sigma_y^* = (\epsilon_y^* / \beta_y^*)^{1/2}$,$\beta_x^*$、$\beta_y^*$ 和 $\epsilon_{x,y}$ 分别是 IP 函数和 IP 上的发射度的值;$H_{D_{x,y}}$ 是参数 $D_{x,y}$ 的函数增强因子。

2) 对撞点的制约因素

当两个正面碰撞的电子与正电子束相互穿透时,每个束团中的每个粒子都会感受到另一个束团的电磁场并偏转。这种偏转过程有几个影响。首先,偏转粒子将由于同步辐射而失去部分能量,这将增加碰撞束团的能散,从而增加实验的不确定性。其次,碰撞后粒子将相对于轴的飞行方向改变角度 $\theta_{x,y}$(假设粒子在碰撞前平行于轴)。如果该角度足够大,则碰撞后的粒子将干扰小角度事件的检测。最后,偏转的粒子将发射光子、强子等,这将增加探测器中的噪声背景水平。在下节中,我们将详细讨论这些影响。

束流辐射部分的能量分散 δ_B 表示为

$$\delta_B = \frac{2 r_e^3 N_e^2 \gamma}{3 \sigma_x^* \sigma_y^* \sigma_z} F(R) \qquad (4-2)$$

式中,$r_e = 2.82 \times 10^{-15}$ m 是经典电子半径;$R = \sigma_x^* / \sigma_y^*$ 是束团的纵横比;γ 是电子能量与其静止能量的比例;$F(R=1) = 0.325$,$F(R \gg 1) \approx 1.3/R$。很明显,为了保持 δ_B 小,最好使束流扁平化。在下面的讨论中,我们假设 $R \gg 1$。如果 δ_B^* 是最大可容忍的束流能散,那么就有

$$\frac{N_e}{\sigma_x^*} = \left(\frac{3 \delta_B^* \sigma_z}{2.6 r_e^3 \gamma} \right)^{\frac{1}{2}} \qquad (4-3)$$

对撞期间,一个束团的集合场将偏转另一个束团。相当于水平和垂直平面焦

距均为 $f_{x,y} = \sigma_z / D_{x,y}$ 的薄透镜的效果,其中 $D_{x,y}$ 称为 Disruption(破损)参数,其表达式为

$$D_{x,y} = \frac{2r_e N_e \sigma_z}{\gamma \sigma^*_{x,y}(\sigma^*_z + \sigma^*_y)} \tag{4-4}$$

如果对撞粒子在对撞前与轴平行,则 Disruption 角 $\theta_{x,y}$ 为

$$\theta_x = \theta_y = \frac{2r_e N_e}{\gamma(\sigma^*_x + \sigma^*_y)} \approx \frac{2r_e N_e}{\gamma \sigma^*_x} \tag{4-5}$$

如果 θ^* 是最大可容忍的 Disruption 角度,那么就有

$$\frac{N_e}{\sigma^*_x} = \frac{\theta^* \gamma}{2r_e} \tag{4-6}$$

每个入射粒子产生的束团光子的平均数量是

$$n_\gamma \approx \frac{5\alpha^2 \sigma_z}{2r_e \gamma} \Upsilon_0 \tag{4-7}$$

$$\Upsilon_0 = \frac{5r_e^2 \gamma N_e}{6\alpha \sigma_z(\sigma^*_x + \sigma^*_y)} \tag{4-8}$$

式中,α 是精细结构常量。如果 $\Upsilon_0 \ll 1$ 且束流非常扁平($R \gg 1$),则

$$n_\gamma \approx \frac{2\alpha r_e N_e}{\sigma^*_x} \tag{4-9}$$

如果最大可容忍的束团光子数量为 n^*_γ,则有

$$\frac{N_e}{\sigma^*_x} = \frac{n^*_\gamma}{2\alpha r_e} \tag{4-10}$$

每个对撞点的强子事件数量为

$$N_{Had} = \frac{1}{4\pi}\left(\frac{N_e}{\sigma^*_x}\right)^2 \frac{\sigma^*_x}{\sigma^*_y} H_{D_y} n_\gamma^2 \sigma_{\gamma\gamma \to Had} \tag{4-11}$$

式中,$\sigma_{\gamma\gamma \to Had}$ 是 $\gamma\gamma \to$ 强子总横截面。如果最大容忍 N_{Had} 表示为 N^*_{Had},则获得最大宽高比 R^*(H_{D_y} 几乎是常数,在范围 D_y 内约为 1.5,将在后面讨论)为

$$R^* H_{D_y} = \frac{\sigma^*_x}{\sigma^*_y} H_{D_y} = \frac{1}{(n^*_\gamma)^2 (N_e/\sigma^*_x)^2}\left(\frac{4\pi N^*_{Had}}{\sigma_{\gamma\gamma \to Had}}\right) \tag{4-12}$$

从方程式(4-6)和式(4-10)表达的约束,可以找出最大 N_e/σ_x^* 值,这具体取决于哪个约束更严格。假设必须更加认真地对待 n_γ^*,可以在式(4-3)和式(4-10)的直线对撞机中找到最小束长为

$$\sigma_z^* = \frac{1.3(n_\gamma^*)^2 \gamma r_e}{6\delta_B^* \alpha^2} \qquad (4-13)$$

为了修复 n_γ^* 和 N_{Had} 的束团参数,我们将返回到式(4-4)查看最大 Disruption 参数 D_y 的约束(因为 $D_x \ll D_y$)。众所周知,当中断太大($D_y > 20$)时,由于扭结不稳定性,箍缩增强因子 H_{D_y} 对对撞束团的准直非常敏感。然而,发现当 D_y 约为 9 时,对偏移的敏感度降低了最大因子 2。如果约束 $D_y = 9$ 包含在式(4-4)中,我们可以得到 σ_y^* 和 σ_z 之间的关系为

$$\sigma_y^* = \frac{2r_e}{9\gamma}\left(\frac{N_e}{\sigma_x^*}\right)\sigma_z \qquad (4-14)$$

像往常一样设定

$$\beta_y^* \approx \sigma_z^* \qquad (4-15)$$

由于"沙漏效应",并假设 IP 的 beta 函数比率等于发射度,则

$$\frac{\beta_x^*}{\beta_y^*} = \frac{\epsilon_x^*}{\epsilon_y^*} \qquad (4-16)$$

这对应于相等的水平和垂直束团包络发散角。最后,为了确定 $f_{rep}N_b$ 的值,可以用下列方式表达式(4-1):

$$L_0 = f_{rep}N_b\left[\frac{N_{Had}}{(n_\gamma^*)^2 \sigma_{\gamma\gamma\to Had}}\right] \qquad (4-17)$$

很明显,对于相同的亮度、相同的噪声背景,$f_{rep}N_b$ 是不同机器设计的常量。最后,一旦给定 γ,n_γ^*,N_{Had} 和 L_0,可以确定 σ_z^*,σ_y^*,R^*,σ_x^*,N_e,β_y^*,ϵ_y^*,β_x^*,ϵ_x^* 和 $f_{rep}N_b$ 的值。不同对撞机设计(不同频率选择和常温或超导射频结构)之间的差异是由 f_{rep} 和 N_b 的不同组合决定的,同时保持其物理条件不变(假设探测器可以区分每一束背景噪声)。

3) 交流电源到束流传输效率

(1) 常温直线加速器。知道束团参数后,应该在传统和非传统的直线加速器系统(如双束团加速器)之间做出选择,并估计运行直线对撞机的交流功

率。在本节中,我们考虑离散调制器-速调管供电系统。据我们所知,通过调制器和速调管将交流功率转换为射频功率 $\eta_{\mathrm{ac}}^{\mathrm{RF}}$ 的效率为 $30\%\sim35\%$,因此,足以通过计算将射频功率传递给束团的效率来回答上述问题。由于这种效率是依赖加速结构的,我们将从恒定梯度行波结构开始,这些结构用于 SBLC、NLC、JLC。沿着总有效束团路径 L 创建加速场 E_0 所需的平均射频功率为

$$\langle P\rangle_{\mathrm{RF}}=\tau_{\mathrm{RF}}f_{\mathrm{rep}}\frac{E_0^2}{R_{\mathrm{sh}}(1-\mathrm{e}^{-2\tau})}L \tag{4-18}$$

式中,τ_{RF} 是射频脉冲持续时间;R_{sh} 是每单位长度的分流阻抗;E_0 是没有束流加载的平均加速场强;τ 是结构的衰减;L 是机器长度(两个直线加速器)。在下文中,我们区分了两种情况。首先,如果束流腔中的持续时间 τ_{e} 大于加速结构的能量填充时间,则总的对撞机长度 L 可以计算为

$$L=\frac{W_{\mathrm{cm}}}{eE_{\mathrm{eff}}}=\frac{W_{\mathrm{cm}}}{eE_0[1-ekN_{\mathrm{e}}N_{\mathrm{b}}\tau_{\mathrm{fill}}(1+\mathrm{e}^{-\tau})/2E_0\tau_{\mathrm{e}}]} \tag{4-19}$$

式中,W_{cm} 是质量能量的中心;k 是加速模式损耗因子;e 是电子的电荷;τ_{fill} 是加速结构的填充时间,其中 $\tau_{\mathrm{RF}}=\tau_{\mathrm{fill}}+\tau_{\mathrm{e}}$。$E_{\mathrm{eff}}$ 是包括束流负载的有效加速场强。RF 到束流功率传输效率 $\eta_{\mathrm{RF}}^{\mathrm{b}}$ 是

$$\eta_{\mathrm{RF}}^{\mathrm{b}}=\frac{eR_{\mathrm{sh}}N_{\mathrm{b}}N_{\mathrm{e}}(1-\mathrm{e}^{-2\tau})[1-ekN_{\mathrm{e}}N_{\mathrm{b}}\tau_{\mathrm{fill}}(1+\mathrm{e}^{-\tau})/2\tau_{\mathrm{e}}E_0]}{\tau_{\mathrm{RF}}E_0} \tag{4-20}$$

其次,如果 $\tau_{\mathrm{e}}\leqslant\tau_{\mathrm{fill}}$

$$L=\frac{W_{\mathrm{cm}}}{eE_{\mathrm{eff}}}=\frac{W_{\mathrm{cm}}}{e(2-\tau_{\mathrm{e}}/\tau_{\mathrm{fill}})E_0[1-ekN_{\mathrm{e}}N_{\mathrm{b}}(1+\mathrm{e}^{-\tau})/2E_0]} \tag{4-21}$$

$$\eta_{\mathrm{RF}}^{\mathrm{b}}=\frac{eR_{\mathrm{sh}}N_{\mathrm{b}}N_{\mathrm{e}}(1-\mathrm{e}^{-2\tau})[1-e(2-\tau_{\mathrm{e}}/\tau_{\mathrm{fill}})kN_{\mathrm{e}}N_{\mathrm{b}}(1+\mathrm{e}^{-\tau})/2E_0]}{\tau_{\mathrm{RF}}E_0}$$

$$\tag{4-22}$$

总交流功率是

$$P_{\mathrm{ac}}=\frac{\langle P\rangle_{\mathrm{b}}}{\eta_{\mathrm{AC}}^{\mathrm{RF}}\eta_{\mathrm{RF}}^{\mathrm{b}}} \tag{4-23}$$

式中,$\langle P\rangle_{\mathrm{b}}=eW_{\mathrm{cm}}f_{\mathrm{rep}}N_{\mathrm{b}}N_{\mathrm{e}}$ 是总平均束流功率。

(2) 超导直线加速器。对超导驻波结构而言,如 TESLA、ILC 的情况,射

频到束团功率传输的效率计算很简单：

$$\eta_{\mathrm{RF}}^{\mathrm{b}} = \frac{\tau_{\mathrm{e}}}{\tau_{\mathrm{RF}}} \qquad (4-24)$$

式中，$\tau_{\mathrm{RF}} = \dfrac{Q_{\mathrm{L}}}{\omega} \ln 4 + \tau_{\mathrm{e}}$ 是射频脉冲持续时间，Q_{L} 和 ω 分别是加速腔的负载品质因数和角共振频率。很明显，当 $\dfrac{Q_{\mathrm{L}}}{\omega} \ln 4 \ll \tau_{\mathrm{e}}$ 我们可以获得高射频到束流功率传输效率。

（3）双束流加速器方案（TBA）。对于 TBA 方案，从交流功率到要注入主直线加速器的射频功率的功率转换效率很难以一般方式估计，因为它非常依赖于功率转换的详细过程。以 CLIC 方案为例，首先，必须通过在连续波模式下使用速调管将交流功率转换为 350 MHz 的射频功率；其次，将射频功率转换为驱动束流功率；最后，通过传输结构将驱动束流功率转换为主直线加速器所需的 30 GHz 射频功率。总转移效率将是所有三个过程的效率的乘积。在本节中，给出了一些方便的公式来找出从主直线加速器功率要求开始的驱动束流参数。如果 f_{RF}、P_{RF}、τ_{RF} 和 f_{rep} 是射频频率、峰值射频功率、射频脉冲持续时间和射频脉冲主直线加速器的重复率，驱动束流必须由 N_{d} 个束团组成，它们的 $\tau_{\mathrm{RF}} = \tau_{\mathrm{fill}}^{\mathrm{d}} N_{\mathrm{d}}$，其中 $\tau_{\mathrm{fill}}^{\mathrm{d}}$ 是转移结构的填充时间。这些 N_{d} 个束团的重复频率是 f_{rep}。每个束团的总电荷 Q_{d} 可以确定为

$$Q_{\mathrm{d}} = \left[\frac{2\tau_{\mathrm{d}} n_0 P_{\mathrm{RF}}}{k_{\mathrm{d}} v_{\mathrm{g}}^{\mathrm{d}} (1 - \mathrm{e}^{-2\tau_{\mathrm{d}}})} \right]^{\frac{1}{2}} \qquad (4-25)$$

$$\tau_{\mathrm{d}} = \frac{\pi f_{\mathrm{RF}} \tau_{\mathrm{fill}}^{\mathrm{d}}}{Q_0^{\mathrm{d}}} \qquad (4-26)$$

式中，Q_0^{d} 是传输结构的品质因数；n_0 是由一个传输结构驱动的主束流加速结构的数量；τ_{d} 和 k_{d} 是转移结构的衰减和工作模式损耗因子。当 Q_{d} 是 n_{d} 个束团的总电荷时，每束团中的电荷应为 $q_{\mathrm{d}} = Q_{\mathrm{d}}/n_{\mathrm{d}}$。一个驱动束流的平均功率是

$$\langle P \rangle_{\mathrm{b}}^{\mathrm{d}} = W_{\mathrm{d}} q_{\mathrm{d}} n_{\mathrm{d}} N_{\mathrm{d}} f_{\mathrm{rep}} / e \qquad (4-27)$$

式中，W_{d} 是驱动束流的能量，其必须足够大以保持纵向和横向稳定性。假设 δ_{w} 是驱动束团系列中的最大可容许能量扩散，则最小驱动束注入能量可以确定为

$$W_{d} = \frac{e q_{d} k_{d} L_{d}^{T}}{2} \left[1 + \frac{n_{d}}{\delta_{w}} \left(\frac{1 - e^{-\tau_{d}}}{\tau_{d}} \right) F \right] \qquad (4 - 28)$$

$$F = 2 - \frac{\tau_{e}^{d}}{\tau_{fill}^{d}}, \quad \tau_{e}^{d} \leqslant \tau_{fill}^{d} \qquad (4 - 29)$$

式中，L_{d}^{T} 是传输结构的总活动长度；τ_{e}^{d} 是 n_{d} 个束团的持续时间。如果 $n_{d} \gg 1$，则一个驱动束的平均功率可表示为

$$\langle P \rangle_{b}^{d} = \frac{F}{2 \delta_{w}} f_{rep} P_{RF} \tau_{RF} N_{m}^{T} \qquad (4 - 30)$$

式中，N_{m}^{T} 是主直线加速器加速结构的总数。很明显，$\langle P_{RF} \rangle_{m} = f_{rep} P_{RF} \tau_{RF} N_{m}^{T}$ 是直线加速器的总平均能量，同时

$$\eta_{d}^{RF, m} = \frac{\delta_{w}}{F} \qquad (4 - 31)$$

是从总驱动束流功率到主直线加速器的射频功率的传递效率，并且它与驱动束直线加速器连接。良好的驱动束直线加速器设计对应于最大 $\eta_{d}^{RF, m}$ 值。如果超导结构用于加速具有非常高的射频转换到驱动束流的效率，则总交流功率将近似为（不包括制冷剂的交流功率）

$$P_{AC} = 2 \frac{\langle P_{RF} \rangle_{m}}{\eta_{AC}^{RF, d} \eta_{d}^{RF, m}} \qquad (4 - 32)$$

式中，$\eta_{AC}^{RF, d}$ 是从交流功率到驱动束直线加速器的平均射频功率的传输效率。以 CLIC 转移结构为例，它的 $f_{RF} = 30\ \text{GHz}$，$P_{RF} = 40\ \text{MW}$，$\tau_{RF} = 11.2\ \text{ns}$，$N_{d} = 4$，$n_{0} = 2$，$\tau_{fill}^{d} = 2.8\ \text{ns}$，$v_{g}^{d}/c = 0.595$，$Q_{0}^{d} = 3\,808$，$k_{d} = 0.156\ \text{V/(pC} \cdot \text{m)}$。从式（4-25）中可以看出 $Q_{d} = 1.765\ \mu\text{C}$。如果 $n_{d} = 43$，$q_{d} = 0.04\ \mu\text{C}$（或 2.5×10^{11} 个电子）。假设 $\delta_{w} = 50\%$ 且 $L = 6.4\ \text{km}$，则可以从式（4-28）和式（4-31）获得 $W_{d} = 3.2\ \text{GeV}$，$\langle P \rangle_{b}^{d} = 36.5\ \text{MW}$ 和 $\eta_{d}^{RF, m} = 33\%$。

4）发射度的增长和容忍值

通过设计合理的阻尼环，可以在主直线加速器的入口处获得所需的单束团发射度 $\epsilon_{x, y}^{*}$，不同的机器具有不同的阻尼环，因为 f_{rep} 和 N_{b} 因机器而异。由于加速结构、四极磁铁、束团位置监测器（BPM）、注入横向偏移和地面运动等的误差，粒子的轨迹并不总是在加速结构的轴心上，并因此，由于短距离和长距离尾场，束团将经历单束团和多束团发射度增长。为了将这些发射度增长保持在一定范围内，必须使用 BNS 阻尼来补偿短距离尾场，这是由于注入

误差引起的相干电子 betatron 振荡使加速结构内部激发的高阶模式失谐和衰减,以减小远距离尾场,并使用不同的发射度校正技术来放松对准直误差的要求。假设通过阻尼和失谐,或通过增加束团分离量,使长距离尾场引起的多束团发射度增长小于单束团发射度增长,我们可以知道对撞亮度的降低为

$$\frac{\Delta L_0}{L_0} \approx -\frac{1}{2}\left(\frac{\Delta \epsilon_y^*}{\epsilon_y^*}\right) = -\frac{1}{2}C \frac{N_e^2 f_{RF}^6 (\lambda_{RF}/a_{iris})^6 \sigma_z (\Delta y_c)^2 \beta_0}{E_{eff}^2 \epsilon_y^*} \quad (4-33)$$

式中,a_{iris} 是恒定梯度结构的平均束孔半径;Δy_c 是加速结构的均方根横向安装误差;β_0 是主直线加速器入口处的最大 beta 函数值。式中的常数 C 可以通过数值模拟来确定,并且发现 $C \approx 1 \times 10^{-70}$ $V^2 \cdot s^6 \cdot m^{-5}$。式(4-33)假设相同的 beta 函数缩放定律已应用于不同的机器。

5)优化的参数表

如上所述,N_{Had} 和 n_γ 与探测器中的背景噪声水平开关,一旦确定,可以从前面得出的解析公式中获得波束参数。现在假设 IP 对于 TESLA*、SBLC* 和 CLIC*(* 表示优化的新参数)的物理约束如表 4-1 所示,可以通过使用式(4-10)以及(4-12)~式(4-17)确定表 4-2 中所示的束流参数。由于束长非常短($\sigma_z^* = 187$ μm),即使使用不同的射频频率,三个相应的项目也可以使用相同的束流参数。选择不同射频频率的可能性来自表 4-2,f_{rep} 和 N_b 可以采用不同的值,同时保持其乘积不变。至于 X 波段项目 NLC(JLC),约束参数如表 4-3 所示,相应的束流参数如表 4-4 所示。NLC(JLC)的约束条件与 NLC(JLC)的约束略有不同。

表 4-1　TESLA*、SBLC* 和 CLIC* 在 IP 处的约束参数

约束参数	δ_B^*	n_γ^*	N_{Had}^*	D_y	$\sigma_{\gamma\gamma \to Had}/m^2$	W_{cm}/GeV	L_0(包含箍缩效应)/$(cm^{-2} \cdot s^{-1})$
参数值	0.03	1	0.3	9	4.2×10^{-35}	500	5×10^{33}

表 4-2　TESLA*、SBLC* 和 CLIC* 在 IP 处的束流参数

束流参数	$N_e/\sigma_x^*/m^{-1}$	σ_x^*/m	σ_y^*/m	σ_z^*/m	R	H_{D_y}
参数值	2.43×10^{16}	5.9×10^{-7}	5.82×10^{-9}	1.87×10^{-4}	101	1.5
束流参数	N_e	β_x^*/m	β_y^*/m	$\gamma\epsilon_x^*/$(m $\cdot$ rad)	$\gamma\epsilon_y^*/$(m $\cdot$ rad)	$f_{rep}N_b/$s^{-1}
参数值	1.43×10^{10}	1.9×10^{-2}	1.87×10^{-4}	8.98×10^{-6}	8.86×10^{-8}	7 000

表 4-3　NLC*（JLC*）的 IP 处的约束参数

约束参数	δ_B^*	n_γ^*	N_{Had}^*	D_y	$\sigma_{\gamma\gamma\to Had}/m^2$	W_{cm}/GeV	L_0（包含箍缩效应）/$(cm^{-2}\cdot s^{-1})$
参数值	0.03	0.84	0.146	9	4.2×10^{-35}	500	5×10^{33}

表 4-4　NLC*（JLC*）的 IP 处的束流参数

束流参数	N_e/σ_x^* /m^{-1}	σ_x^* /m	σ_y^* /m	σ_z^* /m	R	H_{D_y}
参数值	2.04×10^{16}	3.4×10^{-7}	3.45×10^{-9}	1.32×10^{-4}	99	1.5
束流参数	N_e	β_x^* /m	β_y^* /m	$\gamma\epsilon_x^*$ /$(m\cdot rad)$	$\gamma\epsilon_y^*$ /$(m\cdot rad)$	$f_{rep}N_b/$ s^{-1}
参数值	0.7×10^{10}	1.31×10^{-2}	1.32×10^{-4}	4.37×10^{-6}	4.4×10^{-8}	10 150

　　在下文中，我们将使用表 4-1 至表 4-4 中所示的表示为 SBLC*、NLC*、CLIC* 和 TESLA* 的优化的新参数列表，并与 LC95 参数表进行比较（见表 4-5 至表 4-10）。很明显，对于优化的新束流参数，TELSA、SBLC 和 CLIC 的交流功率消耗减少，而结构准直误差（不是四极磁铁误差）在 TESLA 的情况下几乎相同或甚至大大放松。实际上，NLC* 的新束流参数与最新版本的 NLC 没有太大差别，但是，列出它们并用于与其他新参数列表进行比较。

表 4-5　不同 SBLC 版本的参数表

参　　数	SBLC$^{(1)}$	SBLC$^{(2)}$	SBLC*
质心系能量/GeV	500	500	500
RF 频率/GHz	3	3	3
亮度/（10^{33} cm$^{-2}\cdot$ s^{-1}）	3.65	5	5
直线加速器重复频率/Hz	50	50	50
每个束团中的粒子数/10^{10}	2.9	1.1	1.43
每个脉冲的束团数	125	333	140
束团间距/ns	16	6	8
束流功率/MW	7.26	7.26	4.02
$\gamma\epsilon_x^*/\gamma\epsilon_y^*$ /（m·rad×10^{-8}）	1 000/50	500/25	898/8.86
β_x^*/β_y^* /mm	22/0.8	11/0.45	19/0.187
σ_x^*/σ_y^*（在束箍缩前）/nm	670/28	335/15	590/5.82
σ_z^* /μm	500	300	187

(续表)

参　数	SBLC$^{(1)}$	SBLC$^{(2)}$	SBLC*
σ_x^*/σ_z	1.34×10^{-3}	1.11×10^{-3}	3.15×10^{-3}
色散函数 D_x/D_y	0.36/8.5	0.32/7.1	0.087 8/9
H_D	1.64	1.69	1.5
Υ_0	0.04	0.03	0.057
$\delta_B/\%$	2.8	2.7	3
n_γ	1.8	1.5	1
N_{Had}	0.8	0.3	0.3
空载梯度/(MV/m)	21	21	21
有束流时的梯度/(MV/m)	17	17	17
$\tau_e/\mu s$	2	2	1.1
$\tau_{fill}/\mu s$	0.8	0.8	0.8
$\tau_{RF}/\mu s$	2.8	2.8	1.9
波长/m	0.1	0.1	0.1
平均分路阻抗/(MΩ/m)	55	55	55
Q_0	12 000	12 000	12 000
衰减量/neper	0.55	0.55	0.55
束孔尺寸 a/λ	0.16~0.11	0.16~0.11	0.16~0.11
结构长度/m	6	6	6
速调管功率/MW	150	150	150
每个速调管中的结构数	2	2	2
速调管数(两个直线加速器)	2 517	2 517	2 517
结构数(两个直线加速器)	5 034	5 034	5 034
平均脉冲流强/mA	292	294	290
β_0/m	20	20	20
$\eta_{RF}^b/\%$	30	30	24
$\eta_{AC}^{RF}/\%$	32	32	32
$\eta_{AC}^b/\%$	9.6	9.6	7.7
RF 功率(两个直线加速器)/MW	48.4	48.4	33.6
AC 功率(两个直线加速器)/MW	151	151	105
准直误差容忍值/μm	30	67	41
准直误差容忍值松弛因子	1	2.24	1.36

说明：(1)和(2)表示不同的版本。

表 4 - 6　NLC 和 JLC 的参数表

参　　数	NLC[(1)]	NLC*	JLC
质心系能量/GeV	500	500	500
RF 频率/GHz	11. 4	11. 4	11. 4
亮度/(10^{33} cm^{-2} · s^{-1})	8. 2	5	5. 6
直线加速器重复频率/Hz	180	180	150
每个束团中的粒子数/10^{10}	0. 65	0. 7	0. 63
每个脉冲的束团数	90	56	85
束团间隔/ns	1. 4	1. 5	1. 4
束流功率/MW	4. 2	2. 83	3. 2
γ_x^*/γ_y^*/(m · rad×10^{-8})	500/5	437/4. 4	330/5
β_x^*/β_y^*/mm	10/0. 1	13. 1/0. 132	10/0. 1
σ_x^*/σ_y^*(在束箍缩前)/nm	320/3. 2	340/3. 45	360/3
σ_z^*/μm	100	132	90
σ_x^*/σ_z	3. 2×10^{-3}	2. 58×10^{-3}	2. 9×10^{-3}
色散函数 D_x/D_y	0. 073/7. 3	0. 09/9	0. 095/8. 2
Υ_0	0. 095	0. 068	0. 12
δ_B/%	2. 4	3	3. 2
n_γ	0. 84	0. 84	0. 72
N_{Had}	0. 146	0. 146	0. 095 6
空载加速梯度/(MV/m)	50	50	73
有束流时的加速梯度/(MV/m)	37. 6	37	53
τ_e/μs	0. 126	0. 083	0. 12
τ_{fill}/ns	100	100	110
τ_{RF}/μs	0. 25	0. 183	0. 23
波长/m	0. 026 3	0. 026 3	0. 026 3
平均分路阻抗/(MΩ/m)	81	81	71
Q_0	6 669	6 669	6 669
衰减量/neper	0. 51	0. 51	0. 4
束孔尺寸 a/λ	0. 22～0. 15	0. 22～0. 15	0. 2～0. 14
腔的长度/m	1. 8	1. 8	1. 22
速调管功率/MW	50(×3. 6)	50(×3. 6)	135(×2)
每个速调管的结构数	2	2	4
速调管数(两个直线加速器)	3 940	3 940	3 608
结构数(两个直线加速器)	7 880	7 880	7 216

(续表)

参　　数	NLC[1]	NLC*	JLC
β_0/m	10	10	10
$\eta_{\mathrm{RF}}^{\mathrm{b}}/\%$	28.3	26	19
$\eta_{\mathrm{AC}}^{\mathrm{RF}}/\%$	32	32	32
$\eta_{\mathrm{AC}}^{\mathrm{b}}/\%$	6.3	5.8	4.3
$\eta_{\mathrm{RF}}^{\mathrm{comp}}/\%$	70	70	70
平均 RF 功率(两个直线加速器)/MW	29.7	21.8	33.6
AC 功率(两个直线加速器)/MW	133	97	150
准直误差容忍值/μm	16	13	19
准直误差容忍值的松弛因子	1	0.828	1.22

表 4－7　CLIC 的两种参数表

参　　数	CLIC[1]	CLIC*
质心系能量/GeV	500	500
RF 频率/GHz	30	30
亮度/(10^{33} cm^{-2} · s^{-1})	0.89	1.79(5.37)
直线注入频率/Hz	2 530	2530
每个束团中的粒子数/10^{10}	0.8	1.43
每个脉冲的束团数	1	1(3)
束团间隔/ns	—	—
束流功率/MW	0.8	1.46(4.38)
$\gamma\epsilon_x^*/\gamma\epsilon_y^*$/(m · rad$\times10^{-8}$)	300/15	898/8.86
β_x^*/β_y^*/mm	10/0.18	19/0.187
σ_x^*/σ_y^*(在束箍缩前)/nm	247/7.4	590/5.82
σ_z^*/μm	200	187
σ_x^*/σ_z	1.24×10^{-3}	3.16×10^{-3}
色散函数 D_x/D_y	0.29/9.7	0.09/9
Υ_0	0.072	0.068
$\delta_\mathrm{B}/\%$	3.5	3
n_γ	1.33	1
N_Had	0.27	0.3

(续表)

参　　数	CLIC[1]	CLIC*
空载加速梯度/(MV/m)	80	80
有束流时的加速梯度/(MV/m)	78	75(65)
τ_e/μs	—	—
τ_{fill}/ns	11.6	11.6
τ_{RF}/ns	11.6	11.6
波长/m	0.01	0.01
R/(MΩ/m)	109	109
Q_0	4 100	4 100
束孔尺寸 a/λ	0.2	0.2
v_g/c	0.078	0.078
衰减量/neper	0.27	0.27
腔的长度/m	0.27	0.27
β_0/m	14	14
η_{RF}^b/%	6	10(27.47)
η_{AC}^{RF}/%	20	20
η_{AC}^b/%	1.2	2(5.5)
平均 RF 功率(两个直线加速器)/MW	26.6	29.2(32)
AC 功率**(两个直线加速器)/MW	133	146(160)
准直误差容忍值/μm	2.4	1.1
准直误差容忍值松弛因子 r	1	0.44

表 4-8　TESLA 和 S 波段超导直线对撞机的参数表

参　　数	TESLA[1]	TESLA[2]	TESLA*	SSLC*
质心系能量/GeV	500	500	500	500(500)
RF 频率/GHz	1.3	1.3	1.3	3(4.2)
亮度/(10^{33} cm^{-2} · s^{-1})	6.5	6	5	5(5)
直线重复频率/Hz	10	5	5	5(5)
每个束团中的粒子数/10^{10}	5.15	3.63	1.43	1.43(1.43)
每个脉冲中的束团数	800	1 130	1 400	1 400(1 400)

参　数	TESLA[1]	TESLA[2]	TESLA*	SSLC*
束团间隔/ns	1 000	708	300	800(1 200)
束流能量/MW	16.5	8.2	4.02	4.02(4.02)
$\gamma\epsilon_x^*/\gamma\epsilon_y^*/(\text{m}\cdot\text{rad}\times10^{-8})$	2 000/100	1 400/25	898/8.86	898/8.86
$\beta_x^*/\beta_y^*/\text{mm}$	25/2	25/0.7	19/0.187	19/0.187
σ_x^*/σ_y^*(在束箍缩前)/nm	1 000/64	846/19	590/5.82	590/5.82
$\sigma_z^*/\mu\text{m}$	1 000	700	187	187
σ_x^*/σ_z	1.0×10^{-3}	1.2×10^{-3}	3.16×10^{-3}	3.16×10^{-3}
色散函数 D_x/D_y	0.54/8.5	0.25/11	0.09/9	0.09/9
Υ_0	0.021	0.02	0.068	0.068
$\delta_B/\%$	2.7	2.9	3	3
n_γ(每个电子)	2.7	1.3	1	1
N_{Had}(每个对撞点)	1.5	1.0	0.3	0.3
空载梯度/(MV/m)	25	25	25	25(25)
有束流时的梯度/(MV/m)	25	25	25	25(25)
$\tau_e/\mu\text{s}$	800	800	420	1 071(1 680)
$\tau_{\text{fill}}/\mu\text{s}$	500	500	500	257(198)
$\tau_{\text{RF}}/\mu\text{s}$	1 300	1 300	920	1 328(1 878)
波长/m	0.23	0.23	0.23	0.1(0.071)
$R/Q/(\Omega/\text{m})$	1 080	1 080	1 080	2 484(3 489)
空载 Q_0	3×10^9	3×10^9	3×10^9	$1.5(0.9)\times10^9$
有束流时 Q_L	3×10^6	3×10^6	2.6×10^6	$3.5(3.76)\times10^6$
束孔尺寸 a/λ	0.15	0.15	0.15	0.15(0.15)
腔的长度/m		1	1	10.5(0.355)
速调管功率/MW	3.25	7.1	2.5	1.2(1.1)
每个速调管中的结构数	16	32	32	32(64)
速调管数(两个直线加速器)	1 202	604	604	1 250(880)
结构数(两个直线加速器)	19 232	19 232	19 232	40 000(56 320)
平均脉冲流强/mA	8.24	8.24	7.7	2.88(1.92)
β_0/m	66	66	66	17(10)

（续表）

参　　数	TESLA[(1)]	TESLA[(2)]	TESLA[*]	SSLC[*]
$\eta_{RF}^{b}/\%$	61.1	61.1	45	81(89)
η_{AC}^{RF}(不包含制冷机耗电功率)/%	32	32	32	32(32)
η_{AC}^{b}(不包含制冷机耗电功率)/%	20	20	14.3	26(28.5)
平均RF功率(两个直线加速器)/MW	54	27	18	10.1(9.2)
总AC功率(两个直线加速器)/MW	209	124	82	72(88.7)
准直误差容忍值/μm	500	424	1 215	195(92)
准直误差容忍值松弛因子	1	0.85	2.43	0.39(0.185)

表4-9　SBLC对撞点处的约束参数

约束参数	δ_B^*	n_γ	N_{Had}^*	D_y	$\sigma_{\gamma\gamma\to Had}/m^2$	W_{cm}/GeV	L_0(包含箍缩效应)/(cm$^{-2}\cdot$s^{-1})
参数值	0.03	1	0.3	9	4.2×10^{-35}	500	5×10^{33}

表4-10　SBLC对撞点处的束流参数

束流参数	$N_e/\sigma_x^*/m^{-1}$	σ_x^*/m	σ_y^*/m	σ_z^*/m	R	H_{D_y}
参数值	2.43×10^{16}	5.9×10^{-7}	5.82×10^{-9}	1.87×10^{-4}	101	1.5
束流参数	N_e	β_x^*/m	β_y^*/m	$\gamma\epsilon_x^*/(m\cdot rad)$	$\gamma\epsilon_y^*/(m\cdot rad)$	$f_{rep}N_b/s^{-1}$
参数值	1.43×10^{10}	1.9×10^{-2}	1.87×10^{-4}	8.98×10^{-6}	8.86×10^{-8}	7 000

6）超导结构射频频率的选择

与常温加速结构不同，超导直线加速器对暗电流问题更敏感。在驻波和行波加速结构中开始捕获场发射电子的理论临界加速场与工作频率成比例，或明确地讲，$E_{crit}^{SW}(MV/m)=12f(GHz)$和$E_{crit}^{TW}(MV/m)=6f(GHz)$，其中SW和TW分别代表驻波和行波，很明显，TESLA是唯一一个处于暗电流危险中的项目，必须将工作频率提高以避免出现问题。

S波段（3 GHz）超导线性对撞机（SSLC）似乎很有意思，值得成为候选者，其具有36 MV/m的临界暗电流加速场，远高于25 MV/m且接近40 MV/m

（设想将 E_{cm} 升级为 1 TeV）。为了比较 TESLA 与 SSLC 的机器性能，我们回顾一些关于超导腔的基本知识。众所周知，加速模式品质因数与腔表面电阻 R_s 成反比，其由 BCS 表面电阻和残余表面电阻（R_{BCS} 和 $R_{resid.}$）两部分组成。对于 $T = 1.8$ K 的 Nb 腔，有

$$R_s = R_{BCS} + R_{resid.} = \frac{6.64 \times 10^{-25}}{T}\omega^2 \exp\left(-1.75\frac{T_c}{T}\right) + 10 \quad (4-34)$$

式中，R_s 的单位是 nΩ；$T_c = 9.2$ K；ω 是角度射频频率。事实证明，在 $T = 1.8$ K 时，3 GHz 腔体的品质因数 Q_0 约为 1.3 GHz 腔体的一半。射频频率从 1.3 GHz 变为 3 GHz，得到的并联阻抗 R_{sh} 几乎是一个常数。

在本节中，已经提出了 SSLC 的参数列表。我们将 TESLA*、SSLC* 和工作在 4.2 GHz 的超导机器的交流功率消耗与 SBLC*、NLC* 和 CLIC* 进行了比较。通过使用前面建立的解析公式计算了相应的高阶模式损耗因子和短程尾场。对于最短为 187 μm 的束团长度，必须计算超过 10^4 的高阶模式才能使总损失因子收敛。

SSLC 具有挑战性的技术问题可能是主模和高阶模耦合器的总数更大。然而，这种不便将通过较低的静态热负荷、较小的低温恒温器体积和较小的洛伦兹力引起的机械变形而得到很好的平衡。当然，SSLC 还需要更详细的研发工作。

7) S 波段超导直线对撞机

在本节中，提出了一个 S 波段（3 GHz）超导直线对撞机（SSLC）的参数列表，它在 25 MV/m 的加速梯度下避开了暗电流问题。本节也进行了详细的光束动力学模拟，揭示了 3 GHz SSLC 的主要特征[3]。

未来的直线对撞机有六个计划：TESLA、SBLC、NLC、JLC、VLEPP 和 CLIC，其中 TELSA 是唯一的超导型对撞机。由于设计的加速场 25 MV/m 远高于场电子发射捕获场强 15 MV/m，捕获的电子有可能在最终击中腔壁之前加速到非常高的能量（两个相邻四极磁铁之间的距离将在主直线加速器的末端接近 50 m）。通过将射频频率推高可以避免这种固有缺陷，因为临界捕获电场强度随射频频率线性增加。在本节中，我们将提出一种 S 波段超导直线对撞机，并作为一个例子介绍如何设计一台超导型直线对撞机，读者也可以根据这一方法进行国际直线对撞机（ILC）的优化设计。

（1）束流参数选择。两个高斯分布束团正面碰撞的亮度由下式给出：

$$L_0 = \frac{f_{\text{rep}} N_{\text{b}} N_{\text{e}}^2}{4\pi \sigma_x^* \sigma_y^*} H_{D_z} H_{D_y} \qquad (4-35)$$

式中，f_{rep} 是束团链的重复率；N_{b} 是束团数；N_{e} 是每个束团的粒子数；$\sigma_x^* = (\epsilon_x^* \beta_x^*)^{1/2}$，$\sigma_y^* = (\epsilon_y^* \beta_y^*)^{1/2}$，$\beta_x^*$，$\beta_y^*$ 和 $\epsilon_{x,y}$ 分别是 IP 处的 beta 函数和发射度；$H_{D_{x,y}}$ 是增强因子；它们是称为束团破损（disruption）参数 $D_{x,y}$ 的函数。我们可以确定从 IP 物理约束开始得到的对撞束参数为

$$\sigma_x^* = \frac{10.4\pi r_{\text{e}}^3 H_{\text{Had}}}{27\delta_{\text{B}}^* \alpha H_{D_y} n_\gamma \sigma_{\gamma\gamma \to \text{Had}}} \qquad (4-36)$$

$$\sigma_y^* = \frac{1.3 r_{\text{e}} n_\gamma^3}{54\delta_{\text{B}} \alpha^3} \qquad (4-37)$$

$$\sigma_z^* = \frac{1.3 (n_\gamma)^2 \gamma r_{\text{e}}}{6\delta_{\text{B}}^* \alpha^2} \qquad (4-38)$$

$$R^* = \frac{\sigma_x^*}{\sigma_y^*} = \frac{16\pi \alpha^2 r_{\text{e}}^2 N_{\text{Had}}}{H_{D_y} (n_\gamma)^4 \sigma_{\gamma\gamma \to \text{Had}}} \qquad (4-39)$$

$$\beta_x^* = \frac{10.4\pi \gamma r_{\text{e}}^3 N_{\text{Had}}}{3\delta_{\text{B}} H_{D_y} \sigma_{\gamma\gamma \to \text{Had}} n_\gamma^2} \qquad (4-40)$$

$$\beta_y^* = \sigma_z^* \qquad (4-41)$$

$$\gamma\epsilon_x = \frac{10.4\pi r_{\text{e}}^3 N_{\text{Had}}}{243 H_{D_y} \delta_{\text{B}} \alpha^2 \sigma_{\gamma\gamma \to \text{Had}}} \qquad (4-42)$$

$$\gamma\epsilon_y = \frac{1.3 n_\gamma^4 r_{\text{e}}}{486\delta_{\text{B}} \alpha^4} \qquad (4-43)$$

$$N_{\text{e}} = \frac{5.2\pi r_{\text{e}}^2 N_{\text{Had}}}{27 H_{D_y} \sigma_{\gamma\gamma \to \text{Had}} \delta_{\text{B}} \alpha^2} \qquad (4-44)$$

$$\frac{N_{\text{e}}}{\sigma_x^*} = \frac{n_\gamma}{2\alpha r_{\text{e}}} \qquad (4-45)$$

$$f_{\text{rep}} N_{\text{b}} = \frac{L_0 (n_\gamma^*)^2 \sigma_{\gamma\gamma \to \text{Had}}}{N_{\text{Had}}} \qquad (4-46)$$

$$P_{\text{b}} = \frac{5.2\pi e W_{\text{cm}} r_{\text{e}}^2 n_\gamma^2 L_0}{54 H_{D_y} \delta_{\text{B}} \alpha^2} \qquad (4-47)$$

式中，$r_e = 2.82 \times 10^{-15}$ m 是经典电子半径；α 是精细结构常数；γ 是碰撞粒子能量与静止能量的比值；$\sigma_{\gamma\gamma \to \text{Had}}$ 是 $\gamma\gamma \to$ 强子总横截面；δ_B^* 是最大可容忍的束致辐射能量分散；n_γ 是每个电子辐射光子的平均数量；N_{Had} 是每个交叉点的最大可容忍强子事件数；当 $D_y = 9$ 时，H_{D_y} 几乎是一个常数，大约为 1.5。我们从 γ、n_γ、N_{Had} 和 L_0 的设计要求可以确定 σ_x^*、σ_y^*、R^*、σ_z^*、N_e、β_x^*、β_y^*、ϵ_x^*、ϵ_y^* 和 $f_{\text{rep}} N_b$ 的值。

（2）超导结构射频频率选择。与常规导电结构不同，超导直线加速器对暗电流问题更敏感。当离轴场发射的电子被射频场捕获时，这些电子可以在撞击超导腔壁之前被加速到非常高的能量或被四极磁铁过度偏转。由于两个相邻四极磁铁之间的距离非常大，特别是在主直线加速器的末端，这些被捕获的场发射电子在超导腔内加速和损失的可能性非常大。电子在腔壁上沉积的能量需要额外的制冷功率来维持工作温度，甚至引起失超。在驻波和行波加速结构中起始捕获场发射电子的理论临界加速场与工作频率成比例。

（3）尾场计算。加速结构中的尾场可以通过相应的程序在时域或频域中计算，如 ABCI、KN7C 和 TRANSVRS。在本节中，我们使用一种经典的解析公式计算盘荷加载结构中的尾场。具体的计算公式见 3.7.1 节的"8）盘荷波导加速结构损耗因子和尾场的解析公式"。这种方法的优点是可以很容易地计算非常短束的尾场，并且可以知道全频率范围损耗因子谱。

现在，我们讨论尾场关于频率、束长度、腔长度和束孔半径的函数关系。在文献中通常说基模和偶极子模尾场与频率的关系分别为 ω_0^2 和 ω_0^3，其中下标 0 表示基模。但是，人们通常忽略束长条件 $\sigma_z / \lambda_0 =$ 常数。考虑束长条件，人们知道在高频时尾场电阻 $R(\omega) \propto \omega^{-\frac{1}{2}}$，因此，基模和偶极子模总损耗因子 k_{0t} 和 k_{1t} 分别与束团长度 $\sigma_z^{-\frac{1}{2}}$ 和 $\sigma_z^{\frac{1}{2}}$ 有关。在本节中，我们考虑将上述两个条件组合在一起，并最终得到

$$k_{0t} \propto \omega_0^{1.5} \sigma_z^{-\frac{1}{2}} \tag{4-48}$$

和

$$k_{1t} \propto \omega_0^{3.5} \sigma_z^{\frac{1}{2}} \tag{4-49}$$

$\sigma_z / \lambda_0 \leqslant 0.1$，其中 λ_0 是基模的波长。

回到 3 GHz 的 S 波段驻波结构，$a = 0.015$ m，$R = 0.039$ m，$h = 0.04$ m，

$D=0.05$ m，$\sigma_z=187$ μm，总单极子模损耗因子相对于束长度的变化为 $k_{0t}[\mathrm{V/(pC\cdot m)}]=38.3\sigma_z(\mathrm{mm})^{-0.544}$。该结果再次证实了缩放定律，即由衍射模型预测的 $k_{0t}\propto\sigma_z^{\frac{1}{2}}$。

（4）束流动力学。主直线加速器的聚焦通道是 FODO 类型，beta 函数变化规律为 $\beta_0(\gamma/\gamma_0)^{\frac{1}{2}}$，其中 β_0 和 γ_0 分别是 beta 函数和主直线加速器起始时的归一化束流能量。由于低温恒温器的长度不能以连续的方式变化，因此该 beta 函数的变化规律是逐级的。使用 $\beta_{0,\max}=17$ m 并且相移为 $\mu=\pi/2$，需要 8 种不同类型的 FODO 结构。这 8 个 FODO 单元的半长分别为 l_0、$2l_0$、$3l_0$、$4l_0$、$5l_0$、$6l_0$、$7l_0$ 和 $8l_0$。其中，$l_0=5$ m，相应的 FODO 单元的数量分别为 38，32，30，28，28，27，27 和 24。假设四极磁铁和加速结构安装误差分别为 40 μm 和 180 μm，并且第一偶极子模的品质因数为 $Q_{01}=4\times10^4$，则得到多束团发射度增长率为 6%。对于单束团发射度增长，单束-束团分成 100 个片。假设四极磁铁和加速结构安装误差分别为 10 μm 和 180 μm，则经一对一修正后，单束团发射度增长率为 100%。经过模拟计算，我们得出结论，当加速结构和四极磁铁的安装误差容值分别为 200 μm 和 20 μm 时，单束团能量分散约为 0.3%，是束流辐射能量分散的 10%。

综上，我们提出了一种 3 GHz 的 S 波段超导直线对撞机（SSLC）参数表（见表 4-11），以避免 TESLA 25 MV/m 的暗电流问题（SSLC 具有 36 MV/m 的临界捕获场）。建议将 HOM 品质因数降低至 10^5 以下，四极磁铁和腔体准直误差值分别约为 20 μm 和 200 μm。SSLC 总交流耗电功率（包括制冷功率）小于 80 MW。

表 4-11　SSLC 参数表

参　　数	SSLC
质心系/GeV	500
RF 频率/GHz	3
亮度/(10^{33} cm^{-2}·s^{-1})	5
直线注入器重复频率/Hz	5
每个束团中的粒子数/10^{10}	1.43
每个脉冲中的束团数	1 400
束团间隔/ns	800
束流功率/MW	4.02

(续表)

参　　　　数	SSLC
$\gamma \epsilon_x / \gamma \epsilon_y /(\mathrm{m \cdot rad} \times 10^{-8})$	898/8.86
$\beta_x^* / \beta_y^* / \mathrm{mm}$	19/0.187
σ_x^* / σ_y^* (在束箍缩前)/nm	590/5.82
$\sigma_z^* / \mu\mathrm{m}$	187
σ_x^* / σ_z	3.16×10^{-3}
破损参数 D_x / D_y	0.09/9
Υ_0	0.068
$\delta_\mathrm{B} / \%$	3
n_γ (每个电子)	1
N_Had (每个对撞点)	0.3
空载梯度/(MV/m)	25
有束流时的梯度/(MV/m)	25
$\tau_\mathrm{e} / \mu\mathrm{s}$	1 071
$\tau_\mathrm{fill} / \mu\mathrm{s}$	257
$\tau_\mathrm{RF} / \mu\mathrm{s}$	1 328
波长/m	0.1
$R/Q(\Omega/\mathrm{m})$	2 484
空载 Q_0	1.5×10^9
有载 Q_L	3.5×10^6
束孔尺寸 a/λ	0.15
腔的长度/m	0.5
速调管功率/MW	1.2
每个速调管中的结构数	32
速调管数(两个直线加速器)	1 250
平均脉冲电流/mA	2.88

4.1.2　主直线加速器

1) 对未来直线对撞机主加速器的多束团发射度增长的分析

在物理上，多束团发射度的增长与单束团情况非常相似，并且束团串中的每个假设点可以视为前面描述的单个束中的切片。显然，计算切片发射度应该是我们估算整个多束团的发射度增长的良好起点。首先看一下控制多束团横向运动的微分方程[4]：

$$\frac{\mathrm{d}}{\mathrm{d}s}\left[\gamma_n(s)\frac{\mathrm{d}y_n}{\mathrm{d}s}\right]+\gamma_n(s)k_n^2 y_n=\frac{e^2 N_e}{m_0 c^2}\sum_{i=1}^{n-1}W_T[(n-i)s_b]y_i \quad (4-50)$$

式中，下标 n 表示束团数；s_b 是两个相邻束团之间的距离；N_e 是每束团中的粒子数；$W_T(s)$ 是每个距离为 s 的点产生的长距离尾场。显然，第 i 个束的行为受到来自之前所有束团的影响，我们将以迭代的方式处理。首先，我们讨论远程尾场。由于长距离尾场中的退相干效应，仅考虑第一偶极模式。对于恒定阻抗结构，有

$$W_{T,1}(s)=\frac{2ck_1}{\omega_1 a^2}\sin\left(\omega_1 \frac{s}{c}\right)\exp\left[-\frac{\omega_1}{2Q_1}\left(\frac{s}{c}\right)\right]\exp\left(-\frac{\omega_1^2 \sigma_z^2}{2c^2}\right) \quad (4-51)$$

式中，σ_z 是 rms 束长度（σ_z 用于计算横向尾场电位，点电荷假设仍然有效）；ω_1 和 Q_1 是角频率和偶极子模式的负载品质因数。式（4-51）中的损失因子 k_1 可以分析计算为

$$k_1=\frac{hJ_1^2\left(\frac{u_{11}}{R}a\right)}{\epsilon_0 \pi DR^2 J_2^2(u_{11})}S^2(x_1) \quad (4-52)$$

$$S(x)=\frac{\sin x}{x} \quad (4-53)$$

$$x_1=\frac{hu_{11}}{2R} \quad (4-54)$$

式中，R 是腔半径；a 是束孔半径；h 是腔高；$u_{11}=3.832$ 是第一个根的第一顺序贝塞尔函数。为了减少长距离尾场，可以使有关偶极子模式失谐和衰减。由此得到的失谐和阻尼结构（DDS）的长程尾场可表示为

$$W_{T,DDS}(s)=\frac{1}{N_c}\sum_{i=1}^{N_c}\frac{2ck_{1,i}}{\omega_{1,i}a_i^2}\sin\left(\omega_{1,i}\frac{s}{c}\right)\exp\left[-\frac{\omega_{1,i}}{2Q_{1,i}}\left(\frac{s}{c}\right)\right]\exp\left(-\frac{\omega_{1,i}^2 \sigma_z^2}{2c^2}\right)$$

$$(4-55)$$

式中，N_c 是结构中空腔的数量。当 N_c 非常大时，可以使用以下公式来描述理想的均匀和高斯失谐结构。

（1）均匀失谐：

$$W_{T,1,U}=2\langle K\rangle\sin\left(\frac{2\pi\langle f_1\rangle s}{c}\right)\frac{\sin(\pi s\Delta f_1/c)}{(\pi s\Delta f_1/c)}\exp\left(-\frac{\pi\langle f_1\rangle s}{\langle Q\rangle_1 c}\right) \quad (4-56)$$

（2）高斯失谐：

$$W_{T,1,G} = 2\langle K \rangle \sin\left(\frac{2\pi\langle f \rangle s}{c}\right) e^{-2(\pi\sigma_f s/c)^2} \exp\left(-\frac{\pi\langle f \rangle s}{\langle Q \rangle_1 c}\right) \qquad (4-57)$$

式中，$K = \dfrac{ck_{1,i}}{\omega_{1,i}a_i^2}$；$f_1 = \dfrac{\omega_1}{2\pi}$；$\Delta f_1$ 是由于失谐效应导致全范围同步频率的扩散；σ_f 是高斯频率分布中的均方根宽度。

一旦知道了长距离尾场，就可以用迭代的方式估计 $\langle y_i^2 \rangle$，并且可以相应地计算整个束团的发射度，我们稍后会说明。例如，如果一串束团在轴（$y_n = 0$）注入有准直误差为 σ_y 的直线对撞机的主直线加速器中，则在直线加速器的末端有

$$\langle y_1^2 \rangle = 0 \qquad (4-58)$$

$$\langle y_2^2 \rangle = \frac{\left[\sqrt{\left(\sigma_y^2 + \dfrac{\langle y_1^2 \rangle}{2}\right)} e^2 N_e \mid W_T(s_b) \mid\right]^2 s_b l_s}{2\gamma(s)\gamma(0)Gk_n^2(s)(m_0 c^2)^2} \qquad (4-59)$$

$$\langle y_3^2 \rangle = \frac{\left[\sqrt{\left(\sigma_y^2 + \dfrac{\langle y_1^2 \rangle}{2}\right)} e^2 N_e \mid W_T(2s_b) \mid + \sqrt{\left(\sigma_y^2 + \dfrac{\langle y_2^2 \rangle}{2}\right)} e^2 N_e \mid W_T(s_b) \mid\right]^2 l_s}{2\gamma(s)\gamma(0)Gk_n^2(s)(m_0 c^2)^2}$$

$$(4-60)$$

一般来说，会有

$$\langle y_i^2 \rangle = \frac{\left\{\displaystyle\sum_{j=1}^{i-1} \sqrt{\left(\sigma_y^2 + \dfrac{1}{2}\langle y_j^2 \rangle\right)} e^2 N_e \mid W_T[(i-j)s_b] \mid\right\}^2 l_s}{2\gamma(s)\gamma(0)Gk_n^2(s)(m_0 c^2)^2} \qquad (4-61)$$

最后，可以使用以下公式来估计多束团的发射度：

$$\epsilon_{n,rms}^{train} = \frac{\gamma(s)\overline{k(s)}}{N_b}\sum_{i=1}^{N_b}\langle y_i^2 \rangle \qquad (4-62)$$

式中，$k(s) = k_n(s)$（因为已经忽略了束团能散）；而 $\overline{k(s)}$ 是直线加速器的平均值。

现在是时候指出上面建立的单和多发射度增长的解析表达式给出的无限数量的具有高斯结构失准误差分布的机器的统计结果，这对应于在数值模拟

中使用无限个随机种子(random seed)。

2) 常温 S 波段直线对撞机的多束团发射度增长及其修正

本节研究了当 S 波段直线对撞机中加速结构和四极磁铁存在准直误差时,长距离尾场引起的多束团发射度增长[4-5]。对应于不同的失谐和阻尼结构,给出了加速结构和四极磁铁的准直误差的容忍值。在主直线加速器的末端,建议使用发射度校正器(EC)来进一步降低多束团发射度。数值模拟表明,EC 的影响是显而易见的(多束团发射度可以减少一个数量级),并且相信这种 EC 将是未来直线对撞机所必需的。

由于同步辐射限制,下一代 TeV 范围 e^+e^- 对撞机将是直线的而不是环形。直线对撞机的亮度可表示为

$$L = \frac{N_- N_+ n_b f_{rep}}{4\pi(\beta_x \beta_y \epsilon_x \epsilon_y)^{\frac{1}{2}}} H_D \qquad (4-63)$$

假设光束具有高斯横向分布,N_- 和 N_+ 是每束电子和正电子的数量;n_b 是每个束团链的束团数;f_{rep} 是束团链的重复率;H_D 是增强因子。未来直线对撞机所需的亮度大于 10^{33} cm^{-2} · s^{-1},比 SLC 高出两个数量级。为了获得所需的亮度,要保持在对撞点(IP)处的束团的发射度非常小。目前,阻尼环是唯一的注入器,它可以为主加速器提供低发射度束团。在从阻尼环出口加速到 IP 的过程中,由于短程尾场和长程尾场,一串电子(正电子)束经历单束发射度增长和多束发射度增长。由于尾场取决于激励电荷相对于加速结构(和其他机器部件)中心的位置,设计人员必须使用失谐和阻尼技术来使加速结构中的尾场最小化。然而,由于直线对撞机的亮度取决于许多机器参数,因此难以达到唯一的优化设计。具有不同机器参数的六个独立设计(CLIC、JLC、NLC、SBLC、TESLA 和 VLEPP)就反映了这种复杂性。这里,我们将集中讨论常温 S 波段直线对撞机(3 GHz),并将讨论限制在研究发射度的增长,以了解不同机器参数对最终发射度增长的重要性。

(1) 失谐和阻尼加速结构。盘荷加载的行波加速结构是直线对撞机中最基本的加速器部件,其中电子和正电子不仅被加速而且也会由于尾场而发生偏转。通常有两种方法可以抑制远程尾场。第一种方法是通过将高次模耦合到加速结构之外来降低相应的高阶模式(HOM)的品质因数 Q 而不阻尼加速模式;第二种方式是扩展 HOM 尾场的频率谱,使在结构中的总尾场随着激励电荷与测试电荷之间的距离 s 增加而减小。有许多不同的方法可以使一个加

速结构失谐,例如均匀失谐、高斯失谐和正弦失谐。与这三种情况相对应的尾流场总结如下:

① 均匀失谐:

$$W_{\mathrm{T,1,U}} = 2\langle K \rangle \sin\left(\frac{2\pi\langle f \rangle s}{c}\right) \frac{\sin(\pi s \Delta f/c)}{(\pi s \Delta f/c)} \exp\left(-\frac{\pi\langle f \rangle s}{\langle Q \rangle_1 c}\right) \quad (4-64)$$

② 高斯失谐:

$$W_{\mathrm{T,1,G}} = 2\langle K \rangle \sin\left(\frac{2\pi\langle f \rangle s}{c}\right) \mathrm{e}^{-2(\pi\sigma_f s/c)^2} \exp\left(-\frac{\pi\langle f \rangle s}{\langle Q \rangle_1 c}\right) \quad (4-65)$$

③ 正弦失谐:

$$W_{\mathrm{T,1,S}} = 2\langle K \rangle \sin\left(\frac{2\pi\langle f \rangle s}{c}\right) \mathrm{J}_0\left(\frac{\pi\Delta f s}{c}\right) \exp\left(-\frac{\pi\langle f \rangle s}{\langle Q \rangle_1 c}\right) \quad (4-66)$$

式中,$K = \dfrac{k_{\mathrm{T}} c}{a^2 2\pi f}$;$a$ 是束孔半径;k_{T} 是偶极模式损耗因子;$\langle f \rangle$ 是平均同步频率;$\langle Q \rangle_1$ 是平均品质因数;Δf 是同步频率变化的全范围;σ_{f} 是高斯频率分布中的均方根宽度。

使结构失谐的通常方法是同时改变结构的束孔半径和腔半径,以便在以适当方式改变 HOM 频率的同时保持基模工作频率不变。基于腔体尺寸的变化所引起的结构参数的变化,如群速度、并联阻抗、损耗因子等,可以通过恒定阻抗结构的相应解析公式来估算。加速模式色散方程表示为

$$\omega_{\theta_0,\mathrm{e}}^2 = \omega_{\pi/2,\mathrm{e}}^2 (1 - K_{\mathrm{e}}\cos\theta_0) \quad (4-67)$$

$$\omega_{\pi/2,\mathrm{e}}^2 = \omega_{010}^2\left[1 + \frac{4a^3}{3\pi h R^2 J_1^2(u_{01})}\right] \quad (4-68)$$

式中,下标 e 表示电耦合,ω_{010} 是在耦合孔打开之前 Pill-box 盒的 TM_{010} 模式角谐振频率,K_{e} 的计算公式为

$$K_{\mathrm{e}} = \frac{4a^3}{3\pi h R^2 J_1^2(u_{01})} \exp(-\alpha_{\mathrm{e}} d) \quad (4-69)$$

其中

$$\alpha_{\mathrm{e}} = \left[\left(\frac{2.62}{a}\right)^2 - \left(\frac{2\pi}{\lambda}\right)^2\right]^{\frac{1}{2}} \quad (4-70)$$

式中, λ 是自由空间中的波长。群速度的计算公式为

$$\frac{v_{g,e}}{c} = \frac{1}{c}\frac{d\omega_{\theta_0,e}}{d\beta_0} = \frac{\omega_{\pi/2,e}^2 2a^3 D\sin(\theta_0)\exp(-\alpha_e d)}{3\pi hR^2 J_1^2(u_{01})c\omega_{\theta_0,e}} \tag{4-71}$$

加速模式分流阻抗表示为

$$R_{sh,L} = \frac{D\eta_{\theta_0}^2 Z_0^2}{\pi R_{s,0} R J_1^2(u_{01})(R+h)}J_0^2(2\pi a/\lambda) \tag{4-72}$$

$$R_{s,0} = \left(\frac{\omega\theta_{0,0}\mu}{2\sigma}\right)^{\frac{1}{2}} \tag{4-73}$$

式中, σ 是电导率; μ 是磁导率; η_{θ_0} 表示为

$$\eta_{\theta_0} = \frac{2}{\theta_0}\sin\left(\frac{\theta_0 h}{2D}\right) \tag{4-74}$$

加速模式损耗因子和尾场电位表示为

$$k_L(a) = \frac{D\eta_{\theta_0}^2 J_0^2(u_{01}a/R)}{2\epsilon_0\pi hR^2 J_1^2(u_{01})} \tag{4-75}$$

$$W_{z,0}(a,s) = 2k_L(a)\cos(\omega_{\theta_0,e}/cs)\exp\left(-\frac{\omega_{\theta_0,e}s}{2Q_0 c}\right) \tag{4-76}$$

式中, s 是驱动电荷与测试电荷之间的距离; Q_0 是加速模式的品质因数。

同样,我们有 TM_{11} 偶极子模式的所有相应参数:

$$\omega_{\theta_1,h}^2 = \omega_{\pi/2,h}^2(1+K_h\cos\theta_1) \tag{4-77}$$

$$\omega_{\pi/2,h}^2 = \omega_{110}^2\left[1 - \frac{4a^3}{3\pi hR^2 J_2^2(u_{11})}\right] \tag{4-78}$$

式中,下标 h 表示磁耦合; ω_{110} 是在耦合孔打开之前 Pill-box 腔的 TM_{110} 模式角谐振频率; K_h 表示为

$$K_h = \frac{4a^3}{3\pi hR^2 J_2^2(u_{11})}\exp(-\alpha_h d) \tag{4-79}$$

其中

$$\alpha_h = \left[\left(\frac{1.841}{a}\right)^2 - \left(\frac{2\pi}{\lambda}\right)^2\right]^{\frac{1}{2}} \tag{4-80}$$

群速度的计算公式为

$$\frac{v_{g, h}}{c} = \frac{1}{c} \frac{d\omega_{\theta_1, h}}{d\beta_0} = -\frac{\omega_{\pi/2, h}^2 2a^3 D \sin\theta_1 \exp(-\alpha_h d)}{3\pi h R^2 J_2^2(u_{11}) c\omega_{\theta_1, h}} \qquad (4-81)$$

对应于 TM_{11} 模式的通带的横向分流阻抗表示为

$$R_{sh, T} = \frac{D Z_0^2 u_{11}^2 \eta_{\theta_1}^2}{2\pi R_{s, 1} k^2 J_2^2(u_{11}) R^3 (R+h)} \left[\frac{\lambda}{a\pi} J_1\left(\frac{2\pi a}{\lambda}\right)\right]^2 \qquad (4-82)$$

其中

$$R_{s, 1} = \left(\frac{\omega_{\theta_0, 1} \mu}{2\sigma}\right)^{\frac{1}{2}} \qquad (4-83)$$

式中，$k = 2\pi/\lambda$。TM_{11} 模式通带的损耗因子和横向尾场电位表示为

$$k_T(a) = \frac{a^2 u_{11}^2 D \eta_{\theta_1}^2}{4\pi\epsilon_0 h R^4 J_2^2(u_{11})} \left[\frac{2R}{a u_{11}} J_1\left(\frac{u_{11}a}{R}\right)\right]^2 \qquad (4-84)$$

$$W_{T, 1}(a, s) = \frac{2cr_0 k_T(a)}{\omega_{\theta_{s, h}} a^2} \sin(\omega_{\theta_{s, h}} s/c)\left[r\cos(\vartheta) - \boldsymbol{\vartheta}\sin(\vartheta)\right]\exp\left(-\frac{\omega_{\theta_1, h} s}{2Q_1 c}\right)$$

$$(4-85)$$

式中，Q_1 是 TM_{11} 模式的品质因数。从式(4-76)和式(4-85)可以知道 $W_{z, 0}$

(a, s) 和 $W_{T, 1}(a, s)$ 分别对应于 $J_0^2(2\pi a/\lambda)$ 和 $\left[\frac{\lambda J_1\left(\dfrac{2\pi a}{\lambda}\right)}{a\pi}\right]^2$。

(2) 纵向运动。一串束团中的每一束团将被视为一个电荷量为 eN_e 的宏观粒子。纵向长程尾场表示为

$$W_n = -\frac{2}{L_0}(L_0 - n\Delta s)\sum_{m=1}^{n-1} k_L q_m - \frac{2}{L_0}\Delta s \sum_{m=1}^{n-1} m k_L q_m \qquad (4-86)$$

式中，Δs 是尾场从前一束团到下一束团的传播距离，等于群速度与两束之间的时间间隔的乘积；L_0 是结构长度；q_m 是第 m 个束团中的电荷量。第 n 个束团的总加速场是

$$E_n = E_0 \cos\phi_0 - k_L q_n + W_n \qquad (4-87)$$

式中，E_0 是加速电场；ϕ_0 是加速相位；损耗因子 k_L 为

$$k_{\mathrm{L}}=\frac{\omega}{4}\left(\frac{R_{\mathrm{sh,\,L}}}{Q_0}\right) \tag{4-88}$$

最后，我们可以得到

$$\frac{\mathrm{d}\gamma_n}{\mathrm{d}z}=\frac{eE_n}{m_0c^2} \tag{4-89}$$

式中，m_0c^2 是电子的静止能量。

（3）横向运动。在四极磁铁的引导下并且在远程尾场的影响下，束团的横向运动可以描述为

$$\frac{\mathrm{d}}{\mathrm{d}z}\left[\gamma_n(z)\frac{\mathrm{d}x_n}{\mathrm{d}z}\right]+\gamma_n(z)K_{\mathrm{q,\,}n}^2x_n=\frac{Ne^2}{m_0c^2}\sum_{i=1}^{n-1}W_{\mathrm{T,\,1,\,X}}\left[(n-i)\Delta t\right]x_i \tag{4-90}$$

式中，n 是束团的数量；Δt 是两束团之间的时间间隔；$K_{\mathrm{q,\,}n}$ 是第 n 束团的 betatron 振荡的波数；$W_{\mathrm{T,\,1,\,X}}$ 中的 X 代表式（4-64）～式（4-66）中的 U、G 或 S。横向位移可以大致通过扰动方法从式（4-90）求解：

$$x_n(z)=\left[\frac{\beta(z)}{\beta_0}\right]^{\frac{1}{2}}\left[\frac{\gamma_0}{\gamma(z)}\right]^{\frac{1}{2}}x_0\sin[\psi(z)]a(z)g_n \tag{4-91}$$

其中

$$a(z)=\frac{eN_{\mathrm{b}}\beta_0\pi\langle f\rangle R_{\mathrm{sh,\,T}}}{E_0\langle Q\rangle_1}\left[\left(\frac{\gamma_0}{\gamma(z)}\right)^{\frac{1}{2}}-1\right] \tag{4-92}$$

$a(z)$ 称为 BBU 强度。

$$g_n=\frac{\sin(2\pi\langle f\rangle\Delta t)}{2[\cosh(\zeta)-\cos(2\pi\langle f\rangle\Delta t)]}$$
$$-\frac{1}{2}\mathrm{e}^{-n\Delta t/T_{\mathrm{f}}}\frac{\sin[2\pi\langle f\rangle(n+1)\Delta t]-\mathrm{e}^{-\zeta}\sin(2n\pi\langle f\rangle\Delta t)}{\cosh(\zeta)-\cos(2\pi\langle f\rangle\Delta t)} \tag{4-93}$$

式中，β_0 和 $\beta(z)$ 分别是主要直线加速器的开头和纵向位置 z 的 beta 函数的值；γ_0 和 $\gamma(z)$ 是开始和纵向位置的归一化束能量 z；x_0 是初始偏移量；$\psi(z)$ 是 betatron 振荡相位；$\langle f\rangle$ 是 HOM 平均频率；$T_{\mathrm{f}}=\langle Q\rangle_1/\pi\langle f\rangle$ 和 $\zeta=\Delta t/T_{\mathrm{f}}$。式（4-91）显示了累积 BBU 的一般特征：束流的瞬态位移后面是一个稳态状态，如果 $\zeta\ll1$，g_n 可以简化为

$$g_n = \frac{\sin(2\pi\langle f\rangle\Delta t)}{2[1 - \cos(2\pi\langle f\rangle\Delta t)]}$$
$$- e^{-n\Delta t/T_f}\frac{\cos(2\pi n\langle f\rangle\Delta t + \pi\langle f\rangle\Delta t)\sin(\pi\langle f\rangle\Delta t)}{1 - \cos(2\pi\langle f\rangle\Delta t)} \qquad (4-94)$$

现在,我们定义两种发射,即所谓的大规范化均方根发射度 $\varepsilon_{n,\,\mathrm{rms}}^{L}$ 和小规范化均方根发射度 $\varepsilon_{n,\,\mathrm{rms}}^{S}$:

$$\varepsilon_{n,\,\mathrm{rms}}^{L} = 2(\langle x^2\rangle\langle x'^2\rangle - \langle xx'\rangle^2)^{\frac{1}{2}}\gamma \qquad (4-95)$$

$$\varepsilon_{n,\,\mathrm{rms}}^{S} = 2[\langle(x - \langle x\rangle)^2\rangle\langle(x' - \langle x'\rangle)^2\rangle -$$
$$\langle(x - \langle x\rangle)(x' - \langle x'\rangle)\rangle^2]^{\frac{1}{2}}\gamma \qquad (4-96)$$

式中,$\varepsilon_{n,\,\mathrm{rms}}^{L}$ 是相对于机器轴的坐标测量的;$\varepsilon_{n,\,\mathrm{rms}}^{S}$ 是相对于多束团中心的坐标测量的。小规范化发射度是用于计算亮度的,因为人们总是可以通过光学传输操作将多束团中心带回机器的轴。

4.1.3 阻尼环

直线对撞机中阻尼环的作用是减小发射度和减少阻尼时间[6-10]。阻尼环的设计非常复杂,很多参数互相关联,需要综合考虑。比如周长的选择,环越大,空间电荷效应越明显,为了抑制空间电荷效应,就需要考虑提高环能量,但是提高能量又会增大平衡发射度。环越小,造价越低,从这个角度我们希望周长越小越好,但是环越小,束团间距越小,对冲击磁铁的要求越高,同时电子云效应和离子效应也会越严重。综合考虑各方面因素,ILC RDR 将阻尼环周长定为 6.7 km,如图 4-1 所示,该周长是目前 kicker 速度和电子云效应接近极限的最小值。

图 4-1 **ILC RDR 总体概念图**

对于阻尼环能量的选择也是各方面因素综合的结果。能量越高,阻抗壁不稳定性、束内散射、空间电荷效应等束流集体效应越弱,束流越稳定。同时,能量越高,注入束团尺寸越小,越有利于阻尼环对注入束团的接收,还有,能量越高,阻尼越快。但是低能量的环更容易得到低发射度,因为归一化平衡发射度与能量的立方成正比,同时低能量环需要的磁铁电压和高频电压更低,可以降低造价。最终综合考虑,ILC阻尼环的能量选定为 5 GeV。

4.1.3.1　阻尼环中低发射度磁聚焦结构

在环形加速器中,自然发射度的表达式为

$$\varepsilon_0 = C_q \gamma^2 \frac{I_5}{j_x I_2} \qquad (4-97)$$

式中,C_q 是一个常数;γ 是相对论能量因子;j_x 是水平阻尼分配因子;I_2 和 I_5 分别为第二和第五同步辐射积分;只与所选具体 lattice 有关,与束流参数无关。一般情况下,二极磁铁中没有四极分量,水平阻尼分配因子 $j_x \approx 1$,所以只要计算出第二和第五同步辐射积分就可以得到自然发射度。I_5 和 I_2 表示为

$$I_5 = \int \frac{H_x}{\rho^3} \mathrm{d}s \,, \ I_2 = \int \frac{1}{\rho^2} \mathrm{d}s \qquad (4-98)$$

环形加速器中的自然发射度可以理解为辐射阻尼(体现在 I_2 中)与量子激发(体现在 I_5 中)平衡的结果。其中,量子激发取决于所采用的磁聚焦结构,根据不同的发射度要求,我们需要采用不用的磁聚焦结构。一般地,每块二极磁铁的偏转角 θ 较小,所有磁聚焦结构的发射度可以用一个通用的表达式来描述:

$$\varepsilon_0 \approx F C_q \gamma^2 \theta^3 \qquad (4-99)$$

式中,θ 为单个二极磁铁的偏转角;F 是一个由 lattice 类型决定的常量,现将该常量的值归纳在表 4-12 中。

表 4-12　常见磁聚焦结构的发射度系数

lattice 类型	F
90° FODO	$2\sqrt{2}$
180° FODO	1
两次弯转消色散结构(DBA)	$1/4\sqrt{15}$
多次弯转消色散结构	$(M+1)/12\sqrt{15}(M-1)$
理论最小发射度	$1/12\sqrt{15}$

4.1.3.2　阻尼环中的扭摆磁铁

　　加速器中的插入件(如扭摆磁铁和波荡器)可以用来产生大量的同步辐射,因而在各种光源中经常用到。在阻尼环中通常利用扭摆磁铁所产生的附加辐射达到缩短阻尼时间和降低发射度的目的。扭摆磁铁一般放在环中色散为零的地方,如果忽略扭摆磁铁自身产生的色散的话,扭摆磁铁对 I_5 没有贡献,即对量子激发没有影响,但对 I_2 有贡献,因为扭摆磁铁产生了附加的辐射阻尼,又因为自然发射度由 $\dfrac{I_5}{I_2}$ 给出,所以我们可以定性地看出,插入件的引入可以减小自然发射度。

　　1) 扭摆磁铁对阻尼时间的影响

　　三个方向的阻尼时间分别为

$$j_x \tau_x = j_y \tau_y = j_z \tau_z = 2\frac{E_0}{U_0} T_0 \qquad (4-100)$$

式中的 j_x、j_y、j_z 为阻尼分配因子;U_0 为电子循环一圈由于同步辐射丢失的能量;T_0 为循环周期。j_x,j_y,j_z 和 U_0 分别表示为

$$j_x = 1 - \frac{I_4}{I_2}, \quad j_y = 1, \quad j_z = 2 + \frac{I_4}{I_2}, \quad U_0 = \frac{C_\gamma}{2\pi} E_0^4 I_2 \qquad (4-101)$$

　　可见,阻尼时间由同步辐射能量 U_0 也即 I_2 决定,其中 I_2 应为弧区和扭摆磁铁的共同贡献。对于弧区部分,I_2 的计算很容易,即

$$U_0 = C_\gamma E_0^3 ecB \qquad (4-102)$$

　　为了计算扭摆磁铁对 I_2 的贡献,引入一个简单模型来描述扭摆磁铁中的磁场强度:

$$B_y = B_w \sin(k_z z) \qquad (4-103)$$

式中,B_w 为扭摆磁铁的峰值场强;磁场的周期长度为 $\lambda = \dfrac{2\pi}{k_z}$。则扭摆磁铁对 I_2 的贡献为

$$I_{2w} = \int_0^{L_w} \frac{1}{\rho^2} \mathrm{d}s = \frac{1}{(B\rho)^2} \int_0^{L_w} B^2 \mathrm{d}s = \frac{1}{(B\rho)^2} \frac{B_w^2 L_w}{2} \qquad (4-104)$$

　　可见扭摆磁铁产生的同步辐射能量只与扭摆磁铁的峰值场强和扭摆磁铁

的总长有关,而与扭摆磁铁的周期长度即具体结构无关。特别地,扭摆磁铁对 U_0 的贡献与扭摆磁铁总长成正比,这说明当扭摆磁铁占主导地位时 ($U_{0,\mathrm{w}} \gg U_{0,\mathrm{arc}}$),环的阻尼时间与扭摆磁铁的总长成反比,这里给出了阻尼环设计的第一个关键要素。

直线对撞机阻尼环需要的阻尼时间是由正电子注入和引出发射度的大小决定的,又因为注入为圆形束团,引出为扁平束团,所以垂直方向的阻尼倍数远大于水平方向,阻尼环所需横向阻尼时间应该由正电子环垂直发射度的要求来决定。根据正电子环垂直方向的注入发射度引出发射度及储藏时间,由公式可以计算得到所需阻尼时间上限及总的同步辐射能量:

$$\varepsilon(t) = \varepsilon(0)\exp\left(-\frac{2t}{\tau}\right) \tag{4-105}$$

ILC 弧区二极磁铁场强为 0.15 T,估算其产生的辐射量约为 500 keV,而 25 ms 阻尼时间所需的辐射量(9 MeV)远大于这个量级,可见 ILC 阻尼环中的同步辐射主要来自扭摆磁铁,即扭摆磁铁的作用占主导地位(该结论具有一般性),直线对撞机中扭摆磁铁的使用必不可少。

2) 扭摆磁铁对发射度的影响

环形加速器的自然发射度依赖于第二和第五同步辐射积分:

$$\varepsilon_0 = C_\mathrm{q}\gamma^2 \frac{I_5}{j_x I_2}, \ C_\mathrm{q} = 3.832 \times 10^{-13} \ \mathrm{m} \tag{4-106}$$

$$I_2 = \int \frac{1}{\rho^2}\mathrm{d}s, \ I_5 = \int \frac{H_x}{\rho^3}\mathrm{d}s, \ H_x = \gamma_x\eta_x^2 + 2\alpha_x\eta_x\eta_{\mathrm{p}x} + \beta_x\eta_{\mathrm{p}x}^2 \tag{4-107}$$

扭摆磁铁对 I_2 的贡献前面已经讨论过,这里只需讨论扭摆磁铁对 I_5 的贡献。I_5 依赖于 H 函数,我们假设 beta 函数在扭摆磁铁中变化很慢,则 $\alpha_x \approx 0$。然后就只需计算扭摆磁铁产生的色散。色散函数满足如下方程:

$$\frac{\mathrm{d}^2\eta_x}{\mathrm{d}s^2} + K\eta_x = \frac{1}{\rho}, \ K = \frac{1}{\rho^2} + k_1 \tag{4-108}$$

式中,k_1 为四极磁铁强度;ρ 为二极磁铁的弯转半径。对于扭摆磁铁,$k_1 = 0$,上面的方程可以改写为

$$\frac{\mathrm{d}^2\eta_x}{\mathrm{d}s^2} + \frac{B_\mathrm{w}^2}{(B\rho)^2}\eta_x\sin^2(k_\mathrm{w}s) = \frac{B_\mathrm{w}}{(B\rho)}\sin(k_\mathrm{w}s) \tag{4-109}$$

扭摆磁铁中一般都满足 $k_w\rho_w \ll 1$，可以忽略左边第二项，所以得到

$$\eta_x \approx -\frac{\sin(k_w s)}{\rho_w k_w^2}, \quad \eta_{px} \approx -\frac{\cos(k_w s)}{\rho_w k_w}$$ (4-110)

所以

$$\begin{aligned}
I_{5w} &\approx \int_0^{L_w} \frac{\beta_x \eta_{px}^2}{|\rho|^3} \mathrm{d}s \approx \frac{\langle\beta_x\rangle}{\rho_w^2 k_w^2} \int_0^{L_w} \frac{\cos^2(k_w s)}{|\rho|^3} \mathrm{d}s \\
&= \frac{\langle\beta_x\rangle}{\rho_w^5 k_w^2} \int_0^{L_w} |\sin^3(k_w s)| \cos^2(k_w s) \mathrm{d}s \\
&\approx \frac{4}{15\pi} \frac{\langle\beta_x\rangle L_w}{\rho_w^5 k_w^2}
\end{aligned}$$ (4-111)

其中用到

$$\langle |\sin^3(k_w s)| \cos^2(k_w s)\rangle = \frac{4}{15\pi}$$ (4-112)

最后，将扭摆磁铁对 I_2 与 I_5 的贡献结合起来，可以得出扭摆磁铁对自然发射度的贡献：

$$\varepsilon_0 = C_q \gamma^2 \frac{I_5}{j_x I_2} \approx \frac{8}{15\pi} C_q \gamma^2 \frac{\langle\beta_x\rangle}{\rho_w^3 k_w^2}$$ (4-113)

式中，$\langle\beta_x\rangle$ 为扭摆磁铁中的平均水平 beta 函数；ρ_w 为扭摆磁铁峰值场对应的弯转半径；k_w 为扭摆磁铁磁周期对应的波数。可见扭摆磁铁对发射度的贡献正比于扭摆磁铁处平均水平 beta 函数和磁周期长度的平方，反比于扭摆磁铁弯转半径的立方，因此可以通过减小扭摆磁铁处 beta 函数、缩短扭摆磁铁周期和降低扭摆磁铁磁场来减小发射度，但是降低扭摆磁铁磁场必须以加长扭摆磁铁总长度为代价，因为 I_2 即阻尼时间与扭摆磁铁峰值磁场的平方相关。

对于未来直线对撞机来说，阻尼时间很短，扭摆磁铁一般承担了 90% 以上的同步辐射，则全环的同步辐射由扭摆磁铁主导。对于大多数环形加速器来说，总的发射度需要同时考虑弧区和扭摆磁铁的贡献，此时阻尼环自然发射度的一般表达式为

$$\varepsilon_0 = \varepsilon_{0,\mathrm{arc}} \frac{1}{1+F_w} + \varepsilon_{0,w} \frac{F_w}{1+F_w}, \quad F_w = \frac{U_{0,w}}{U_{0,\mathrm{arc}}}$$ (4-114)

式中，F_w 是扭摆磁铁与弧区同步辐射量的比值。可见总的发射度是弧区产生

的发射度与扭摆磁铁产生的发射度的加权平均,其中的权重就来源于扭摆磁铁与弧区辐射量的比值 F_w,当 $F_w \rightarrow \infty$ 时,总的发射度就等于扭摆磁铁产生的发射度,与弧区采用的磁聚焦结构类型无关。

3) 扭摆磁铁对自然能散的影响

自然能散由第二和第三同步辐射积分给出:

$$\sigma_\delta^2 = C_q \gamma^2 \frac{I_3}{j_z I_2}, \quad I_3 = \oint \frac{1}{|\rho|^3} ds, \quad C_q = 3.832 \times 10^{-13} \text{ m} \quad (4-115)$$

既然 I_3 不依赖于色散函数,且扭摆磁铁处的弯转半径远小于弧区二极磁铁,所以扭摆磁铁将会对能散产生很大影响。扭摆磁铁处弯转半径可表示为

$$\frac{1}{\rho} = \frac{B}{B_\rho} = \frac{B_w}{B_\rho} \sin(k_w s) = \frac{1}{\rho_w} \sin(k_w s) \quad (4-116)$$

所以

$$I_{3w} = \frac{1}{\rho_w^3} \int_0^{L_w} |\sin^3(k_w s)| ds = \frac{4L_w}{3\pi \rho_w^3} \quad (4-117)$$

一般地,直线对撞机阻尼环中扭摆磁铁对 I_3/I_2 的贡献均远大于弧区二极磁铁,所以自然能散由扭摆磁铁决定:

$$\sigma_\delta^2 \approx \frac{4}{3\pi} C_q \frac{\gamma^2}{\rho_w} = \frac{4}{3\pi} \frac{e}{mc} C_q \gamma B_w \quad (4-118)$$

可见,自然能散仅与扭摆磁铁峰值场强成正比,这是一个重要结论,因为阻尼环中的自然能散是一个重要参数,能散的大小决定了紧随其后的束长压缩器的难度,阻尼环中的能散越大,束长压缩器的难度越高,压力越大,所以阻尼环能散上限由束长压缩器给出。

4) 扭摆磁铁对动量压缩因子的影响

除了阻尼时间、发射度、能散之外,动量压缩因子也是阻尼环中的一个重要参数。动量压缩因子与束流集体效应相关,动量压缩因子越大,束流越趋于稳定。但是动量压缩因子越大,保持相同的束长需要的高频强压就越大。

动量压缩因子由第一同步辐射积分给出:

$$I_1 = \oint \frac{\eta_x}{\rho} ds, \quad \alpha_p = \frac{1}{C_0} I_1 \quad (4-119)$$

为了计算扭摆磁铁对动量压缩因子的贡献,我们需要用到扭摆磁铁产生

的色散函数。如前所述：

$$\eta_x \approx -\frac{\sin k_w s}{\rho_w k_w^2} \qquad (4-120)$$

$$I_{1w} = \int_0^{L_w} \frac{\eta_x}{\rho} \mathrm{d}s \approx -\int_0^{L_w} \frac{\sin^2(k_w s)}{\rho_w^2 k_w^2} \mathrm{d}s = -\frac{L_w}{2\rho_w^2 k_w^2} \qquad (4-121)$$

值得注意的是,扭摆磁铁对 I_1 的贡献为负值,这意味着能量高的粒子所经过的轨迹更短,这与整个环中的粒子运动轨迹完全相反。一般地,扭摆磁铁对 I_1 的贡献比弧区二极磁铁小 2～3 个数量级,所以扭摆磁铁对动量压缩因子的贡献可以忽略。

4.1.4 束长压缩器

未来直线对撞机对撞点要求的束团长度都非常小,这是因为对撞点处破损参数(束长与对撞束团聚焦强度的比值)与束长成正比,束长越小,破损参数越小,所以对撞越稳定。同时,主直线加速器中的加速电压与纵向位置呈曲线变化(正弦曲线),如果束团很长的话,能散就会增大,不利于主直线加速器中发射度的保持以及对撞点处物理事例的探测精度。对于 ILC 主直线加速器,束长约为 300 μm,比高频波长小三个量级。另一方面,阻尼环中的束长较长,因为较长的束团长度可以抑制各种束流不稳定性,使得束团更加稳定,同时降低阻尼环中所需的高频腔压。

综上所述,未来直线对撞机必须引入束长压缩器,且束长压缩器必须放置在阻尼环与主直线之间[11-12]。

4.1.4.1 束长压缩器基本原理

束长压缩有两种方式,分别有不同的适用范围。速度调制法适用于低能粒子,常用于注入器部分(聚束);磁场调制法(也称轨道调制法)适用于任何能量的粒子,束长压缩器就是采用这种方法。

速度调制法相对简单,其基本原理是利用一定的外加电压波形(一般为正弦波形)实现对粒子能量的调制,即束团头部减速,束团尾部加速,在漂移适当的距离后,最终使束团压缩。但这种方法对高能粒子不适用。

首先考虑两个不同能量粒子 $\gamma_0 mc^2$ 和 $\gamma_1 mc^2$ 经过长度为 L 的传输线后纵向距离的改变：

$$\Delta z = \frac{L}{\beta_1} - \frac{L}{\beta_0} \approx \frac{L}{2}\left(\frac{1}{\gamma_0^2} - \frac{1}{\gamma_1^2}\right) \approx -L\,\frac{(\Delta\gamma/\gamma_0)}{\gamma_0^2} \qquad (4-122)$$

式中，γ_0 和 γ_1 分别为两个粒子的相对论速度；$\Delta\gamma \equiv \gamma_1 - \gamma_0$ 为两粒子的能量差。

对于一般的高能直线传输段，相对能散$(\Delta\gamma/\gamma_0)<1\%$，且该段能量 $\gamma_0 \geqslant 10^4$，即便我们假设该传输线长度 L 为 10 km，Δz 不会超过 1 μm，这么小的纵向距离变化比起束团长度（几百微米）微不足道。可见，对于高能粒子，其纵向位置被冻结，速度调制不再起作用。

磁场调节也称轨道调节，束长压缩器的实现就是这种方法的很好体现。束长压缩器包括两个部分：高频部分和色散部分。如图 4-2 所示，第一部分通过一定高频电压实现对粒子能量的调制，经过调制后，头部粒子能量降低，尾部粒子能量升高，而中心粒子的能量基本不变。高频段加速相位一般选在电压的零点附近，只有能量的调制，没有整体的加速。第二部分是色散部分，其作用是产生一个与粒子能量相关的轨道，使得尾部粒子比起头部粒子具有更短的轨迹。既然高能状态下所有粒子的运动速度一样，且头部粒子（低能量）轨迹长，尾部粒子（高能量）轨迹短，所以最终束团长度被压缩了。

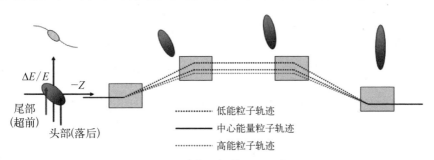

图 4-2　束长压缩器原理示意图

4.1.4.2　束长压缩器参数设计

1）高频段中的纵向运动

首先考虑无加速的最简单情况，即加速相位为 $\phi_{RF}=\pm\pi/2$。假设 z 代表束团中任一粒子相对于参考粒子的纵向位置，正的 z 代表该粒子位于束团头部，且 δ 为该粒子的相对能量偏差，则该粒子通过加速腔后的坐标为

$$z_1 = z_0$$
$$\delta_1 = \delta_0 + \frac{eV_{RF}}{E_0}\cos\left(\frac{\pi}{2} - k_{RF}z_0\right) \qquad (4-123)$$

式中，$k_{RF} = 2f_{RF}/c$。粒子通过高频段时的线性传输矩阵为

$$\begin{bmatrix} z_1 \\ \delta_1 \end{bmatrix} = \begin{bmatrix} 1 & 0 \\ R_{65} & R_{66} \end{bmatrix} \begin{bmatrix} z_0 \\ \delta_0 \end{bmatrix} \tag{4-124}$$

式中，$R_{66} = 1$，R_{65} 表示为

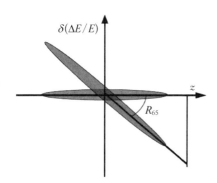

$$R_{65} = \frac{d\delta_1}{dz}\bigg|_{z_0=0} = \frac{eV_{RF}k_{RF}}{E_0} \tag{4-125}$$

束团在纵向相空间的运动如图 4-3 所示。整个束团在相空间中旋转了一定角度，该角度的大小就是传输矩阵元 R_{65}。

对于更一般的情况，加速相位 ϕ_{RF} 具有任意性，且参考粒子的能量在经过加速腔时由 E_0 变为 E_1，则其中任意粒子的初始能量 (E_i) 和出口能量 (E_f) 应满足如下关系：

图 4-3 束团在束长压缩器高频段中的纵向运动

$$\begin{cases} E_1 = E_0 + eV_{RF}\cos\phi_{RF} \\ E_i = E_0(1+\delta_0) \\ E_f = E_1(1+\delta_1) = E_i + eV_{RF}\cos(\phi_{RF} - k_{RF}z_0) \end{cases} \tag{4-126}$$

$$\Rightarrow \delta_1 = \frac{E_0\delta_0 - eV_{RF}\cos\phi_{RF} + eV_{RF}\cos(\phi_{RF} - k_{RF}z_0)}{E_0 + eV_{RF}\cos\phi_{RF}}$$

$$= \frac{E_0}{E_1}\delta_0 + \frac{eV_{RF}[\cos(\phi_{RF} - k_{RF}z_0) - \cos\phi_{RF}]}{E_1} \tag{4-127}$$

所以

$$R_{66} = \frac{E_0}{E_1}, \quad R_{65} = \frac{d\delta_1}{dz}\bigg|_{z_0=0} = \frac{eV_{RF}k_{RF}\sin\phi_{RF}}{E_1} \tag{4-128}$$

$$\begin{bmatrix} z_1 \\ \delta_1 \end{bmatrix} = \begin{bmatrix} 1 & 0 \\ \dfrac{eV_{RF}k_{RF}\sin\phi_{RF}}{E_1} & \dfrac{E_0}{E_1} \end{bmatrix} \begin{bmatrix} z_0 \\ \delta_0 \end{bmatrix} \tag{4-129}$$

可见，在线性近似下，高频段粒子的坐标变换与出入口能量比值以及加速

相位的正弦值密切相关。此时,当加速相位取特殊值 $\phi_{RF} = \pm \pi/2$ 时, $E_0 = E_1$,上式又恢复到无加速时的简单情况。

2) 色散段中的纵向运动

粒子经过色散段后的坐标变为

$$z_2 = z_1 + R_{56}\delta_1 + T_{566}\delta_1^2 + U_{5\,666}\delta_1^3 + \cdots$$
$$\delta_2 = \delta_1 \tag{4-130}$$

在线性近似下($R_{56} \gg T_{566}\delta_1$):

$$\begin{bmatrix} z_2 \\ \delta_2 \end{bmatrix} \approx \begin{bmatrix} 1 & R_{56} \\ 0 & 1 \end{bmatrix} \cdot \begin{bmatrix} z_1 \\ \delta_1 \end{bmatrix}$$
$$\tag{4-131}$$

粒子在纵向相空间的运动如图 4-4 所示。粒子转过 R_{65} 角度后接着又转动 R_{56} 角度,可见最终整个束团的束长缩短了。

粒子经过整个束长压缩器的传输矩阵应为高频段传输矩阵与色散段传输矩阵的乘积:

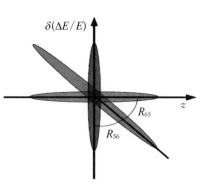

图 4-4　束团在束长压缩器色散段中的纵向运动

$$\begin{bmatrix} z_2 \\ \delta_2 \end{bmatrix} \approx \boldsymbol{M} \cdot \begin{bmatrix} z_0 \\ \delta_0 \end{bmatrix} \tag{4-132}$$

$$\boldsymbol{M} = \begin{bmatrix} 1 & R_{56} \\ 0 & 1 \end{bmatrix}\begin{bmatrix} 1 & 0 \\ R_{65} & R_{66} \end{bmatrix} = \begin{bmatrix} 1 + R_{65}R_{56} & R_{56}R_{66} \\ R_{65} & R_{66} \end{bmatrix} \tag{4-133}$$

当 $\phi_{RF} = \pm\pi/2$ 时,即高频段无加速效应, $R_{66} = 1$,此时的传输矩阵为辛矩阵(可验证其行列式为 1),根据辛矩阵的性质可知,整个束团的纵向发射度守恒,表示为

$$\varepsilon = \sqrt{\sigma_z^2\sigma_\delta^2 - \sigma_{z\delta}^2}\,, \ \sigma_z^2 = <z^2>,\ \sigma_\delta^2 = <\delta^2>,\ \sigma_{z\delta} = <z\delta>$$
$$\tag{4-134}$$

当高频段有加速(或减速)时, $R_{66} \neq 1$,加速腔对束团纵向空间具有阻尼或反阻尼效果,此时纵向空间的几何发射度不再守恒,必须将上面的守恒公式

扩展为更一般的表达式：

$$\gamma_2 \sigma_{z_2} \sigma_{\delta 2} = \gamma_0 \sigma_{z_0} \sigma_{\delta_0} \qquad (4-135)$$

特殊情况下，若 $1 + R_{65} R_{56} = 0$，束团的纵向相空间正好旋转了 $90°$，此时束团长度达到最小值，束长压缩的效果最好，所以在直线对撞机束长压缩器设计时，一般都令 $R_{65} = -\dfrac{1}{R_{56}}$，则

$$\begin{bmatrix} z_2 \\ \delta_2 \end{bmatrix} = \begin{bmatrix} 0 & R_{56} R_{66} \\ -\dfrac{1}{R_{56}} & R_{66} \end{bmatrix} \begin{bmatrix} z_0 \\ \delta_0 \end{bmatrix} = \begin{bmatrix} R_{56} R_{66} \delta_0 \\ R_{66} \delta_0 - \dfrac{z_0}{R_{56}} \end{bmatrix} \qquad (4-136)$$

进而可得束长压缩器出口处束团束长为

$$\sigma_{z_2}^2 = <z_2^2> = R_{56}^2 R_{66}^2 <\delta_0^2> = R_{56}^2 R_{66}^2 \sigma_{\delta_0}^2 \quad \Rightarrow \quad \sigma_{z_2} = R_{56} R_{66} \sigma_{\delta_0} \qquad (4-137)$$

进一步根据纵向发射度守恒可以得到束长压缩器出口处的能散值为

$$\left. \begin{array}{l} \gamma_2 \sigma_{z2} \sigma_{\delta_2} = \gamma_0 \sigma_{z_0} \sigma_{\delta_0} \\ \sigma_{z_2} = R_{56} R_{66} \sigma_{\delta_0} \end{array} \right\} \Rightarrow \sigma_{\delta_2} = \dfrac{\sigma_{z_0}}{R_{56}} \qquad (4-138)$$

特别地，当高频段无加速时，束长压缩器出口处束团束长为

$$\sigma_{z_2} = R_{56} \sigma_{\delta_0} \qquad (4-139)$$

即束长压缩器出口束长等于初始能散乘以色散段特性参数 R_{56}，出口能散等于初始束长除以 R_{56}。可见特性参数 R_{56} 在束长压缩器中的重要性，该特性参数的大小直接决定了束长压缩器对束团压缩的能力以及终点处的能散。既然整个束长压缩系统将束团在相空间内旋转了 $90°$，即终点束长仅取决于初始能散，与初始束长（初始纵向位置）无关。所以束团从阻尼环中引出的相位误差不会传递到主直线加速器中，束长压缩器可以起到自动稳相、控制主直线加速器中束团串能散的作用，这是束长压缩器的一个重要性质。束长压缩器稳定相位的机理如图 4-5 所示。

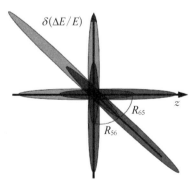

图 4-5 束长压缩器稳定束团相位的原理图

4.1.4.3　ILC 两级束长压缩系统

ILC 的束长压缩系统包含两级束长压缩器,称为 BC1 和 BC2。ILC 的束长压缩器的高频部分与主直线加速器的加速结构一样,即 1.3 GHz、9 个单元的超导高频腔,不同仅在于加速相位。色散段采用扭摆磁铁结构,扭摆磁铁是直线对撞机束长压缩器常采用的结构。直线对撞机中的束长压缩器需要具有很大的压缩倍数,扭摆磁铁的优势就在于它可以产生非常大的 R_{56},同时可以与磁聚焦结构和校正子结合起来。整个两级束长压缩系统的 twiss 参数如图 4-6 所示,同时图 4-7 给出了 BC1 的扭摆磁铁部分单个单元的光学设计。

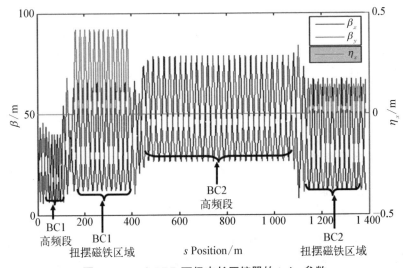

图 4-6　ILC RDR 两级束长压缩器的 twiss 参数

BC1 中高频段的加速相位为 $-100°$,基本不加速,只起到能量调制的作用,所以 BC1 具有大的压缩倍数(将束长从 6 mm 减小到 1 mm),但是同时产生较大的能散(能散从 0.1% 增长到 2.5%)。因为在 BC1 段束团长度还比较长,所以需要使用强聚焦 lattice 以抑制横向尾场对发射度的影响。

BC2 高频段的加速相位为 $-27.6°$,能量调制兼顾加速,以补偿第一级束长压缩器产生的大能散。所以第二级束长压缩器贡献较小的压缩倍数(束长从 1 mm 压缩到 300 μm),加速作用使得能散由第一级产生的 2.5% 回落到 1.5%。第二极束长压缩器的扭摆磁铁与第一级具有相同磁聚焦结构,只是磁场明显减弱,因为束长在 BC2 中已经很短了。

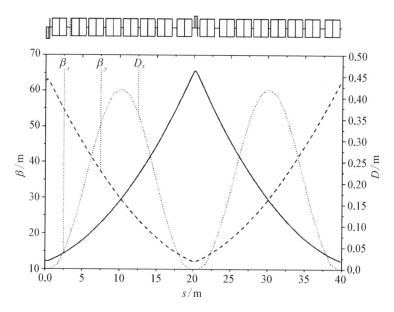

图 4-7 束长压缩器扭摆磁铁段每个单元的 twiss 参数

4.1.5 最终聚束段

1) 最终聚束段设计概括

未来直线对撞机(ILC 与 CLIC)最终聚束段(final focus)的设计目标是在对撞点处把束流聚焦到所需的极小尺寸[13]。最终聚束段最重要的部分是一个望远镜系统,其目标是将注入束团聚焦到很小的尺寸。图 4-8 给出了一维望远镜系统。其传输矩阵为

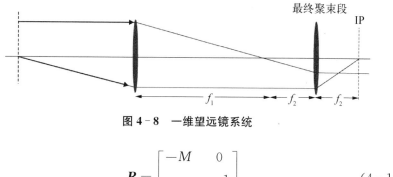

图 4-8 一维望远镜系统

$$\mathbf{R} = \begin{bmatrix} -M & 0 \\ 0 & -\dfrac{1}{M} \end{bmatrix} \qquad (4-140)$$

其中，$M = \dfrac{f_2}{f_1}$ 为压缩比；f_1、f_2 为四极磁铁焦距。从望远镜系统入口到出口处，束流在相空间的转换如图 4-9 所示，lattice 函数关系为

$$\beta_2 = M^2 \beta_1$$
$$\alpha_2 = \alpha_1$$
$$\Delta \phi = \pi \tag{4-141}$$

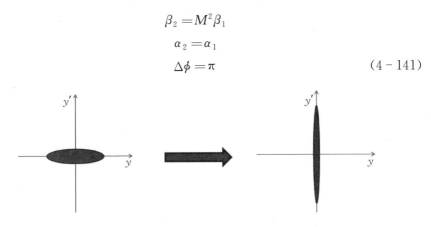

图 4-9　束流在相空间的转换（从望远镜系统入口到出口处）

在实际的加速器中，我们需要一个二维望远镜系统，同时对水平和垂直两个方向进行聚焦，所以至少需要 4 块四极磁铁，而且由于垂直方向要求的束流尺寸更小，因此最后一块四极磁铁为垂直聚焦磁铁，倒数第二块磁铁为水平聚焦磁铁。如果不考虑束流中粒子的能散，二维望远镜系统就可以作为最终聚束段。但实际上，不同能量的粒子经过最终聚束段最后两块强聚焦透镜时感受到的聚焦大小不同，对撞点处的束团尺寸远大于理想值，这就是色品效应。考虑最后一块四极磁铁的色品效应，如图 4-10 所示，参考粒子平行进入四极

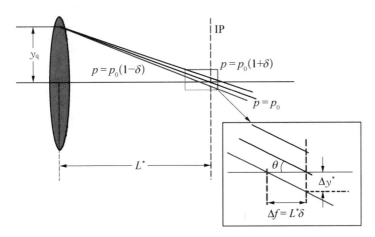

图 4-10　色品效应

磁铁后聚焦到 IP 处,而相对能散为 δ 的粒子聚焦位置发生偏差。在 IP 处,相对能散为 δ 的粒子垂直位置可以估计为

$$\Delta y^* \approx L^* \Delta\theta \approx L^* \theta\delta \tag{4-142}$$

式中,L^* 为最后一块四极磁铁到 IP 的距离;θ 为偏转角度。这样,IP 处的束流尺寸 σ_y^* 的平方可以估计为

$$\sigma_y^{*2} \approx \sigma_{y0}^{*2} + (L^*\theta\delta)^2$$
$$= \epsilon_y\beta_y^* + \frac{\epsilon_y}{\beta_y^*}(L^*\delta)^2$$
$$= \epsilon_y\beta_y^*\left[1 + \left(\frac{L^*}{\beta_y^*}\right)^2\delta^2\right] \tag{4-143}$$

式中,ϵ_y 为垂直几何发射度;β_y^* 为 IP 处垂直 beta 函数;$\sigma_{y0}^* = \sqrt{\epsilon_y\beta_y^*}$ 是线性 lattice 给出的 IP 处垂直束流尺寸。最后我们定义色品为

$$\xi_y \equiv \frac{L^*}{\beta_y^*} \tag{4-144}$$

可见,最后一块四极磁铁到 IP 的距离 L^* 越大、IP 处垂直 beta 函数 β_y^* 越小,色品就越大,IP 处垂直束流尺寸 σ_y^* 就越大。在最终聚束系统的设计中,我们一般把 T126 和 T346 分别称为水平和垂直色品。

最终聚束段的最后两块聚焦磁铁(final doublet,FD)产生很强的色品效应,使得束流无法聚焦到需要的尺寸,必须进行校正。对色品效应的校正是最终聚束段束流光学设计的主要驱动因素。

SLAC 的 Pantaleo Raimondi 与 Andrei Seryi 于 2000 年给出的 local 色品校正方案(将六极磁铁放置在靠近产生色品的 FD,因此称为 local 色品校正方案),相比于传统的非 local 色品校正方案,其具有更紧凑、更好的能量接受度的优点(见图 4-11 和图 4-12),因此被各个未来直线对撞机采纳。后面我们只讨论 local 色品校正的最终聚束段。Local 色品校正的原理如图 4-13 所示。

将两块六极磁铁放置在靠近产生色品的 final doublet QD_0 和 QF_1 处,并在上游放置二极磁铁以在 FD 区域产生水平色散,对 FD 的色品进行 local 的校正。一个能散为 δ 的粒子经过四极磁铁 QF_1 时受到的 kick 为

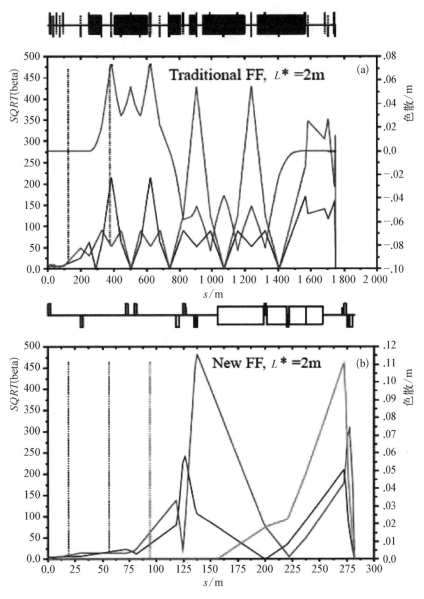

图 4 - 11　NLC 最终聚焦系统的 lattice 函数

(a) 采用传统非 local 色品校正；(b) 采用 local 色品校正

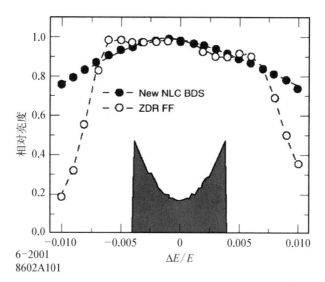

图 4‑12 NLC 最终聚焦系统能量接受度

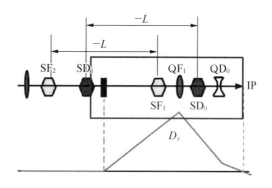

图 4‑13 local 色品校正原理

$$\mathrm{d}x' = -\frac{K_\mathrm{Q}}{1+\delta}x\,\mathrm{d}s$$

$$\approx -K_\mathrm{Q}(1-\delta)(x_\beta + D_x\delta)$$

$$\approx -K_\mathrm{Q}(x_\beta + D_x\delta - x_\beta\delta - D_x\delta^2)\,\mathrm{d}s \tag{4-145}$$

式中，K_Q 为四极磁铁强度；x_β 为中心能量粒子的水平坐标；D_x 为水平色散函数。上式前两项为线性项，第三项为色品项，第四项为二阶色散项。与上面的推导类似，经过六极磁铁 SF_1 时受到的 kick 为

$$\mathrm{d}x' \approx -K_\mathrm{S}\left[\frac{1}{2}(x_\beta^2 - y_\beta^2) + D_x x_\beta\delta + \frac{1}{2}D_x^2\delta^2\right]\mathrm{d}s \tag{4-146}$$

式中，K_S 为六极磁铁强度。上式第一项为几何光差项，第二项为色品项，第三项为二阶色散项。取 $K_S = \dfrac{K_Q}{D_x}$ 即可抵消色品项。对于二阶色散项，只抵消了一半。可以在上游无色散区域人为地产生与 QF_1 相同大小的色品，并使六极磁铁的强度加倍，这样就可以同时抵消色品项和二阶色散项。最后，在二极磁铁上游无色散区域放置另一块六极磁铁 SF_2，而且使 SF_2 和 SF_1 形成 $-I$ 的传输矩阵，几何光差项即可消除。

　　以上是对水平色品校正的讨论，垂直色品校正比较直接。一个能散为 δ 的粒子经过四极磁铁 QD_0 时受到的 kick 为

$$\mathrm{d}y' \approx K_Q(y_\beta - y_\beta\delta)\mathrm{d}s \tag{4-147}$$

上式第一项为线性项，第二项为色品项。经过六极磁铁 SD_0 时受到的 kick 为

$$\mathrm{d}y' \approx K_S(x_\beta y_\beta + D_x y_\beta\delta)\mathrm{d}s \tag{4-148}$$

上式第一项为几何光差项，第二项为色品项。我们只需要使取 $K_S = \dfrac{K_Q}{D_x}$ 即可抵消色品项。然后，在二极磁铁上游无色散区域放置另一块六极磁铁 SD_1，而且使 SD_1 和 SD_0 形成 $-I$ 的传输矩阵，几何光差项即可消除。

　　2）光差分析的一般方法

　　如果输运线入口处的水平、垂直 α 函数和闭轨都为零，输运线出口处的束流尺寸平方可以表达为

$$
\begin{aligned}
\langle x_\mathrm{f}^2 \rangle = &\sum_{jklmn} X_{jklmn}^2 \Gamma\left(\frac{1+2j}{2}\right)\Gamma\left(\frac{1+2k}{2}\right)\Gamma\left(\frac{1+2l}{2}\right)\Gamma\left(\frac{1+2m}{2}\right)\Gamma\left(\frac{1+2n}{2}\right)\times \\
&\frac{2^{j+k+l+m+n}}{\pi^{2/5}}\sigma_{x_0}^{2j}\sigma_{x_0'}^{2k}\sigma_{y_0}^{2l}\sigma_{y_0'}^{2m}\delta_0^{2n} + \\
&\sum_{jklmn>j'k'l'm'n'} 2X_{jklmn}X_{j'k'l'm'n'}\times \\
&\Gamma\left(\frac{1+j+j'}{2}\right)\Gamma\left(\frac{1+k+k'}{2}\right)\Gamma\left(\frac{1+l+l'}{2}\right)\Gamma\left(\frac{1+m+m'}{2}\right)\Gamma\left(\frac{1+n+n'}{2}\right)\times \\
&\frac{2^{(j+k+l+m+n+j'+k'+l'+m'+n')/2}}{\pi^{2/5}}\sigma_{x_0}^{j+j'}\sigma_{x_0'}^{k+k'}\sigma_{y_0}^{l+l'}\sigma_{y_0'}^{m+m'}\delta_0^{n+n'}
\end{aligned}
\tag{4-149}
$$

式中，X_{jklmn} 为传输系数；$\Gamma(z)$ 为 gamma 函数；σ_{x_0}、$\sigma_{x_0'}$、σ_{y_0}、$\sigma_{y_0'}$ 和 δ_0 分别为入口处的束流尺寸和能散。传输系数可以由 MADX mapping 得到，再输入到

MAPCLASS 中就可以得到各个光差项对出口处束团尺寸的贡献。

3) 最终聚束段设计中考虑的一些效应

在直线对撞机最终聚束段设计中,同步辐射效应是一个重要的考虑因素。二极磁铁中的同步辐射将导致束流发射度增长,而最后一块强四极磁铁的同步辐射将直接导致对撞点处束团尺寸增大。下面我们介绍最后一块强四极磁铁的同步辐射效应——Oide 效应以及与对撞亮度相关的沙漏效应、Pinch 效应,还有与粒子实验背景相关的束致辐射。

(1) Oide 效应。由于未来直线对撞机要求 IP 处的垂直束团尺寸达到 nm 量级,束团经过最后一块四极磁铁(见图 4-14)时的同步辐射效应将导致束团

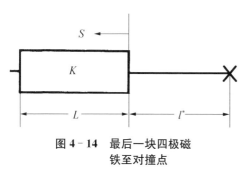

图 4-14 最后一块四极磁铁至对撞点

尺寸明显增大。K. Oide 发现最小的束团尺寸 $\sigma_{y\min}^*$ 几乎只由归一化发射度 ε_{N_y} 决定,这称为 Oide 效应。考虑一个没有初始能散的束团进入图中的四极磁铁。发射光子的粒子由于能量降低,将会得到四极磁铁额外的 kick,无法聚焦到 IP 处。考虑同步辐射效应后,IP 处垂直束团尺寸可以表达为

$$\sigma_y^{*2} = \beta_y^* \epsilon_y + \frac{110}{3\sqrt{6\pi}} r_e \frac{\lambda_e}{2\pi} \gamma^5 F(\sqrt{K}L, \sqrt{K}l^*)\left(\frac{\epsilon_y}{\beta_y^*}\right)^{\frac{5}{2}} \quad (4-150)$$

式中,r_e 为经典电子半径;λ_e 为电子康普顿波长。$F(\sqrt{K}L, \sqrt{K}l^*)$ 表示为

$$F(\sqrt{K}L, \sqrt{K}l^*) \equiv \int_0^{\sqrt{K}L} \mathrm{d}\phi \mid \sin\phi + \sqrt{K}l^*\cos\phi \mid^3 \times$$
$$\left[\int_0^\phi \mathrm{d}\phi'(\sin\phi' + \sqrt{K}l^*\cos\phi')^2\right]^2 \quad (4-151)$$

从式(4-150)可以得到,当

$$\beta_y^* = \left[\frac{275}{3\sqrt{6}\pi} r_e \frac{\lambda_e}{2\pi} F(\sqrt{K}L, \sqrt{K}l^*)\right]^{\frac{2}{7}} \gamma(\varepsilon_{N_y})^{\frac{3}{7}} \quad (4-152)$$

垂直束团尺寸取得最小值:

$$\sigma_{y\min}^* = \left(\frac{7}{5}\right)^{\frac{1}{2}}\left[\frac{275}{3\sqrt{6}\pi} r_e \frac{\lambda_e}{2\pi} F(\sqrt{K}L, \sqrt{K}l^*)\right]^{\frac{1}{7}} (\varepsilon_{N_y})^{\frac{5}{7}} \quad (4-153)$$

选择相对强度 KLl 和相对长度 $L/l(l=l^*+L/2)$ 作为函数 F 的参数。从图 4-15 可以看出,磁铁强度越弱、长度越长,函数 F 越小。但是 $\sigma^*_{ymin} \propto F^{\frac{1}{7}}$,通过优化磁铁配置,即 K、L、l^*,并不能有效地降低最小垂直束团尺寸。因此,最小垂直束团尺寸 σ^*_{ymin} 几乎只由归一化发射度 ε_{N_y} 决定。

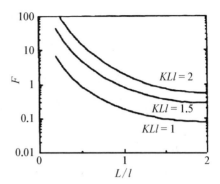

图 4-15　函数 F 与最后一块四极磁铁的相对强度 KLl、相对长度 L/l 的关系

对于 ILC $E_{cm}=500$ GeV 基准设计: $\varepsilon_{N_y}=35$ nm,$KLl \approx 1.5$,$L/l \approx 0.5$,可以得到 $F \approx 6$。当 $\beta^*_y > 100$ μm 时,束团尺寸增长小于 0.2%。结果如图 4-16 所示。

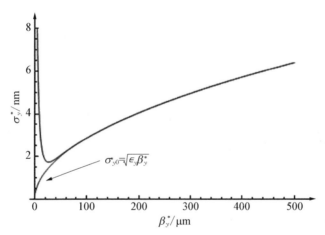

图 4-16　考虑 Oide 效应后 ILC 的 IP 处垂直方向束团尺寸(作为对比给出了线性 lattice 的束团尺寸 $\sigma^*_{y_0}$)

另外,每个电子发射的光子数为

$$N = \frac{5}{\sqrt{6\pi}} \alpha\gamma \left(1 - \cos\sqrt{K}L + \sqrt{K}l^* \sin\sqrt{K}L\right) \left(\frac{\epsilon_y}{\beta^*_y}\right)^{\frac{1}{2}} \quad (4-154)$$

(2)沙漏效应和箍缩效应。直线对撞机中,两个头对头(head-on)对撞的高斯束团产生的亮度为

$$L_0 = \frac{f_{\text{rep}} N_b N_e^2}{4\pi \sigma_x^* \sigma_y^*} \tag{4-155}$$

式中，f_{fep} 为束团串的重复频率；N_b 为每个束团串的束团数目；N_e 为单束团电子数目；σ_x^*、σ_y^* 分别为对撞点处的水平、垂直束团尺寸。这个亮度通常称为几何亮度。

考虑具有一定的纵向尺寸 σ_z 的束团，在离对撞点小于束团长度的地方，垂直包络函数增长很快，导致束团在非对撞点处的亮度下降，这称为"沙漏效应"（hour glass effect）。沙漏效应导致的亮度降低因子为

$$F(A_y) = \frac{1}{\sqrt{\pi} A_y} \exp\left(\frac{1}{2A_y^2}\right) K_0\left(\frac{1}{2A_y^2}\right) \tag{4-156}$$

式中，K_0 为零阶 Bessel 函数；$A_y = \dfrac{\sigma_z}{\beta_y^*}$；$\beta_y^*$ 为对撞点处 beta 函数。

对于相互对撞的束团来说，对面束团的作用力相当于一个薄透镜，对撞亮度将会增加，这称为 Pinch 效应。沙漏效应和 Pinch 效应对亮度的影响可以用一个亮度增强因子 H_D 表示：

$$H_D \equiv \frac{L}{L_0} \tag{4-157}$$

在直线对撞机中，束团是扁平的而且对撞点水平 beta 函数远大于束长，即 $\sigma_x^* \gg \sigma_y^*$ 及 $\beta_x^* \gg \sigma_z$，在这样的条件下

$$H_D \approx H_y^{\frac{1}{3}} \tag{4-158}$$

$$H_y \equiv 1 + D_y^{\frac{1}{4}} \frac{D_y^3}{1+D_y^3}\left[\ln(1+\sqrt{D_y}) + 2\ln\left(\frac{0.8}{A_y}\right)\right] \tag{4-159}$$

式中，D_y 为垂直方向 disruption 参数，表示为

$$D_y = \frac{2N_e r_e \sigma_z}{\gamma \sigma_y^* (\sigma_x^* + \sigma_y^*)} \tag{4-160}$$

式中，r_e 为经典电子半径；γ 为相对论因子。

（3）束致辐射。当两个头对头对撞的正负电子束团穿过彼此时，每个束团中的每个粒子将会感受到对方束团的电磁场而受到偏转。偏转的粒子由于束致辐射将损失部分能量，导致对撞束团能散增加，增加粒子物理实验的不确

定性。对于扁平束,束致辐射产生的能散表达式为

$$\delta_B = \frac{2.6 r_e^3 N_e^2 \gamma}{3 \sigma_x^{*2} \sigma_z} \qquad (4-161)$$

可以看到,增大束团水平尺寸可以有效减小束致辐射。

4) 做垂直色品校正的 ILC FFS

(1) 现有 FFS 的设计原则。现有的 ILC FFS 设计如图 4 - 17 所示,其设计原理如下:

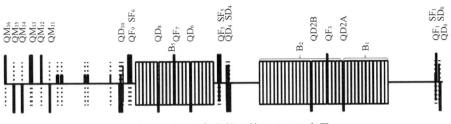

图 4 - 17　local 色品校正的 ILC FFS 布局

① 强四极磁铁对 Final doublet(QD$_0$、QF$_1$)提供聚焦。

② Final Doublet 产生的色品显著地增大束团尺寸。邻近 FD 放置两块六极磁铁(SD$_0$、SF$_1$),上游放置二极磁铁(B$_1$、B$_2$)以在 FD 处产生色散,进行 local 色品校正。

③ FD 还产生了二阶色散。为了同时抵消色品和二阶色散,在二极磁铁(B$_1$、B$_2$)上游再人为地产生 FD 处水平色品的一倍,因此,我们需要在非色散区域增加一个 beta 函数峰,如图 4 - 18 所示。

④ 六极磁铁产生几何光差,因此在二极磁铁(B$_1$、B$_2$)上游放置的另外两块六极磁铁(SD$_4$、SF$_5$)抵消这些光差和其他高阶项。

⑤ 再增加一块六极磁铁(SF$_6$)有助于抵消高阶项。

⑥ 如果需要,残余的高阶项可以通过放置八极磁铁和十极磁铁使之进一步减小。

⑦ 入口处放置六块四极磁铁(QM$_{11}$~QM$_{16}$)以匹配上游的 beta 函数。

(2) 新 FFS 设计的想法。增大 IP 处水平 beta 函数以降低水平色品,然后使用更少的六极磁铁,主要在垂直方向做色品校正,我们将得到更小的垂直束团尺寸。而水平束团尺寸由于水平色品的降低,增大的倍数不会很大。这种新的色品校正方案在基本保持亮度的同时,具有更紧凑、更易于调谐、更小的束致辐射等优点。当然,我们需要更短的束长以抑制沙

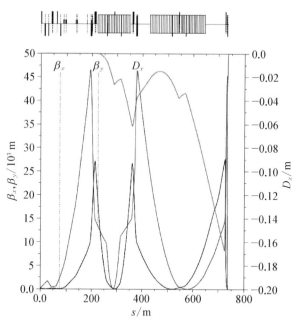

图 4 - 18 $\boldsymbol{\beta}_x^* / \boldsymbol{\beta}_y^* = 15\ \mathbf{mm}/0.4\ \mathbf{mm}$ 时，
ILC FFS 的线性 beta 函数

漏效应。

我们在现有 500 GeV ILC FFS 设计的基础上尝试这个新想法。现有设计的束流参数和线性 lattice 函数见表 4 - 13 和图 4 - 18。

表 4 - 13   ILC FFS 现有设计的束流参数

参　　　数	参　数　值
束流能量 E/GeV	250
归一化发射度 $\gamma\varepsilon_{x/y}^*/\mu\mathrm{m}$	10/0.04
能散 $\sigma_E/E/\%$	0.06
IP 处的 beta 函数 $\beta_{x/y}^*/\mathrm{mm}$	15/0.4
IP 处的角色散 $D_x'^*$	0.008
IP 处的束流尺寸 $\sigma_{x/y}^*/\mathrm{nm}$	590/7.4
IP 处的束流发散度 $\theta_{x/y}^*/\mu\mathrm{rad}$	37/14

如下验证这个想法：保持现有设计的束流能散（0.06%）并增大 β_x^*，研究做垂直色品校正时，σ_y^* 与 β_y^* 的关系并找到 σ_y^* 的最小值。在这之前，我们先检查两个方向都做色品校正的优化 β_x^* 和 β_y^*。

为了得到不同的光路，我们使用 MADX 程序。以下结果中除非特别提出，所指束流尺寸均为均方根值而且不考虑辐射效应。

5）做水平、垂直色品校正的 ILC FFS

通过以下步骤，我们可以改变 IP 处水平、垂直 beta 函数。

（1）匹配四极磁铁 $QM_{11}\sim QM_{16}$（只用四块四极磁铁很难在合理的强度范围内得到解）得到所需的 β_x，β_y 同时保持 $\alpha_x=0$，$\alpha_y=0$。

（2）匹配六极磁铁 SD_0、SF_1、SD_4、SF_5、SF_6 抵消二阶项 T122、T126、T166、T324、T346。

（3）MADX 束流跟踪得到束流尺寸。

首先，我们保持 $\beta_y^*=0.4$ mm，研究 σ_x^* 作为 β_x^* 的函数。在两个方向都做色品校正后，当 $\beta_x^*=15$ mm 时，σ_x^* 最小；当 β_x^* 较小时，三阶耦合光差使 σ_y^* 增大。我们对不做校正的情形也做了模拟。当 $\beta_x^*=45$ mm 时水平尺寸 σ_x^* 最小，这是此处线性聚焦与二阶光差（色品和二阶色散）平衡的结果。

然后，我们保持 $\beta_x^*=15$ mm，研究 σ_y^* 作为 β_y^* 的函数。在两个方向都做色品校正后，当 $\beta_y^*=0.4$ mm 时 σ_y^* 最小，β_y^* 对 σ_x^* 几乎没有影响。不做色品校正，当 $\beta_y^*=4$ mm 时垂直束流尺寸 σ_y^* 最小，这是此处线性聚焦与色品平衡的结果。

6）做垂直色品校正的 ILC FFS

我们关掉六极磁铁 SF_1、SF_5、SF_6，重新匹配六极磁铁 SD_0、SD_4 以抵消最大的二阶项 T324、T346。首先，我们保持 $\beta_y^*=0.4$ mm，研究 σ_x^* 作为 β_x^* 的函数。做垂直色品校正时，当 $\beta_x^*=75$ mm 时，σ_x^* 最小。

然后，我们取 $\beta_x^*=75$ mm，研究 σ_y^* 作为 β_y^* 的函数。做垂直色品校正时，当 $\beta_y^*=0.06$ mm 时 σ_y^* 最小。正如预期，我们得到了比标称情形更小的束流垂直尺寸。束流垂直尺寸降为原来的 0.375 倍而水平尺寸增加为原来的 2.80 倍，见表 4-14。由此看来，对 FFS 做垂直色品校正可以得到更加扁平的束流，而且几何亮度基本保持。很显然，我们仍有不少优化的空间。

表 4-14 ILC FFS 现有设计及新设计的束流参数比较

参 数	Corr. x and y	Corr. y
使用的六极磁铁	SD_0，SF_1，SD_4，SF_5，SF_6	SD_0，SD_4
$\beta^*_{x/y}$/mm	15/0.4	75/0.06
$\sigma^*_{x/y}$/μm/nm	0.586/7.41	1.64/2.78

7) 优化

对于以下情形，我们使用 MAPCLASS 优化六极磁铁的强度。

(1) 使用 SD_0 和 SD_4 最小化垂直方向束团尺寸 σ^*_y。

(2) 使用 SD_0 和 SD_4 最小化束团横向尺寸之积 $\sigma^*_x \sigma^*_y$。

(3) 使用 SD_0、SD_4 和 SF_1 最小化束团横向尺寸之积 $\sigma^*_x \sigma^*_y$。

这三种情形的结果几乎与使用 SD_0 和 SD_4 校正二阶光差 T324、T346 的结果相同。

8) 优点及限制

这种色品校正的新方案具有以下优点。

(1) 六极磁铁的数目从五块减少为两块或三块，将可以得到更短、更易于调谐的最终聚焦系统。

(2) 束致辐射导致的束流能量损失为

$$\delta_E \propto \frac{1}{\sigma_x^{*2}\sigma_z^*} \tag{4-162}$$

因而更大的水平束团尺寸将使得束致辐射效应降低。但是，更小的垂直束团尺寸将导致沙漏效应增强，从而导致亮度降低，因而我们需要更短的束团减轻沙漏效应。考虑技术和建造、运行费用的限制，ILC 的束长最多可以降低 150 μm。

IP 处水平 beta 函数增大后，水平方向的色品将减小。使用两块或三块而不是原来的五块六极磁铁，主要在垂直方向做色品校正，得到了比原设计更小的垂直束流尺寸。首先，我们检查了两个方向都做色品校正的优化 β^*_x 与 β^*_y。当 $\beta^*_x = 15$ mm 且 $\beta^*_y = 0.4$ mm 时，两个方向的束流尺寸最小：$\sigma^*_x = 0.586$ μm、$\sigma^*_y = 7.41$ nm。然后，我们主要在垂直方向做色品校正，当 $\beta^*_x = 75$ mm 时，水平方向的束流尺寸最小，$\sigma^*_x = 1.64$ μm。固定水平方向 beta 函数，当 $\beta^*_y = 0.06$ mm 时，垂直方向束流尺寸最小，

$\sigma_y^* = 2.78$ nm。 此时几何亮度几乎可以恢复到两个方向都做色品校正时的结果。这种新的色品校正方案在基本保持亮度的同时,具有更紧凑、更易于调谐、更小的束致辐射等优点。当然,我们需要更短的束长以抑制沙漏效应。如果重新设计线性 lattice,在这个 lattice 中上游,不必要的聚焦点可以去掉,从而减小垂直色品。另外,由于水平束流尺寸增大了,辐射效应将减弱,我们可以使用更强的二极磁铁来减小六极磁铁的强度从而降低校正难度。

值得一提的是,在环形对撞机的对撞点参数设计中,使用极扁平的束流具有诸多优点,我们给出的新方案正好能够达到这个目标。

4.2　环形正负电子对撞机设计方法

与正负电子直线对撞机类似,对于环形正负电子对撞机来讲,首先需要确定对撞束流能量、对撞机的亮度指标,并通过运用环形正负电子束-束相互作用极限解析公式(类似于建筑的拱顶石)及其他相关约束条件联立求解得到对撞机参数表。由于不是所有约束是刚性约束,包括目标亮度,因此参数表具有一定的参数空间,而正是这一参数空间具有优化的余地[14-16]。

4.2.1　对撞机参数优化

1) 环形正负电子对撞机中的束-束相互作用极限

在正负电子对撞机里,量子激发效应非常强,束团里的每一个电子位置是随机分布的且服从统计规律,因而可以看作是一团电子气。同时,当两个束团在对撞点对撞的时候,束团里的每一个电子都感受到另外一个束团内的很强的偏离电磁场,并且随着束团内电子数目 N_e 的增加,这种效应急剧增强。这就使得束流的发射度增大,这种束流发射度增大的机制引入了一个束-束相互作用参数的限制,这在文献里有详细全面的讨论[17]:

$$\xi_{y,\,\text{max, ee}} \leqslant 2\,845\gamma\sqrt{\frac{r_e}{6\pi RN_{\text{IP}}}} = \frac{2\,845}{2\pi}\sqrt{\frac{T_0}{\tau_y\gamma N_{\text{IP}}}} \qquad (4-163)$$

式中,N_{IP} 是对撞点的个数;R 是二极磁铁半径;r_e 是电子的经典半径;τ_y 是纵向阻尼时间;T_0 是回旋周期。

2) 机器限制条件/给定参数

限制条件包括束流能量 E_0，周长 C_0，对撞点数量 N_{IP}，束流功率 P_0，β_y^*，$r = \sigma_y/\sigma_x$，发射度耦合因子 κ_ϵ，弯转半径 ρ，Piwinski 角 Φ，crab waist 导致 ξ_y 的增强部分 F_l 1.5(2.6)，能量接受度(DA)，每个 FODO 单元的相移，自然能散和束致辐射导致的能散的比率 $A = \delta_0/\delta_{BS}(A \geqslant 5)$，每个高频腔的高阶模功率 P_{HOM}。

3) 参数的计算

(1) 步骤1：束-束相互作用限制。环的能量为 E_0，主二极磁铁的弯转半径为 ρ，同步加速器辐射功率为 P_0，纵横比 R 和 IP 数 N_{IP} 是已知量。从这些输入参数中，我们可以得到

$$U_0 = 88.5 \times 10^3 \frac{E_0^4(\text{GeV})}{\rho(\text{m})} \qquad (4-164)$$

$$I_b = \frac{eP_0}{U_0} \qquad (4-165)$$

$$\delta_0 = \gamma \sqrt{\frac{C_q}{J_\epsilon \rho}} \qquad (4-166)$$

最大的束-束工作点偏移为

$$\xi_y = \frac{2\ 845}{2\pi} \sqrt{\frac{U_0}{2\gamma E_0 N_{IP}}} \times F_l \qquad (4-167)$$

式中，F_l 是 crab waist 导致 ξ_y 的增强部分。我们假设对于 Higgs 是 1.5，Z 是 2.6。

(2) 步骤2：亮度。环形对撞机的亮度为

$$L_0[\text{cm}^{-2} \cdot \text{s}^{-1}] = 2.17 \times 10^{34}(1+r)\xi_y \frac{eE_0(\text{GeV})N_b N_e}{T_0(\text{s})\beta_y^*(\text{cm})} \qquad (4-168)$$

将式(4-167)代入式(4-168)中得到

$$L_0(\text{cm}^{-2} \cdot \text{s}^{-1}) = 0.7 \times 10^{34}(1+r)\frac{1}{\beta_y(\text{cm})}\sqrt{\frac{E_0(\text{GeV})I_b(\text{mA})P_0(\text{MW})}{\gamma N_{IP}}}$$

$$(4-169)$$

（3）步骤 3：横向束流尺寸。V. I. Telnov 指出，在能量前沿 e^+e^- 的环形对撞机中，束流的寿命由束致辐射释放的光谱尾部的单光子来确定。如果我们想要实现至少 30 min 的合理的束致辐射寿命，需要将束团电荷量和束流尺寸的关系限制为

$$\frac{N_e}{\sigma_x \sigma_z} \leqslant 0.1\eta \frac{\alpha}{3\gamma r_e^2} \tag{4-170}$$

回想一下垂直束-束频移的定义，对于扁平束流，我们有

$$\frac{N_e}{\sigma_x \sigma_y \sqrt{1+\varPhi^2}} = \frac{2\pi\gamma}{r_e \beta_y} \xi_y \tag{4-171}$$

比较式（4-171）和式（4-170）可以得到

$$\frac{N_e^2}{\sigma_x^2 \sigma_y \sigma_z} = \frac{0.2\pi\eta\alpha\xi_y \sqrt{1+\varPhi^2}}{3r_e^3 \beta_y} \tag{4-172}$$

为了在一定程度上控制束致辐射额外的能散，我们在本节中引入了一个约束条件

$$\delta_{BS} = \frac{\delta_0}{A} \quad (A \geqslant 3) \tag{4-173}$$

根据式（4-173）和束流能散的定义，可以发现

$$\frac{N_e^2}{\sigma_x \sigma_y \sigma_z} = \frac{3\delta_0}{2.6r_e^3 \gamma r A} \tag{4-174}$$

所以通过式（4-174）式（4-172），可得

$$\sigma_x = \frac{17.3\delta_0 \beta_y}{\pi\eta\alpha\xi_y \sqrt{1+\varPhi^2} \gamma r A} \tag{4-175}$$

利用某个给定的耦合因子 κ_ε（例如 0.003）和纵横比 r，可以得到垂直束团尺寸/发射度和水平发射度：

$$\sigma_y = r\sigma_x, \quad \varepsilon_y = \frac{\sigma_y^2}{\beta_y}$$

$$\varepsilon_x = \frac{\varepsilon_y}{\kappa_\varepsilon}, \quad \beta_x^* = \frac{\sigma_x^2}{\varepsilon_x} \tag{4-176}$$

假设我们使用 60° FODO 单元作为弧区部分，那么我们可以知道每个 FODO 单元的弯曲角度：

$$\varepsilon_x = \frac{C_q \gamma^2 \varphi^3 \left[1 - \frac{3}{4}\sin^2\left(\frac{\mu}{2}\right) + \frac{1}{60}\sin^4\left(\frac{\mu}{2}\right) \right]}{8 J_x \sin^3\left(\frac{\mu}{2}\right)\cos\left(\frac{\mu}{2}\right)} \rightarrow \varphi \qquad (4-177)$$

此外，可以估计动量压缩因子：

$$\alpha_p = \left(\frac{\varphi}{2}\right)^2 \left[\frac{1}{\sin^2\left(\frac{\mu}{2}\right)} - \frac{1}{12} \right] \times F(\sim 0.7) \qquad (4-178)$$

（4）步骤 4：交叉角。从式（4-171）可以得到

$$N_e = \frac{2\pi\gamma\xi_y \sqrt{1+\Phi^2}}{r_e \beta_y} \sigma_x \sigma_y \qquad (4-179)$$

那么，我们很容易得到束团数为

$$N_b = \frac{I_b T_0}{e N_e} \qquad (4-180)$$

而且从式（4-170）中，我们可以得到

$$\sigma_z = \frac{3\gamma r_e^2 N_e}{0.1 \eta \alpha \sigma_x} \qquad (4-181)$$

定义 Piwinski 角为

$$\Phi = \frac{\sigma_z}{\sigma_x} \tan \theta_h \qquad (4-182)$$

比较式（4-182）和等式（4-181），我们可以得到双环方案的半交叉角值为

$$\theta_h = \arctan\left(\frac{0.1 \eta \alpha \sigma_x^2 \Phi}{3\gamma r_e^2 N_e} \right) \qquad (4-183)$$

（5）步骤 5：沙漏效应。根据 crab waist 的原理，碰撞束的重叠区域比束长短得多。在这里，我们定义一个新参数，有效束团长度为

$$\sigma_{zeff} = \frac{\sigma_x}{\sin \theta_h} \qquad (4-184)$$

然后我们可以得到沙漏效应因子：

$$F_h = \frac{\beta_y}{\sqrt{\pi}\,\sigma_{z\mathrm{eff}}} \exp\left(\frac{\beta_y^2}{2\sigma_{z\mathrm{eff}}^2}\right) K_0\left(\frac{\beta_y^2}{2\sigma_{z\mathrm{eff}}^2}\right) \tag{4-185}$$

最后，真实亮度可以用峰值亮度 L_0 和沙漏因子 F_h 的乘积来表示：

$$L = L_0 F_h \tag{4-186}$$

（6）步骤 6：RF 参数。首先，考虑到同步辐射能量损失必须由高频腔补偿，可以发现

$$U_0 = eV_{\mathrm{RF}}\sin\phi_s \tag{4-187}$$

束团的自然长度可以表示为

$$\sigma_{z0} = \sigma_z \times \frac{A}{1+A} = \sqrt{-\frac{2\pi E_0 \alpha_p}{f_{\mathrm{RF}} T_0 eV_{\mathrm{RF}}\cos\phi_s}}\,\bar{R}\delta_0 \tag{4-188}$$

根据式（4-188）和式（4-187），可以得到 RF 电压 V_{RF} 和加速相位 ϕ_s。然后可以得到 RF 系统的能量接受度：

$$\eta_{\mathrm{RF}} = \sqrt{\frac{2U_0}{\pi\alpha_p f_{\mathrm{RF}} T_0 E_0}\left[\sqrt{q^2-1} - \arccos\left(\frac{1}{q}\right)\right]} \tag{4-189}$$

式中，$q = \dfrac{eV_{\mathrm{RF}}}{U_0}$。

（7）步骤 7：束流寿命和 RF 高阶模功率。　最后，我们需要计算由辐射 Bhabha 散射引起的束流寿命以及由束致辐射效应引起的束流寿命：

$$\tau_{\mathrm{bhabha}} = \frac{I_b}{eLN_{\mathrm{II}}\,\sigma_{ee} f_0}, \quad \sigma_{ee} = 1.52\times10^{-25}\ \mathrm{cm}^2 \tag{4-190}$$

$$\tau_{\mathrm{BS}} = \frac{2\pi R}{c}\,\frac{\sqrt{6\pi}\,r_e \gamma e^{1.475u}}{0.057\alpha^2 \eta\sigma_z} \tag{4-191}$$

除此之外，还有每个腔的高阶模功率为

$$P_{\mathrm{HOM}} = k(\sigma_z)eN_e \cdot 2I_b \leqslant P_{\mathrm{HOM}}^* \tag{4-192}$$

式中，P_{HOM}^* 为最大允许高次模功率，高阶模的损失因子为

$$k(\sigma_z) = \frac{1.8}{\sqrt{\sigma_z/0.00265}} \tag{4-193}$$

4.2.2　对撞环

图 4-19 所示为周长为 100 km 的双环对撞机示意图。在高频加速区中，正负电子束流共用高频加速腔。因此，每个束流仅填充一半的环。同一套高频系统可以兼容 Higgs、W 和 Z 三个模式。高频加速区布局如图 4-20 所示。

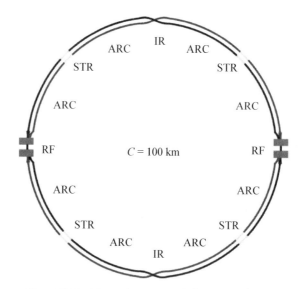

IR—对撞区；ARC—弧区；STR—直线段；RF—高频区。

图 4-19　对撞环的布局图

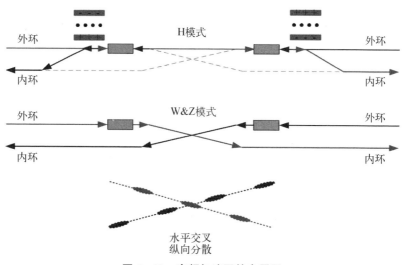

图 4-20　高频加速区的布局图

在 W 或 Z 模式下运行时,我们使用了与 Higgs 模式的同一套高频系统以降低建造成本。较低的能量只需要较低的腔压,因此在 W 和 Z 模式中仅使用一半的腔以降低全环阻抗。对于 W 和 Z 模式,通过保持磁铁的能量归一化强度获得相应的自然发射度,其满足 W 和 Z 模式运行的亮度目标[18]。

我们在弧区采用双孔径的二极磁铁和四极磁铁以降低其消耗的功率。两个环间距为 35 cm。在其他区域中,为了保证灵活性,我们在两个环中采用独立磁铁;为了给在两个环中的独立磁铁提供足够的横向空间,我们增加了 30 cm 的纵向间隔。

1) 对撞区

对撞区的设计目标是校正最终聚焦磁铁对产生的局部色品和实现 crab-waist 对撞[19-21]。从对撞点出发,对撞区包括最终望远镜段(FT)、垂直色品校正段(CCY)、水平色品校正段(CCX)、crab-waist 段(CW)和匹配望远镜段(MT)。

最终望远镜段(FT)由一个最终聚焦磁铁对、一个三合四极磁铁和位于它们之间的弱二极磁铁组成。由于对撞点处束流非常扁平,垂直方向的相移为 π,而水平方向的相移略小于 π。最终望远镜段末端为用于高阶色品校正的第一镜像点和较小的色散函数。

垂直色品校正段由四个 FODO 单元组成,每个 FODO 的垂直和水平方向相移都为 $\pi/2$。垂直色品校正段以半块散焦四极磁铁开始。4 块二极磁铁实现了色散的局部垃圾筒。将一对六极磁铁置于两个 beta 函数峰值处以补偿由最终散焦四极磁铁产生的垂直色品。两块六极磁铁之间的传输矩阵为 $-I$,因此几何光差相互抵消。垂直色品校正段末端为第二个镜像点,与第一个镜像点相同。

水平色品校正段类似于垂直色品校正段,但是从半块聚焦四极磁铁开始。

Crab-waist 段由两个 FODO 单元组成。crab 六极磁铁位于 beta 函数峰值处。对于水平和垂直方向,从 crab 六极磁铁到对撞点处的水平、垂直相移分别为 6π 和 6.5π。

匹配望远镜段由 12 块匹配四极磁铁组成。通过匹配望远镜段,我们实现了与弧区 Twiss 参数的匹配。

相位调谐和镜像点处的六极磁铁可以分别校正二阶和三阶色品。由六极磁铁产生的所有三阶和四阶李算子(Lie operator)共振驱动项(RDT)几乎被完全抵消。由于主六极磁铁的有限长度引起的工作点偏移,我们添加了弱六极磁铁来校正。

    图 4-21 和图 4-22 显示了对撞区的磁聚焦结构设计和几何参数，其中对撞点位于中间。采用不对称的磁聚焦结构是为了使对撞点上游的偏转较为缓慢。最后一块二极磁铁采用反向偏转，避免了同步辐射直接打到对撞点内侧管道。对于对撞点的上游部分，最后 70 m 以内没有二极磁铁，150 m 以内同步辐射临界能量小于 45 keV，400 m 以内小于 120 keV。对于对撞点的下游部分，最后 50 m 以内没有二极磁铁，100 m 以内同步辐射临界能量小于 97 keV，250 m 以内小于 300 keV。两条束线的最大间距为 9.7 m。我们通过对匹配段重新匹配得到用于 W 和 Z 模式的对撞点处束流光学参数。

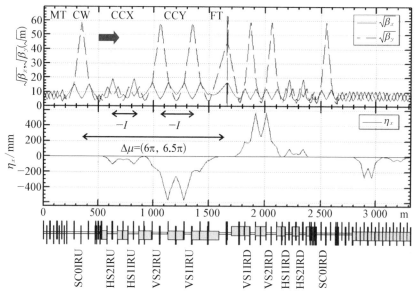

图 4-21　Higgs 模式下对撞区的束流光学参数（$L^* = 2.2$ m，$\theta_C = 33$ mrad，$G_{QD_0} = 136$ T/m，$G_{QF_1} = 111$ T/m，$L_{QD_0} = 2.0$ m，$L_{QF_1} = 1.48$ m）

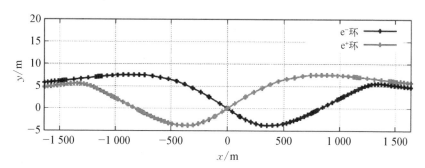

图 4-22　对撞区的几何参数

2）弧区

对于弧区，我们选择使用 FODO 的磁聚焦结构以实现二极磁铁填充因子的最大化。为了消除六极磁铁的几何光差，选择了 90°/90° 的相移和非交叉六极磁铁的方案。图 4-23 给出了弧区的磁聚焦结构的束流光学函数。即使发射度很小，工作点偏移也很小；在每 20 个周期结构中，除了较小的 $4Q_x$、$2Q_x+2Q_y$、$4Q_y$、$2Q_x-2Q_y$ 之外，其他所有由于六极磁铁引起的李算符的 3 阶和 4 阶共振驱动项被抵消。李算符的 3 阶共振驱动项对于能量的失效被抵消。这为动力学孔径优化提供了较好的起点，并有助于减少六极磁铁电源的组数。剩下的光差主要是二阶色品，这可以用多组弧形六极磁铁校正。弧区末端的消色散节由半偏转角二极磁铁的 FODO 结构组成，通过微调漂移节长度来重新匹配两环的间距。

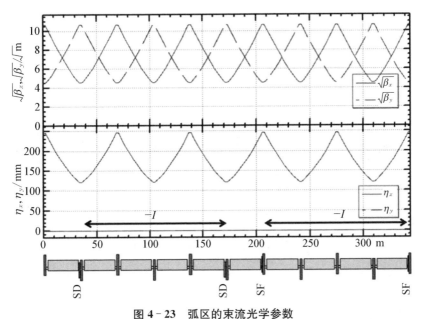

图 4-23　弧区的束流光学参数

3）高频加速区

在高频加速区中，高频腔由两个环共享。每个高频站分为两个部分，用于在 W 或 Z 模式下运行时绕过一半未使用的腔，如图 4-24 所示。采用静电分离器与二极磁铁的复合原件，避免了偏转入射束流而产生的同步辐射光，如图 4-24 所示。分离器梯度为 2.0 MV/m，数量为 10，每个长度为 4 m；二极磁铁场强为 60 Gs。紧接着的 75 m 的漂移在四极磁铁入口处产生约 10 cm 的双束间隔。为了限制 beta 函数，我们使用了两个三极磁铁。然后用二极磁铁进一步分离束流。出射束流的偏离量在 H 模式下为 0.35 m，在 W 和 Z 模式下为 1.0 m，绕过了半径约为 0.75 m 的低温模块。在低温模块所在的直线节中选择较小的平均 beta 函数，可以减少由高频腔引起的多束团不稳定性。因此，我们选择了 90°/90°的相移和 13.7 m 的四极磁铁距离。高频加速区的束线几何如图 4-25 所示。

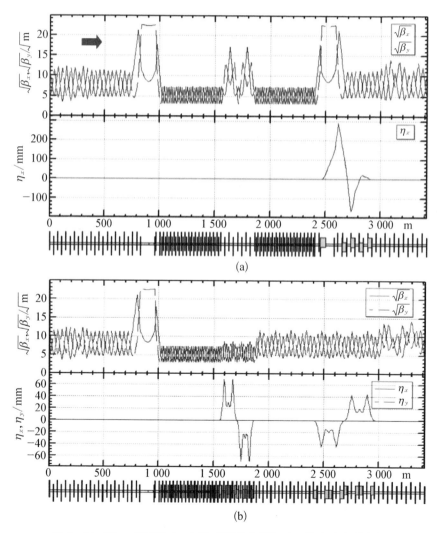

(a)

(b)

图 4-24　Higgs 模式和 W、Z 模式下的高频加速区的束流光学参数

(a) Higgs 模式；(b) W、Z 模式

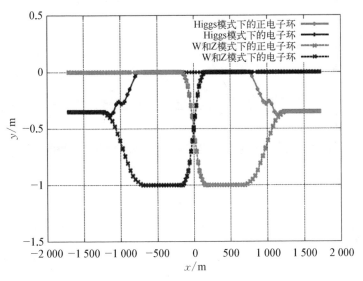

图 4‑25　高频加速区的几何参数

4）直线节

CEPC 直线节的功能是相移调谐和注入。图 4‑26 给出了该部分的束流光学参数。对于 H 模式，采用在轴注入方案以降低注入动力学孔径的要求；对于 W 和 Z 模式，采用离轴注入方案。两个环使用独立的磁铁，两个环中的两个四极磁铁之间的纵向距离为 0.3 m，这样可以容纳更大横向尺寸的四极磁铁。图 4‑27 给出了整个对撞机的束流光学参数。

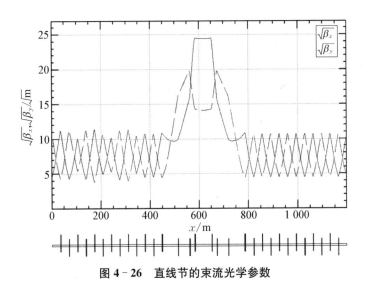

图 4‑26　直线节的束流光学参数

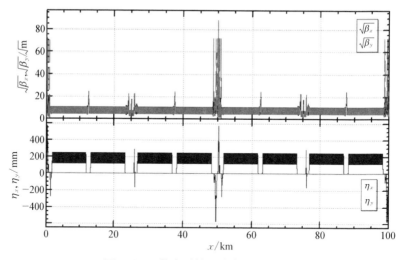

图 4‑27 整个对撞机的束流光学参数

5）同步辐射引起的能量损失效应

CEPC 运行在 H 模式时，同步辐射对束流运动具有显著影响。对于仅有两个高频加速区的 Higgs 模式，锯齿形闭合轨道会达到 1 mm。具有这种偏心轨道的束流将在磁铁中看到额外的场，这将导致束流光学参数约 5% 的畸变和动力学孔径降低。同步辐射引起的能量损失效应可通过随着束流能量逐渐改变磁铁强度得以校正，这将校正束流光学畸变并且恢复动力学孔径。通过使用这种方法，锯齿轨道大幅度减小为 1 μm。使用这种方法前后的轨道和束流光学参数如图 4‑28 所示。

6）螺线管耦合效应

非常小的垂直发射度是实现高亮度的必要条件。垂直发射度可能来自弧区中的横向耦合；而探测器螺线管也可能导致垂直发射度的增长，因为螺线管场 B_z 在纵向 z 方向上不是恒定的并且存在横向边缘场[22-24]。

螺线管可以导致对撞区中的横向耦合。边缘场将引起垂直闭合轨道的畸变并在垂直方向上产生色散，这将导致垂直发射度的增长。

为了最小化垂直发射度，我们需要尽可能靠近对撞点安装补偿螺线管。其纵向场 B_z 沿 z 方向平滑分布，这减小了横向场分量。所以我们需要避免 B_z 的急剧变化，特别是在远离对撞点的区域，否则在大 β 区域轨道偏转会更大。Higgs、W 和 Z 模式将采用相同的螺线管。表 4‑15 中列出了三种运行模式下由 SAD 程序计算出来的螺线管激励的垂直发射度，我们可以看到此螺线管配置是合理的。

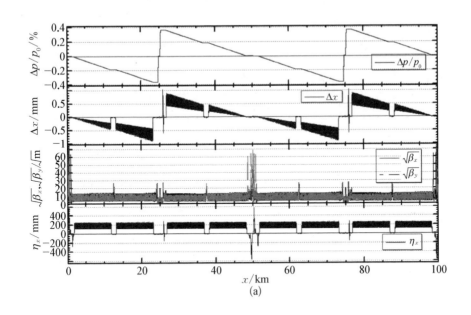

(a)

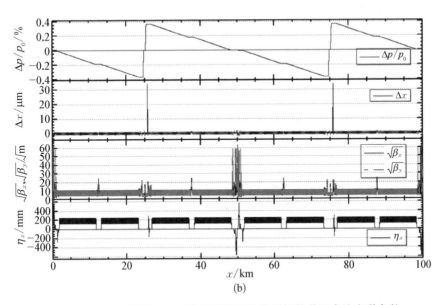

(b)

图 4-28　Higgs 模式下消除能量损失效应前后的轨道和束流光学参数

（a）消除能量损失效应前；（b）消除能量损失效应后

表 4‑15　螺线管激起的垂直发射度

	Higgs	W	Z(3T)	Z(2T)
垂直发射度/(pm·rad)	0.16	0.53	2.9	0.45
归一化的垂直发射度预测值/%	6.7	33	71	28
发射度耦合预测值/%	0.2	0.3	2.2	0.89

7) 动力学孔径

表 4‑16 列出了为了获得高效的注入和足够的束流寿命对动力学孔径的要求。我们为 CEPC 开发了一个基于差分进化算法的多目标优化程序 MODE,用 SAD 程序进行束流光学计算和动力学孔径跟踪。

表 4‑16　每个模式对动力学孔径的要求

	Higgs	W	Z
在轴注入	$8\sigma_x \times 15\sigma_y \times 1.35\%$	—	—
离轴注入	$13\sigma_x \times 15\sigma_y \times 1.35\%$	$15\sigma_x \times 9\sigma_y \times 0.9\%$	$17\sigma_x \times 9\sigma_y \times 0.49\%$

强同步辐射会产生强辐射阻尼,这有助于在一定程度上扩大动力学孔径。如图 4‑29 所示,同步辐射效应的影响很明显,特别是对于有大的动量偏差的粒子。

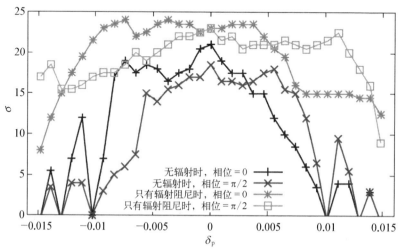

图 4‑29　考虑每一块磁铁处的阻尼并且不考虑辐射量子激发的动力学孔径(假定了 0.3%的发射度耦合)

对于同步辐射中的量子激发,我们做粒子跟踪时考虑了在每个磁铁中同步辐射引起的随机扩散。具有和不具有辐射激发的相同磁聚焦结构的动力学孔径对比如图 4-30 所示,这表明量子激发的扰动主要来自垂直方向,它们的差异主要来自对撞区中最终聚焦四极磁铁导致的束流辐射。

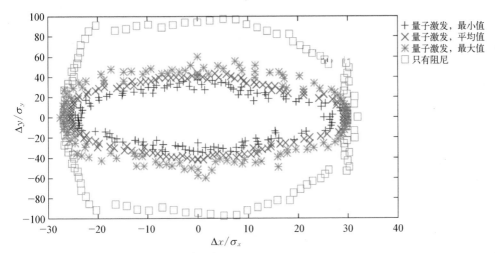

图 4-30　考虑每一块磁铁处的阻尼及辐射量子激发时的设计能量粒子的动力学孔径

在优化动力学孔径的过程中,我们考虑了同步辐射的量子激发效应。为了减少随机噪声,削去了一部分动力学孔径结果以确保大动量偏差下的动力学孔径小于小偏差时的动力学孔径,如图 4-31 所示。

所有的六极磁铁(250)都可以独立调节。在实际优化动力学孔径时,

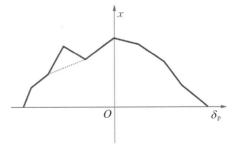

图 4-31　动力学孔径的边界处理

我们只使用了 32 个弧区六极磁铁,10 个对撞区六极磁铁和不同区域之间的 8 个相移调谐变量。这与更多的六极磁铁没有明显的区别。Higgs/W/Z 能量优化后的动力学孔径如图 4-32~图 4-34 所示。动力学孔径可以满足注入和对撞束流寿命的要求。

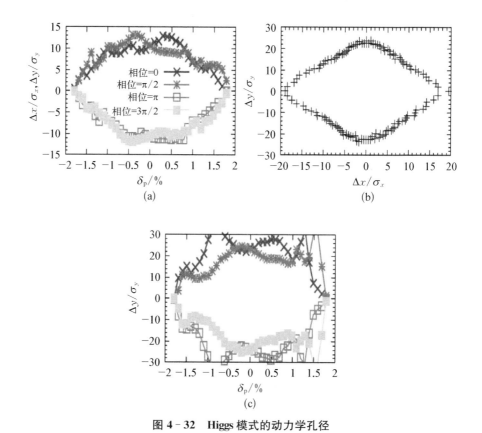

图 4 - 32 Higgs 模式的动力学孔径

(a) 对于设计耦合的情形;(b) 对于设计能量的情形;(c) 垂直方向的动力学孔径

8) 加速器与探测器接口

加速器与探测器的接口(machine detector interface,MDI)是对撞机设计里最具挑战性的领域之一,它几乎覆盖了加速器和探测器所有普遍存在的问题,是衡量加速器和探测器设计性能好坏的标准之一。顾名思义,MDI 要处理的是加速器与探测器交界面的问题,需要同时满足加速器和探测器的要求。与 MDI 相关的研究课题包括探测器本底、挡板(collimator)和屏蔽(shielding)的设计,螺线管场补偿、超导磁铁(final doublet)的设计,对撞区束流管道的设计,辐射防护、对撞区的整体设计及优化以及亮度监测等。图 4 - 35 给出了CEPC 对撞区设计布局示意图。

9) 探测器螺线管场补偿

CEPC 探测器螺线管中心磁场高达 3T,探测器螺线管场为纵向场,它的

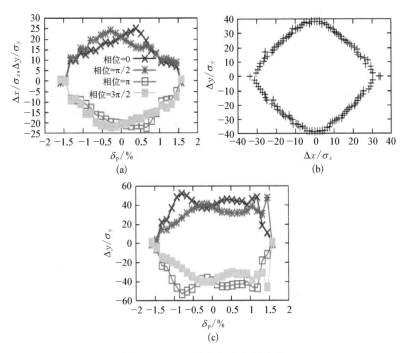

图 4-33 W 模式的动力学孔径

（a）对于设计耦合的情形；（b）对于设计能量的情形；（c）垂直方向的动力学孔径

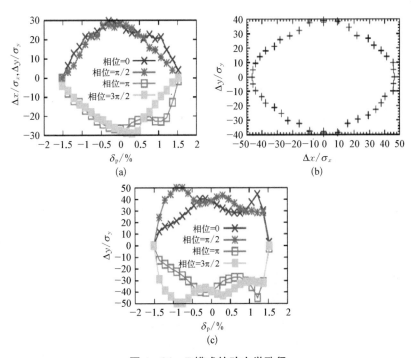

图 4-34 Z 模式的动力学孔径

（a）对于设计耦合的情形；（b）对于设计能量的情形；（c）垂直方向的动力学孔径

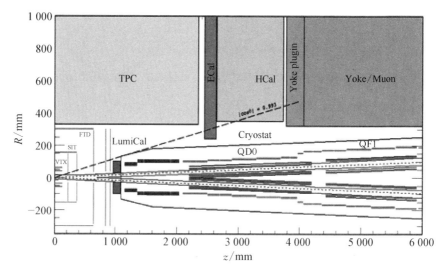

图 4‑35　CEPC 双环对撞区初步设计布局示意图

存在将会对加速器的束流产生一定的影响,会引起束流水平和垂直方向上的强耦合,增大垂直方向上的发射度,对于局部双环带交叉角设计方案来说,还会影响束流垂直方向上的轨道。如果不对螺线管场进行补偿,会影响对撞点的束团尺寸,进而影响机器亮度。因此必须对探测器螺线管场进行补偿。

补偿的方法有反螺线管和斜四极磁铁两种。加入反螺线管是首选的方法,这是由于斜四极磁铁会引入额外的色品,需要在弧区和对撞区等位置进行二次补偿,并且斜四极磁铁也只是对于处于设计能量的粒子的校正是准确的,残留的色品耦合项会导致垂直发射度的增大。

为了减小最终聚束系统(final focus system, FFS)色品校正难度以解决动量偏移粒子的动力学孔径问题,CEPC FFS 末端四极磁铁不得不深入探测器内部,这也增加了反螺线管设计的复杂性。

10) 对撞区真空盒设计

为了减少探测器本底以及束流损失引起的辐射剂量,对撞区真空盒孔径须能容纳足够大的束流清晰区,保证环内束流有足够长的量子寿命。为了保持真空盒精确的形状,必须采用数控机床进行加工,并进行特殊焊接,以避免变形。在设计中,对撞区真空盒全部采用导热性能良好的铜作为材料。

目前的CEPC对撞区真空盒设计中,考虑机械装配和束流本底,探测器铍管的内部直径为28 mm,铍管长度为7 cm。由于对撞区真空盒要避开探测器轫致辐射本底中的正负电子对,真空盒在0.2~0.5 m的范围内要设计成锥管。为了保证更好地安装对撞区的真空盒,需要在束流管道的Y型分叉区增加一个波纹管(0.5~0.7 m),靠近探测器轴线区域的真空盒与轴线交于0.7 m的位置用于安装水冷和波纹管,因此0.7~2.2 m(QD$_0$入口处)为一段异型管。而在两块超导磁铁QD$_0$和QF$_1$内部,选择常温真空盒。

11) 同步辐射

只要负电子或正电子在二极磁铁或四极磁铁内发生轨道弯转就会产生同步辐射光,光子将沿着弯转轨道的切线方向发射,同步辐射光的瞬时功率(单位是kW)为

$$dP = \frac{d\phi}{2\pi} \cdot 88.47 \cdot E_{\text{beam}}^4 \cdot I/\rho \qquad (4-194)$$

式中,ρ为弯转半径,m;$d\phi$为偏转角度;E为束流能量,GeV;I为束流流强,A。

光子临界能量为

$$E_c = 0.665E^2B \qquad (4-195)$$

式中,E是束流能量,GeV;B为极头强度,T。

对撞区内的同步辐射光危害很大,它不仅会在真空盒上产生热负载,还将对高能物理实验造成本底影响。另外,同步辐射剂量还会损伤谱仪内的电子学元件。所以对撞区内的束流光学需要仔细谨慎地设计,以避免同步辐射光子直接或一次散射到谱仪的铍管上。

对于CEPC双环设计,对撞区同步辐射主要来源于上游最后一块二极磁铁和最后两块四极磁铁中偏离中心的粒子。对撞区上游最后一块二极磁铁位于距离对撞点60多米的位置上,束流通过时产生同步辐射。在目前的设计中,有58 W的同步辐射功率会通过对撞区,但不会打在探测器铍管上,这部分光子的临界能量为47 keV。其余部分的同步辐射会被束流管壁所吸收或反射,沿束流管壁安装三个小挡块以屏蔽这部分同步辐射,使得进入对撞区的同步光降到安全范围内。

由于对撞区上游弧区挡板的存在,来源于四极磁铁的同步辐射不会进入对撞区,而是打在下游束流管壁上,一次散射光子也将离开对撞区到下游更远处去,这样来源于四极磁铁的同步光不会对探测器元件产生影响。

12）探测器本底

本底是整个对撞区设计里面至关重要的一个环节。CEPC 通过质心能量为 240 GeV 的正负电子束流对撞，超高的束流能量意味着丢失在对撞区的本底粒子同样会携带较大的能量。各种本底源会增加进入探测器的初始粒子数量，在探测器中产生能量沉积，进而影响探测器的使用寿命。击中管道内壁或者挡板的粒子还可能会与接触的材料作用，产生大量次级粒子并进入探测器中，这部分次级粒子既会干扰正常的实验取数，也会对探测器各个子层造成损害，影响探测器的寿命，因而应该尽可能地保护探测器，减小进入探测器的粒子数量和强度。各种本底源和对探测器的影响可以用蒙特卡罗模拟来计算，并最终为加速器和探测器的优化提供参考。

世界历史上存在过的正负电子对撞机均处于较低的能区，CEPC 作为希格斯工厂，其 120 GeV 的设计束流能量超越了人类目前为止建造过的最高能量的正负电子对撞机（LEP2，104 GeV），更高能量的束流会产生前所未有的本底-束致辐射。

对探测器的防护和屏蔽本底来源，除了合理设计和优化机器的参数外，主要是通过在 IP 上游加入挡板（collimator）或者是在顶点探测器以及最终磁聚焦对束流管道周围包上高 Z 的屏蔽材料（一般用钨）来实现。

目前对于 CEPC 初步的束流本底研究结果表明，最主要的本底来源是辐射巴巴散射和束致辐射作用；探测器的初步模拟结果也表明，这两种本底的水平已经超过了探测器的容忍范围，必须加以限制。限制对撞区的束流本底最有效的方法就是设置挡板系统来屏蔽本底粒子。特别是对于辐射巴巴散射来说，由于其发生在小角度范围，因此在束流管道外加钨屏蔽系统无法阻挡这种本底，设计相应的挡板系统是唯一的屏蔽办法。CEPC 对撞区 lattice 设计的复杂性也使得挡板系统的设计更加复杂。

4.2.3　增强器

CEPC 在 CDR 的基础设计是 100 km 双环方案[25]。其中增强器的能量从 10 GeV 开始，而且尺寸大小与主环相同。增强器可以为对撞机的不同能量模式注入电子和正电子束，而且还能满足空环注入和恒流注入两种注入模式的需求。由于机器整体规模的改变，增强器尺寸从 Pre-CDR 中的 50 km 扩大到 100 km。在 CDR 中，束流在 10 GeV 直线加速器中加速，然后在增强器中注入和加速到三种对撞机运行模式（Higgs、W 和 Z）所需的能量。增强器与对撞机处于同一隧道中,放置在对撞环上方,而且在对撞区使用 bypass 以避开对撞环中的两个探测器。

4.2.3.1　增强器参数

1) 增强器设计要求

表 4-17 列出了增强器设计要求。增强器中的束流质量要求由对撞环确定,增强器中的总流强受 RF 功率的限制:对于 Higgs 为 1.0 mA,对于 W 为 4.0 mA,对于 Z 为 10 mA。对于恒流注入,我们假设 3% 的电流衰减,92% 的增强器传输效率,包括由于量子寿命导致 3% 的束流损失和在升能期间 5% 的束流损失。如果还考虑从直线加速器到增强器以及从增强器到对撞机的两条输送线 99% 的传输效率,则 CEPC 注入链的总效率为 90%。由于流强的限制和对撞环中流强 3% 衰减的假设,Higgs 模式和 W 模式的恒流注入仅需要一个周期,而 Z 模式需要两个周期。三种能量模式的恒流注入时间结构如图 4-36 所示。

表 4-17　增强器设计要求

参　　数	设　计　目　标
流强/mA	<1.0(Higgs), 4.0(W), 10(Z)
发射度,120 GeV 时/(nm・rad)	<3.6
动力学孔径,10 GeV 时(归一化 σ)/mm	>$4\sigma+5$
动力学孔径,120 GeV 时/mm	>$6\sigma_x+3$, $16\sigma_x+3$
能量接受度/%	>1
增强器转化效率/%	>92
整体转化效率/%	>90
注入时间/s	满足恒流注入的需求

2) 不同能量下的束流参数

注入和引出能量的主要增强器参数列于表 4-18 和表 4-19 中。束流通过在轴注入方案从直线加速器注入增强器,然后通过离轴方案从增强器注入三种不同能量的对撞环。此外,在希格斯能量的对撞环的动力学孔径不足以进行离轴注入的情况下,我们为 Higgs 能量额外设计了从增强器到对撞机的在轴注入方案。

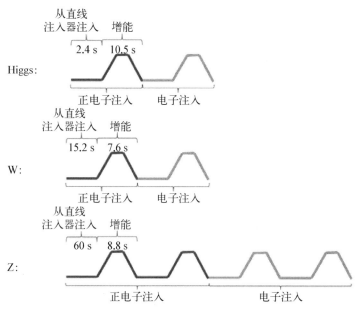

图 4-36 Higgs、W 和 Z 模式的连续注入时间结构

表 4-18 注入能量时增强器的主要参数

参 数	单 位	Higgs 模式	W 模式	Z 模式
束流能量	GeV	10	10	10
束团数	—	242	1 524	6 000
单束团流强阈值	μA	25.7	25.7	25.7
束流流强阈值(被耦合束团不稳定性所限制)	mA	127.5	127.5	127.5
束团电荷数	nC	0.78	0.63	0.45
单束团流强	μA	2.3	1.8	1.3
束流流强	mA	0.57	2.86	7.51
能散	%	0.007 8	0.007 8	0.007 8
每圈的同步辐射损失	keV	73.5	73.5	73.5
动量压缩因子	10^{-5}	2.44	2.44	2.44
发射度	nm	0.025	0.025	0.025

参　数	单　位	Higgs 模式	W 模式	Z 模式
自然色品	H/V	$-336/-333$	$-336/-333$	$-336/-333$
RF 电压	MV	62.7	62.7	62.7
工作点	$x/y/s$	263.2/261.2/ 0.1	263.2/261.2/ 0.1	263.2/261.2/ 0.1
RF 能量接受度	%	1.9	1.9	1.9
阻尼时间	s	90.7	90.7	90.7
直线加速器束团长度	mm	1.0	1.0	1.0
直线加速器中的束流能散	%	0.16	0.16	0.16
直线加速器中的发射度	nm	40~120	40~120	40~120

表 4-19　引出能量时增强器的主要参数

参　数	单位	Higgs 模式	Higgs 模式	W 模式	Z 模式
		离轴注入	在轴注入	离轴注入	离轴注入
束流能量	GeV	120	120	80	45.5
束团数	—	242	242	1 524	6 000
最大的束团电荷	nC	0.72	24.0	0.58	0.41
单束团流强阈值	μA	300	300	—	—
束流流强阈值（被 RF 功率所限制）	mA	1.0	1.0	4.0	10.0
束流流强	mA	0.52	1.0	2.63	6.91
连续注入的持续时间（两个束流）	s	25.8	35.4	45.8	275.2
连续注入的注入间隙	s	73.1	73.1	153.0	438.0
注入间隙流强的衰减	%	3	3	3	3
能散	%	0.094	0.094	0.062	0.036

（续表）

参 数	单位	Higgs 模式	Higgs 模式	W 模式	Z 模式
		离轴注入	在轴注入	离轴注入	离轴注入
单圈同步辐射损失	GeV	1.52	1.52	0.3	0.032
动量压缩因子	10^{-5}	2.44	2.44	2.44	2.44
发射度	nm	3.57	3.57	1.59	0.51
自然色品	H/V	$-336/-333$	$-336/-333$	$-336/-333$	$-336/-333$
RF 电压	GV	1.97	1.97	0.585	0.287
工作点	x/y	263.2/261.2	263.2/261.2	263.2/261.2	263.2/261.2
纵向工作点	—	0.13	0.13	0.10	0.10
RF 能量接受度	%	1.0	1.0	1.2	1.8
阻尼时间	ms	52	52	177	963
自然束团长度	mm	2.8	2.8	2.4	1.3
从 0 开始注入持续的时间	h	0.17	0.17	0.25	2.2

在能量上升之后，Higgs 和 W 模式的发射度能够衰减到接近足以注入对撞机的值。然而在能量上升之后，Z 模式的束流发射度仍然不能满足对撞机注入要求，所以在从增强器中引出之前需要进一步的阻尼（5 s）。

Higgs 离轴注入模式的注入时间为 25.8 s，Higgs 在轴注入模式为 35.4 s，W 为 45.8 s，Z 为 4.6 min。在对撞机中，从零流强注入时，由于没有对撞，束流寿命比恒流注入的束流寿命时间长得多。零流强注入时，对撞机中的束流寿命主要受 Touschek 效应的影响，Higgs 模式约为 924 h，W 模式为 105 h，Z 模式约为 53 h。对于 Higgs，两个束流从零到完全注满的时间为 10 min，W 为 15 min，Z 为 2.2 h（从设计电流的一半开始交替注入）。

在三种能量模式的升能期间，增强器中 RF 电压和纵向工作点如图 4-37 所示。在 W 和 Z 模式的升能期间，纵向工作点是恒定的（0.1）。Higgs 的纵向工作点为 0.13，以获得更大的能量接受度用于在轴注入方案。增强器中 10 GeV 的束流寿命为 4.0×10^9 h，由横向量子寿命决定，在 120 GeV 时为 2.3×10^{16} h，由纵向量子寿命决定，如图 4-38 所示。

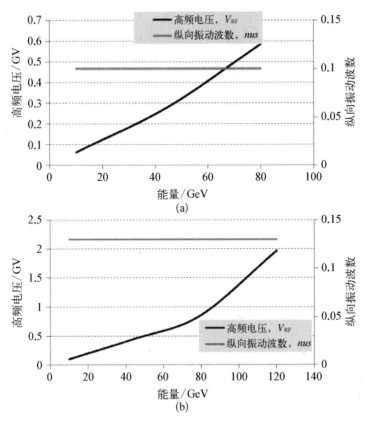

图 4 - 37　增强器 RF 的阻尼曲线

（a）W 和 Z 模式；（b）Higgs 模式

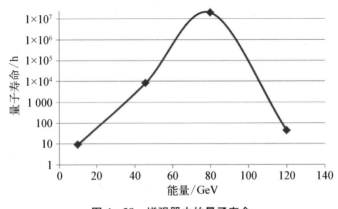

图 4 - 38　增强器中的量子寿命

4.2.3.2 增强器中的束流光学

1) 几何束流光学设计

增强器束流光学系统的设计目标是确保几何形状与对撞机相同,即增强器可以与对撞环共享隧道,并满足束流动力学的要求。考虑到资金和运营成本,磁铁的总数已经达到了最小化。其中最大单元长度以及增强器中的最大发射度受到对撞机注入要求的限制。

(1) 弧区。对于增强器的磁聚焦结构,我们选择了标准的 FODO 单元。增强器中两个 FODO 单元的长度对应于对撞环中的三个 FODO 单元。每个单元的相移在水平和垂直平面中为 $90°/90°$。每个弯转磁铁的长度为 46.4 m,包括 10 个短二极磁铁。每个四极磁铁的长度为 1.0 m,而每个四极磁铁和相邻弯转磁铁之间的距离为 1.6 m。因此,每个 FODO 单元的总长度为 101 m。97 个 FODO 单元构成一个八分之一圆。在每个八分之一圆的两端有消色散节和直线节。我们需要调整消色散节中的弯转磁铁强度,以匹配对撞环的几何形状。图 4 - 39 显示了 FODO 单元和消色散节的 Twiss 参数。

(2) 注入区。增强器中,用于注入/引出的直线段的长度与对撞环中的完全相同。图 4 - 40 显示了注入/引出区域中的磁聚焦结构的 Twiss 参数。注入区的相移是可调的,这可以用于调节整个环的工作点和优化有动量偏差粒子的动力学孔径。

(3) RF 区。在 RF 区设计了具有较低 beta 函数的专门区段,用以减少由于 RF 腔造成的多束团不稳定性。RF 直线段的两端相移可调,同时将 beta 函数从标准弧区转换到低 β 部分。图 4 - 41 显示出了 RF 区域中的 Twiss 参数。低 β 段的长度为 1.6 km,RF 直线段的总长度为 3.4 km,与对撞环完全相同。

(4) 对撞区。除对撞区外,增强器的几何形状与对撞环完全相同。在对撞区,增强器从外侧绕过对撞环以避免与 CEPC 探测器发生冲突。考虑到土木工程和辐射防护的要求,探测器中心与增强器之间的距离约为 25 m,该分离量的精确数值须保证增强器与对撞环的周长严格相等。图 4 - 42 显示了 IR 区域中的 Twiss 参数。

2) 几何设计

CEPC 对撞环和增强器都位于隧道内侧,增强器位于对撞环的顶部。增强器的水平位置设计在对撞环两侧的中心线上。增强器的水平位置误差需要控制在 ±17 cm,要做到这一点,必须仔细控制元件长度和二极磁铁弯转角度的精度。

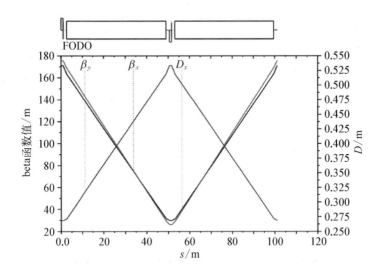

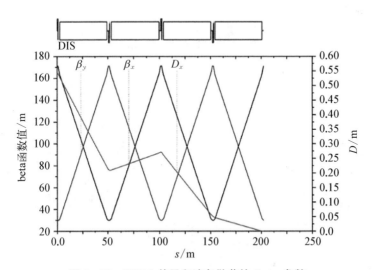

图 4 - 39　FODO 单元和消色散节的 Twiss 参数

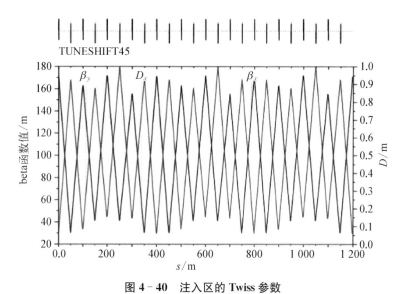

图 4 - 40　注入区的 Twiss 参数

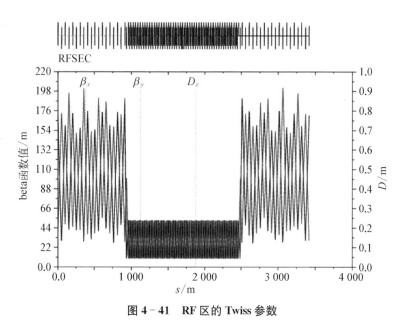

图 4 - 41　RF 区的 Twiss 参数

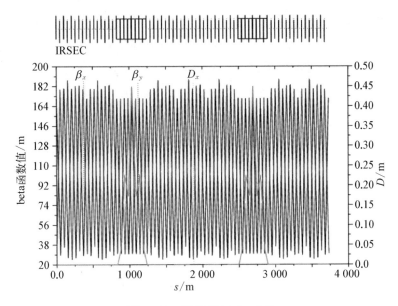

图 4 - 42　IR 区的 Twiss 参数

3）色品校正

采用非交叉方案和两组六极磁铁变量进行增强器中的线性色品校正。CEPC 增强器中六极磁铁的排列状况如图 4 - 43 所示。具有相同六极磁铁的 FODO 单元分组为图 4 - 43(b)中所示的四对四极磁铁，以便消除与 δ^2、δ^3 等相关的高阶项。每个八分之一圆由 4 个单元组成。两个不同八分之一圆之间

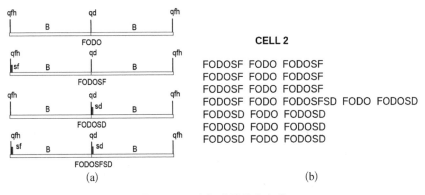

(a)　　　　　　　　　　　　　　　　(b)

图 4 - 43　六极磁铁排布方案

(a) FODO 单元；(b) 拥有两个六极磁铁的基本单元

的注入/引出直线段的相位具有用 δ^1 (h_{40001} 和 h_{00401})抵消四阶共振的功能,因此可以用于优化有能量偏差粒子的动力学孔径。我们通过 downhill 算法自动优化了该部分的相位,增大了带能量偏差粒子的动力学孔径。图 4 - 44 显示了这种相移优化方案的效果。

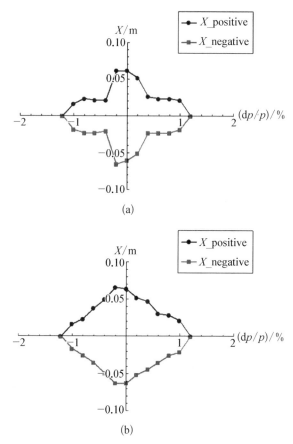

(a)

(b)

图 4 - 44　DA 优化与注入/引出部分的相位调整

(a) 优化之前;(b) 优化之后

4）有误差时的动力学孔径

表 4 - 20 列出了误差设置的详细信息。误差满足高斯分布的在 3σ 处截断。利用前面讨论的六极磁铁布局,可以将增强器的非线性校正至五阶。为了获得更大的动力学孔径,对六极磁铁之间和八分之一弧区之间的相移都进行了仔细优化。图 4 - 45 中的粗黑线表示没有误差时的动力学孔径;细黑线是带有误差和轨道校正的动力学孔径;灰线是有误差但未做矫正时的动力学

孔径;图(a)中的虚线是 10 GeV 处的束流清晰区,图(b)中的灰虚线是具有
120 GeV 轨道校正和强同步辐射效应的动力学孔径。对于有误差和轨道校正,
增强器的动力学孔径几乎是没有误差时的三分之二。在 10 GeV 时,有误差的
DA 应大于束流清晰区。在 120 GeV,除了误差效应外,还考虑了辐射阻尼效应,
包括辐射效应在内的 DA 结果显示为图 4 - 45(b)中的灰虚线。需要满足的增强
器 DA 和实际实现情况已列于表 4 - 21 中。其中 10 GeV 的 DA 需要由束流清
晰区域确定,120 GeV 的 DA 需要由在轴注入方案中对撞环再注入过程确定。

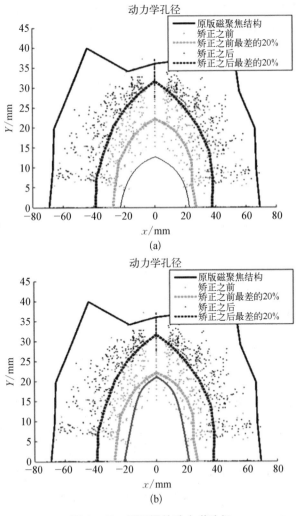

图 4 - 45　增强器的动力学孔径

(a) 10 GeV;(b) 120 GeV

表 4-20　误差分析的设置

参　　数	二极磁铁	四极磁铁	六极磁铁	参　　数	BPM(10 Hz)
横向偏移距离(x/y)/μm	50	70	70	精度/m	1×10^{-7}
纵向偏移 z/μm	100	150	100	Tilt/mrad	10
围绕 x/y 旋转角度/mrad	0.2	0.2	0.2	Gain	5%
围绕 z 旋转角度/mrad	0.1	0.2	0.2	BBA 后的偏移量/mm	30×10^{-3}
Nominal field	3×10^{-4}	2×10^{-4}	3×10^{-4}		

表 4-21　对增强器动力学孔径的总结

条　　件	参　数/mm			
	需要的动力学孔径	需要的动力学孔径	达到的动力学孔径	达到的动力学孔径
	H	V	H	V
10 GeV ($\varepsilon_x = \varepsilon_y = 120$ nm)	$4\sigma_x + 5$	$4\sigma_y + 5$	$7.7\sigma_x + 5$	$14.3\sigma_y + 5$
120 GeV ($\varepsilon_x = 3.57$ mm, $\varepsilon_y = \varepsilon_x \times 0.003$)	$6\sigma_x + 3$	$16\sigma_y + 3$	$21.8\sigma_x + 3$	$1\,006\sigma_y + 3$

4.2.4　直线注入器

电子枪是电子源,是加速器的束流源头,它决定了直线加速器的很多束流脉冲特性,所发射的电子束又称电子注。常规电子枪通常指的是阴极为热阴极、依靠阳极电压引出的电子枪,相对于微波电子枪,它引出束流流强高、可提供的束团电荷量高,但是束流发射度较大,为了与下游直线加速器匹配,需要引入聚束系统[26]。

通常情况下,电子枪流强需要在一定范围内可调,如 BEPCⅡ电子枪在电子注入模式流强为 1 A,在正电子注入模式流强可达到 10 A。传统电子枪有皮尔斯二极枪以及改进的轰击型电子枪,但是电子枪电流调节较困难。现在常用的电子枪是栅控三极枪。强流短脉冲电子加速器通常采用同轴型三极枪,通过同轴电缆把调制脉冲加到栅极,受阴栅电容限制,最短束流脉冲可低至 1 ns。栅控电子枪可通过改变栅极调制电压调节枪电流。电子枪系统由阴栅组件、电子枪枪体、脉冲高压电源、脉冲发生器、灯丝电源、偏压电源、Pusler 插件和控制单元等组成。电子枪设计时一般要考虑以下几个方面:所发射电子具有一定的能量;结构要有足够的耐压强度,能承受一定的高压;要有足够的发射能力,可发射出足够高流强的稳定束流;所发射电子束流的横向直径和发射角要在要求范围内;结构简单,易于加工、安装和检修;使用寿命尽可能长;运行可靠等。

电子枪导流系数定义为

$$P = \frac{I}{U^{\frac{3}{2}}} \tag{4-196}$$

式中,I(A)是电子注电流,U(V)为注电压。导流系数单位为泊(P, 1 P=10^{-1} Pa·s),一般导流系数值都比较小,常用微泊表示(μP)。导流系数是电子枪及束流光学中非常重要的物理参数,它表征了电子枪发射电流的能力,导流系数越大,表示在相同阳极电压下可提供更强的电流;它表征了电子枪和电子束空间电荷作用的程度,导流系数小于等于 0.1 μP 的电子注称为弱流电子注,导流系数大于 0.1 μP 的电子注称为强流电子注,导流系数越大,束流流强及空间电荷力越强,设计中需要特别考虑空间电荷力的影响;它还表征了电子枪的结构特点与尺寸大小。电子直线加速器用电子枪的导流系数约为0.2 μP,速调管电子枪的导流系数约为 2 μP,均属于强流系统。

电子枪束流质量可通过电子束的层流性来表征,通常以电子枪束的轨迹交叉与否或交叉的严重程度来判断,一般情况下不希望交叉以保证电子束具有小发射度。故电子枪设计时需要考虑空间电荷效应,并据此进行结构设计,尽量保证电子束的层流性。另外电子枪设计时需要优化结构,尽量降低聚焦极及阳极上的最高场强。

电子枪设计实际上是求解给定边界条件下的泊松方程。计算机模拟是电子枪设计的主要手段,现有很多电子枪设计程序,比较著名或常用的有 SLAC 实验室的 EGUN 程序,BINP 研究所的 DGUN、CST 等,通过指定边界类型及位置来给定边界条件,利用相应的算法求解泊松方程,例如有限差分法,从而计算电子在静电和静磁场中的轨迹。

以 CEPC 电子枪为例,其采用发射阴极为 EIMAC Y796 的常规三极电子枪,阴极面积为 2 cm²,其电流发射密度最高可达到 12 A/cm²。CEPC 电子枪设计阳极电压为 160 kV,电流为 10 A,通过优化电子枪结构,计算得到导流系数为 0.169 μP,发射度为 18 mm·mrad。

从常规热阴极电子枪出来的电子束,其速度远小于光速,脉冲宽度为 ns 量级或 μs 量级,相对于微波,束流在纵向相空间均匀分布。为了下游加速器更好地加速电子束并获得好的能谱特性,就必须将束流聚束成一个个微束团,故需要良好设计的聚束系统。最简单的聚束器是一个谐振腔,利用速度调制原理,使得电子在纵向发生群聚。在一个射频周期内,束流前面的电子早进入聚束器感受到减速场,速度减小,能量降低,束流后面的电子后进入聚束器感受到加速场,速度提高,能量增加。在经过一段漂移节后,后面速度快的电子赶上前面速度慢的电子,从而实现纵向聚束,形成束团。定义聚束参数

$$R = \frac{qL_d V_0}{m_0 c^2 \gamma^3 \beta^3 \lambda} \qquad (4-197)$$

式中,L_d 为聚束器与加速器之间的漂移长度;λ 为聚束器频率对应的波长;$V_0 = E_0 T L_b$ 为聚束器的腔压;E_0 为聚束器的梯度;T 为渡越时间因子;L_b 为聚束器加速间隙长度。对于相同的 R 值,既可以选取大的聚束腔压和短的漂移距离,也可选取小的聚束腔压和长的漂移距离。综合考虑空间电荷效应、腔压、能散等因素的情况下,尽量缩短漂移距离,具体需要通过模拟程序进行优化。

经过聚束漂移之后,束流呈"S"形分布,大部分束流会集中到一定的区间内,选取不同的 R 值可以得到不同的集中区范围。考虑初始束流为均匀分布,R 值越小,集中区的相宽越小,但传输效率也越小。若考虑 50% 的束流落入集中区,则要求一半微波周期内的束流集中到集中区,R 值约为 0.22,集中区宽度约为 20°。若 R 值为 0.25,则集中区宽度约为 40°,传输效率约为 60%。

通常情况下,束流具有能散且需要考虑空间电荷效应,需要优化聚束器的腔压以及聚束相位以获得高的传输效率和小的纵向相宽。总的来说,单个聚束器的聚束效率不高,需要引入同频预聚束器或者低频次谐波预聚束器以获得更好的束流品质。聚束系统为直线加速器低能段,空间电荷效应对束流动力学的影响非常大,通常在聚束系统设计中采用 PARMELA 程序进行模拟,另外也可用 IMPACT、TRACK、ASTRA 等程序进行设计模拟。以 CEPC 为例,加速结构频率为 2 860 MHz,RF 周期为 0.35 ns,电子枪束流脉冲底宽为

1.6 ns,对应于 4.6 个 RF 周期。由于 CEPC 直线加速器要求束流能散很小,所以需要聚束系统提供短的束流相宽,另外考虑正电子模式,要求聚束系统具有高传输效率、单束团,故 CEPC 聚束系统引入两个次谐波腔作为预聚束器,其频率分别为 143 MHz、572 MHz,对应的 RF 周期分别为 7 ns、1.75 ns。CEPC 聚束系统的加速结构包含两个次谐波腔、一个 2 860 MHz 的聚束器和一个标准 2 860 MHz 加速结构。通过两个次谐波腔可以很好地实现纵向聚束,并通过聚束器及加速管快速加速束流,聚束系统出口束流分布如图 4 - 46 所示,束长可压缩到 10 ps,归一化发射度为 80 mm·mrad。需要说明的是加速单元的相位选择非常重要,如聚束器及加速结构,不仅影响纵向相宽,而且会影响横向发射度,需要仔细优化设计。

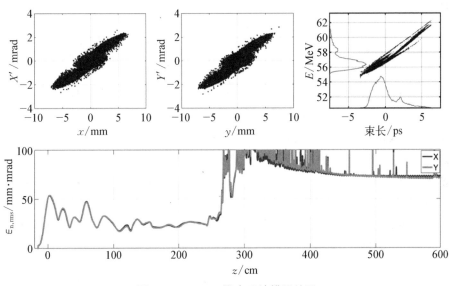

图 4 - 46　CEPC 聚束系统模拟结果

4.3　环形质子对撞机设计方法

与环形正负电子对撞机类似,对于环形质子-质子对撞机来讲,首先需要确定对撞束流能量和对撞机的亮度指标,并通过运用质子-质子束-束相互作用极限解析公式及其他相关约束条件联立求解得到对撞机参数表。由于不是所有约束是刚性约束,包括目标亮度,因此参数表具有一定的参数空间,我们可以在这一参数空间中进行优化设计。

4.3.1 质子对撞机参数优化

本章主要讨论环形质子对撞机的参数选择方法。对质子机器参数选择方法做了相关研究,首先考虑清楚一些参数之间的关系及其计算的常规公式,同时考虑了一些技术和物理的限制,包括束-束相互作用参数的极限、高频系统限制、峰值亮度的要求和束流寿命等。给出了一套从设计亮度、能量、对撞点物理限制和技术限制出发的自洽的参数选择的系统方法,并进行了该方法可靠性的验证[27]。在此基础上,我们计算和设计了几套 SPPC 的参数[18],包括不同能量、不同周长下的参数选择。最后,比较了 SPPC、FCC-hh 和 LHC 的束-束相互作用参数选择的合理性。

4.3.1.1 束-束相互作用参数极限

对于强子对撞机(以质子对撞机为例),我们简单地把电子的经典半径 r_e 换成质子的经典半径 r_p 代入式(4-182),会得到错误的结果。原因是在正负电子对撞机里,计算由束-束相互作用引起的随机热效应时,两个相互对撞的束团内的每一个电子都有贡献,这是由很强的同步辐射和很强的横向的非线性束-束相互作用力导致了电子的随机分布。但是对于强子对撞机,同步辐射效应非常弱,只有非线性的横向的束-束相互作用力对随机的热运动有贡献。在一个束团内部的粒子,在受到强的非线性束-束作用力之前,可以认为非常"冷",其运动轨迹可跟踪,不是随机热运动分布。当受到很强的非线性束-束作用力时,靠近束团外部的部分质子由于受到这个非线性力的作用而随机热运动。假设一个在横向是高斯分布的圆的对撞束团,这部分"热"的质子数目为 $N_{p,h}$,可由 $N_{p,h} = f(x)N_p$ 估算出来,其中

$$f(x) = 1 - \frac{2}{\sqrt{2\pi}} \int_0^x e^{-\frac{t^2}{2}} dt \tag{4-198}$$

式中,N_p 是一个束团内的粒子数目;x 是一个束团"冷核"和外部被"热化"的粒子的边界。在这种假设下,束-束相互作用极限可以表示为[28-29]

$$\xi_{y,\,\max,\,pp} = \frac{2\,845\gamma}{f(x)} \sqrt{\frac{r_p}{6\pi R N_{IP}}} = \frac{2\,845}{2\pi f(x)} \sqrt{\frac{T_0}{\tau_y \gamma N_{IP}}} \tag{4-199}$$

式(4-198)和式(4-199)中的 x 可以由下式解出:

$$x^2 = \frac{4f(x)}{\pi \xi_{y,\,\max,\,pp} N_{IP}} = \frac{4f(x)^2}{2\,845\pi\gamma} \sqrt{\frac{6\pi R}{r_p N_{IP}}} \tag{4-200}$$

式中，N_{IP} 是对撞点的个数；R 是二极磁铁半径；r_p 是质子的经典半径；τ_y 是纵向阻尼时间；T_0 是回旋周期。

4.3.1.2　环形质子对撞机参数选择

1）基本参数选择方法及公式

质子对撞机的亮度公式可以写成束流流强 I_b、束-束相互作用参数 ξ_y、对撞点的垂直 beta 函数 β_y^*、经典质子半径 r_p、电荷量 e 以及采用交叉角对撞和沙漏效应引起的亮度修正因子 F_{ca} 和 F_h 的乘积：

$$L = \frac{I_b}{e} \frac{\xi_y}{\beta_y^*} \frac{\gamma}{r_p} F_{ca} F_h \tag{4-201}$$

式中，F_{ca} 和 F_h 的表达式为

$$F_{ca} = \frac{1}{\sqrt{1 + \left(\dfrac{\sigma_z \theta_c}{2\sigma^*}\right)^2}} \tag{4-202}$$

$$F_h = \frac{\beta_y^*}{\sqrt{\pi}\sigma_z} \exp\left(\frac{\beta_y^{*\,2}}{2\sigma_z^2}\right) K_0\left(\frac{\beta_y^{*\,2}}{2\sigma_z^2}\right) \tag{4-203}$$

从式（4-202）可以看出，对撞机的亮度与束-束作用参数 ξ_y、束流流强 I_b、束流的能量 γ 等成正比，与对撞点的垂直 beta 函数 β_y^* 成反比。为了得到尽可能高的亮度，可以取尽可能大的束-束相互作用参数 ξ_y，假设我们取到 4.3.1.1 节所描述的上限，那么，根据式（4-199）、式（4-200）和 $\tau_y = \dfrac{2E_0 T_0}{J_y U_0}$，我们可以把亮度表达式写为

$$\begin{aligned} L_0 &= \frac{I_b}{e} \frac{\xi_{y,\,max,\,pp}}{\beta_y^*} \frac{\gamma}{r_p} = \frac{I_b}{e} \frac{2\,845}{\beta_y^* 2\pi f(x)} \frac{\gamma}{r_p} \sqrt{\frac{T_0}{\tau_y \gamma N_{IP}}} \\ &= \frac{2\,845}{2\pi r_p e f(x)} \frac{1}{\beta_y^*} \sqrt{\frac{I_b P_{SR} \gamma}{2 E_0 N_{IP}}} \end{aligned} \tag{4-204}$$

因此

$$L = L_0 F_{ca} F_h \tag{4-205}$$

对撞点的 β_y^* 可以表示为

$$\beta_y^* = \frac{2\,845}{2\pi r_p e f(x)} \frac{1}{L_0} \sqrt{\frac{I_b P_{SR} \gamma}{2 E_0 N_{IP}}} \tag{4-206}$$

式中，P_{SR} 为同步辐射功率，表示为

$$P_{SR} = U_0 I_b \qquad (4-207)$$

U_0 是每一圈的同步辐射能量损失，表示为

$$U_0 = 0.007\ 78[\text{MeV}]\ \frac{(E_0[\text{TeV}])^4}{\rho[\text{m}]} \qquad (4-208)$$

临界光子能量表示为

$$E_c[\text{KeV}] = 1.077 \times 10^{-4}(E_0[\text{TeV}])^2 B[\text{T}] \qquad (4-209)$$

因为质子束团是圆束团（$\sigma_x = \sigma_y = \sigma^*$），所以对撞点的均方根尺寸为

$$\sigma^* = \sqrt{\beta_y^* \epsilon} = \sqrt{\beta_y^* \frac{\epsilon_n}{\gamma}} \qquad (4-210)$$

当束团间距是 Δt 时，第一寄生对撞点处的 beta 函数是

$$l_1 = c\Delta t \qquad (4-211)$$

$$\beta_{y,1} = \beta_y^* + \frac{(l_1/2)^2}{\beta_y^*} \qquad (4-212)$$

第一寄生对撞点处的均方根束团尺寸是

$$\sigma_1 = \sqrt{\beta_{y,1}\epsilon} = \sqrt{\beta_{y,1}\frac{\epsilon_n}{\gamma}} \qquad (4-213)$$

为了得到更高的亮度，许多对撞机采用束团间距很近的束团结构，这就会在对撞点附近引起寄生对撞的问题。为了避免寄生对撞的问题，我们采用交叉角对撞模式。在两个束流进入各自的束流管之前，它们在一段公共管道内通过，在此会发生"长程"寄生对撞。尽管由于束团相互分开导致作用很弱，但是大数量此种效应的累积会使得作用明显，并使亮度降低。在 LHC 的对撞点处，两个相向运动的束流共用管道的长度约为 130 m。为了获得大的束-束作用参数，同时尽量减小对亮度的影响，并结合在 LHC 和兆电子伏特加速器的经验，我们选择全交叉角的大小使得在第一寄生对撞点处使束团间距分开 $n_s = 10 \sim 12$ 倍横向均方根束团尺寸，表示为

$$\theta_c = \frac{2 \times \dfrac{n_s}{2} \times \sigma_1}{l_1/2} = \frac{2n_s\sigma_1}{l_1} \qquad (4-214)$$

我们可以把 F_{ca} 重新写成

$$F_{ca} = \frac{1}{\sqrt{1+\Phi^2}} \qquad (4-215)$$

其中

$$\Phi = \frac{\sigma_z \theta_c}{2\sigma^*} = \frac{n_s \sigma_z \sigma_1}{l_1 \sigma^*} = \frac{n_s \sigma_z \sqrt{\beta_{y,1} \frac{\epsilon_n}{\gamma}}}{l_1 \sqrt{\beta_y^* \frac{\epsilon_n}{\gamma}}} = \frac{n_s \sigma_z}{l_1} \sqrt{\frac{\beta_{y,1}}{\beta_y^*}} = n_s \sqrt{\frac{\sigma_z^2}{(c\Delta t)^2} + \frac{1}{4(\beta_y^*/\sigma_z)^2}}$$

$$(4-216)$$

式中，Φ 是 Piwinski 角；θ_c 是全交叉角；σ_z 是束长；Δt 是束团时间间隔。

当由于采用交叉角对撞，使亮度的减小在 10% 以内时，我们有 $F_{ca} \geqslant 0.9$。从式(4-216)得到

$$\Phi \leqslant 0.434\,822\,(\text{rad}) \qquad (4-217)$$

束团数是

$$n_b = \frac{T_0 f_2}{\Delta t} \qquad (4-218)$$

束团内粒子数是

$$N_p = \frac{I_b}{n_b f_{rev} e} \qquad (4-219)$$

联立式(4-206)、式(4-214)、式(4-216)、式(4-218)和式(4-219)，我们可以得到一组合理的 β^*、I_b、Δt、n_b、N_p 和 β_y^*/σ_z 的值。

从束-束相互作用参数的定义式

$$\xi_y = \frac{N_p r_p}{4\pi \epsilon_n} \qquad (4-220)$$

可以得到归一化的发射度为

$$\epsilon_{y,n} = \frac{N_p r_p}{4\pi \xi_{y,\max,pp}} \qquad (4-221)$$

进而计算出 σ^*、β_1、σ_1、θ_c、F_{ca} 和 F_h。最终，得到亮度的表达式为

$$L = L_0 F_{ca} F_h \tag{4-222}$$

我们还可以同时计算出以下参数:

① 每个束流的粒子数:

$$N_{ACC} = N_p n_b \tag{4-223}$$

② 每个束流的能量:

$$W = N_{ACC} E_0 e = N_p n_b E_0 e \tag{4-224}$$

③ 弧区的热负载:

$$SR_{heat\text{-}load} = \frac{P_{SR}}{L_{ARC}} \tag{4-225}$$

④ 横向阻尼时间 τ_x:

$$\tau_x = \frac{2E_0 T_0}{J_x U_0} \tag{4-226}$$

⑤ 纵向阻尼时间 τ_ε:

$$\tau_\varepsilon = \frac{2E_0 T_0}{J_\varepsilon U_0} \tag{4-227}$$

⑥ 对撞的束流寿命:

$$\tau_{burn\text{-}off} = \frac{N_p n_b}{L N_{IP} \sigma_{cross}} = \frac{N_{ACC}}{L N_{IP} \sigma_{cross}} \tag{4-228}$$

⑦ 亮度减小到原来的 $1/e$ 所用的时间:

$$\tau_{1/e} = (\sqrt{e} - 1) \times \tau_{burn\text{-}off} \tag{4-229}$$

另外,对束流寿命的贡献来自拖歇克效应和发射度增长引起的粒子丢失。质子束与束管内残余气体散射、束-束相互作用的非线性力、高频的噪声和 IBS 散射效应等都会引起束流发射度的增加。同步辐射阻尼效应能够在一定程度上补偿以上效应,假设同步辐射阻尼效应刚好可以与束-束相互作用和高频噪声引起的束团尺寸增加相抵消,我们可以估计亮度的寿命为

$$\tau_L = \frac{1}{\dfrac{1}{\tau_{IBS}} + \dfrac{2}{\tau_{rest\text{-}gas}} + \dfrac{1}{\tau_{1/e}}} \tag{4-230}$$

如果运行时间 τ_{run} 满足式(4-231)，积分亮度有最大值，且此时的运行时间是最佳运行时间，表示为

$$\lg\left(\frac{\tau_{\text{turn-around}} + \tau_{run}}{\tau_L} + 1\right) = \frac{\tau_{run}}{\tau_L} \tag{4-231}$$

$$\tau_{optimum} = \tau_{run} \tag{4-232}$$

每一个运行周期的积分亮度(单位为 fb^{-1})是

$$L_{int} = L\tau_L(1 - e^{\frac{-\tau_{run}}{\tau_L}}) \times \frac{3\ 600}{10^{39}} \tag{4-233}$$

式中，τ_{run} 是每个周期的最佳运行时间。最终的对撞效率取决于每个周期的运行时间和间隔时间，所以每天的最佳积分亮度是

$$L_{tot} = \frac{24}{\tau_{run}[h] + \tau_{\text{turn-around}}[h]} L_{int} \tag{4-234}$$

2) 高频系统对参数选择的限制及纵向束流参数

除了 4.3.1.2 节所提到的基本参数外，在参数选择的时候，还需要考虑高频系统的参数选择(主要是高频腔压和频率等)，并检验高频系统参数是否满足束长及纵向动力学的要求。首先，假设同步辐射的能量损失由高频腔完全补偿：

$$U_0 = eV_{RF}\sin\phi_s \tag{4-235}$$

式中，V_{RF} 是高频腔的腔压；ϕ_s 是同步相位。由式(4-235)得

$$\phi_s = \pi - \arcsin\left(\frac{U_0}{eV_{RF}}\right) \tag{4-236}$$

束团的相对能散 σ_ϵ/E_0 表示为

$$(\delta_\epsilon)^2 = \left(\frac{\sigma_\epsilon}{E_0}\right)^2 = \frac{C_q\gamma^2}{J_\epsilon\rho_0} \tag{4-237}$$

因此

$$\delta_\epsilon = \gamma\sqrt{\frac{C_q}{J_\epsilon\rho_0}} \tag{4-238}$$

式中，$C_q = 2.086 \times 10^{-16}$ m，是一个常数。

自然束长表示为

$$\sigma_1 = \frac{\alpha_p R \delta_\epsilon}{\nu_s} \qquad (4-239)$$

式中，α_p 是动量压缩因子；R 是环的平均半径；ν_s 是纵向振荡的工作点，表示为

$$\nu_s = \sqrt{-\frac{\eta_p h e V_{RF}\cos\phi_s}{2\pi E_s \beta_s^2}} \qquad (4-240)$$

式中，η_p 是滑相因子，当 $v\approx c$，$\beta\approx 1$，$\gamma\to\infty$；$\eta_p = \alpha_p - \frac{1}{\gamma^2} \approx \alpha_p$，$h = f_{RF}/f_{rev} = f_{RF}T_0$。$\nu_s$ 可以重新写成以下表达式：

$$\nu_s = \sqrt{-\frac{\alpha_p f_{RF} T_0 e V_{RF}\cos\phi_s}{2\pi E_0}} \qquad (4-241)$$

那么自然束长可以表示为

$$\sigma_1 = \sqrt{-\frac{2\pi E_0 \alpha_p}{f_{RF}T_0 e V_{RF}\cos\phi_s}} R\delta_\epsilon \qquad (4-242)$$

能量接受度可以表示为

$$\eta_{acceptance} = \sqrt{\frac{2U_0}{\pi\alpha_p f_{RF}T_0 E_0}\left[\sqrt{q^2-1}-\arccos\left(-\frac{1}{q}\right)\right]} \qquad (4-243)$$

式中，$q = eV_{RF}/U_0$。联立式(4-242)和式(4-243)，对于给定的高频腔压和接受度，我们可以得到相应的 RF 频率 f_{RF} 和动量压缩因子 α_p。

回旋频率：

$$f_{syn} = \frac{\nu_s}{T_0} = \nu_s f_{rev} \qquad (4-244)$$

Bucket 区域：

$$\text{bucket 区域} = \frac{16\nu_s}{h\mid\eta_p\mid\sqrt{\mid\cos\phi_s\mid}}\alpha(\phi_s) \qquad (4-245)$$

式中，无量纲函数 $\alpha(\phi_s)$ 是当 $\phi_s = 0$ 时的归一化因子。对于 $\eta_p < 0$ 的情况，我们有

$$\alpha(\phi_s) = \frac{1}{4\sqrt{2}} \int_{\phi_2}^{\pi - \phi_s} \left[\cos\phi + \cos\phi_s - (\pi - \pi_s)\sin\phi_s\right]^{\frac{1}{2}} \mathrm{d}\phi \quad (4-246)$$

当 $\phi_s = 0$，$\alpha(\phi_s) = 1$ 时，bucket 区域是 $\dfrac{16\nu_s}{h \mid \eta_p \mid}$。

Bucket 半高度：

$$\text{bucket 半高度} = \sqrt{\frac{2eV_0 \left| \cos\phi_s - \dfrac{\pi - 2\phi_s}{2}\sin\phi_s \right|}{\pi\beta_s^2 E_s h \mid \eta_p \mid}} \quad (4-247)$$

当 $\phi_s = 0$ 时，bucket 半高度是 $\dfrac{2\nu_s}{h \mid \eta_p \mid}$。

3）参数选择公式总结

综上所述，我们得到了一套环形质子对撞机参数选择的系统方法，将公式总结如下：

$$U_0 = 0.007\,78[\text{MeV}] \frac{(E_0[\text{TeV}])^4}{\rho[\text{m}]} \quad (4-248)$$

$$E_c[\text{KeV}] = 1.077 \times 10^{-4} (E_0[\text{TeV}])^2 B[\text{T}] \quad (4-249)$$

$$P_{\text{SR}} = U_0 I_b \quad (4-250)$$

$$\xi_{y,\max,pp} = \frac{2\,845\gamma}{f(x)} \sqrt{\frac{r_p}{6\pi R N_{\text{IP}}}} = \frac{2\,845}{2\pi f(x)} \sqrt{\frac{T_0}{\tau_y \gamma N_{\text{IP}}}} = \frac{\xi_1}{f(x)} \quad (4-251)$$

$$f(x) = 1 - \frac{2}{\sqrt{2\pi}} \int_0^x \mathrm{e}^{-\frac{t^2}{2}} \mathrm{d}t \quad (4-252)$$

$$x^2 = \frac{4f(x)}{\pi \xi_{y,\max,pp} N_{\text{IP}}} = \frac{4f(x)^2}{\pi \xi_1 N_{\text{IP}}} \quad (4-253)$$

$$L_0 = \frac{I_b}{e} \frac{\xi_{y,\max,pp}}{\beta^*} \frac{\gamma}{r_p} = \frac{2\,845}{2\pi r_p e f(x)} \frac{1}{\beta^*} \sqrt{\frac{I_b P_{\text{SR}} \gamma}{2E_0 N_{\text{IP}}}} \quad (4-254)$$

$$\beta^* = \frac{2\,845}{2\pi r_p e f(x)} \frac{1}{L_0} \sqrt{\frac{I_b P_{\text{SR}} \gamma}{2E_0 N_{\text{IP}}}} \quad (4-255)$$

$$\sigma^* = \sqrt{\beta^* \epsilon} = \sqrt{\beta^* \frac{\epsilon_n}{\gamma}} \quad (4-256)$$

$$l_1 = c\,\Delta t \tag{4-257}$$

$$\beta_{y,1} = \beta^* + \frac{(l_1/2)^2}{\beta^*} \tag{4-258}$$

$$\sigma_1 = \sqrt{\beta_{y,1}\epsilon} = \sqrt{\beta_{y,1}\frac{\epsilon_n}{\gamma}} \tag{4-259}$$

$$\theta_c = \frac{2 \times \dfrac{n_s}{2} \times \sigma_1}{l_1/2} = \frac{2 n_s \sigma_1}{l_1} \tag{4-260}$$

$$F_{ca} = \frac{1}{\sqrt{1 + \left(\dfrac{\sigma_z \theta_c}{2\sigma^*}\right)^2}} = \frac{1}{\sqrt{1 + \Phi^2}} \tag{4-261}$$

$$\Phi = \frac{\sigma_z \theta_c}{2\sigma^*} = n_s \sqrt{\frac{\sigma_z^2}{(c\Delta t)^2} + \frac{1}{4(\beta^*/\sigma_z)^2}} \tag{4-262}$$

$$n_b = \frac{T_0 f_2}{\Delta t}, \quad N_p = \frac{I_b}{n_b f_{rev} e} \tag{4-263}$$

$$\epsilon_{y,n} = \frac{N_p r_p}{4\pi \xi_{y,max,pp}} \tag{4-264}$$

$$F_h = \frac{\beta^*}{\sqrt{\pi}\sigma_z} \exp\left(\frac{\beta^{*2}}{2\sigma_z^2}\right) K_0\left(\frac{\beta^{*2}}{2\sigma_z^2}\right) \tag{4-265}$$

$$L = L_0 F_{ca} F_h \tag{4-266}$$

$$N_{ACC} = N_p n_b \tag{4-267}$$

$$W = N_{ACC} E_0 e = N_p n_b E_0 e \tag{4-268}$$

$$SR_{heat\text{-}load} = \frac{P_{SR}}{L_{ARC}} \tag{4-269}$$

$$\tau_x = \frac{2E_0 T_0}{J_x U_0}, \quad \tau_\epsilon = \frac{2E_0 T_0}{J_\epsilon U_0} \tag{4-270}$$

$$\tau_{burn\text{-}off} = \frac{N_{ACC}}{L N_{IP} \sigma_{cross}} \tag{4-271}$$

$$\tau_{1/e} = (\sqrt{e} - 1) \times \tau_{\text{burn-off}} \tag{4-272}$$

$$\tau_{\text{L}} = \cfrac{1}{\cfrac{1}{\tau_{\text{IBS}}} + \cfrac{2}{\tau_{\text{rest-gas}}} + \cfrac{1}{\tau_{1/e}}} \tag{4-273}$$

$$\lg\left(\frac{\tau_{\text{turn-around}} + \tau_{\text{run}}}{\tau_{\text{L}}} + 1\right) = \frac{\tau_{\text{run}}}{\tau_{\text{L}}} \tag{4-274}$$

$$\tau_{\text{optimum}} = \tau_{\text{run}} \tag{4-275}$$

$$L_{\text{int}} = L\tau_{\text{L}}\left(1 - e^{\frac{-\tau_{\text{run}}}{\tau_{\text{L}}}}\right) \times \frac{3\,600}{10^{39}} \tag{4-276}$$

$$L_{\text{tot}} = \frac{24}{\tau_{\text{run}}[h] + \tau_{\text{turn-around}}[h]} L_{\text{int}} \tag{4-277}$$

$$U_0 = eV_{\text{RF}} \sin\phi_{\text{s}} \tag{4-278}$$

$$\phi_{\text{s}} = \pi - \arcsin\left(\frac{U_0}{eV_{\text{RF}}}\right) \tag{4-279}$$

$$(\delta_{\epsilon})^2 = \left(\frac{\sigma_{\epsilon}}{E_0}\right)^2 = \frac{C_q\gamma^2}{J_{\epsilon}\rho_0} \tag{4-280}$$

$$\delta_{\epsilon} = \gamma\sqrt{\frac{C_q}{J_{\epsilon}\rho_0}} \quad (C_q = 2.086 \times 10^{-16}\ \text{m}) \tag{4-281}$$

$$\sigma_1 = \frac{\alpha_{\text{p}}R\delta_{\epsilon}}{\nu_{\text{s}}} \tag{4-282}$$

$$\nu_{\text{s}} = \sqrt{-\frac{\eta_{\text{p}}heV_{\text{RF}}\cos\phi_{\text{s}}}{2\pi E_{\text{s}}\beta_{\text{s}}^2}} \tag{4-283}$$

$$\nu_{\text{s}} = \sqrt{-\frac{\alpha_{\text{p}}f_{\text{RF}}T_0eV_{\text{RF}}\cos\phi_{\text{s}}}{2\pi E_0}} \tag{4-284}$$

$$\sigma_1 = \sqrt{-\frac{2\pi E_0\alpha_{\text{p}}}{f_{\text{RF}}T_0eV_{\text{RF}}\cos\phi_{\text{s}}}}R\delta_{\epsilon} \tag{4-285}$$

$$\eta_{\text{acceptance}} = \sqrt{\frac{2U_0}{\pi\alpha_{\text{p}}f_{\text{RF}}T_0E_0}\left[\sqrt{q^2-1} - \arccos\left(-\frac{1}{q}\right)\right]} \tag{4-286}$$

$$f_{\text{syn}} = \frac{\nu_{\text{s}}}{T_0} = \nu_{\text{s}}f_{\text{rev}} \tag{4-287}$$

$$\text{bucket 区域} = \frac{16\nu_s}{h \mid \eta_p \mid \sqrt{\mid \cos \phi_s \mid}} \alpha(\phi_s) \qquad (4-288)$$

$$\alpha(\phi_s) = \frac{1}{4\sqrt{2}} \int_{\phi_2}^{\pi-\phi_s} \left[\cos \phi + \cos \phi_s - (\pi - \pi_s) \sin \phi_s \right]^{\frac{1}{2}} \mathrm{d}\phi \qquad (4-289)$$

$$\text{bucket 半高度} = \sqrt{\frac{2eV_0 \left| \cos \phi_s - \dfrac{\pi - 2\phi_s}{2} \sin \phi_s \right|}{\pi \beta_s^2 E_s h \mid \eta_p \mid}} \qquad (4-290)$$

4.3.1.3　参数选择方法可靠性的检验

为了检验 4.3.1.2 节总结的方法的可靠性,我们重新计算了 LHC 的参数,并与 LHC 概念设计报告中的参数做比较。表 4-22 中的第二列是用我们的方法计算得到的参数,第一列是 LHC 概念设计报告中的参数,通过比较可以看出两者十分接近,除了个别参数有微小差异,这充分说明此方法的合理性和可靠性。可以用此方法进行大型环形质子对撞机的参数选择与计算。

表 4-22　LHC 参数表与本章所述方法计算得到的 LHC 参数的对比

	LHC 参数表	LHC 新参数	单　位
主要参数和几何布局			
能量 E_0	7	7	TeV
周长 C_0	26.7	26.7	km
相对论因子 γ	7 463	7 463	—
二极磁铁场强 B	8.33	8.33	T
二极磁铁弯转半径 ρ	2 801	2 801	m
束团填充因子 f_2	0.78	0.79	—
弧区二极磁铁填充因子 f_1	0.79	0.783	—
弧区二极磁铁总长度 L_{Dipole}	17 599	17 599	m
弧区长度 L_{ARC}	22 476	22 476	m
直线节总长度 L_{ss}	4 224	4 224	m
主环能量提升因子	15.6	15.6	—
注入能量 E_{inj}	0.45	0.45	TeV
对撞点个数 N_{IP}	2+2	2+2	—

	LHC 参数表	LHC 新参数	单　　位
物理目标及表现			
每个对撞点的峰值亮度 L	1×10^{34}	9.9×10^{33}	$cm^{-2}\cdot s^{-1}$
最佳运行时间	15.2	10.46	h
最优平均积分亮度/天	0.47	0.42	fb^{-1}
假设的转换时间	6	5	h
一个完整运行周期时间	21.2	16.0	h
与对撞粒子损失相关的束流寿命 τ	45	40.85	h
总的非弹性截面 σ	111/85	111/85	mbarn
束流参数			
对撞点 beta 函数 β^{*}	0.55	0.57	m
每个对撞点的最大束-束相互作用参数 ξ_y	0.003 3	0.003 2	—
对束-束相互作用有贡献的对撞点个数	3	3	—
总的最大束-束相互作用参数	0.01	0.009 2	—
束流流强 I_b	0.584	0.581 4	A
束团间距 Δt	25/5	25/5	ns
束团数 n_b	2 808	2 812	—
束团内粒子数 N_p	1.15	1.15	10^{11}
归一化的均方根发射度 ϵ	3.75	4.37	μm
对撞点均方根束团尺寸 σ^{*}	16.7	18.2	μm
第一寄生对撞点处 beta 函数 β_1	26.12	25.38	m
第一寄生对撞点处均方根束团尺寸 σ_1	114.6	122	μm
束团的均方根束长 σ_z	75.5	76.3	mm
每个束流加速的粒子数	0.32	0.33	10^{15}
全交叉角 θ_c	285	325	μrad
交叉角对撞引起的亮度减小因子 F_{ca}	0.839 1	0.829 1	—
沙漏效应引起的亮度减小因子 F_h	0.995 4	0.995 6	—

（续表）

	LHC 参数表	LHC 新参数	单　位
其他束流和机器参数			
单圈同步辐射能量损失 U_0	0.006 7	0.006 7	MeV
临界光子能量 E_c	0.044	0.044	KeV
同步辐射功率 P_0	0.003 6	0.003 9	MW
每个束流的能量 W	0.362	0.362	GJ
高频腔腔压 V_{RF}	16	16	MV
高频腔频率 f_{RF}	400.8	400.8	MHz
回旋频率 f_{rev}	11.236	11.236	kHz
谐波数	35 671	35 671	—
RMS 能散 δ_t	1.129	1.129	10^{-4}
动量压缩因子 α_p	3.225	3.28	10^{-4}
纵向工作点 ν_s	1.904	2.063	10^{-3}
纵向频率 f_{syn}	21.4	23.19	Hz
Bucket 区域	8.7	9.4	eVs
Bucket 半高度($\Delta E/E$)	0.36	0.35	10^{-3}
弧区热负载	0.206	0.22	W/m
阻尼分配系数 J_x	1	1	—
阻尼分配系数 J_y	1	1	—
阻尼分配系数 J_ε	2	2	—
横向阻尼时间 τ_x	25.8	26.18	h
纵向阻尼时间 τ_ε	12.9	13.09	h

　　结合上一节讨论,我们得到一组 SPPC 的参数表(见表 4-23)[18,27]。在这一组参数表中,各个参数之间的关系更加明确。全交叉角保证在第一寄生对撞点处束团分开 12 倍均方根横向束团尺寸。由于采用交叉角对撞引起的亮度修正因子在 0.9 以上,比值 β^*/σ_z 是 15。

表 4‑23　依据 SPPC baseline 核心参数计算的其他相关参数及
与 FCC-hh 参数的比较(2017 年 1 月)

	SPPC (初步概念设计报告)	SPPC 第一阶段	SPPC 第二阶段	FCC-hh 基准版	FCC-hh 最终版
主要参数和几何布局					
对撞质心能量 E_{cm}/TeV	71.2	75.0	125～150	100.0	100.0
周长 C_0/km	54.7	100.0	100.0	100.0	100.0
二极磁铁场强 B/T	20	12.0	20～24	16.0	16.0
二极磁铁弯转半径 ρ/m	5 928	10 415.4	—	—	—
束团填充因子 f_2	0.8	0.8			
弧区二极磁铁填充因子 f_1	0.79	0.78	—	0.79	0.79
弧区二极磁铁总长度 L_{Dipole}/m	37 246	65 442	—	65 728	65 728
弧区长度 L_{ARC}/m	47 146	83 900	—	83 200	83 200
直线节总长度 L_{ss}/m	7 554	16 100		16 800	16 800
物理目标及束流参数					
每个对撞点的峰值亮度 L/(cm^{-2}·s^{-1})	1.1×10^{35}	1.01×10^{35}	$\sim10^{36}$	5.0×10^{34}	$<3.0\times10^{35}$
对撞点的 beta 函数 β^*/m	0.75	0.71		1.1	0.3
每个对撞点的最大束-束相互作用参数 ξ_y	0.006	0.005 8	—	0.005	0.015
对束-束相互作用有贡献的对撞点个数	2	2	2	2	2
最大束-束相互作用参数	0.012	0.011 6		0.01	0.03
束流流强 I_b/A	1.0	0.768		0.5	0.5
束团间距 Δt/ns	25	25		25(5)	25(5)
束团数 n_b	5 835	10 667	—	10 600 (53 000)	10 600 (53 000)
每个束团内的粒子数 N_p/10^{11}	2.0	1.5		1.0(0.2)	1.0(0.2)
归一化的均方根发射度 ε/μm	4.10	3.16	—	2.2(0.44)	2.2(0.44)

	SPPC（初步概念设计报告）	SPPC第一阶段	SPPC第二阶段	FCC-hh基准版	FCC-hh最终版
对撞点均方根束团尺寸 $\sigma^*/\mu m$	9.0	7.22	—	6.8(3)	3.5(1.6)
第一寄生对撞点处 beta 函数 β_1/m	19.5	22.03	—	—	—
第一寄生对撞点处均方根束团尺寸 $\sigma_1/\mu m$	45.9	41.76	—	—	—
均方根束团束长 σ_z/mm	75.5	47.39	—	80.0	80.0
全交叉角 $\theta_c/\mu rad$	146	133.65	—	91	175
交叉角对撞引起的亮度减小因子 F_{ca}	0.851 4	0.926 5	—	—	—
沙漏效应引起的亮度减小因子 F_h	0.997 5	0.998 9	—	—	—
单圈同步辐射损失 U_0/MeV	2.10	1.48	—	4.6	4.6
临界光子能量 E_c/keV	2.73	1.82	—	4.3	4.3
同步辐射功率 P_0/MW	2.1	1.13	—	2.4	2.4
横向阻尼时间 τ_x/h	1.71	4.70	—	1.0	1.0
纵向阻尼时间 τ_ε/h	0.85	2.35	—	0.5	0.5

4.3.2 对撞环

带电粒子在环形对撞机进行对撞的环称为对撞环或主环。与同步辐射光源不同，主环中含对撞点及对撞点外侧的探测器。主环的设计直接与探测器实验的科学目标要求相联系，主环的设计要求首先来自对撞点的物理要求。其次，在对撞环境下，对束流的最大影响和限制来自束-束对撞引起的边界条件，束-束相互作用是对撞机主环设计中的最主要的矛盾。因此，在对撞机主环设计中必须从物理目标出发，并且从束-束对撞物理限制出发进行物理考虑。最后，需要根据主环中所采用的具体加速器技术、机器与人的相互关系、造价等方面进行技术性考虑，并构成完整优化和可实现的主环设计[18,27]。

4.3.2.1　介绍

高能粒子对撞机一直以来是粒子物理研究的一个极为重要的手段,为人类探索能量前沿以及物质本质结构中做出了不可或缺的贡献。2012 年 7 月,欧洲核子研究组织(CERN)举行新闻发布会确认,先前在大型强子对撞机 LHC 上探测到的新粒子是希格斯玻色子。至此,自 20 世纪 60—70 年代以来建立的粒子物理标准模型所预言的最后一种粒子终于被找到,为标准模型理论提供了强有力的实验证据。对此,国际高能物理学界倍受鼓舞,并就电弱对称性破坏的根源、电弱自然性问题、暗物质的本质、中微子质量等高能物理未来需要解决的重点问题展开了系列讨论,对未来高能粒子加速器的性能提出了更高的要求。LHC 目前的能力虽然已经非常强大,但仍然有两个方面没法完全满足科学家的期望,一是在 Higgs 物理的精细研究方面尚存在较大的差距,需要未来建造更为强大的正负电子对撞机对 Higgs 进行精细测量;二是对撞能量有待进一步提高,以便研究超出标准模型的新物理。因此,国际高能物理学界提出了建造更加强大的加速器的需求。

目前,国际社会所提出的方案主要瞄准两个目标:一是建造希格斯工厂,对希格斯玻色子进行精细测量,研究希格斯物理;二是建造能量更高的加速器,以期在新的能量前沿发现超出标准模型的新物理(BSM 物理)。具体而言,国际上有 4 条主要的技术路线。CERN 提出的未来环形对撞机(Future Circular Collider, FCC)计划主要研究周长为 100 km 左右、对撞能量达到 100 TeV 的超级质子对撞机,有可能把在同一个隧道中建造的正负电子对撞机作为第一步。美国方面,由于 μ 子加速器既可以用于建造中微子工厂以便进行中微子振荡等实验研究,又可以用于建设 μ 子对撞机从而兼顾希格斯物理和 BSM 物理的研究,因此曾经计划推动 μ 子对撞机的发展,但目前没有进一步研究的动力。日本方面则主要推动国际直线对撞机 ILC 的发展,通过分阶段提高正负电子对撞的能量,在不同的阶段可以分别进行希格斯物理和 BSM 物理的研究。而在中国,基于我们的具体需要和现实条件,提出了一个两阶段发展的方案,在第一阶段建设一个周长为 100 km 的新一代环形正负电子对撞机(CEPC),从而迅速开展希格斯物理的研究;而在第二阶段,则在同一个隧道里建设一个对撞能量达到 75 TeV,并具有潜力将对撞能量进一步升级至 125～150 TeV 的超级质子对撞机(SPPC),从而进行超出标准模型的新物理的探索。

以上四种方案各有千秋,中国选择 CEPC 和 SPPC 两步走的方案是基于中国在加速器领域发展状况而做出的一种审慎选择，具有较大的竞争力。其一，中国在北京正负电子对撞机的设计、建造、运行等方面积累了丰富的经验，这些经验能够极大地促进第一个阶段的 CEPC 的设计以及建造。其二，质子对撞机发展在国际上也有很多成功的经验可供借鉴，通过广泛的国际合作，可以为 SPPC 的发展提供足够的外部支持；而中国近年来在质子加速器方面的发展，比如加速器驱动次临界堆（ADS）和中国散裂中子源（CSNS）等项目中所取得的经验以及培养起来的人才队伍则是推动 SPPC 发展的根本保障。

为了推动中国的 CEPC 和 SPPC 两阶段方案的向前发展，质子储存环的物理设计是这个方案的核心工作之一。质子储存环是负责将注入器链注入的质子束流加速到对撞能量，并储存质子束以便进行对撞实验的加速器。储存环的磁铁聚焦结构的方案又称为 Lattice 设计（包括弧区的 Lattice 设计、长直线节的 Lattice 设计、匹配段的 Lattice 设计等），是物理设计中的重点。目前，国内对于设计、建造质子对撞机的经验比较缺乏，即使是与高能质子加速器相关的经验也并不是很多。国内与质子加速器相关的大科学项目（中国散裂中子源 CSNS 和加速器驱动次临界堆 ADS）对应的质子能量也只有 1 GeV 的量级。因此，对于质子能量达到几十个 GeV 的超级质子对撞机储存环的 Lattice 设计，中国在这一方面的经验相对来说比较缺乏。因此亟须在超级对撞机的前期研究阶段尽早开展有关质子对撞机储存环 Lattice 设计相关的研究。同时，Lattice 设计方案也可以为其他加速器物理研究和硬件研究提供基础。

SPPC 的布局和 Lattice 设计工作是 SPPC 物理设计的一个非常重要的组成部分，同时也是很多相关工作的基础。SPPC 的物理设计是一个非常庞杂的系统。除了储存环弯转部分的弧区，对撞机还由许多的长直线节组成，这些长直线节用于组成不同的功能段，比如对撞段、准直系统、注入/引出系统、高频加速系统等。这些不同的功能段也分别有各自的长度以及相应的 Lattice 设计需求。而它们相应的设计研究往往需要集成到完整的主储存环 Lattice 中进行考虑。比如准直段的 Lattice 设计与主环 Lattice 的光学参数密切相关，而准直效率等参数的研究也必须集成到主环的 Lattice 中进行研究；对撞段的 Lattice 设计需要根据对撞亮度的需求进行调整；亮度提升（luminosity leveling）的过程对对撞点的 beta 函数也有特殊需求。此外，还需要考虑弧区与众多功能段之间的光学参数匹配的问题，尤其是 SPPC 是双环对撞机，在弧区采用双孔径磁铁，而在长直线段则主要采用独立孔径的磁铁，各功能段两个分离的距离要求也不一样，这给 Lattice 设计增加了很多难度。同时，一旦布局确定后，Lattice 还要具备较大的调节能力，如束流在注入和加速过程中的 Lattice 与对撞阶段的 Lattice 通常是很不一样的。因此，SPPC 储存环 Lattice 设计工作的顺利开展是实施很多相关的 SPPC 物理设计工作的基础。

另外一方面的重要作用是，SPPC 的主环 Lattice 设计工作的结果将能明确相关的加速器技术性能的具体需求。比如在有限的隧道内，质心对撞能量、弯转磁铁的场强最低需求、弧区四极磁铁聚焦强度的具体需求、磁铁孔径的需求等方面都需要在实际的主环 Lattice 设计的基础上进行确定。尤其困难的是对撞区直线段 Lattice 的设计，要实现的对撞亮度高达 1.2×10^{35} cm^{-2} · s^{-1}，因此需要极强的聚焦四极磁铁对质子束进行最后的聚焦，当前具有的或者说未来一二十年内能达到的技术能否满足其要求、如何优化对撞区 Lattice 的设计来降低对磁铁极限的需求等问题同样需要在具体的 Lattice 设计工作中进行研究，从而能够对相应加速器元部件的性能参数提出明确的要求，促进相应加速器技术的开发。

综上所述，在中国建造 CEPC-SPPC 这样的超级对撞机是中国为追求人类对世界本源的认识所做的巨大贡献，这将有机会使中国获得世界科学研究前沿的领导地位，在重大科学合作研究的国际合作方面发挥重要作用。而 SPPC 的布局研究和主环 Lattice 设计作为 SPPC 物理设计工作的重要组成部分，在 SPPC 与 CEPC 隧道兼容问题的解决、SPPC 其他相关物理设计工作的展开以及相应加速器技术性能需求的确定等方面均扮演着较为重要的角色。

4.3.2.2　SPPC 主环布局以及 Lattice 设计

1）布局考虑以及 Lattice 设计限制因素

SPPC 的主环将与前期建设的正负电子对撞机 CEPC 共用一条隧道，这带来的好处包括可以在很大程度上降低造价，同时质子环与电子环同处一条隧道为 e-p 对撞模式带来了可能。但是这也增加了主环布局与 Lattice 设计的复杂度，因此需要展开详尽的研究。从大的方面来讲，早期电子环曾考虑采用四对称的结构，SPPC 研究组从质子对撞机的需求出发提出八对称的结构更合适，经过讨论最终的设计方向基于八对称结构。如此一来，可以提供八个长直线节作为不同的功能段，这些功能段包括对撞段、高频段、准直段、注入引出段等。

由于电子对撞机和质子对撞机将在同一条隧道内建设，以上各种功能段的位置安排也是一个异常复杂的问题,既要协调到不同功能段的需求,又要考虑到与电子环共用隧道情况下的兼容问题。此外,不同的功能段对长直线节长度的需求也各不相同,SPPC 的功能段与 CEPC 的功能段对长直线节的长度需求更是各不相同,为了让它们能够在同一个隧道里和谐相处,需要在做 SPPC 布局研究的过程中保持跟踪 CEPC 的设计进展并加强沟通,对这些可能遇到的问题进行详尽的讨论协调,明确 SPPC 各长直线节的长度、各段弧区的长度以及它们的分布,确定 SPPC 主环的布局。此外,由于高场强磁铁技术实现上的难度,在 SPPC 的设计中对于基准设计方案限定了弯转磁铁的最高场强为 12 T,在其后的升级规划中弯转磁铁的强度可能升级到 $20\sim24$ T。受磁场强度的限制,在与 CEPC 共用的有限的隧道内,实现对撞质心能量高达 75 TeV(后续升级后达 $125\sim150$ TeV)的质子的约束,对储存环的 Lattice 设计来说是一个非常大的挑战。相对于 CEPC 而言,SPPC 的 Lattice 设计受隧道布局的限制会更大,挑战也加多,隧道布局的确定应更多地考虑 SPPC 设计的需求。而 CEPC 的建造在 SPPC 之前,隧道一旦确定则不再可能更改、调整,为了避免到了 SPPC 的建设阶段出现因隧道的布局导致设计目标难以实现的问题,现阶段须开展尽可能详尽的 SPPC 布局及 Lattice 设计,对各种可能面对的问题进行细致而全面的考虑显得尤其重要。该研究的进展关系到 SPPC 与 CEPC 隧道兼容问题的协商与调整。只有电子储存环和质子储存环均能明确各自的需求,而且在各自基准设计方案的基础上对隧道兼容共用可能会遇到的困难进行充分的研究才能在研究中分别调整各自设计方案,从而确保最终得到一个能同时满足 CEPC 以及 SPPC 设计目标的隧道布局方案。

2) 弧区 Lattice 设计

对撞机之所以能够在储存环里循环往复地不断地对撞,需要在弧区弯转磁铁的作用下刚好弯转一周形成一个闭合的环路。弧区的 Lattice 是主环 Lattice 的基本组成部分。弧区只有弯转的作用,不同的功能段分布于长节线段。因此,从加速器设计的角度来看,在总周长一定的情况下,弧区的总长度越小,可供其他功能段使用的长度越长,则对撞机性价比越高。为了使弧区的总长度尽可能地小,则需要对弧区的 Lattice 设计进行优化。对于大型的对撞机而言,弧区的 Lattice 一般采用 FODO 结构。为了使弧区的总长度尽可能地小,简单来说就是希望在相同的长度内填进更多的弯转磁铁,尽可能地提高弧区弯转磁铁的填充因子。要实现这样的目标,需要对不同 FODO 单元的长度、每块弯转磁铁的长度、每个 FODO 单元内填充的弯转磁铁数目的情况进行研究。而不同 FODO 单元的设计对应的束流光学参数,以及相应的磁铁的强度又受到技术条件的限制。需要通过研究得到满足众多限制条件的弧区 Lattice 设计的最优方案。

FODO 单元的相移按 $90°$ 进行设计。FODO 结构的传输矩阵为

$$\boldsymbol{M}_{\text{FODO}} = \begin{bmatrix} 1-2\dfrac{L^2}{f^2} & 2L\left(1+\dfrac{L}{f}\right) \\ -\dfrac{1}{f^*} & 1-2\dfrac{L^2}{f^2} \end{bmatrix} = \begin{bmatrix} \cos\phi & \beta\sin\phi \\ \dfrac{1}{\beta}\sin\phi & \cos\phi \end{bmatrix} \quad (4-291)$$

其中,$f = f_f = -f_d$,$\dfrac{1}{f^*} = 2 \cdot (1-L/f) \cdot (L/f^2)$。可以得到

$$\beta^+ = L \cdot \frac{\dfrac{f}{L} \cdot \dfrac{f}{L+1}}{\sqrt{\dfrac{f^2}{L^2-1}}} = L \cdot \frac{\kappa \cdot (\kappa \cdot +1)}{\sqrt{\kappa^2-1}} \quad (4-292)$$

$$\beta^- = L \cdot \frac{\kappa(\kappa \cdot -1)}{\sqrt{\kappa^2-1}} \quad (4-293)$$

$$\cos\phi = 1-2 \cdot \frac{L^2}{f^2} = \frac{\kappa^2-2}{\kappa^2} \quad (4-294)$$

式中,$\kappa = \dfrac{f}{L} > 1$。对于圆形束,有 $\varepsilon_x \approx \varepsilon_y$,因此,束流包络 $E_x^2 + E_y^2 \sim \beta_x + \beta_y$,当 $\dfrac{\mathrm{d}(\beta_x+\beta_x)}{\mathrm{d}\kappa} = 0$,束流包络取极小值,此时 $\kappa = \sqrt{2}$,即相应的 FODO 结构相移 $\phi = 90°$。

前面已经提到,SPPC 储存环的总体布局为八对称的结构,因此储存环的 Lattice 总共由 8 段弧区 ARC(其中每一段弧区由 N 个 FODO 单元组成)、8 段长直线段 LSS 以及 16 个(每段弧区两端各有 1 个)连接弧区与长直线段的消色散段 DS 组成。它总共有 6 个长度为 1 250 m 的长直线段,以及两个长度为 4 300 m 的长直线段。其中 1 250 m 的长直线段用于质子对撞、高频系统、注入/引出系统以及预留的 e-p 对撞或者 A-A 对撞;而 4 300 m 的长直线段是为了满足准直系统的需要。长直线段的总长度为 16.1 km,储存环的总长计划是 100 km,因此用于对质子弯转的弧区的总长度(包括色散匹配段 DS)

最多能达到 83.9 km。由于受磁铁技术以及磁铁造价的限制,在设计中限定最大的弯转磁铁磁场为 12 T。在基准设计方案中,对撞能量需要达到 75 TeV,在弯转磁铁磁场最大为 12 T 的限制条件下,弯转磁铁的总长度需要达到 65.45 km 才能使质子弯转一周。因此,弧区的设计方案中,弯转磁铁的填充因子至少要达到 65.45/83.9=0.78。这是弧区设计中非常重要的限制因素,可以通过优化 FODO 单元的长度,每个 FODO 单元中弯转磁铁数量以及弯转磁铁的长度来满足弧区中弯转磁铁填充因子的要求。SPPC 的 Lattice 设计中 FODO 单元的结构如图 4-47 所示。由于磁铁制造技术等方面的限制,单块弯转磁铁的长度一般不超过 15 m,每一个 FODO 单元中将填充若干块弯转磁铁。考虑到磁铁安装的空间需求,FODO 单元中弯转磁铁与弯转磁铁之间的间隙为 1.4 m;四极磁铁与弯转磁铁之间的间隙为 3.5 m,用于安装六极磁铁以及其他的校正磁铁;四极磁铁的长度初步定为 6 m。

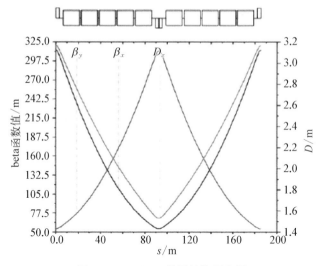

图 4-47 FODO 单元结构示意图

因为储存环使质子刚好旋转一周,而 FODO 单元的数目须是整数,因此针对不同的单元内的弯转磁铁的数目,我们需要在以上限定条件中选择适当的单块弯转磁铁长度、FODO 单元的长度以及弧区中的弯转磁铁填充因子,从而在限定的隧道长度(100 km)内使质子刚好转过 360°(见图 4-48~图 4-50)。需要满足单块弯转磁铁长度小于 15 m,弯转磁铁强度小于 12 T,弧区弯转磁铁的填充因子大于 0.78 等条件,一个 FODO 单元内弯转磁铁数目在 10 块的情况下没有合适的解。

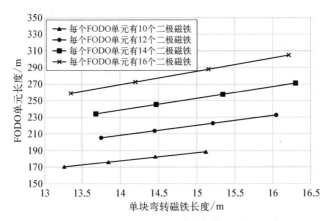

图 4‑48 FODO 单元长度与单块弯转磁铁长度的关系

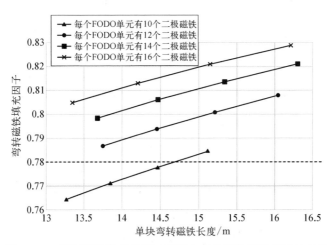

图 4‑49 弧区的弯转磁铁填充因子与单块弯转磁铁长度的关系

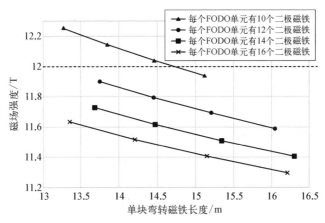

图 4‑50 弯转磁铁磁场强度与单块弯转磁铁长度的关系

    对撞机的 Lattice 设计中,除了要考虑几何尺寸上的限制,更重要的还要考虑束流光学上的限制。包括 beta 函数、色散函数是否满足要求,beam stay clear(即孔径与束团尺寸比值的最小值)是否满足要求,以及 FODO 单元聚焦四极磁铁所需的聚焦强度是否在技术允许的范围内等。一般而言,FODO 单元的长度越长,beta 函数和色散函数的极大值越大;FODO 单元的长度越长,所需聚焦四极磁铁的强度系数越小。

    在 SPPC 的 pre-CDR 的规划中,有三类四极磁铁:一类是对撞区四极磁铁,孔径为 60 mm;一类是匹配段四极磁铁,孔径为 60 mm;还有一类是弧区四极磁铁,孔径为 45 mm。如果按照四极磁铁极头磁场强度为 12 T、对撞能量为 75 TeV 进行考虑,则这三类四极磁铁的聚焦强度系数最大分别能做到 0.003 3、0.003 3 和 0.004。Lattice 设计中的四极磁铁所需的聚焦强度系数不应超过此限制。beta 函数和色散函数的大小主要影响束流包络的大小,进而影响 beam stay clear 的大小。此外,色散函数的大小与准直系统的设计也有关系,此值不能过大,否则会增加准直系统的设计难度。据准直系统初步提出的要求,色散函数最好小于 3.2 m。当一个 FODO 单元包含 10 块、12 块、14 块或者 16 块弯转磁铁时,beta 函数的最大值、色散函数的最大值、beam stay clear 以及四极磁铁聚焦强度系数 K_q 所需的值分别如图 4-51~图 4-54 所示。图中可以看出随着一个 FODO 单元中的磁铁数目以及单块弯转磁铁长度的增加,beta 函数和色散函数的最大值均随之增大,而 beam stay clear 和四极磁铁聚焦强度系数则相应减小。从图 4-52 可以看到,如果限制色散函数的最大值为 3.2 m,则一个 FODO 单元内的弯转磁铁数目需要小于或等于 12;从图 4-53 可以看到,如果要使 beam stay clear 大于 18,则一个 FODO 单元内的弯转磁铁数目同样需要小于或等于 12;而从图 4-54 来看,一个 FODO 单元内的弯转磁铁数目从 10 块到 16 块均能满足四极磁铁聚焦强度的要求。综合以上关于几何因素以及束流光学因素限制的分析,可以得到对于 SPPC 的弧区设计,取 FODO 单元内的弯转磁铁数目为 12 块,单块弯转磁铁长度为 14.452 m 较为合适。此时,对应的弯转磁铁磁场强度为 11.794 T,弧区的弯转磁铁填充因子为 0.794,FODO 单元的长度为 213.423 m,beta 函数的最大值为 364 m,色散函数的最大值为 2.4 m,beam stay clear 为 20,四极磁铁的聚焦强度系数为 0.002 2。FODO 单元的 Lattice 设计如图 4-55 所示,各元件的参数汇总于表 4-24 中。

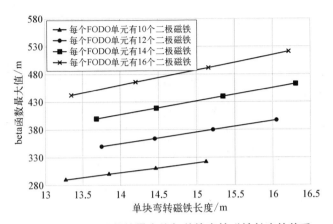

图 4‑51 beta 函数的最大值与单块弯转磁铁长度的关系

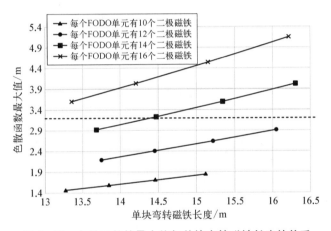

图 4‑52 色散函数的最大值与单块弯转磁铁长度的关系

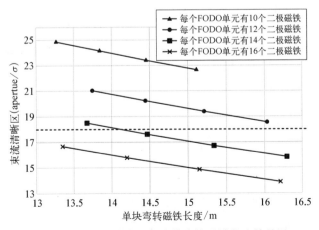

图 4‑53 束流清晰区与单块弯转磁铁长度的关系

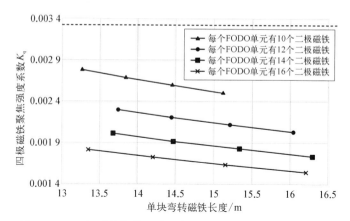

图 4-54 四极磁铁聚焦强度系数与单块弯转磁铁长度的关系

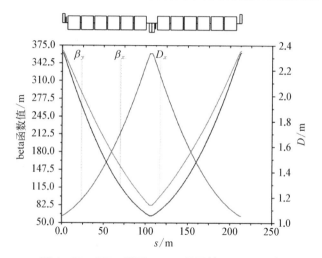

图 4-55 SPPC 弧区 FODO 单元的 Lattice 设计

表 4-24 SPPC 弧区 FODO 单元参数表

参　　数	数　　值
质子能量/TeV	37.5
弯转磁铁磁场强度/T	11.784
弯转磁铁数目/块	6
弯转磁铁长度/m	14.452
四极磁铁长度/m	6
四极磁铁聚焦强度系数	0.002 2
六极磁铁长度/m	0.5

（续表）

参　　　数	数　　　值
弯转磁铁间隙大小/m	1.4
弯转磁铁与四极磁铁间隙大小/m	3.5
四极磁铁与六极磁铁间隙大小/m	1
弯转磁铁与六极磁铁间隙大小/m	2

3) 消色散节设计

消色散节也称色散匹配段，位于弧区和长直线段之间，用于把弧区的色散函数消为零而进入长直线段，同时匹配弧区与长直线段之间的 beta 函数。消色散节的边界条件如下：

$$D(s) = D'(s) = 0$$
$$\beta_x(s) = \beta_{x\mathrm{arc}}, \quad \alpha_x(s) = \beta\alpha_{x\mathrm{arc}}$$
$$\beta_y(s) = \beta_{y\mathrm{arc}}, \quad \alpha_y(s) = \beta\alpha_{y\mathrm{arc}} \tag{4-295}$$

以上有六个边界条件，需要六个独立的变量来实现光学参数的匹配。用于匹配的变量既可以是四极磁铁的聚焦强度系数，也可以是弯转磁铁的磁场强度。常用色散匹配段的设计包括 Half bend 消色散以及 Full bend 消色散，分别如图 4-56 和图 4-57 所示。

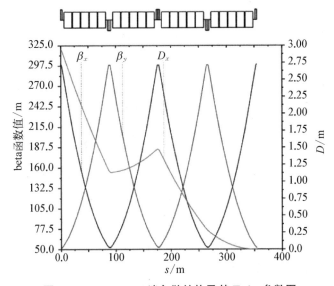

图 4-56　Half bend 消色散结构及其 Twiss 参数图

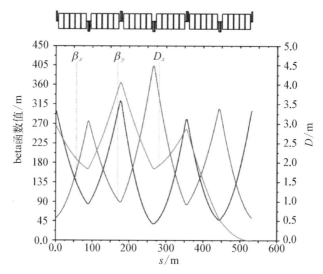

图 4-57 Full bend 消色散结构及其 Twiss 参数图

　　Half bend 消色散结构,顾名思义即弯转磁铁磁场强度为正常的弧区弯转磁铁磁场强度的一半,而其四极磁铁聚焦强度系数与弧区的保持一致。它的优点是结构简单,仅需改变弧区末端两个 FODO 单元的弯转磁铁强度,四极磁铁聚焦强度系数不需要改变,从而不用增加磁铁电源供电的复杂性;而且该结构下的 beta 函数和色散函数受到的扰动最小。其缺点是,由于弯转磁铁的磁场强度只有弧区的一半,相同长度的 FODO 单元对质子的弯转角度只有弧区 FODO 单元的一半,导致弧区弯转磁铁填充因子的降低,不利于在有限的隧道长度以及弯转磁铁长度范围内尽可能地提高对撞能量,而且 Half bend 消色散只能对特定的弧区及长直线节的 twiss 参数进行匹配,灵活性较差。而 Full bend 消色散结构则是消色散段内的 FODO 单元的布局以及弯转磁铁的磁场强度与弧区的保持一致,只通过调节该段内的六极磁铁的强度来实现 beta 函数与色散函数的匹配。因为匹配的边界条件有6 个,因此至少要调节 6 块四极磁铁的聚焦强度系数来实现匹配的目的,弧区末端的 3 个 FODO 单元用于色散匹配段。该方案的优点是具有较强的灵活性,对于不同的 beta 函数的需求均能进行匹配。缺点是匹配用的四极磁铁需要单独供电,增加了所需电源的套数;此外,该匹配方案往往会带来beta 函数和色散函数在匹配段中产生"鼓包",而比弧区的 beta 函数和色散函数增大很多。如前面弧区设计中所述,这将会造成束流清晰区的减少以及给准直段的设计造成负面影响。还有一种消色散结构称为类 LHC(LHC-like)消色散结构,如图 4 - 58 所示。它与 Full bend 消色散结构有点类似,消色散段所用的弯转磁铁的磁场强度与弧区所用的弯转磁铁的磁场强度一样,但是消色散段内的 FODO 单元和弧区的 FODO 单元的结构有所差异。其一,它的 FODO 单元的长度可以与弧区不一样,填充的弯转磁铁数目也不一样;其二,消色散段的 FODO 单元与弧区的 FODO 单元相接的部分可以有一个短的直线段。这样的结构带来的优点与 Full bend 消色散结构是类似的,而且由于 FODO 单元的长度以及上面所述相接部分的短的直线段的长度可以调节,从而可以对储存环的形状进行微调,以便适合隧道的形状。对于 SPPC 的储存环而言,由于有两点需求是很明确的:一是在有限的条件内实现尽可能高的对撞能量,因此需要尽可能地提高弯转磁铁的填充因子;二是 SPPC 储存环与 CEPC 共用一条隧道,因此储存环的设计需要具有一定的对形状进行微调的能力,以便解决 SPPC 与 CEPC 布局上的兼容问题。因此综合衡量后,SPPC 的消色散段的设计将采用类 LHC 的结构,其设计如图 4 - 59 所示。采用类 LHC 消色散的结构,在弧区 FODO 单元与消色散段 FODO 单元之间增加一段 35 m 长的直线节,该长度如果有需要改变的话后期可以进行调整;消色散段 FODO 单元中填充的弯转磁铁数目为 8 块,弯转磁铁的长度和强度与弧区的保持一致;最后把半个消色散段 FODO 单元中的弯转磁铁抽掉,从而有利于光学参数的匹配。

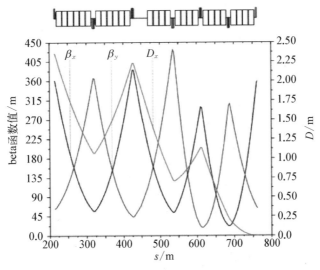

图 4 - 58　LHC-like 消色散结构及其 Twiss 参数图

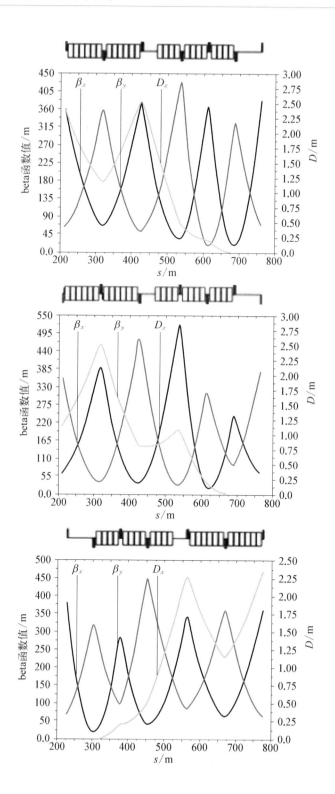

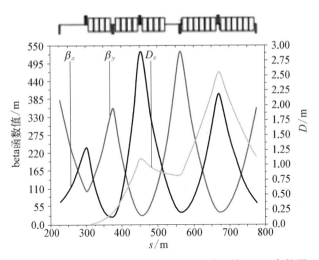

图 4-59　SPPC 消色散段的 Lattice 设计及其 Twiss 参数图

4）对撞区的初步设计

SPPC 质子对撞机的对撞亮度将达到 10^{35} cm^{-2}·s^{-1}，为了实现如此之高的对撞亮度，需要对撞区的磁聚焦结构能够把质子束聚焦到一个极小的束斑，对撞点 beta 函数需要达到 0.75 m，并有可能在后续的亮度升级计划中进一步减小该值。对撞区的 Lattice 结构如图 4-60 所示。对撞区主要由三部分组成，从对撞区内往外分别是内三联磁铁、分离二极磁铁和外三联磁铁。其中，内三联磁铁用于对质子束进行强有力的聚焦；分离二极磁铁用于实现弧区相隔 30 cm 的质子束在对撞区的合并和分离；外三联磁铁与色散匹配段共同作用，实现弧区与对撞区之间的光学参数的匹配。

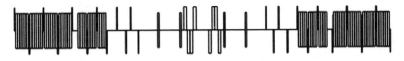

图 4-60　对撞区 Lattice 示意图

对撞段的两个特点对 Lattice 的设计造成极大的挑战：① 如前所述为了获得尽可能高的对撞亮度，要求得到非常小的对撞点 beta 函数 β^*，当前该参数的设计值为 0.75 m；② 受探测器及其相关的附属部件大小的限制，对撞点与第一块聚焦四极磁铁之间的距离 L^* 将可能大于 40 m。这两个因素带来的问题主要体现在：① 对四极磁铁的聚焦强度提出了较高的要求。② 极小的 β^* 和非常大的 L^* 将导致四极磁铁中的 beta 函数的数值异常增大，随之而来的是过大的束团包络使得束流在四极磁铁上更加容易损失,需要很大的四极磁铁孔径以及复杂的保护措施来确保四极磁铁的安全。③ 由于内三联磁铁的四极磁铁非常强大,对撞区与弧区之间的光学参数的匹配难度比较大,需要增加一组外三联磁铁并结合弧区端部的消色散段才能完成;而对撞区中分离二极磁铁的存在,使长直线段中的色散并不为零,该色散的存在也增加了光学参数匹配的难度。④ 还需要能够兼顾到注入阶段和对撞阶段的 Lattice 需求的不同,以及在复杂的亮度提升过程中实现 β^* 动态可调,这也极大地增加了对撞段 Lattice 设计的复杂性和重要性。对撞能量下的对撞区 Lattice 设计及其光学参数如图 4-61 所示。

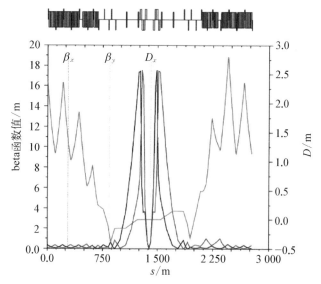

图 4-61 对撞能量下的对撞区 Lattice 及其光学参数示意图

对撞点 $\beta^* = 0.75$ m,对撞点至第一块四极磁铁的距离 $L^* = 45$ m,在内三联磁铁中 beta 函数的最大值约为 18 km。按照归一发射度为 $\varepsilon_n = 2.4\ \mu$m,对撞质子能量为 37.5 TeV 进行计算,质子束团在 inner triplet 中的束团尺寸的最大值对应于 $\beta_{max} = 18$ km 时的取值,为 $\sigma_{max} = 1.04$ mm。 对撞区四极磁铁的孔径初步规划为 60 mm,对四极磁铁进行保护的屏蔽层的厚度设为 10 mm,则对撞能量下最小的 beam stay clear 为 $BSC = (20\ \text{mm})/\sigma_{max} = 19.2/16$,能够符合要求。注入时的质子能量为 2.1 TeV,若仍用 $\beta^* = 0.75$ m 的 Lattice,则由于束团尺寸过大,此时 beam stay clear 的值仅为 $BSC = 4.6$。可见注入能量下必须重新设计对撞区的 Lattice,通过增大对撞点的 beta 函数,减小内三联磁铁中 beta 函数的数值,从而使注入能量下的束团尺寸的大小能够满足 beam stay clear 的值大于 16 的要求。调节内三联磁铁和外三联磁铁的四极磁铁的聚焦强度系数,重新设计对撞能量下的 Lattice,其光学参数如图 4-62 所示。其对撞点处的 beta 函数 $\beta^*=10$ m,此时内三联磁铁中的最大 beta 函数约为 1.3 km,$\sigma_{\max}=1.18$ mm,相应的 beam stay clear 为 $BSC=17$,能够满足要求。对撞区磁铁位置布局在对撞能量及注入能量下均保持不变,只调节磁铁的磁场强度实现 Lattice 的切换。两套 Lattice 的内三联磁铁,分离二极磁铁,外三联磁铁的磁铁参数如表 4-25 和表 4-26 所示。

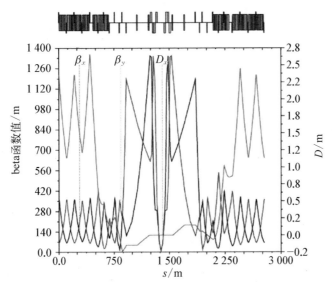

图 4-62　注入能量下的对撞区 Lattice 及其光学参数示意图

表 4-25　对撞能量下对撞区的磁铁参数表

磁 铁 编 号	磁铁长度/m	磁 铁 强 度
Q_{c1}	20	0.001 22 T/m²
Q_{c2a}	20	−0.001 01 T/m²
Q_{c2b}	20	−0.001 01 T/m²
Q_{c3}	20 m	0.001 16 T/m²
Q_{sep1}	10	94.35 μrad/m
Q_{sep2}	10	−94.35 μrad/m

磁铁编号	磁铁长度/m	磁铁强度
Q_{c4}	6	$-0.004\ 70\ \text{T}/\text{m}^2$
Q_{c5}	6	$0.005\ 51\ \text{T}/\text{m}^2$
Q_{c6}	6	$-0.006\ 63\ \text{T}/\text{m}^2$

表 4 - 26　注入能量下对撞区的磁铁参数表

磁铁编号	磁铁长度/m	磁铁强度
Q_{c1}	20	$0.001\ 14\ \text{T}/\text{m}^2$
Q_{c2a}	20	$-0.000\ 93\ \text{T}/\text{m}^2$
Q_{c2b}	20	$-0.000\ 93\ \text{T}/\text{m}^2$
Q_{c3}	20	$0.001\ 09\ \text{T}/\text{m}^2$
Q_{sep1}	10	$94.35\ \mu\text{rad}/\text{m}$
Q_{sep2}	10	$-94.35\ \mu\text{rad}/\text{m}$
Q_{c4}	6	$-0.001\ 91\ \text{T}/\text{m}^2$
Q_{c5}	6	$0.005\ 05\ \text{T}/\text{m}^2$
Q_{c6}	6	$-0.002\ 68\ \text{T}/\text{m}^2$

4.3.2.3　SPPC 的 Lattice 集成及动力学孔径的初步结果

为了对储存环 Lattice 的动力学孔径等问题进行研究以及给其他各项工作(比如准直系统准直效率的跟踪模拟、磁铁校正方案的研究等)提供基础,需要把前述所设计的弧区、消色散段、对撞区等部分进行匹配、集成后,使之成为一个包含 8 个弧区、8 个长直线段的完整的储存环 Lattice。对于 8 个长直线节,除了对撞区有了初步的 Lattice 设计之外,注入/引出段、A - A 对撞段、e - p 对撞段等功能段的 Lattice 尚未开展具体的设计工作,因此在集成的储存环 Lattice 中,先用重复的 FODO 结构进行替代,待后续相应的功能段有了明确的 Lattice 设计之后再进行更新。重复 FODO 单元替代的 1 250 m 和 4 300 m 的长直线段 Lattice 分别如图 4 - 63 和图 4 - 64 所示。对撞能量下的全环集成 Lattice 的光学参数分布如图 4 - 65 所示,注入能量下的全环集成 Lattice 的光学参数分布如图 4 - 66 所示。

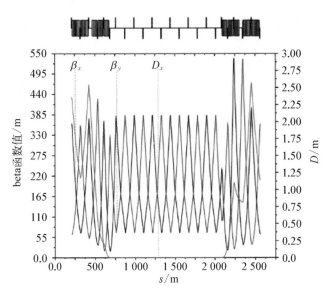

图 4 - 63　用 FODO 单元替代的 1 250 m
长直线段 Lattice

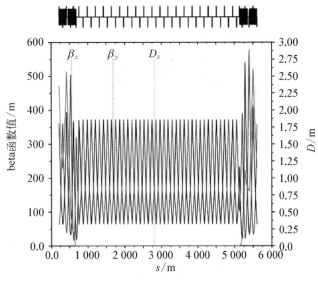

图 4 - 64　用 FODO 单元替代的 4 300 m
长直线段 Lattice

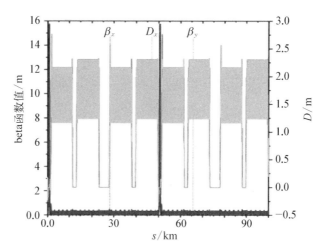

图 4 - 65　对撞能量下的全环集成 Lattice 的
光学参数分布图

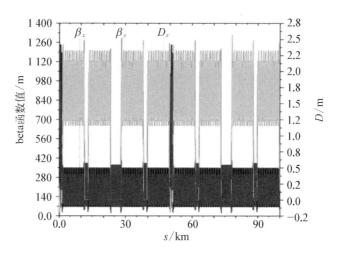

图 4 - 66　注入能量下的全环集成 Lattice 的
光学参数分布图

　　在上述集成 Lattice 的基础上,就可以开展储存环动力孔径的研究。对于质子对撞机而言,动力学孔径的大小可以利用软件 SixTrack 通过多圈跟踪的方法进行计算。SixTrack 是欧洲核子中心已经成功用于 LHC 设计工作当中的软件。该软件同时对两个初始粒子进行跟踪,两个粒子的初始条件仅有微小差别,比如只有角方向存在 1 μrad 的不同,其他运动初始值均一样。

　　针对 SPPC 的动力学孔径的研究,其非线性项的来源目前考虑两类:一是用于色品校正的六极磁铁;二是弯转磁铁的高阶误差,目前主要考虑其中的二极磁铁的六极误差。这两类非线性项在对撞机储存环的动力学孔径影响因素里面占主导地位。

　　色品(ξ_u)是指工作点随质子能散度的变化量,$\xi_u = \dfrac{\mathrm{d}v_u}{\mathrm{d}\delta}$,它对储存环中粒子运动的头尾不稳定性有很大的影响。储存环的自然色品一般为负值,负的色品将会导致束流产生头尾不稳定性等问题,因此需要把色品的值校正到零或者略为大于零的正数。对色品的校正可以在弧区的 FODO 单元中加入六极磁铁来进行,在每一个 FODO 单元中有两块六极磁铁,这两块六极磁铁的磁场强度可独立调节,从而把水平方向和垂直方向的色品均调为零。储存环的自然色品越大,则校正六极磁铁的强度也需要越强。在对撞能量下的 Lattice 中,如果不加入六极磁铁,SPPC 储存环的自然色品达到 $\xi_x = -317.5$,$\xi_y = -323.2$。要把该色品调节为 0,FODO 单元中的两组六极磁铁的强度分别为 $\lambda_1 = 0.038\ \mathrm{T \cdot m^{-3}}$,$\lambda_1 = -0.073\ \mathrm{T \cdot m^{-3}}$。在六极磁铁的非线性力的作用下,储存环中的质子的横向位置偏差大到一定程度的时候,质子将无法保持有规则的运动,并会产生混沌现象而很快损失掉。在动力学孔径计算程序 Six Track 中对起始位置在水平方向和垂直方向上由大到小进行扫描,得到质子规则运动与混沌运动的边界,确定动力学孔径。对撞能量下的 Lattice,在弧区中加入两组六极强度分别为 $\lambda_1 = 0.038\ \mathrm{T \cdot m^{-3}}$,$\lambda_1 = -0.073\ \mathrm{T \cdot m^{-3}}$ 的六极磁铁时得到的动力学孔径如图 4-67 所示。从图中可以看出在水平方向的动力学孔径为 70σ,垂直方向稍大,可达 130σ,综合而言动力学孔径可确保大于 70σ。类似地,在注入动量 Lattice 中不加入六极磁铁时,储存环的自然色品为 $\xi_x = -3.37$,$\xi_y = -8.84$。把该色品调节为 0,所需的 FODO 单元中的两组六极磁铁的强度分别为 $\lambda_1 = 0.019\ \mathrm{T \cdot m^{-3}}$,$\lambda_1 = -0.036\ \mathrm{T \cdot m^{-3}}$。只考虑六极磁铁时,注入能量下的动力学孔径如图 4-68 所示。可以看出此时动力学孔径大致可达 60σ。磁铁高阶误差是另一个非线性力的主要来源,目前先考虑二极磁铁高阶误差的影响。磁铁的磁场可以按下式进行展开:

$$B_y + \mathrm{i}B_x = B_1 \sum_n (b_n + \mathrm{i}a_n)(z/R_r)^{n-1} \tag{4-296}$$

式中,B_1 为标准的弯转磁铁磁场的大小;B_y 和 B_x 分别是垂直和水平方向上的分量;$R_r = 1$ cm 是用于计算的参考半径;$z = x + iy$,a_n 和 b_n 分别是不同阶误差的系数。SPPC 计划采用全铁基超导的磁铁技术,相应的技术研发尚处于初期阶段,目前还没有明确的误差评估,因此当前 Lattice 的设计中引用 FCC 所采用的误差表对动力学孔径的大小进行了初步的评估。目前的评估中,考虑二极磁铁的六极误差的影响。该误差对动力学孔径的影响表现在两个方面:一是六极误差项本身就是非线性力的来源,会减少储存环的动力学孔径;其二是六极误差也会对色品有贡献,因此用于色品调节的六极磁铁的强度也会随之改变,影响动力学孔径的大小。在对撞能量下的 Lattice,考虑二极磁铁的六极误差后,重新把 Lattice 的色品调节为零,色品校正用的两组六极磁铁的强度分别变为 $\lambda_1 = 0.139$ T·m^{-3},$\lambda_1 = 0.087$ T·m^{-3}。此时的动力学孔径如图 4 - 69 所示。类似地,在注入能量下,考虑二极磁铁的六极误差并重新把 Lattice 的色品调节为零后,动力学孔径如图 4 - 70 所示。从图 4 - 69 和图 4 - 70 可以看出,考虑二极磁铁的六极误差后,储存环的动力学孔径极大地减少,对撞能量下最小值为 8σ,注入能量下的最小值约为 10σ。这说明二极磁铁的六极误差对储存环的动力学孔径有重大的影响,应该在磁铁的设计中进行有针对性地优化。目前的动力学孔径的表现差强人意,在后期的工作中可进行优化以便使动力学孔径的大小达到 12σ 以上。

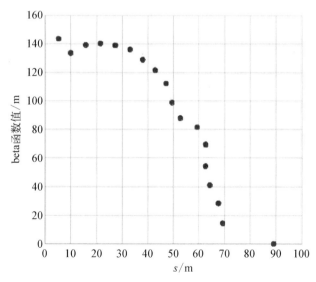

图 4 - 67 对撞能量下的 Lattice 只考虑六极磁铁时的动力学孔径

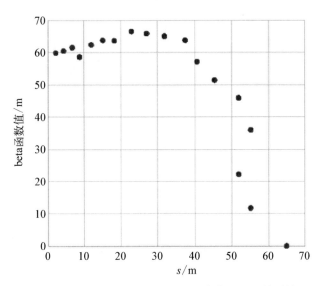

图 4 - 68　注入能量下的 Lattice 只考虑六极磁铁时的
动力学孔径

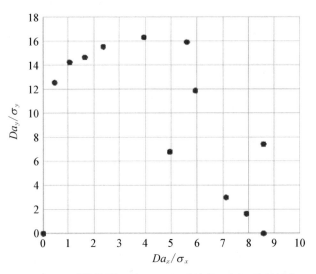

图 4 - 69　对撞能量下,加入二极磁铁的六极误差并把色
品校到零时的动力学孔径

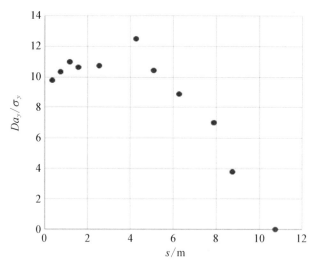

图 4 - 70　注入能量下,加入二极磁铁的六极误差
并把色品校到零时的动力学孔径

参考文献

[1]　Gao J. Parameter choice for ILC[J]. High Energy Physics & Nuclear Physics, 2006, 30(1): 156 - 158.

[2]　Gao J. Analytical researches on the accelerating structures, wakefields, and beam dynamics for future linear colliders [M]. Pairs: La these d'Habilitation a Diriger des Recherches, 1996.

[3]　Gao J. An S-band superconducting linear collider[C]. Proceedings of EPAC96, Barcelona, 1996.

[4]　Gao J. Multibunch emittance growth and its corrections in S-band linear collider [J]. Particle Accelerators, 1995, 49: 117 - 142.

[5]　Gao J. Analytical treatment of the emittance growth in the main linacs of future linear colliders[J]. Nuclear Instruments and Methods in Physics Research Section A, 200, 441(3): 314.

[6]　Dou Wang. ILC 3. 2 km damping ring design based on the FODO cell[J]. Chinese Science Bulletin, 2011, 56(1): 1 - 6.

[7]　Sun Y P, Gao J, Guo Z Y. An alternative lattice design for ILC damping ring[J]. High Energy Physics & Nuclear Physics, 2006, 30(12): 1190 - 1195.

[8]　Sun Y P, Gao J, Guo Z Y. ILC damping ring lattice design with two wiggler sections[J]. Chinese Physics, 2007, 16(8): 1 - 6.

[9]　Sun Y P, Gao J, Guo Z Y. International linear collider damping ring lattice design with two wiggler sections[J]. Chinese Physics, 2007, 16: 2343 - 2348.

[10]　Sun Y P, Gao J, Guo Z Y, et al. International linear collider damping ring lattice

design based on modified FODO arc cells [J]. Review of Modern Physics, 2008, 11 (6): 1 - 9.

[11]　王逗. 国际直线对撞机物理设计与关键技术实验研究[D]. 北京：中国科学院高能物理研究所, 2011.

[12]　Zhu W, Gao J. Study on ILC bunch compressor[J]. Chinese Physics C, 2008, 32 (11): 928 - 930.

[13]　Wang Y W, Bambade P, Gao J. Re-optimization of the final focus system optics with vertical chromaticity correction [C]. Proceedings of the 4th International Particle Accelerator Conference, Shanghai, 2013.

[14]　Wang D, Gao J, Xiao M, et al. Optimization parameter design of a circular e$^+$e$^-$ Higgs factory[J]. Chinese Physics C, 2013, 37(9): 1 - 7.

[15]　Wang D, Gao J, Su F, et al. CEPC partial double ring scheme and crab-waist parameters[J]. International Journal of Modern Physics A, 2016, 31(33): 1 - 6.

[16]　Wang D, Gao J, Yu C H, et al. 100 km CEPC parameters and lattice design[J]. International Journal of Modern Physics A, 2017, 32(34): 1 - 16.

[17]　Gao J. Emittance growth and beam lifetime limitations due to beam-beam effects in e$^+$e$^-$ storage ring colliders [J]. Nuclear Instruments and Methods in Physics Research A, 2004, 533: 270 - 274.

[18]　The CEPC Study Group. CEPC conceptual design report, vol. I: accelerator[R]. Beijing: Institute of High Energy Physics Chinese Academy of Sciences, 2018.

[19]　Wang Y W, Su F, Bai S, et al. Lattice design for the CEPC double ring scheme[J]. International Journal of Modern Physics A, 2018, 33(2): 1 - 16.

[20]　Wang Y W, Cui X H, Gao J. A beam optics design of the interaction region for the CEPC single-ring scheme[J]. International Journal of Modern Physics A, 2019, 34 (13 & 14): 1 - 11.

[21]　Wang Y W, Bai S, Yu C H, et al. The energy sawtooth effects in the partial double ring scheme of CEPC[J]. International Journal of Modern Physics A, 2019, 34(13 & 14): 1 - 8.

[22]　Nosochkov Y, Cai Y, Irwin J, et al. Detector solenoid compensation in the PEP-II B-Factory [C]. Proceedings of the 1995 Particle Accelerator Conference, Dallas, 1995.

[23]　Peggs S. The projection approach to solenoid compensation [J]. Particle Accelerators, 1982, 12: 219 - 229.

[24]　The BEPC Ⅱ Design Group. BEPC Ⅱ design report[R]. Beijing: Institute of High Energy Physics Chinese Academy of Sciences, 2002.

[25]　王逗. CEPC 增强器设计, CEPC 概念设计报告, 加速器卷[R]. 北京：中国科学院高能物理研究所, 2018: 176 - 187.

[26]　Herrmannsfeld W B. EGUN — an electron optics and gun design program[M]. California: Stanford Linear Accelerator Center Stanford University, 1988.

[27]　Su F, Gao J, Xiao M, et al. Method study of parameter choice for a circular proton

proton collider [J]. Chinese Physics C, 2016, 40(1): 1 - 8.

[28] Gao J, Xiao M, Su F, et al. Analytical estimation of maximum beam-beam tune shifts for electronositron and hadron circular colliders[C]. Proceedings of HF2014, Beijing, 2014.

[29] Gao J. Review of some important beam physics issues in electron positron collider designs[J]. Modern Physics Letters A, 2015, 30(11): 20.

第 5 章
未来高能粒子对撞机展望

人类探索物质世界的本质规律是永无止境的,高能粒子对撞机作为这一科学活动最主要的研究工具将随着粒子物理研究不断向深层次发展而相应地发展前进,对撞机的物理设计及采用的关键技术也将受到粒子物理实验的科学目标的牵引而不断发展变化,这个规律既是历史的、现在的,也是未来的。2012 年 7 月 4 日,在欧洲核子中心大型强子对撞机上发现了标准模型中最为重要的粒子——希格斯玻色子,这个由理论预测而被人们发现的新粒子打开了探索物质未知深层规律和奥秘的大门。设计、建设及运行新一代高能粒子对撞机,深入和精确研究希格斯玻色子的特性,并通过希格斯玻色子探索诸如暗物质等超出标准模型之外的新物理问题具有十分重要的科学意义。在本章中我们将介绍一些下一代面向希格斯玻色子及更高能量前沿对撞机的现状和展望。

5.1 国际直线对撞机

标准模型理论的建立是 20 世纪粒子物理研究的一个重大成就,理论预言的结果经受住了精度达到千分之一的实验检验。然而很多迹象表明,标准模型还远远不是一个终极的理论,更进一步还有相互作用力的统一及极小尺度的时空结构等非常基本和深刻的问题,而标准模型尚不能对此提供太多的知识。此外,来自天文观测的数据表明,宇宙中只有 4% 是由已知的物质构成,其他部分(23% 的暗物质,73% 的暗能量)则完全无法用现有的理论知识理解,这构成了对当代粒子物理理论的一个重大挑战。另外,对宇宙演化过程中出现的正反物质不对称性等现象的物理机制的理解也依然困扰着当代的粒子物理研究。这些问题显然都不可能在标准模型的框架内得到解决,存在超出标准模型的新物理现象应该说已经是不争的事实。面对这些物理前沿问题,有必要在理论的指导下进行相应的实验研究。理论指导下的实验研究是物理学向前发展的唯一出路。

5.1.1　国际直线对撞机发展历史与现状

1989 年在美国 SLAC 建成的斯坦福直线对撞机(Stanford linear collider, SLC,质心能量约为 100 GeV)在概念和许多关键技术上验证了正负电子直线对撞机的可行性。其后,国际上开始了更大规模开展关于未来正负电子直线对撞机的研究。20 世纪 80 年代,美国 SLAC 提出了 11.4 GHz 的常温加速结构的直线对撞机(next generation linear collider, NLC);日本的 KEK 提出了相似的计划 JLC(Japan linear collider),后改为 GLC(global linear collider)和常温的 C-band(5～6 GHz)linear collider;德国的 DESY 提出了常温 3 GHz 的SBLC(S-band linear collider)和基于超导技术的 1.3 GHz 的直线对撞机TESLA;俄罗斯提出了 14 GHz 的常温直线对撞机 VLEPP;CERN 则提出常温双束直线对撞机 CLIC,加速结构频率为 30 GHz。除了 DESY 的 SBLC 和俄罗斯的 VLEPP 两个计划于 20 世纪 90 年代中期停止以外,另外五个计划分别持续了十几年的研究。直到 2004 年 8 月 20 日,国际未来加速器委员会(ICFA)在北京(中国科学院高能物理研究所)举行的第 32 届国际高能物理大会上宣布了下一代大型直线对撞机的技术方案确定为低温超导加速技术,并命名为国际直线对撞机(international linear collider, ILC)。目前,国际上只存在 ILC 和 CLIC 两个计划。CLIC 于 2007 年提出了 CLIC-12,即加速器频率从 30 GHz 改为 12 GHz,目的是降低 CLIC 的技术难度和尽可能利用上面提到的 NLC 及 JLC 的长期技术研发成果和人员储备,但 CLIC-12 的最高加速梯度则降为 100 MV/m(30 GHz CLIC 加速梯度设计值为 15 MV/m)。由于CLIC-12 目前无论在技术成熟度方面还是加速技术的通用性方面与 ILC 相比都不具有明显优势(除了其设计最高能量比 ILC 高出 3 倍外,这也是其存在的最主要的原因),因此 ILC 吸引了国际上几乎所有相关加速器研究中心的关注和合作。亚洲、欧洲及北美洲的主要高能物理实验室于 2005 年 5 月 10 日签署了关于国际直线对撞机全球设计工作组的谅解备忘录(Memorandum of Understanding for the ILC Global Design Effort),成立了由亚洲、欧洲、北美洲科学家组成,由 Prof. B. Barish 领导的全球性的 ILC 研制团队。自 2005 年起,相关预制研究工作以国际合作的方式大规模展开。2007 年,ILC 参考设计报告(reference design report,RDR)及参考造价正式对外发布(发布地为中国科学院高能物理研究所）。经过其后一系列相关设计优化和技术研发的努力，ILC 技术设计报告（technical design report，TDR）于 2013 年正式对外发布（发布地为日本东京）。

2013 年，国际未来加速器委员会（International Committee for Future Accelerators，ICFA）的直线对撞机理事会（Linear Collider Board，LCB）建立了直线对撞机合作组织（Linear Collider Collaboration，LCC），LCC 包括 ILC 和紧凑型直线对撞机（compact linear collider，CLIC）。未来环形对撞机（future circular collider，FCC）由 Lyn Evans 教授领导，旨在进一步开展技术研发，降低成本以及 ILC 与 CLIC 的协同发展。

考虑到 LHC（大型强子对撞机）第二阶段（LHC Run 2）的实验结果，日本高能物理协会（JAHEP）在 2017 年 7 月 22 日发表了一项重要声明，"根据 LHC Run2 的最新结果，JAHEP 建议迅速在日本建造作为希格斯工厂的 ILC，质心能量为 250 GeV"，如图 5-1 所示。

图 5-1　ILC 250 GeV 示意图

由 Tatsuya Nakada 教授领导的 LCB 负责指导和监督 LCC 的工作，要求 LCC 进行深入的机器研究（基于 ILC TDR）和 ILC 250 GeV 的物理研究，以评估日本 JAHEP 提出的建议。根据 LCC 的研究结果，LCB 得出的结论是，这个建议不仅展示了 ILC 250 GeV 作为希格斯工厂具有重要物理意义，而且与最初的 ILC 500 GeV 相比，成本降低了 40%。2017 年 11 月，LCB 强烈支持 JAHEP 关于在日本建造一个 250 GeV ILC 的建议，并鼓励日本政府认真考虑该建议，以便及时作出决定。与此同时，在 LCB 的结论下，由 Joachim Mnich 教授领导的 ICFA 宣布支持 LCB 的结论，并强烈鼓励日本作为发起国及时承建 ILC 250 GeV 国际合作项目。实际上，ICFA 于 2017 年 11 月发表的声明，与其在 2004 年 8 月关于 ILC 采用超导技术的声明一样重要。2020 年 2 月 20 日，日本政府参加在美国 SLAC 举行的 ICFA LCB 会议并继续对 ILC 250 GeV 表示兴趣，同时决定在日本建立 ILC Pre-lab[1-2]。

5.1.2　我国开展 ILC 国际合作历史与现状

我国科学家在 ILC 粒子物理理论和实验方面开展了多方面的研究,例如,通过什么粒子反应过程能探测新物理信号,并为未来的实验提供指导;LHC和 ILC 的研究相互补充问题;寻找各种新粒子和普遍探测现有粒子的有效相互作用;提出新物理模型等。此外,在 ILC 实验物理方面开展了利用蒙特卡罗(Monte Carlo)方法研究 ILC 探测器方案的性能、探索新物理信号的分析方法以及粒子的重建方法等内容。在探测器研究方面,主要集中在两个主要的方向上,一是研究将我国现有的、在国际上具有领先水平的探测器建造技术应用到 ILC 上的可能性,二是大力开展我国目前还比较薄弱、但未来迫切需要并有很好应用前景的相关技术研究。

我国科学家通过近年来建造国内外的高能物理大科学工程,如北京谱仪Ⅲ和参加 LHC 上的 CMS 和 ATLAS 实验组等国际合作,在探测器研究和建造方面积累了很多具有国际领先水平的关键技术,这些技术在 ILC 上的应用前景是我们参加 ILC 国际合作的一个重要基础。例如,我国在基于 RPC 技术的探测器研制方面掌握了有我们自己知识产权的技术,在北京谱仪的升级改造中起到了关键性的作用。目前正在研究如何做出相应的改进来适应用于直线对撞机上的探测器中缪子探测器和强子量能器的技术要求。清华大学开展了关于时间投影室(TPC)的研究,并于 2007 年正式加入了 LCTPC 国际合作组。在目前 ILC 上探测器的两个方案中,ILD 采用 TPC 作为主径迹探测器。我国在 2006 年建成了小模型 TPC(国际上称为 TUTPC)后,通过一系列测量实验,性能达到了国外同类小模型的水平。2007 年,TUTPC 在 KEK 的磁场中进行宇宙线测试,为 ILC 上的 TPC 研制提供了重要的数据。另外,中科院高能所、清华大学和中国科学技术大学还联合研究 GEM 探测器和电子学读出等技术,也取得了很好的进展,TUTPC 的读出就采用了 GEM 探测器。

在 ILC 加速器研究方面,我国科学家在 ILC 总体设计、粒子动力学、ILC 阻尼环设计、1.3 GHz 9 单元超导腔制造、低温槽设计制造、高功率耦合器设计制造、正电子源研究、ILC 功率源研究与制造、ILC-ATF2 束线磁铁制造、ATF2 光学设计及束流实验、束流测量等多方面开展了国际合作研究,取得了国际上认可的研究成果,并成为 ILC 国际合作中的重要参与国家之一,并在 ILC 国际组织中担任重要角色。我国在 ILC 总体设计方面提出了中方的 ILC 对撞机高亮度参数选择;给出了 ILC 阻尼环的优化设计方案;在 ATF2 的束流光学设计方面通过与法国 LAL 合作,优化了 ATF2 的设计指标,把 37 nm 的设计束斑减小到 20 nm。在 ILC 实验装置硬件合作方面,自 2006 年中科院高能所为建在日本 KEK 的 ILC-ATF2 实验装置共生产了 34 块四极磁铁和 3 块二极磁铁并已交付使用,现已应用在 KEK 的 ATF2 传输线上。这一实质性硬件生产贡献为中国积极参与 ILC 其他方面的合作争取到了有利的条件。在 ILC 1.3 GHz 超导加速技术方面,中科院高能所及北京大学在超导实验室建设、1.3 GHz 超导加速腔、低温槽、1.3 GHz 超导加速组元、高功率耦合器、调谐器、低电平控制、低温系统等方面积极开展了国际合作研究,取得了重要进展和突破,并为我国其他基于超导加速器的大科学工程培养了大量人才,积累了关键技术,建立了良好的国际合作,为我国积极参与 ILC 国际合作建设打下了重要基础。

5.1.3 ILC 国际合作

ILC 是继国际热核聚变实验反应堆(ITER)计划启动之后人类又在筹划的又一超大规模的国际合作科学工程,涉及大量最先进的加速器技术、探测器技术和先进的高科技通用技术,中国应着眼长远,未雨绸缪,抓住机遇做出有前瞻性的战略部署,为中国参与 ILC 做必要的人才和技术储备。参与 ILC 国际合作必将提升我国有关高科技工业的技术水平和应用水平,并能培养一大批符合时代需求的、具有国际水平和创新能力的科学研究队伍和一批高水平的领军人才。中国应把握世界科学发展的新特点和新趋势,通过 ILC 国际合作在综合国力竞争中占据更有利的战略地位,增强国家核心竞争力,带动我国社会生产力的发展,以在激烈的国际竞争中赢得和保持发展的主动权。

5.2 环形正负电子对撞机

2012 年 7 月 4 日,CERN 宣布在大型强子对撞机 LHC 上发现了希格斯玻色子,科学家经过 50 多年的搜索,粒子物理学终于进入了希格斯时代。由于希格斯能量为较低的 125 GeV,因此,除了可以使用直线正负电子对撞机(例如 ILC 和 CLIC)外,还可以采用环形电子正负对撞机产生希格斯玻色子,并且后者具有更高的亮度及更多的对撞点,除了在功耗方面外,在技术难度及成本方面也具有明显优势。

2012 年 9 月,中国科学家提出了在中国建造一台质心能量为 240 GeV 的环形正负电子对撞机(circular electron positron collider, CEPC),用于希格斯玻色子及超出标准模型以外的粒子物理研究[2-6]。CEPC 具有两个探测器,位于周长为 100 km 的隧道中,是 CERN 大型强子对撞机的三倍多。隧道宽 6 m,未来可以在同一隧道中不拆除 CEPC 的情况下安装一台超级质子-质子对撞机(SppC)(其远远超出 LHC 的能量潜力),开展能量前沿研究(见图 5-2)。

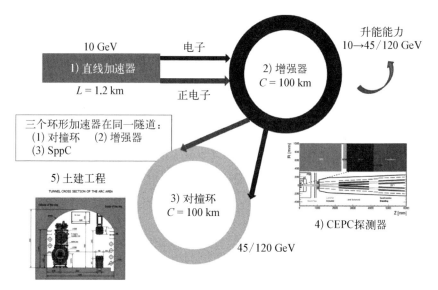

图 5-2 CEPC-SppC 隧道布局图

在 2012 年 11 月费米实验室举行 ICFA 希格斯工厂研讨会之后,欧洲核子研究中心还提出了一个类似的周长为 100 km 的未来环形对撞机(FCC)。2013 年 6 月 12 日至 14 日,第 464 届香山会议在北京举行,主题是研讨中国高能物理未来发展战略,其中共识之一就是作为继 BEPC II 之后在中国的下一个对撞机,环形电子正电子希格斯工厂(CEPC)和随后在同一条隧道中的超级质子-质子对撞机(SppC)是一个历史机遇,也是未来高能物理实验的一个重要的选项,相应的研发工作是必要的。国际未来加速器委员会(ICFA)分别于 2014 年 2 月和 2014 年 7 月连续两次发表声明,表示 ICFA 支持能量前沿环形对撞机研究并鼓励全球协调。2016 年 4 月于日本京都举行的亚洲高能物理委员会(AsiaHEP)及亚洲未来加速器委员会(ACFA)会议上,CEPC/SppC 在 AsiaHEP/ACFA 的声明得到了积极肯定。2016 年 9 月 12 日在中国物理学会中国高能物理分会会议上,一份关于未来基于加速器的中国高能物理发展的声明中指出,CEPC 是未来中国高能加速器项目的首选。2016 年 10 月 18 日至 19 日在北京举行了主题为高能环形正负电子对撞机的第 572 届香山会议,会议得出的结论是：CEPC 有充分的物理理由，在 SppC 中具有巨大的物理潜力。会议认为 CEPC 需要经过五年的前期研究，进行优化设计、关键技术预研和产业化准备工作，才能于 2022 年左右开始建造并于 2030 年左右建成投入运行。CEPC 将配备两个探测器，在希格斯能量下每个对撞点亮度最少为 $2\times 10^{34}\ cm^{-2}\cdot s^{-1}$，作为希格斯工厂运行 10 年，每个对撞点亮度至少为 $1\times 10^{34}\ cm^{-2}\cdot s^{-1}$，以累积一百万个希格斯玻色子和 1 亿个 Z 粒子。

根据第 572 届香山会议制订的 CEPC 路线图，CEPC-SppC 的预概念设计报告（Pre-CDR）已于 2015 年 3 月完成，CECP Pre-CDR 设计基于单环的 pretzel 轨道方案，然而这个方案并不能满足设计亮度指标的要求。

自 2015 年以来，CEPC 加速器团队系统地研究了基于中国科学家于 2013 年 6 月提出的 crab-waist 对撞局部双环（partial double ring，PDR）[7]，2016 年提出的先进局部双环（advanced partial double ring，APDR）[8] 方案以及全局部双环（full partial double ring）方案，比较了不同方案的亮度潜力（见图 5 - 3 和图 5 - 4）[9]。

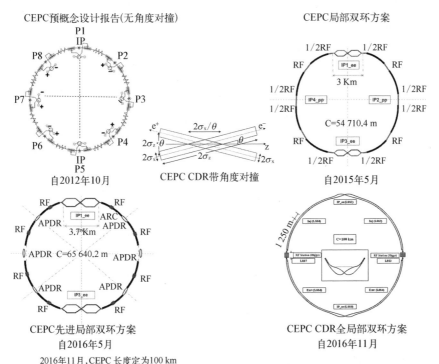

图 5 - 3　CEPC 四种方案比较

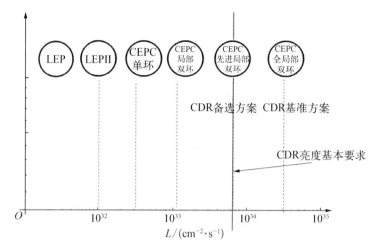

图 5 - 4　CEPC 四种方案亮度潜力

针对 CEPC 周长和束流辐射功率与亮度的关系问题也开展了深入的研究,并与 CERN FCCee 设计亮度进行了比较(见图 5 - 5)[10]。

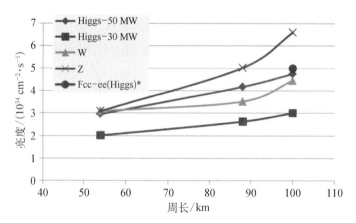

图 5 - 5　CEPC 不同周长及束流辐射功率与亮度的关系

CEPC 的国际咨询委员会(IAC)于 2015 年成立。2016 年中国科学技术部 CEPC 第一期 R&D 预研项目立项。2016 年 11 月的 CEPC 指导委员会根据 CEPC 研究结果,并结合 SppC 未来发展潜力,明确了 CEPC-SppC 相互关系,确定 CEPC 周长为 100 km。2017 年 1 月 14 日,CEPC 指导委员会批准了 CEPC 加速器团队提出的周长为 100 km 以全局部双环(FPDR)为基准方案、先进局部双环(APDR)为备选方案的建议。

CEPC 四个方案的设计过程及比较过程于 2017 年 4 月发表在 CEPC-SppC 进展报告中(IHEP-CEPC-DR-2017-01)[9]。2018 年 6 月,以 CEPC 基准设计方案(见图 5-6)为主要设计目标的 CEPC 概念设计(CDR)通过国际评估[11]。评估报告的结论是:全体评审委员一致肯定 CEPC 设计工作中取得的令人瞩目的进展,并对概念设计报告的完成表示祝贺。全体评审委员认为,设计工作已经证明项目的基本可行性并可以被批准进入技术设计报告(technical design report,TDR)阶段。CEPC 加速器 CDR 于 2018 年 9 月 2 日发表在报告 2018:arXiv:1809.00285 中。CEPC CDR 于 2018 年 11 月 14 日正式对外发布。2019 年 1 月 CEPC 正式进入技术设计报告(TDR)阶段。2019 年 5 月,CEPC 加速器报告提交欧洲高能物理战略会议进行讨论[12]。

5.2.1 CEPC 加速器 CDR 设计

CEPC CDR 设计思路如下:CEPC 优化在希格斯玻色子能量,在不变硬件的情况下可以同时工作在 W(80 GeV)和 Z-pole(45.5 GeV)能区。在高能量环形正负电子对撞机中,同步辐射的功率损耗是十分关键的"瓶颈"问题。为了降低 CEPC 运行功耗,CEPC CDR 提出了每束 30 MW 的同步辐射功率限制。CEPC 的布局如图 5-6 所示,CEPC 加速器注入链包括一台能量为 10

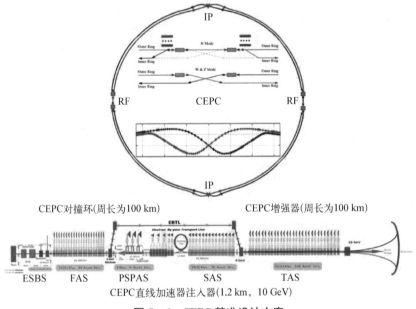

图 5-6 CEPC 基准设计方案

GeV 的正负电子直线加速器和一台 1.1 GeV 正电子阻尼环,以及与对撞环在同一隧道中的能将束流能量从 10 GeV 提升到 120 GeV 的增强器。

表 5-1 中显示了周长为 100 km 的 CEPC CDR 参数表[13-16],其中加速器-探测器区域(MDI)参数为:对撞交叉角为 33 mrad 和最终聚焦磁铁离对撞点的距离 $L^* = 2.2$ m[17]。

表 5-1 CEPC CDR 参数表

	Higgs	W	Z(3T)	Z(2T)
对撞点个数	2			
能量/GeV	120	80	45.5	
周长/km	100			
同步辐射损失能量/圈/GeV	1.73	0.34	0.036	
交叉角/mrad	16.5×2			
单束团粒子数/10^{10}	15.0	12.0	8.0	
总束流强度/mA	17.4	87.9	461.0	
单束同步辐射功率/MW	30	30	16.5	
偏转半径/km	10.7			
对撞点 beta 函数 β_x^*/β_y^* /m	0.36/0.001 5	0.36/0.001 5	0.2/0.001 5	0.2/0.001
对撞点束团横向尺寸/mm	20.9/0.06	13.9/0.049	6.0/0.078	6.0/0.04
高频腔压/GV	2.17	0.47	0.10	0.10
高频频率(谐波)/MHz	650(216 816)			
束长/mm	4.4	5.9	8.5	8.5
束流寿命/h	0.43	1.4	4.6	2.5
对撞点亮度 L/(10^{34} cm^{-2} · s^{-1})	2.93	10.1	16.6	32.1

CEPC 对撞环由弧区、高频区、对撞区三大部分组成,其中对撞区超导聚焦极磁铁、环中大量六极磁铁及束-束相互作用所产生的非线性力对粒子的动力学孔径产生巨大限制,为了使动力学孔径满足对撞束流的亮度及寿命要求,必须对动力学孔径进行优化设计,并最终在考虑量子辐射激发、磁铁误差、轨道误差等因素影响下使动力学孔径和能量接收度依然满足设计要求[18]。

CEPC 对撞环超导高频加速器系统 CDR 设计采用频率为 650 MHz 的 2 单元超导高频腔,加速梯度为 20 MV/m,空载品质因数 $Q_0 = 1.510\ 10$。6 个工作在 2K 温度下的 2 单元超导腔置于一个恒温器中。在希格斯能量下,共需要 240 只 2 单元超导腔[19-20]。

CEPC 对撞环的全能量注入由一台周长为 100 km 的正负电子增强器提供,该增强器置于 CEPC 对撞环的上方的隧道顶部[21-22]。CEPC 增强器由于注入能量低(10 GeV)及半径大,因此增强器起步二极磁铁磁场强度仅为 28 Gs,这样的低场注入目前国际上还没有先例,对增强器二极磁铁设计加工制造都提出了很高的要求,非常具有挑战性。增强器超导高频加速系统采用 1.3 GHz 9 单元超导腔,并将 8 只 9 单元超导腔置于一个 12 m 长的恒温器中,其技术与国际直线对撞机基本相同。CEPC 增强器需要 96 只加速梯度为 20 MV/m 的 1.3 GHz 9 单元超导腔。

CEPC 正负电子注入器为一台 S 波段常温直线加速器,加速梯度为 21 MV/m。正电子源由电子束流轰击钨靶产生高能伽马射线衰变为正负电子对得以收集产生。由于正电子束流的发射度较大,因此需要通过一台能量为 1.1 GeV 的正电子阻尼环对正电子束流横向发射度进行阻尼衰减。

CEPC 运行在 Z-pole 能量时可以通过正负电子横向自极化(5%~10% 极化率)对撞来进行精确率达 10^{-6} 的能量标定。为了提高自极化速度,需要在对撞环中加装 10 台左右的特种扭摆磁铁。为了进一步实现 Z-pole 能量下的高极化度(≥50%)水平极化对撞以提高物理实验测量精度,需要在每个对撞点两边各加入一个极化旋转器,同时,由于正负点电子极化束流的产生来自直线加速器,需要经过增强器升能注入对撞环,因此,为了使极化束流在升能期间不经过退极化共振线,需要加装一对称为"西伯利亚蛇"的特种磁铁以保证注入对撞环中的极化率不小于 50%。

为了降低 CEPC 增强器低场二极磁铁的研制风险,CEPC 加速器团队提出了采用等离子体加速的方法把 10 GeV 正负电子的能量提高到 45 GeV。

5.2.2 CEPC 加速器 TDR 优化设计,技术预研及产业化准备

自 2018 年 11 月 CEPC CDR 正式发布之后,CEPC 也根据国际顾问委员会的建议进入了技术报告 TDR 阶段。在这个阶段中需要继续优化 CEPC 设计提高不同能量下的对撞亮度并在关键部件方面推进样机研制。自 CEPC

CDR 完成后，通过优化设计希格斯能量亮度可以在束流辐射功率 30 MW 达到 5.2×10^{34} cm^{-2} · s^{-1}。2018 年 12 月提出大晶粒高 Q 值（31 010）高梯度（40 MV/m）650 MHz 单腔作为 CEPC 超导腔设想后，CEPC 在 Z-pole 能区亮度可以达到 1×10^{36} cm^{-2} · s^{-1}。这些优化设计指标达到了国际领先水平，而且具有 CEPC 特色。图 5-7 中列举了部分关键硬件样机研制进展。在 TDR 阶段，CEPC 数字化 BIM 设计，协同设计电子文档，计算机优化仓储物流安装流程等研究工作也在相关企业和大学的合作中不断推进，设备产业化准备也在积极准备之中[8]。

图 5-7　CEPC 关键部件 TDR 预研进展

(1) CEPC 对撞环 650 MHz 2 单元超导腔；(2) 650 MHz 大晶粒一单元超导腔；(3) 电抛光 EP 设备；(4) 对撞环双孔径二极磁铁；(5) 对撞环双孔径四极磁铁；(6) 650 MHz 超导腔恒温器样机；(7) 增强器铁芯高精度低场二极磁铁；(8) 增强器空芯高精度低场二极磁铁；(9) 电子环铝真空盒；(10) 650 MHz 高功率高效 800 kW 速调管；(11) 增强器 1.3 GHz 9 单元超导腔

5.2.3　CEPC 土建设计及部件安装

CEPC 的施工建造面临多方面的前所未有的挑战。CEPC 将是人类在地球上建造的规模最大、复杂程度最高的科学实验装置，其周长为 100 km，置于地下 100 m 左右的岩石之中，隧道长，洞室结构复杂（见图 5-8），探测器大厅跨度大，部件数量多（见图 5-9），设备安装精度高，工期紧等，因此，CEPC 无论从设计到施工安装都是一个协同性极高的系统工程[8]。

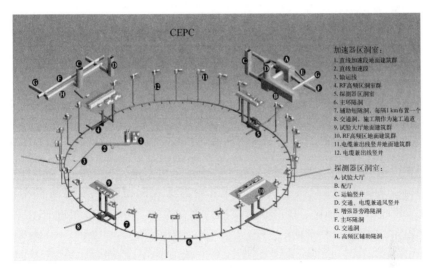

加速器区洞室:
1. 直线加速段地面建筑群
2. 直线加速段
3. 输运线
4. RF高频区洞室群
5. 探测器区洞室
6. 主环隧洞
7. 辅助短隧洞，每隔1km布置一个
8. 交通洞，施工期用作施工通道
9. 试验大厅地面建筑群
10. RF高频区地面建筑群
11. 电缆兼出线竖井地面建筑群
12. 电缆兼出线竖井

探测器区洞室:
A. 试验大厅
B. 配厅
C. 运输竖井
D. 交通、电缆兼通风竖井
E. 增强器旁路隧洞
F. 主环隧洞
G. 交通洞
H. 高频区辅助隧洞

图 5 - 8　CEPC 洞室群

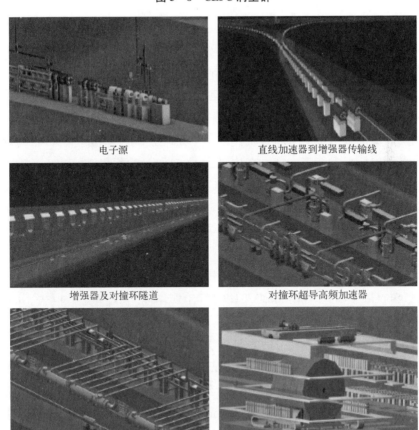

电子源

直线加速器到增强器传输线

增强器及对撞环隧道

对撞环超导高频加速器

增强器超导高频加速器

探测器大厅

图 5 - 9　CEPC 设备安装数字化(BIM)设计

5.2.4 CEPC-SppC 选址

CEPC-SppC 选址工作需要考虑很多因素。地质指标大致可量化如下：地震强度小于 7；地震加速度小于 0.1 g；1～100 Hz 时地面振动幅度小于 20 nm；花岗岩基岩深为 50～100 m。除了地质指标还要考虑选址地年平均气温、地下水、地面水资源及电力资源等环境情况。除了自然环境，还要考虑社会与经济发展水平、交通条件以及当地政府支持力度。CEPC 选址过程始于 2015 年 2 月，迄今已对六个选址进行了较为深入的研究：① 河北省秦皇岛市；② 陕西省延安地区；③ 广东省深汕特别合作区；④ 浙江省湖州市；⑤ 吉林省长春市；⑥ 湖南省长沙市。

5.2.5 CEPC 产业联盟及 CEPC 促进基金

2017 年 11 月 7 日 CEPC 产业促进会（CIPC）正式成立，目前已有 70 多家国内企业参与 CEPC-SppC 相关的 TDR 关键技术研发工作中，其中包括：速调管、超导腔、超导材料（超导腔及超导磁铁）、低温恒温器、制冷机、磁铁、真空、电子学、土建等领域，在 CEPC 土建、选址、数字化设计（BIM）等方面发挥了突出的作用。2019 年 11 月 17 日由王贻芳院士发起并投入第一笔约 350 万元人民币种子基金的 CEPC 促进基金（CPF）正式宣布成立。CPF 的成立即得到包括 CIPC 成员单位在内的单位与个人的积极响应和参与，今后 CPF 必将不断发展壮大，成为服务于 CEPC 预研、建设与运行的重要公益性基金。

5.2.6 CEPC 加速器建造路线图及规划时间表

2019 年 5 月欧洲高能物理战略规划研讨会在西班牙格拉纳达召开，CEPC-SppC、FCC（ee, hh）、ILC、CLIC 等计划均向会议提交了报告。CEPC 的路线图和时间表如图 5-10 所示。作为希格斯工厂的 ILC 250 GeV 计划，日本政府于 2020 年 2 月 20 日在美国 SLAC 召开的国际未来加速器委员会（ICFA）的直线对撞机理事会（LCB）上，表示有意承建 ILC 并开展下一步与相关国家政府协商分担建造经费的工作。欧洲粒子物理战略在 2020 年 6 月给出希格斯工厂优先级最高的未来对撞机项目，并期望建设能量尽可能高的质子对撞机。美国高能物理战略发展规划也在 2020 年启动。

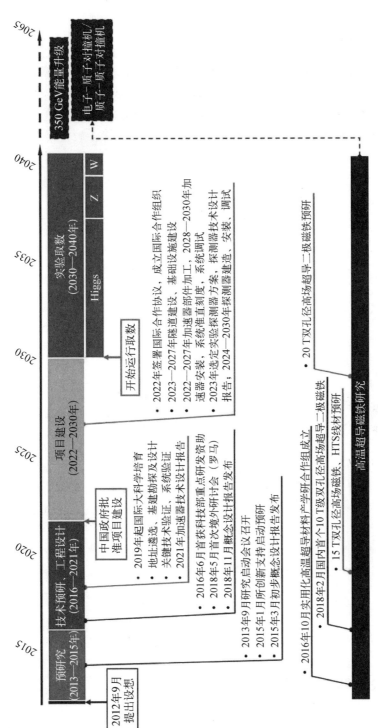

图 5 - 10　CEPC 项目战略图及规划时间表

5.2.7 国外对 CEPC 的评价

CEPC 的提出得到了国内外的巨大反响。2004 年诺贝尔奖得主 David Gross 教授高度评价了中国科学家提出的 CEPC-SppC 计划,认为未来高能环形对撞机将在 21 世纪的高能物理中起到至关重要的作用,这将毫无疑问地把中国高能物理研究推动到世界的领袖位置。David Gross 教授说:"我把这个梦想叫做'中国的伟大加速器(The Great Accelerator)',这会与万里长城(The Great Wall)一样引人瞩目。它会比万里长城的作用更大,将会在科学与技术各领域有所发现和突破。"

2013 年 12 月,《自然》杂志 2013 年度回顾专刊发表了评论文章《粒子物理学:共同走向下一个前沿》(*Particle physics: Together to the next frontier*)。文中指出:"如果中国真跑到了前头,这将会改变世界科学的格局。"

5.3 环形质子-质子对撞机

超级质子-质子对撞机(super proton proton collider,SppC)作为 CEPC-SppC 项目的一个重要组成部分,它将作为一个继 CECP 之后,旨在未来能量前沿的发现性探索的重要选项,这将是一个长期的工程计划。

尽管 SppC 将于 CEPC 运行结束后才开始建造,但是由于 SppC 将于 CEPC 置于同一隧道中,今后还要保留电子-质子对撞的可能性,因此,需要考虑 SppC 与 CEPC 之间的相互关系。另外,由于 CEPC 建设将在新址上进行,因此在选址时需要考虑 SppC 注入链加速器的相关位置,为未来的长远发展打下良好的基础。关于 SppC CDR 设计,其周长约为 100 km,位于 CEPC 外侧,SppC 在 75 TeV 的质心能量处提供质子-质子对撞,亮度为 1×10^{35} cm^{-2} · s^{-1},这时需要场强为 12 T 超导二极磁铁磁场强度[23]。SppC 二极超导磁铁采用高温铁基超导材料,以降低 SppC 加速器造价。CEPC-SppC 选择 100 km 周长的隧道为 CEPC-SppC 性能与技术变化提供了优化及发展空间。SppC 的规划时间表为:到 2035 年为 CDR 和研发阶段,2035—2040 年为技术设计报告阶段,2040—2045 年为 SppC 建设阶段,并计划于 2045 年投入运行。

5.4 未来环形对撞机

未来环形对撞机(future circular collider,FCC)研究团队正在进行更高性能的粒子对撞机的设计,以扩展目前正在大型强子对撞机(LHC)进行的研究[24]。未来环形对撞机的目标是在 100 TeV 的对撞能量下寻找新的物理问题,同时大大推动粒子对撞机的能量和流强前沿。由欧洲核子研究中心(CERN)主导的未来环形对撞机研究是由来自世界各地的 150 多所大学、研究机构和工业合作伙伴组成的国际合作项目。该研究将详细阐述环形对撞机、新探测器设施、相关基础设施、成本估算的不同可能性、全球实施方案以及相应的国际管理结构。

　　未来环形对撞机(FCC)研究了三种不同类型的粒子对撞情形:强子(质子-质子和重离子)碰撞,与 LHC 一样;负电子-正电子碰撞,与之前的 LEP 一样;质子-负电子对撞。科学家们目前正在为每个选项进行物理和探测器研究。与此同时,专家团队正在对基础设施、运行方式和所需的关键技术进行深入分析。LHC 及其高亮度升级(HL-LHC)将在 2035 年之后接近其发现潜力的极限,而未来环形对撞机将成为继 LHC、HL-LHC 之后 CERN 的下一个大型研究设施。在 2019 年 1 月,FCC 研究团队提交了 FCC 的概念设计报告,作为欧洲粒子物理战略下一次制定的输入。2020 年 6 月 19 日,欧洲高能物理战略正式发布,将正负电子希格斯工厂作为最高优先级,之后再建设能量前沿强子对撞机。

参考文献

[1]　高杰. 国际直线对撞机研究现状及未来发展[J]. 物理,2011,40(6):360-365.

[2]　高杰. 亚洲希格斯玻色子工厂的里程碑之年[J]. 科学通报,2018,63(21):2102-2106.

[3]　王贻芳. 建设大型加速器实现中国梦[J]. 现代物理知识,2014,26:29-31.

[4]　王贻芳. 从 BEPC 到 CEPC[J]. 现代物理知识,2018,30(5):62-66.

[5]　Gao J. China's bid for a circular electron-positron collider[R]. Geneva:CERN Courier, 2018.

[6]　The CEPC Study Group. CEPC-SppC Pre-CDR[M/OL]. [2020-02-10]. http://cepc. ihep. ac. cn/preCDR/volume. html.

[7]　高杰. 关于 CEPC 采用亚毫米 β_y 带角度对撞并保对撞亮度的 Lattice 优化设计建议[R]. Beijing:IHEP, 2013.

[8]　高杰. CEPC-SppC 加速器概念设计及技术设计[J]. 现代物理知识,2020,32(1):18.

[9]　The CEPC Study Group. CEPC-SppC Progress Report[M/OL]. (2017-01-15) [2020-02-15]. http://cepc. ihep. ac. cn/Progress%20Report. pdf.

[10]　Xiao M,Gao J,Wang D, et al. Study of CEPC performance with different collision energies and geometric layouts[J]. Chinese Physics C,2016(40):1-7.

[11] The CEPC Study Group. CEPC accelerator CDR[R]. Beijing: IHEP, 2018.

[12] The CEPC Study Group. CEPC accelerator to European Strategy input[R]. Beijing: IHEP, 2019.

[13] Wang D, Gao J, Yu C H, et al. 100 km CEPC parameters and lattice design[J]. International Journal of Modern Physics A, 2017,32(34): 1-16.

[14] Gao J. Review of some important beam physics issues in electron positron collider design[J]. International Journal of Modern Physics Letters A, 2015,30(11): 1-6.

[15] Wang D, Gao J, Xiao M, et al. Optimization parameter design of a circular e^+e^- Higgs factory[J]. Chinese Physics C, 2013,37(9): 1-8.

[16] Gao J. CEPC-SppC accelerator status towards CDR[J]. International Journal of Modern Physics A, 2017,32(34): 1-11.

[17] Bai S, Yu C H, Wang Y W, et al. Accelerator physics design in the interaction region for CEPC double ring scheme[J]. International Journal of Modern Physics A, 2019,34(13 & 14): 1-8.

[18] Wang Y W, Su F, Bai S, et al. Lattice design for the CEPC double ring scheme[J]. International Journal of Modern Physics A, 2018, 33(2): 1-11.

[19] Zheng H J, Gao J, Zhai J Y, et al. RF design of 650-MHz 2-cell cavity for CEPC [J]. Nuclear Science and Techniques, 2019, 30: 155.

[20] Gong D J. Beam-induced HOM power in CEPC collider ring cavity[J]. Radiation Detection Technology and Methods, 2019,3: 18.

[21] Bian T J, Gao J, Zhang C, et al. CEPC booster lattice design study [J]. International Journal of Modern Physics A, 2017,32(34): 1-17.

[22] Wang D, Gao J, Bian T J, et al. Design and beam dynamics of the CEPC booster [J]. International Journal of Modern Physics A, 2020, 35(16): 41.

[23] Su F, Gao J, Chen Y K, et al. SPPC/CEPC lattice design and beam dynamics study [J]. International Journal of Modern Physics A,2017, 32(34): 1-25.

[24] Benedikt M. Overview on future circular colliders[R]. Granada: EPPSU,2019.

索 引

核能与核技术出版工程
书　目